栄東中学・高等学校

〒337-0054 埼玉県さいたま市見沼区砂町2-77（JR東大宮駅西口 徒歩8分）

◆アドミッションセンター TEL：048-666-9200 FAX：048-652-5811

Kamakura Gakuen Junior & Senior High School

鎌倉学園 中学校 高等学校

最高の自然・文化環境の中で真の「文武両道」を目指します。

2021年、鎌倉学園は創立100周年を迎えます。

100 Anniversary 1921 - 2021

中学オープンスクール
7月10日(土)
10:30〜14:30
Web申込制（小6生と保護者1名）
※Web参加になる場合もあります

中学ミニ説明会
（5月〜12月）
毎週月曜日 10:00〜/15:00〜
（15:00〜はクラブ見学中心）
学校行事などで実施できない日もありますので、電話でご確認の上、ご来校ください。
水曜、木曜に実施可能な場合もありますので、お問い合わせください。

中学校説明会
9月　7日(火)10:00〜
10月　2日(土)10:00〜
10月23日(土)13:00〜
11月　6日(土)13:00〜
11月25日(木)10:00〜

ホームページ学校説明会申込フォームから予約の上、ご来校ください。
※各説明会の内容はすべて同じです。
（予約は各実施日の1か月前より）

学園祭
9月11日(土)〜12日(日)
10:00〜15:00
入試相談コーナー設置

中学入試にむけて
12月11日(土)
10:00〜11:30
2022年度本校を志望する保護者対象
（予約は1か月前より）

※新型コロナウイルスの影響で、開催中止や延期になる場合もあります。

キーワード>> 鎌学　検索

〒247-0062 神奈川県鎌倉市山ノ内110番地　TEL.0467-22-0994　FAX.0467-24-4352
https://www.kamagaku.ac.jp/　　JR横須賀線　北鎌倉駅より徒歩約13分

高く 大きく 豊かに 深く

学校法人 高輪学園
高輪中学校
高輪高等学校

〒108-0074
東京都港区高輪2-1-32
Tel.03-3441-7201 (代)
URL https://www.takanawa.ed.jp
E-mail nyushi@takanawa.ed.jp

入試説明会 [保護者・受験生対象] 要予約

第1回 入試説明会	2021年10月3日(日) 10:00～12:00・14:00～16:00	第3回 入試説明会	2021年12月4日(土) 14:00～16:00
第2回 入試説明会	2021年11月3日(水・祝) 10:00～12:00・14:00～16:00	第4回 入試説明会	2022年1月8日(土) 14:00～16:00

● Web申し込みとなっています。申し込み方法は、本校ホームページでお知らせします。
※ 入試説明会では、各教科の『出題傾向と対策』を実施します。説明内容・配布資料は各回とも同じです。
　 説明会終了後に校内見学・個別相談を予定しております。

帰国生入試説明会 [保護者・受験生対象] 要予約

第2回	2021年 9月11日(土) 10:30～12:00

● Web申し込みとなっています。申し込み方法は、本校ホームページでお知らせします。

高学祭 文化祭 [一般公開]

2021年 9月25日(土)・9月26日(日)
10:00～16:00

◆ 入試相談コーナーを設置します。

今年度の行事につきましては予定が変更となる場合がございます。
あらかじめ本校ホームページにてご確認ください。

英語も国際感覚も日常になる。

学校説明会

本校 九里学園教育会館　2階　スチューデントホール

※要予約。WEBサイトよりお申し込みください。
上履きは不要です。
※内容、時間等変更する場合があります。
事前にホームページ等でご確認ください。

回	日付	時間	スペシャルメニュー
第1回	7月25日(日)	10:00〜	英語イマージョン体験授業
第2回	9月26日(日)	10:00〜	英語イマージョン体験授業
第3回	10月9日(土)	14:30〜	部活動体験＋在校生による学校紹介
第4回	11月3日(水祝)	10:00〜	入試別傾向と対策
第5回	11月28日(日)	10:00〜	入試体験会

入試問題学習会

回	日付	時間	備考
第1回	12月11日(土)	14:30〜	※学校説明会を同時進行
第2回	12月19日(日)	10:00〜	※学校説明会を同時進行

文化祭	9月19日(日) 9:00〜14:00	
スポーツフェスティバル	10月24日(日) 9:00〜14:00	※彩湖総合グラウンド
公開授業	11月10日(水)・11日(木)・12日(金) 9:00〜15:00	※ミニ説明会

〈中高一貫部〉
浦和実業学園中学校

http://www.urajitsu.ed.jp/jh

〒336-0025 埼玉県さいたま市南区文蔵3-9-1　Tel.048-861-6131(代表)　Fax.048-861-6132　E-mail info@po.urajitsu.ed.jp

KYOEI

この国で、世界のリーダーを育てたい
DEVELOPING FUTURE LEADERS

コース 新設

| 世界 | 英語 | 政治 | 経済 |
プログレッシブ政経 コース

| プログラミング | 数学 | 医学 | 実験研究 |
IT医学サイエンス コース

学校見学会・個別相談会
（部活見学可）
7月22日(祝・木) 10:00～12:00

ナイト説明会
両日 19:00～20:00
　　　　　　　　　　会場
8月26日(木) 春日部ふれあいキューブ
9月17日(金) 越谷コミュニティセンター

学校説明会
10:00～12:00
10月24日(日) ＊個別相談会
　　　　　　　＊体験授業
11月13日(土) ＊入試問題解説会
11月27日(土) ＊入試問題解説会
　　　　　　　11月13日と同じ内容

授業見学日
（個別相談会）
9月25日(土) 10:00～12:00

小学5年生以下対象説明会
（個別相談会）
12月18日(土) 10:00～12:00

全回、本校ホームページにてお申し込みの上お越しください。
春日部駅西口より無料スクールバスを開始1時間前より運行します。（ナイト説明会を除く）

春日部共栄中学校
〒344-0037　春日部市上大増新田213　TEL 048-737-7611(代)
https://www.k-kyoei.ed.jp

YASUDA GAKUEN
JUNIOR HIGH SCHOOL

最先端の、その先へ

2021年大学合格実績 現役卒業生

国公立大学 52名合格
- 京都大学(1)
- 東京工業大学(3)
- 一橋大学(1)
- 防衛医科大学校(1)
- 東北大学(1)
- 大阪大学(1)
- 筑波大学(4)
- 千葉大学(11) ほか

早慶上理ICU 63名合格

大学合格実績の推移

年	国公立大学	早慶上理ICU	計
2017	30	22	52名
2018	22	30	52名
2019	34	49	83名
2020	59	46	105名
2021	63	52	115名

2022年度中学入試学校説明会　要予約・上履き不要
●全ての回で個別相談コーナーを設けております

- 7月14日(水)★ナイト説明会 18:30〜
- 7月24日(土)14:30〜
- 9月11日(土)9:00〜/10:00〜/14:30〜
- 10月23日(土)9:00〜/10:00〜/14:30〜
- 11月14日(日)★入試体験 9:30〜
- 12月 4日(土)★入試傾向と対策 14:30〜/15:50〜
- 1月 8日(土)★入試傾向と対策 14:30〜/15:50〜
- 2月26日(土)★小5以下対象 14:30〜

安田学園中学校

【自学創造】自ら考え学び、創造的学力・人間力を身につけ、グローバル社会に貢献する

先進コース／東大など最難関国立大を目指す　　総合コース／国公立大・難関私大を目指す

学校説明会のご予約はこちらから
予約申込方法など詳細は、ホームページをご覧ください。

〒130-8615 東京都墨田区横網2-2-25　▶JR総武線「両国駅」西口徒歩6分　▶都営・大江戸線「両国駅」A1口徒歩3分　▶都営・浅草線「蔵前駅」A1口徒歩10分
0120-501-528(入試広報直通)　安田学園 検索

入試日程 ※Web出願のみ

	海外帰国生入試	2/1	2/2	2/3	
入学試験	国語or英語 算数	4科型	4科型	英語＋算数	合科型＋算数 (国+社+理)

夏のオープンキャンパス　7月18日(日)　詳しくは公式HPをご覧ください。

共立女子中学高等学校

栄冠 **2022** 年度受験用

中学入学試験問題集

算数編

みくに出版

栄冠獲得を目指す皆さんへ

　来春の栄冠獲得を目指して，日々努力をしている皆さん。

　100％の学習効果を上げるには，他力本願ではなく自力で解決しようとする勇気を持つことが大切です。そして，自分自身を信じることです。多くの先輩がファイトを燃やして突破した入試の壁。皆さんも必ず乗り越えられるに違いありません。

　本書は，本年度入試で実際に出題された入試問題を集めたものです。したがって，実践問題集としてこれほど確かなものはありません。また，入試問題には受験生の思考力や応用力を引き出す良問が数多くあるので，勉強を進める上での確かな指針にもなります。

　ただ，やみくもに問題を解くだけでなく，志望校の出題傾向を知る，出題傾向の似ている学校の問題を数多くやってみる，一度だけでなく，二度，三度と問題に向かい，より正確に，速く解答できるようにするという気持ちで本書を手にとることこそが，合格への第一歩になるのです。

　以上のことをふまえて，本書を効果的に利用して下さい。努力が実を結び，皆さん全員が志望校に合格されることをかたく信じています。

　なお，編集にあたり多くの国立，私立の中学校から多大なるご援助をいただきましたことを厚くお礼申し上げます。

みくに出版編集部

‖本 書 の 特 色‖

最多，充実の収録校数
首都圏の国・私立中学校の入試問題を，
共学校，男子校，女子校にまとめました。

問題は省略なしの完全版
出題されたすべての問題を掲載してあるので，出題傾向や難度を知る上で万全です。
（複数回入試実施校は原則として1回目試験を掲載。）
一部の実技・放送問題を除く。

実際の試験時間を明記
学校ごとの実際の試験時間を掲載してあるので，
問題を解いていくときのめやすとなります。
模擬テストや実力テストとしても最適です。

も く じ

(五十音順・◆印学校広告掲載校)

共学校

青山学院中等部 …………………… 6
青山学院横浜英和中学校 ………… 9
市 川 中 学 校 …………………… 12
◆浦和実業学園中学校 …………… 18
穎明館中学校 …………………… 21
江戸川学園取手中学校 ………… 23
桜美林中学校 …………………… 26
大宮開成中学校 ………………… 28
お茶の水女子大学附属中学校※ … 31
開 智 中 学 校 …………………… 35
◆かえつ有明中学校 ……………… 37
◆春日部共栄中学校 ……………… 39
神奈川大学附属中学校 ………… 43
関東学院中学校 ………………… 46
公文国際学園中等部 …………… 48
慶應義塾湘南藤沢中等部 ……… 51
慶應義塾中等部 ………………… 54
国学院大学久我山中学校 ……… 57
◆栄 東 中 学 校 ………………… 60
自修館中等教育学校 …………… 64
芝浦工業大学柏中学校 ………… 66
芝浦工業大学附属中学校 ……… 69
渋谷教育学園渋谷中学校 ……… 72
渋谷教育学園幕張中学校 ……… 76
湘南学園中学校 ………………… 80
昭和学院秀英中学校 …………… 83
成 蹊 中 学 校 …………………… 86
成城学園中学校 ………………… 89
西武学園文理中学校 …………… 92
青 稜 中 学 校 …………………… 94
専修大学松戸中学校 …………… 96
千葉日本大学第一中学校 ……… 99
中央大学附属中学校 …………… 102

中央大学附属横浜中学校 ……… 104
筑波大学附属中学校 …………… 107
帝京大学中学校 ………………… 114
桐蔭学園中等教育学校 ………… 116
東京学芸大学附属世田谷中学校 … 119
東京都市大学等々力中学校 …… 123
東京農業大学第一高等学校中等部 … 126
桐光学園中学校 ………………… 130
東邦大学付属東邦中学校 ……… 132
獨協埼玉中学校 ………………… 135
日本大学中学校 ………………… 138
日本大学藤沢中学校 …………… 141
広尾学園中学校 ………………… 144
法政大学中学校 ………………… 146
法政大学第二中学校 …………… 148
星野学園中学校 ………………… 151
三田国際学園中学校 …………… 154
茗溪学園中学校 ………………… 159
明治大学付属中野八王子中学校 … 163
明治大学付属明治中学校 ……… 165
森村学園中等部 ………………… 167
山手学院中学校 ………………… 171
麗 澤 中 学 校 …………………… 173
早稲田実業学校中等部 ………… 176

男子校

浅 野 中 学 校 …………………… 179
麻 布 中 学 校 …………………… 184
栄光学園中学校 ………………… 187
海 城 中 学 校 …………………… 191
開 成 中 学 校 …………………… 193
学習院中等科 …………………… 196
◆鎌倉学園中学校 ……………… 198
暁 星 中 学 校 …………………… 201
慶應義塾普通部 ………………… 203

—3—

攻玉社中学校	205	大妻多摩中学校	304
◆佼成学園中学校	207	大妻中野中学校	306
駒場東邦中学校	209	大妻嵐山中学校	308
サレジオ学院中学校	211	学習院女子中等科	310
芝中学校	214	◆神奈川学園中学校	313
城西川越中学校	217	鎌倉女学院中学校	317
城北中学校	220	カリタス女子中学校	319
城北埼玉中学校	224	北鎌倉女子学園中学校	322
巣鴨中学校	227	吉祥女子中学校	324
逗子開成中学校	229	◆共立女子中学校	328
聖光学院中学校	232	恵泉女学園中学校	331
成城中学校	235	光塩女子学院中等科	334
世田谷学園中学校	238	晃華学園中学校	337
◆高輪中学校	241	国府台女子学院中学部	340
筑波大学附属駒場中学校	243	香蘭女学校中等科	343
東京都市大学付属中学校	246	実践女子学園中学校	345
桐朋中学校	249	品川女子学院中等部	347
藤嶺学園藤沢中学校	252	十文字中学校	350
獨協中学校	254	◆淑徳与野中学校	353
灘中学校	257	頌栄女子学院中学校	356
日本大学豊山中学校	264	湘南白百合学園中学校	358
本郷中学校	266	昭和女子大学附属昭和中学校	361
武蔵中学校	270	女子学院中学校	364
明治大学付属中野中学校	272	女子聖学院中学校	367
横浜中学校	275	女子美術大学付属中学校	370
ラ・サール中学校	277	白百合学園中学校	373
立教池袋中学校	279	聖セシリア女子中学校	374
立教新座中学校	282	清泉女学院中学校	377
早稲田中学校	285	洗足学園中学校	379
		捜真女学校中学部	382
女子校		玉川聖学院中等部	385
跡見学園中学校	288	田園調布学園中等部	388
浦和明の星女子中学校	290	東京純心女子中学校	392
江戸川女子中学校	293	東京女学館中学校	395
桜蔭中学校	296	東洋英和女学院中学部	399
鷗友学園女子中学校	299	トキワ松学園中学校	402
大妻中学校	302	豊島岡女子学園中学校	404

日本女子大学附属中学校 ……………… 407

日本大学豊山女子中学校 …………… 410

フェリス女学院中学校 ……………… 412

富士見中学校 ………………………… 415

雙葉中学校 …………………………… 418

普連土学園中学校 …………………… 420

聖園女学院中学校 …………………… 423

三輪田学園中学校 …………………… 425

山脇学園中学校 ……………………… 428

横浜共立学園中学校 ………………… 430

横浜女学院中学校 …………………… 433

横浜雙葉中学校 ……………………… 436

立教女学院中学校 …………………… 439

和洋九段女子中学校 ………………… 441

和洋国府台女子中学校 ……………… 444

※　2021年度のお茶の水女子大学附属中学校の入学検定は「検査Ⅰ、Ⅱ、Ⅲ」として実施されました。本書では、以下のように掲載しています。

検査Ⅰ…算数　　検査Ⅱ…国語

検査Ⅲ　①…理科　②③…社会

青山学院中等部

—50分—

☐ にあてはまる数を入れなさい。円周率を使う場合は3.14とします。

1 $253 - 3 \times (72 - 52 \div 4) - 11 \times 3 =$ ☐

2 $\dfrac{5}{8} \times 1\dfrac{1}{3} - \left(\dfrac{11}{6} - \dfrac{3}{4}\right) \div 22.75 =$ ☐

3 $15 - \{10 - (\boxed{} - 8) \times 0.5\} \times \dfrac{1}{3} = 12$

4 ゆうじ君はお菓子屋さんに行きました。このお店ではプリンをケーキよりも3割安く売っています。1000円でプリンを5個買おうとすると，1000円でケーキを3個買ったときのおつりの半分だけお金が足りなくなります。ケーキの値段は☐円です。

5 ある鉄道は，上り電車と下り電車どちらも時速45kmで一定の間隔で運行しています。太郎君はこの鉄道の線路に沿った道を，自転車で時速15kmの速さで走ると，12分ごとに上り電車とすれ違いました。このとき，太郎君は☐分ごとに下り電車に追い抜かれます。

6 A君とB君とC君の3人の所持金の比は最初9：8：5でした。3人がそれぞれ買い物をしたところ，A君とC君の残った所持金の差は3000円，B君とC君の残った所持金の差は1800円になりました。3人が使った金額の比が7：8：5だったので，A君の最初の所持金は☐円です。

7 次の表は，16人の生徒が30点満点のテストを受けた結果を表したもので，中央値が23.5点，平均値が24点でした。このとき，表のアの人数は☐人，エの人数は☐人です。

得点(点)	20	21	22	23	24	25	26	27
人数(人)	1	2	1	ア	イ	ウ	5	エ

8 あるクラスでテストをしたところ，クラス全体の平均点は58.5点で，最高点と最低点の差は56点でした。さらに最高点をとった1人を除いて平均点を計算すると57.4点，最低点をとった1人を除いて平均点を計算すると59点になりました。このとき，このクラスの人数は☐人で，最高点は☐点です。

—6—

9　A地からB地とC地を経由してD地まで行くのに，次の表のような行き方があります。
　　かかる時間の合計は1時間以内，運賃の合計は1000円以内となるような行き方は□通りあります。
　　ただし，待ち時間は考えないことにします。

A地からB地

乗り物	運賃(円)	かかる時間(分)
モノレール	500	15
電車	350	20
バス	250	30

B地からC地

乗り物	運賃(円)	かかる時間(分)
高速船	500	10
普通船	250	20

C地からD地

乗り物	運賃(円)	かかる時間(分)
タクシー	500	5
路面電車	300	8
バス	150	15
無料自転車	0	30

10　図は2つの合同な正方形が重なったものです。㋐の図形と㋑の図形の面積の比が4：3のとき，㋐の図形の周の長さと㋑の図形の周の長さの比は□：□です。

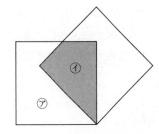

11　正五角形の形をした折り紙があります。図のように，点Bと点Cが重なるように折り目ADをつけて戻した後，点Cが折り目AD上にくるように折りました。㋐の角度は□度です。

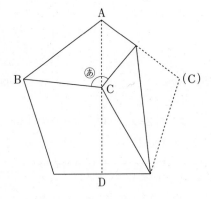

12　図はたて4cm，横2cmの2つの合同な長方形と半径が4cm，中心角が60°の4つの合同なおうぎ形を組み合わせたものです。色のついた部分の面積は□cm²です。

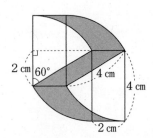

13 ある公園の噴水は，水のふき出し口が図のように，2つの円に沿ってそれぞれ10個並んでいます。噴水は決まった時刻になると，①のふき出し口から水が出ます。その後は1秒ごとに②→③→ … →⑨→⑩の順で水がふき出し，⑩までくると，今度は⑨→⑧→ … →②→①の順で水がふき出します。この動きを10分間くり返します。

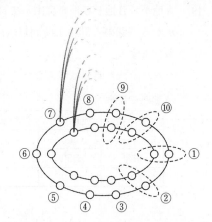

(1) 噴水が始まってから2分後に水が出るのは□番のふき出し口です。

（答えは数字に○を付けても，付けなくても良いです。）

(2) ある日，外側の円の噴水の⑩のふき出し口が故障してしまいました。そこで，内側の円の噴水はこれまで通りの動きで，外側の円の噴水は①→②→ … →⑧→⑨→⑧→ … →②→①の順で水がふき出すようにしました。噴水が始まってから10分間で，内側と外側のどちらも①のふき出し口から同時に水が出るのは□回です。ただし，噴水が始まったときを1回目とします。

14 直方体の形をした中央に仕切りがある水そうがあります。この仕切りは左右に動かすことができ，水そうの左側と右側には20cmの高さまで水が入っています。

(1) 図1のように，水そうの左側に底面積が300cm²の直方体の形をしたおもりを底まで入れたところ，水面の高さは□cmになりました。

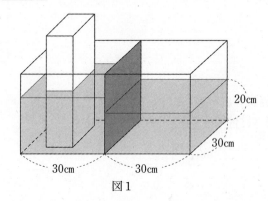

図1

(2) 図2のように，水そうの仕切りを右側に動かし，水そうの左側に入っていたおもりをまっすぐ10cm持ち上げると水そうの左側と右側の水面の高さが同じになりました。

このとき，仕切りは右側に□cm動かしていて，水面の高さは□cmです。

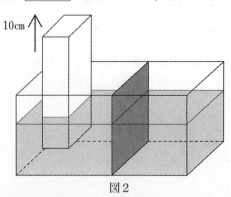

図2

1 次の□をうめなさい。

(1) $\left(2\dfrac{2}{5} \div 0.25 - 1.26 + 0.3 - \dfrac{19}{5}\right) \div 0.36 = \boxed{}$

(2) $(\boxed{} + 2024 + 2028 + 2032) \div 5 = 1621$

(3) 2人でじゃんけんをして，勝つと6点，あいこだと3点，負けると1点もらえるゲームがあります。

青山さんはこのゲームを15回して，合計得点は54点でした。このとき，あいこでもらった点数と，負けてもらった点数は同じでした。青山さんがじゃんけんに負けた回数は□回です。

(4) 青山さんがこれまでに何回か受けた算数のテストの平均点は74点でした。今回のテストで90点をとったので，平均点は76点になりました。

今回受けたテストは□回目です。

(5) R E I W A という5種類のカードがあります。R 5枚で E 1枚と交換できます。同じように，E 5枚で I 1枚，I 5枚で W 1枚，W 5枚で A 1枚に交換できます。

R のカード2021枚もっているとき，カードの枚数をできるだけ少なくするように交換すると，カードは全部で□枚になります。

(6) ある本を1日目に全体の$\dfrac{3}{7}$を読み，2日目に残りのページの75％を読み，3日目に36ページ読むと読み終わりました。本は全部で□ページです。

(7) 201と156のどちらを割っても21余る整数は□です。

(8) 右の図のように，正五角形に平行な直線が2本交わっています。

角xの大きさは□度です。

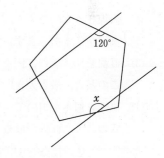

2 円に直線を1本引くと，図1のように円を2つの部分に分けることができます。 図1

このとき，分けた部分の数を「P＝2」と表します。

また，円に直線を2本引くと，図2，図3のように円を3つまたは4つの部分に分けることができます。

図2 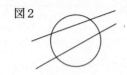 図3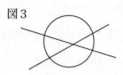

このとき，図2は「P＝3」，図3は「P＝4」となります。

さらに，円に直線を3本引くと，次の図のように円をいくつかの部分に分けることができます。

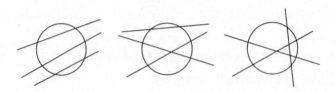

このように，円に直線を何本か引いて，円をいくつかの部分に分けることを考えます。

ただし，次の図のように，2本が円周上で交わったり，3本以上の直線が円の中で1点で交わるような引き方はしないことにします。

(1) 直線を4本引きます。このとき，最も小さいPを答えなさい。

(2) 直線を7本引きます。このとき，最も大きいPを答えなさい。

(3) 直線を10本引いて円をいくつかの部分に分けます。
このとき，最も大きいPと最も小さいPの差を答えなさい。

(4) 直線を何本か引いて，P＝106の場合を考えます。
このとき，直線が最も多い場合は ア 本で，最も少ない場合は イ 本です。
ア ， イ にあてはまる数を答えなさい。

3 英子さんは自転車で公園を出発し，途中で休憩してから駅へ向かいます。
和子さんは自転車で駅から公園まで休まず向かいます。英子さんは常に毎分250mの速さで走り，和子さんも常に一定の速さで走ります。2人は同時に出発してから16分15秒後に出会いました。
次のグラフは，2人が同時に出発してからの時間(分)と，駅までの距離(m)との関係を表したものです。

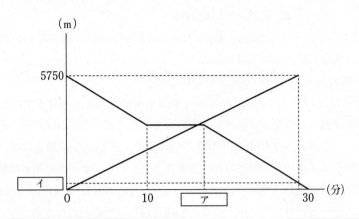

(1) ア にあてはまる数を答えなさい。
(2) 和子さんの速さは毎分何mですか。
(3) 和子さんが公園に着くのは駅を出発してから何分何秒後ですか。
(4) イ にあてはまる数を答えなさい。

4 次の各問いに答えなさい。
(1) 次のア～エの文の [ ] の部分にあてはまる四角形を，あとのわくの中からすべて選びます。あてはまる四角形が最も多い文をア～エの中から1つ選び，記号で答えなさい。
ア [ ] は対角線が垂直に交わる。
イ [ ] は向かい合う2組の角の大きさがそれぞれ等しい。
ウ [ ] は対角線の長さが等しい。
エ [ ] は4つの角の大きさがすべて等しい。

　　台形　　平行四辺形　　ひし形　　長方形　　正方形

(2) 右の図の四角形ＡＢＣＤは，1辺の長さが5cm，ＡＣの長さが6cm，ＢＤの長さが8cmのひし形です。
点Ｏは対角線の交点，点Ｈは辺ＡＤ上にあり，ＯＨとＡＤは垂直に交わります。また，点Ｇは辺ＡＢ上にあり，ＢＤとＧＨは平行です。

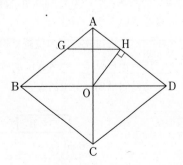

① ひし形ＡＢＣＤの面積は何cm²ですか。
② 三角形ＯＡＨの面積は，ひし形ＡＢＣＤの面積の何倍ですか。
③ 四角形ＧＢＤＨの面積は何cm²ですか。

1 次の問いに答えなさい。

(1) 13×17＋36×24＋19×13－35×37を計算しなさい。

(2) テニスボールとバレーボールとバスケットボールがたくさんあります。テニスボール15個，バレーボール7個，バスケットボール5個の合計の重さと，テニスボール5個，バレーボール5個，バスケットボール7個の合計の重さが等しく，どちらも6000gになります。バレーボールの重さがテニスボールの重さの5倍であるとき，バレーボールの重さは何gか求めなさい。

(3) A君，B君，C君が休まずに1人で行うとそれぞれ20日間，25日間，50日間かかる仕事があります。この仕事に対して，以下のことを繰り返し行うことにします。

・A君は1日働いた後2日休む
・B君は2日働いた後1日休む
・C君は3日働いた後1日休む

この仕事を3人で同時に始めるとき，何日目に終わるか求めなさい。

(4) 右の図において，三角形ABCは正三角形，三角形DEAはDA＝DEの二等辺三角形です。CD＝CGであるとき，角㋐と角㋑の大きさの和は何度か求めなさい。

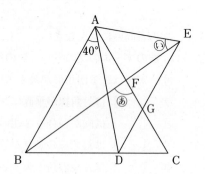

2 バスA，バスBは幅3m，高さ3m，長さ12mの直方体とします。このとき，次の問いに答えなさい。

(1) バスAは次の図の位置で停まっており，バスBは12m/秒で矢印の方向に動いています。太郎君から見て，バスAによってバスBが完全に隠れてから完全に見えるようになるまでにかかる時間は何秒か求めなさい。

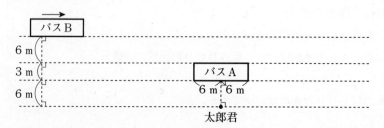

(2) バスAは矢印の方向にある速さで，バスBは矢印の方向に12m/秒で動いています。このとき，太郎君から見て，次の図1の状態から図2の状態になるまでにちょうど1秒かかりました。バスAの速さは何m/秒か求めなさい。

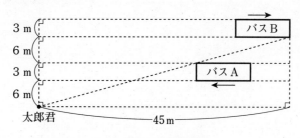

図1：初期状態

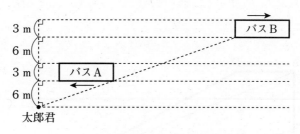

図2：図1から1秒後の状態

(3) 次の図のようにバスA，バスBが停まっています。バスBの奥12mの位置に十分に大きな壁があり，太郎君の足下に光源が置いてあります。バスA，バスBによって壁にできる影の面積を求めなさい。

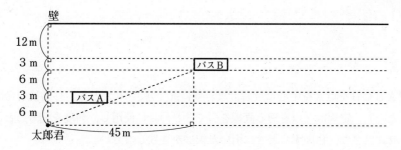

3 次の図の台形ＡＢＣＤは，面積が157.5cm²，ＡＣの長さが26cmです。このとき，あとの問いに答えなさい。

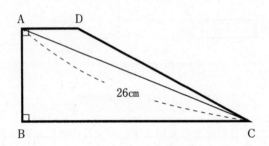

(1) 台形ＡＢＣＤを点Ａを中心に反時計まわりに90°回転させたとき，移動後の台形を作図しなさい。ただし，定規は２点を通る直線を引くことのみに使用し，角度を測ることに使用してはいけません。また，作図するときに引いた線はかき残しなさい。
(2) (1)の移動により，この台形が通過した部分の面積を求めなさい。
(3) (1)の移動により，三角形ＢＣＤが通過した部分の面積を求めなさい。ただし，ＢＤの長さは12.5cm，三角形ＡＢＤの面積は37.5cm²とします。

4 ２つの整数○，△に対して，○を△で割ったときの商を［○，△］と表します。例えば，
［8，2］＝4，［17，5］＝3
となります。このとき，次の問いに答えなさい。
(1) ［2021，□］＝5となるとき，□にあてはまる整数は何個あるか求めなさい。
(2) $\dfrac{2021}{□} - \dfrac{2021}{□+1}$ が１より小さくなるとき，□にあてはまる最小の整数を求めなさい。
(3) ☆を2021以下の整数とします。［2021，☆］＝□となるとき，□にあてはまる整数は何個あるか求めなさい。

—14—

⑤ マス目状に区切られたテープがあります。左端のマス目には常にS、右端のマス目には常にGが書かれており、残りのマス目は空欄（□が書かれている）か、aまたはbのいずれかが書かれています。以下ではa、b、S、G、□を記号と呼ぶこととします。

（例）

また、このテープの上を移動しながら、図1のような説明書にしたがって書かれている記号を変更する機械があります。機械には複数のモードがあり、1回の動作でモードに応じて以下の処理を行います。

・今いるマス目の記号を読み取る。
・読み取った記号に応じて、今いるマス目に新たな記号を書き込む。
・マス目を移動する（1マス移動する、または止まる）。
・新たなモードに変更される。

この機械は左端のマス目からモード1で動き始め、上の動作を繰り返し行い、動きが止まったときにモードOKまたはモードNGに変更されます。

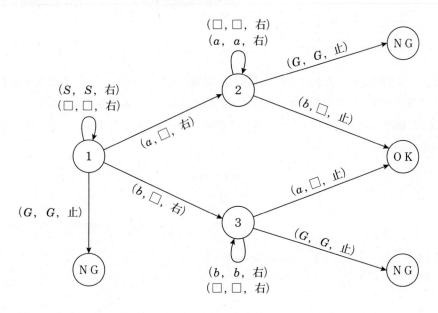

図1：説明書1

説明書の読み取り方
・各○の数字や文字は機械のモードを表す。
・矢印に付いているカッコの中は（読み取った記号、書き込む記号、機械の移動）を表す。
・現在のモードに応じて、読み取った記号により矢印が選択され、機械は新たな記号を書き込み、マス目を移動し、矢印の先のモードに変更される。

ここで、（例）のテープに対して、図1の説明書1にしたがって機械が動作を繰り返し行うと、以下のようになります。（↓は機械の位置を表しています。）

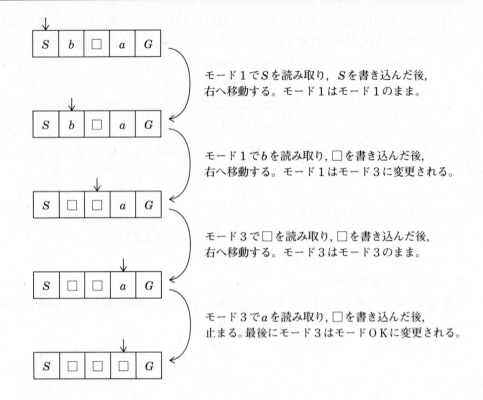

モード1でSを読み取り，Sを書き込んだ後，右へ移動する。モード1はモード1のまま。

モード1でbを読み取り，□を書き込んだ後，右へ移動する。モード1はモード3に変更される。

モード3で□を読み取り，□を書き込んだ後，右へ移動する。モード3はモード3のまま。

モード3でaを読み取り，□を書き込んだ後，止まる。最後にモード3はモードOKに変更される。

なお，説明書1にしたがって動く機械は，両端以外のマス目に「a，bどちらも1つ以上書かれているテープ」に動作を繰り返し行うと，最後にモードOKに変更されるようになっています。

以下，図2の説明書2にしたがって動く機械を用いることとします。このとき，あとの問いに答えなさい。

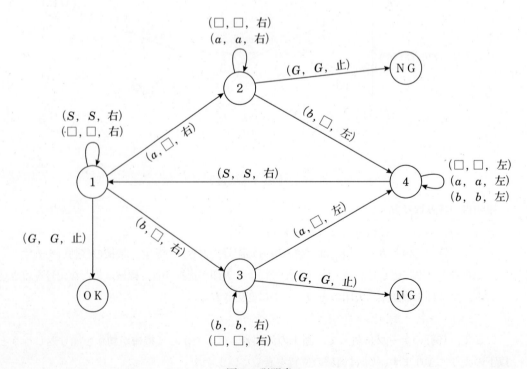

図2：説明書2

(1) 以下のテープA，Bに対して動作を繰り返し行い，機械が止まったときにそれぞれどのようなテープになっているか記号を入れて答えなさい。また，最後にモードOKとモードNGのどちらに変更されるかそれぞれ答えなさい。

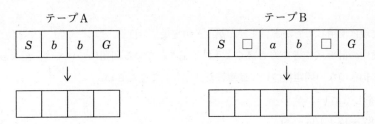

(2) 以下の両端以外のそれぞれのマス目に a または b を入れ，機械が止まったときにモードOKに変更されるテープの例を1つ挙げなさい。

| S | | | | | | G |

(3) 機械が止まったときにモードOKに変更されるのは，一般的にどのようなテープか簡潔に答えなさい。

1 次の計算をしなさい。
(1) 311−287−18+104−99
(2) 12÷84×119÷85×65
(3) 1.2×0.75+2.4×0.25+12×0.125
(4) $1\frac{1}{4}+2\frac{1}{3}+3\frac{1}{2}$
(5) 292−(201−179)×12−(148+381)÷23
(6) $\left\{\left(\frac{1}{3}-\frac{1}{4}\right)÷0.25+2\frac{2}{3}\right\}÷\frac{1}{4}$

2 次の各問いの　　　　にあてはまる数を答えなさい。
(1) A君，B君2人の持っているお金の差は1600円で，A君はB君の3倍より200円多く持っています。B君の持っているお金は　　　　円です。
(2) 昨日1箱800円で売ったみかんを，今日は20％割引いて売りました。すると，昨日より30箱多い　　　　箱売れました。また，売り上げも昨日より4800円多くなりました。
(3) ある数　　　　を7倍して16加えた数は，同じある数を11倍して4を引いた数と同じになります。
(4) 25gの食塩を100gの水に溶かすと，濃度は　　　　％になりました。
(5) 2年3組の人数は39人で，男子の人数は女子の人数の$\frac{7}{6}$倍です。男子は　　　　人です。
(6) 0，1，2，3，4の5つの数字の中から異なる2つの数字を使って2けたの数を作るとき，偶数になるのは全部で　　　　通りあります。

3 右の図のような，AB＝CD，AM＝MD，BN＝NCの四角形ABCDにおいて，2直線BDとMNの交点をP，BDの真ん中の点をLとする。このとき，次の問いに答えなさい。
(1) 角あの大きさを求めなさい。
(2) 角いの大きさを求めなさい。

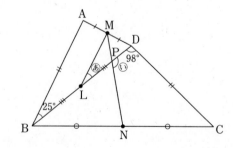

4 Kさんは，A町からD町まで，自動車で行くことになりました。そこで，次の図のような予定を立て，8時に出発しました。休けいは，2時間走った後にとることにしました。Tさんは，Kさんが忘れものをしたことに気づき，追いかけてわたそうと思います。そこで，Tさんは，Kさんが出発してから1時間30分後に出発し，AB間を毎時40km，BC間を毎時80kmの速さで走り，Kさんが C 地点を出発する20分前に追いつく予定をたてました。このとき，次の問いに答えなさい。

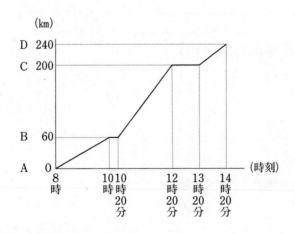

(1) KさんはCD間を毎時何kmで走りますか。
(2) TさんはKさんと同じく2時間走った後に休けいをとることにすると，何分間休けいをとることができますか。
(3) Tさんの予定を図に書き込みなさい。

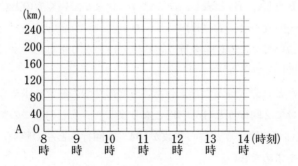

5 1辺が6cmの正方形の各辺を3等分した点を図1，図2，図3のように結びました。このとき，次の問いに答えなさい。

(1) 図1の斜線部分の面積は何cm²ですか。

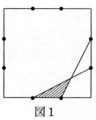

図1

(2) 図2の斜線部分の面積は何cm²ですか。

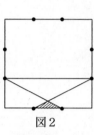

図2

(3) 図3の斜線部分の面積は何cm²ですか。

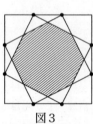

図3

6 2つの整数A，Bを(A，B)と表し，次のように作業していくものとする。
　　(A，B) ――→ (A＋B，A－B)
　例 (5，2)について，この作業を行うと(7，3)となりました。
　このとき，次の問いに答えなさい。

(1) この作業を行うと(15，3)となりました。もとの2つの整数を求めなさい。

(2) この作業を続けて2回行うと(16，8)となりました。もとの2つの整数を求めなさい。

(3) この作業を続けて5回行うと右の整数が104，8回行うと左の整数が480となりました。もとの2つの整数を求めなさい。

1 次の計算をしなさい。
(1) $10 - 4 \div 6 \times 3 = \boxed{}$
(2) $\left(\dfrac{1}{3} - \dfrac{1}{4}\right) + \dfrac{3}{4} \times \dfrac{1}{2} - \dfrac{1}{6} = \boxed{}$
(3) $6 \times 3.14 + 7 \times 6.28 - 8 \times 1.57 = \boxed{}$
(4) $\left(0.8 - \dfrac{3}{5}\right) \div \dfrac{1}{3} + 1.8 \times \dfrac{5}{9} - 0.3 \times 4 = \boxed{}$

2 次の□にあてはまる数を求めなさい。
(1) 3つの数A，B，Cの合計は65で，AはBより5大きく，CはBより3小さいとき，Bは□です。
(2) 10円玉と5円玉が合わせて52枚あり，その合計金額は350円です。もし，10円玉と5円玉の枚数が逆になったとすると，その合計金額は□円になります。
(3) 太さが一定の針金があります。この針金15cmの重さは78gで，25円分の重さは65gでした。この針金を1m20cm買うと□円になります。
(4) 右の図は，1辺の長さが1cmの正方形を9個つなげたもので，曲線の部分は半径が1cmまたは2cmの円の一部です。かげをつけた部分の面積は□cm²です。ただし，円周率は3.14とします。

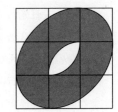

3 Aさんの家から坂を下りて，さらにその下りた坂の2倍の道のりの坂を上ったところにスーパーがあります。家を出発して，スーパーに着くまでは24分かかります。Aさんは分速60mで下り，分速40mで上ります。

次の問いに答えなさい。
(1) 家から下り坂を下りきるまでに何分かかりますか。
(2) 家からスーパーまで，往復で何分かかりますか。
(3) Aさんは買い物をたのまれて，午後4時に家を出発しました。スーパーに向かう途中で，さいふを忘れたことに気がついて，家に戻ってからもう一度スーパーへ向かいました。そして，スーパーで20分間買い物をして，午後5時半に帰宅しました。忘れ物に気がついたのは，家から何mの地点ですか。

4 円柱形の水そうの中に、円柱のコンクリートブロックが右の図1のように円の面を下にして置かれています。

ブロックの底面の半径と高さは、水そうの底面の半径の $\frac{1}{2}$ です。

この水そうに一定の割合で水を注ぎます。

このとき、次の問いに答えなさい。

図1

(1) 水を注ぐ時間と水面の高さの関係を表すグラフとして、正しいものは次の(ア)から(カ)のうちどれでしょうか。記号で答えなさい。

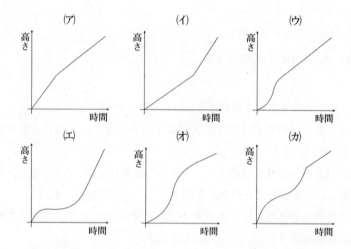

(2) 水を入れ始めてから水そうがいっぱいになるまでに、水面の高さがブロックと同じになるまでの時間の3倍かかりました。このとき、ブロックの高さと水そうの深さの比を、最も簡単な整数の比で答えなさい。

(3) ブロックを右の図2のように置いたとき、水を注ぐ時間と水面の高さの関係を表すグラフとして、正しいものは上の(ア)から(カ)のうちどれでしょうか。記号で答えなさい。

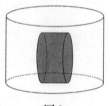
図2

5 (3)は途中の式や計算、図、考え方などを書きなさい。

次のように、0のカードが1枚、1のカードが2枚、2のカードが3枚の合わせて6枚のカードがあります。

0 1 1 2 2 2

このカードを横一列にならべて6けたの整数をつくります。ただし、いちばん左の十万の位には0は置けません。このとき、次の問いに答えなさい。

(1) 最も大きな数と、最も小さな数はそれぞれいくつですか。

(2) 左の3けたが222となる数は3個、左の3けたが221となる数は6個あります。左の3けたが220、212、211となる数はそれぞれ何個ありますか。

(3) このようにしてできる6けたの数のうち、大きい方から数えて26番目の数はいくつですか。

2021 江戸川学園取手中学校(第1回)

江戸川学園取手中学校(第1回)

—50分—

(注意)
・円周率は3.14としなさい。
・比はいちばん簡単な整数の比で表しなさい。
・5の(3)は途中の計算や考え方も書きなさい。その他の問題は答えのみを記入しなさい。

1 次の問いに答えなさい。

(1) 次の計算をしなさい。

① $3.14 \times 71 - 1.57 \times 52 + 3.14 \times 55$

② $4 \div \dfrac{5}{2} + \left(0.6 - \dfrac{4}{25}\right) \div 1.1$

③ $\left(\dfrac{2}{3} \times 1\dfrac{3}{5} - 1\right) \div 1.25 \times 8\dfrac{1}{3}$

(2) 次のように,ある規則によって数が並んでいます。

1, 3, 7, 15, 31, 63, ……

このとき,10番目にある数を求めなさい。

(3) 右の図は直径6cmの2つの半円を組み合わせたものです。2つの直径が垂直に交わるとき,斜線部分の面積を求めなさい。

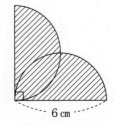

(4) 右の図の台形ABCDを,辺ABを軸として1回転させてできる立体の体積を求めなさい。

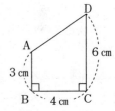

2 ある商品を1個200円でいくつか仕入れ,仕入れ値の3割の利益を見込んで定価をつけました。しかし,仕入れた個数の70%しか売れず,18個売れ残ってしまったので,残りの商品を定価の半額に値引きして売ったところ,すべて売り切れました。このとき,次の問いに答えなさい。

(1) 仕入れた個数はいくつですか。

(2) 全体の利益はいくらですか。

3 A地点からB地点までの距離は7.5kmです。太郎君は分速150mの速さでA地点からB地点に自転車で向かいました。花子さんは太郎君がA地点を出発してから12分後に時速45kmの速さでA地点からB地点に車で向かい,10分で用事を済ませてからA地点に折り返しました。このとき,次の問いに答えなさい。

⑴　太郎君がB地点に着くのは，太郎君が出発してから何分後ですか。

⑵　花子さんが太郎君に追いついたのはA地点から何km離れた地点ですか。

⑶　花子さんがB地点を出発してからA地点に着くまでの間に2人が出会うのは，A地点から何km離れた地点ですか。

4　一郎君と次郎君は食塩水を混ぜ合わせる実験を行いながらお互いに問題を出し合っています。そのときの会話の様子を読み，【ア】～【オ】に適する数を入れなさい。ただし，同じ記号の【　】には同じ数が入ります。

一郎君：まず容器A，容器B，容器Cを用意したよ。容器Aには8％の食塩水が500g，容器Bには4％の食塩水が500g，容器Cには200gの食塩水が入っているね。

次郎君：いろいろ混ぜて実験をしてみよう。最初にAの食塩水を300g取り出しBに移してよくかき混ぜてみよう。Bの食塩水の濃度は何％になるのかな。一郎君計算してみてよ。

一郎君：やってみるとBの食塩水の濃度は【ア】％になることがわかったよ。次は，ぼくの番だね。今Bには【ア】％の食塩水が【イ】g入っているので，ここから食塩水を200g取り出しCに移してよくかき混ぜたところ，Cの食塩水の濃度は3.75％になったよ。もとのCの食塩水の濃度は何％か，次郎君わかるかな。

次郎君：まかせて。計算してみると，もとのCの食塩水の濃度は【ウ】％だね。次はまたぼくの番だね。ではCから何gかをBに移してよくかき混ぜたところ，Bの食塩水の濃度は5.15％になったよ。CからBに移した食塩水の重さは何gかな。

一郎君：複雑になってきたね，でもぼくならできるよ。計算してみるとCからBに移した食塩水の重さは【エ】gになるよ。では最後の問題だよ。Bの食塩水全部をAに移してよくかき混ぜたところ，Aの食塩水の濃度は何％になるでしょうか。

次郎君：よーし，やってみよう。なんとかできたよ。Aの食塩水の濃度は【オ】％になるよ。

5　次の(例)のように，同じ整数を3回かけた数の答えは，連続する奇数の和で表すことができます。

(例)　　$2 \times 2 \times 2 = 3 + 5$

　　　　$3 \times 3 \times 3 = 7 + 9 + 11$

　　　　$4 \times 4 \times 4 = 13 + 15 + 17 + 19$

　　　　$5 \times 5 \times 5 = 21 + 23 + 25 + 27 + 29$

このとき，次の問いに答えなさい。

⑴　$6 \times 6 \times 6$を連続する奇数の和で表しなさい。

⑵　$10 \times 10 \times 10$を連続する奇数の和で表したとき，その奇数の中で一番小さい奇数と一番大きい奇数の和を求めなさい。

⑶　$(2 \times 2 \times 2) + (3 \times 3 \times 3) + (4 \times 4 \times 4) + \cdots + (20 \times 20 \times 20)$を求めなさい。答えだけでなく，途中の計算や考え方も書きなさい。

6　図のように，ＡＢ＝15cm，ＢＣ＝14cm，ＣＡ＝13cmである三角形ＡＢＣがあります。頂点Ａから底辺ＢＣに垂直な線ＡＨを下ろしたところ，その長さが12cmになりました。２点Ｐ，Ｑは頂点Ａを同時に出発し，毎秒２cmの速さで動きます。点Ｐは辺ＡＢ→辺ＢＣの順に，点Ｑは辺ＡＣ→辺ＢＣの順に，それぞれ三角形ＡＢＣの辺上を動き，２点が初めて出会ったところで止まります。このとき，次の問いに答えなさい。

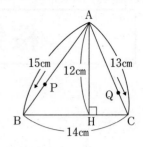

(1)　点Ｐが頂点Ｂにあるとき，三角形ＡＰＱの面積は何cm²ですか。

(2)　２点がＡを出発してから３秒後の，三角形ＡＰＱの面積は何cm²ですか。

(3)　２点がＡを出発してから５秒後の三角形ＡＰＱの面積をScm²とします。２点が出会うまでの間に，もう一度三角形ＡＰＱの面積がScm²になります。それは２点がＡを出発してから何秒後ですか。

桜美林中学校(2月1日午前)

—50分—

注意 円周率は，3.14で計算してください。

1 次の □ にあてはまる数を求めなさい。

(1) $\left(\dfrac{3}{10}+5\dfrac{1}{3}\times\dfrac{3}{40}\right)\div\left(1\dfrac{4}{5}-0.4\right)=$ □

(2) $16.2\div(2.25+$ □ $)\times 1\dfrac{17}{18}=6$

2 次の問いに答えなさい。

(1) あるお店でペン5本とノート4冊を買ったところ，合計金額は1280円でした。また，ペン3本とノート2冊の合計金額はノート6冊の合計金額と等しくなります。ペン1本の値段はいくらですか。

(2) 桜さんは4km離れた目的地に向かいます。分速50mで歩き，30分ごとに5分間の休けいをとると，目的地に着くまで何時間何分かかりますか。

(3) 次のように，ある規則にしたがって分数が並んでいます。

$\dfrac{1}{2},\ \dfrac{1}{3},\ \dfrac{2}{3},\ \dfrac{1}{4},\ \dfrac{2}{4},\ \dfrac{3}{4},\ \dfrac{1}{5},\ \dfrac{2}{5},\ \dfrac{3}{5},\ \dfrac{4}{5},\ \cdots\cdots,\ \dfrac{7}{9},\ \dfrac{8}{9}$

このとき，並んでいる分数の和はいくつですか。

(4) ある品物に原価の25%の利益を見込んで3750円の定価をつけましたが，売れなかったので，定価の10%引きで販売することにしました。このとき利益はいくらになりますか。

(5) 右の図のように正三角形の紙を折ると，角㋐は何度になりますか。

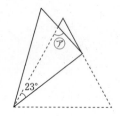

(6) Aさん1人ですると18日間かかる仕事があります。はじめの7日間はAさん1人でしましたが，8日目からはBさんが手伝ってくれたので，Aさんが仕事をはじめてから12日間で終わりました。この仕事をBさんが1人ですると何日間かかりますか。

(7) Aさんがある本を1日目に全体の$\dfrac{3}{5}$と18ページ読み，2日目に残りの$\dfrac{7}{8}$読んだところ，まだ15ページ残っていました。この本は何ページありますか。

(8) ある中学校の1年生174人のうち，電車を使って通学している生徒は123人，バスを使って通学している生徒は138人，電車もバスも使わずに通学している生徒は，電車だけを使っている人より2人多いです。電車もバスも使っている生徒は何人ですか。

3 30人の生徒が社会と理科の5題ずつ，1題10点のテストを行いました。次の表は，生徒30人の結果をまとめたものであり，たとえば表中の3※は社会が10点，理科が20点の生徒が3人いることを表しています。

このとき，あとの問いに答えなさい。

社会(点)＼理科(点)	0	10	20	30	40	50
0	0	0	0	0	0	0
10	1	1	3※	0	0	0
20	0	0	4	1	2	0
30	0	0	0	ア	0	2
40	0	1	2	0	3	0
50	0	0	1	イ	0	1

(1) 理科が30点の生徒は何人いますか。
(2) 理科の平均点は何点ですか。
(3) 社会の平均点が29点のとき，アはいくつですか。

4 右の図のような積み木を使って，次の図のような立体をつくっていきます。
このとき，あとの問いに答えなさい。

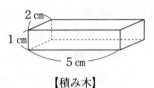
【積み木】

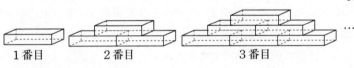
1番目　　2番目　　3番目

(1) 20番目の立体の体積は何cm³ですか。
(2) 20番目の立体の表面積は何cm²ですか。

5 右の図のような，円を3等分したおうぎ形の紙に，赤・青・黄・白のいずれかの色を使って色をぬります。
このとき，次の問いに答えなさい。ただし，回転させて同じぬり方になるものは，まとめて1通りとします。

(1) 2色を使って色をぬるとき，ぬり方は何通りありますか。
(2) 3色を使って色をぬるとき，ぬり方は何通りありますか。

6 たつやさんとかおりさんは，A地点を出発して，7km離れたB地点に向かいます。たつやさんは時速3kmで歩いて向かい，かおりさんは時速12kmで自転車で向かいます。たつやさんは8時40分に出発し，途中で30分間の休けいをとりました。また，かおりさんはたつやさんより遅れて出発し，たつやさんより45分早く到着しました。
このとき，次の問いに答えなさい。
(1) かおりさんは何時何分に出発しましたか。
(2) たつやさんが休けいをとる前に，かおりさんがたつやさんを追い抜いたとすると，追い抜いた時刻は何時何分ですか。
(3) たつやさんがちょうど休けいしているとき，かおりさんがたつやさんを追い抜いたとすると，追い抜いた時刻は何時何分から何時何分の間と考えられますか。

大宮開成中学校(第1回)

—50分—

1. 次の ☐ の中にあてはまる数を求めなさい。
   (1) $(13+8)\times 7-(35-80\div 4)\times 17\div 5=$ ☐
   (2) $14.4\times 30+1.44\times 300+0.144\times 3000=$ ☐
   (3) $5.5-2\frac{1}{2}\div\left(2\frac{1}{13}-\frac{12}{13}\right)-2\div 3=$ ☐
   (4) $\left(2\frac{2}{3}-\boxed{}\right)\div\frac{5}{8}=2.8+\frac{1}{5}$

2. 次の各問いに答えなさい。
   (1) 720円を3人で分けて、金額を比べました。そのうちの一人は一番少ない人より30円多く、一番多い人より150円少なくなりました。一番少ない人の金額は何円ですか。
   (2) 水そうを満水にするのにA管を使うと24分、B管を使うと36分かかります。A管とB管を同時に使って水を入れるとき、満水になるには何分何秒かかりますか。
   (3) 修学旅行のホテルで生徒を1部屋あたり12人ずつにすると部屋を全部使っても4人余ります。また13人ずつにすると14人の部屋が4つできて、1部屋余ります。生徒の人数は何人ですか。
   (4) りんご5個とみかん4個を買うと710円になり、りんご3個とみかん7個を買うと610円になります。りんご1個の値段は何円ですか。
   (5) 所持金の $\frac{3}{5}$ を使い、次に残りの70%を使うと残金は360円になりました。最初に持っていた所持金は何円ですか。

3. 次の各問いに答えなさい。
   (1) 右の図のように、正方形と正五角形が重なっています。アの角は何度ですか。

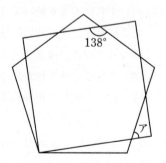

   (2) 右の図は半径1cm、3cmの半円と半径4cmの円を組み合わせた図形です。斜線部分の面積は何cm²ですか。ただし、円周率は3.14とします。

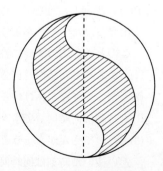

(3) 右のような図形を直線 l を軸として1回転してできる立体の体積は何cm³ですか。ただし、円周率は3.14とします。

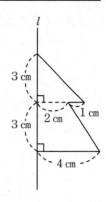

4 11%の食塩水が1000gあります。最初に何gかをくみ出して同じ量の水を入れると8.8%の食塩水になりました。次に、この食塩水から250gをくみ出し、同じ量の水を入れました。次の各問いに答えなさい。
(1) 最初にくみ出した食塩水は何gですか。
(2) 最後にできた食塩水は何%ですか。

5 次のような作業を行います。

> 2けたの整数の場合は十の位の数と一の位の数を足します。
> 1けたの整数の場合はもとの整数のままです。

3けた以上の整数は考えません。
例えば、37のときは10となり、7のときには7になります。
このような作業を数回行うとき、次の各問いに答えなさい。
(1) この作業を1回行ったとき、9になりました。この作業を行う前の整数として考えられるものは何個ですか。
(2) この作業を3回行ったとき、5になりました。この作業を行う前の整数として考えられるものは何個ですか。

6 図1のように同じ形の長方形からなるマス目状の経路があり、いつもはA地点にある家からB地点にある学校まで最短経路を分速60mで進みます。次の各問いに答えなさい。

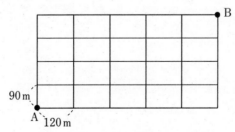

図1

(1) いつもより6分遅れて家を出ましたが、いつも通りの時間に学校に着くようにします。一定の速さで進むとき、速さはいつもの何倍にすればよいですか。
(2) いつもより3分遅れて家を出ましたが、速さは変えずに図2のような抜け道もうまく使って、

いつも通りの時間に学校に着くようにします。経路の選び方は何通りありますか。

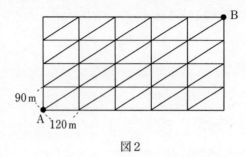

図2

7. 右の図のように半径4cm，中心角60度のおうぎ形を3つ組み合わせた図形Aがあります。この図形はルーローの三角形と呼ばれ，自動掃除機ロボットなどのデザインでも図形の性質が活かされています。次の各問いに答えなさい。ただし，円周率は3.14とします。

(1) 図1のように図形Aと半径2cmの円があり，図形Aが円の周りをすべることなく転がります。図形Aが通過する部分の面積は何cm²ですか。

(2) 図2のように図形Aと同じ図形Bがあり，図形Bが固定されています。図形Aが図形Bの周りをすべることなく転がります。図形Aが通過する部分の面積は何cm²ですか。

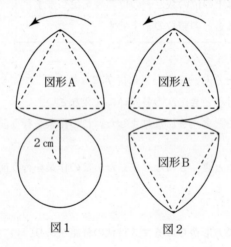

1 次の計算をしなさい。
 ① $36+96\div 8-6\times 8$
 ② $1.25\times 0.4+\dfrac{3}{2}\div \dfrac{5}{6}$
 ③ $0.68\times \dfrac{2}{5}+0.32\times 0.6-0.36\times \dfrac{2}{5}$
 ④ $48\times \left(\dfrac{7}{12}-\dfrac{5}{16}\right)-\dfrac{6}{5}\times \left(\dfrac{5}{6}+6\dfrac{2}{3}\right)$

2 次の各問に答えなさい。
 問1 72の約数は，全部で何個ありますか。
 問2 ある国の全面積をもとにした砂漠の面積の割合を調べたら，2010年は20％でしたが，2020年は24％になっていました。2010年の砂漠の面積をもとにすると，2020年までの10年間で，砂漠の面積は何％増えたことになりますか。ただし，2010年と2020年では，この国の全面積は変わっていません。
 問3 はるこさんは，同じ大きさ，同じ重さのコインをたくさん持っています。何枚あるか数えるために重さを量ることにしました。全部のコインの重さは，1032ｇでした。その中から抜き出した10枚のコインの重さは48ｇでした。コインは全部で何枚あると考えられますか。
 問4 図1は，たてが3㎝，横が4㎝，高さが8㎝の直方体です。図2は，底面の半径が2㎝，高さが8㎝の円柱です。図1の直方体と図2の円柱では，どちらの立体の体積が何㎤大きいか答えなさい。ただし，円周率は3.14とします。

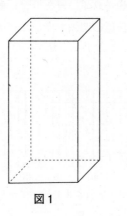
図1

図2

問5 なつこさんは，クラスの人が1週間に図書室から借りた本の冊数を調べました。なつこさんは，調べた結果を表にまとめましたが，2冊借りた人数をうっかり消してしまったため，図3のようになってしまいました。

なつこさんのクラスの人が1週間に図書室から借りた本の冊数の平均は，何冊ですか。

小数第2位を四捨五入して小数第1位まで求めなさい。

1週間に図書館から借りた本の冊数と人数

冊数(冊)	人数(人)
0	2
1	9
2	
3	11
4	7
5	3
6	2
合計	40

図3

3 図1のように，池のまわりに1周3600mの道があります。この道の途中には，A地点とB地点があります。

あきおさんは，A地点を出発して，1周するごとに速さを変えて，同じ方向に道を3周しました。1周目は分速200mで走りました。1周走ったあとA地点で6分間休憩してから，2周目は1周目よりもゆっくり走りました。A地点で6分間休憩してから，3周目は分速100mで歩きました。

ふゆこさんは，あきおさんが1周目を出発してから30分後に，A地点からあきおさんが走る方向と同じ方向に，自転車で道を1周しました。途中のB地点で6分間休憩しました。

はるおさんは，あきおさんが1周目を出発すると同時に，A地点をあきおさんとは逆の方向にまわり始めました。はるおさんは，途中で休憩をせずに道を1周しました。

図2は，あきおさんとふゆこさんの時間と位置の関係を表したグラフです。後の各問に答えなさい。

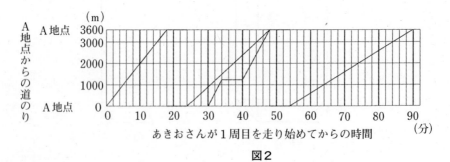

図2

問1 あきおさんの2周目の速さは，分速何mですか。
問2 A地点からB地点までの道のりは，何mですか。短い方の道のりを答えなさい。
問3 はるおさんは，A地点を出発してから一定の速さで道を1周するまでの間に，A地点以外の場所であきおさんとふゆこさんに，合わせて3回出会いました。はるおさんの速さは，分速何mより速く，分速何mより遅いですか。

4 あきこさんは，神奈川県の箱根町に住む祖母から「寄木細工」の工作キットを送ってもらい，お母さんといっしょに作ることにしました。この工作キットには，図1，図2，図3の3種類のひし形の部品がたくさん入っていました。それぞれの部品は大きさが等しく，内側の角度が60°と120°になっています。

図1 色のうすい部品　　図2 色のこい部品　　図3 しま模様の部品

あきこさんのお母さんは，図1の部品を3枚，図2の部品を3枚，図3の部品を6枚の合計12枚を使って，図4のコースターを作りました。図4のコースターの各部品に，図5のとおりアからシまでの記号をつけて，あきこさんとお母さんが【会話】をしています。

図4　お母さんが作ったコースター　　図5　図4の各部品につけた記号

【会話】

お母さん：私が作ったコースター，きれいなデザインでしょ。
あきこさん：そうね。あれ，ちょっと待って。規則的になっていないところがあるよ。
お母さん：あ，本当だ。でも，まだ接着剤を付けていないから直せるよ。どう直そうかしら。
あきこさん：直す方法にはいろいろあるね。例えば，お母さんが作ったコースターは，①キの部品を1回だけ動かせば，対称の軸で折ると②色や模様がぴったり重なる線対称な図形に変えられるよ。
お母さん：ありがとう。風車のように見えるわ。
あきこさん：風車といえば回転するよね。③色や模様がぴったり重なる点対称な図形もできるかな。

注　コースター：コップなどの下にしく平たい物。

このとき，次の各問に答えなさい。

問1　下線部①について，どのように動かすと下線部②の線対称な図形になるか，次の【条件】にしたがって動かし方を説明しなさい。

【条件】
・図6のようにキの部品の頂点にふった記号を使うこと。
・「ずらす」「まわす」「うら返す」のどれか1つの言葉を1回だけ使うこと。

図6

問2　下線部②について，お母さんが作った図4のコースターを，下線部①の動かし方をして下線部②の線対称な図形に変えたとき，その図形の対称の軸の本数を答えなさい。

問3　下線部③について，お母さんが使った12枚の部品をすべて使って，下線部③の点対称な図形を作ることはできるでしょうか。

「できる」ならば，次の＜できる＞を○で囲み，できあがった点対称な図形をかきなさい。

「できない」ならば，次の＜できない＞を○で囲み，その理由を説明しなさい。

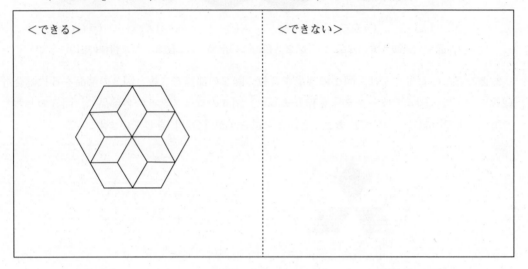

1 次の □ にあてはまる数を求めなさい。

(1) $\left(1\dfrac{2}{5} \div 0.75 - 0.7 \times \dfrac{5}{3}\right) \div \square = \dfrac{3}{10}$

(2) 太郎君が家から図書館へ，行きは分速77m で歩き，帰りは分速63m で歩きました。このとき，往復の平均の速さは分速 □ m です。

(3) 大人と子どもが合わせて30人います。□ 個のみかんを配るとき，大人に5個，子どもに8個ずつ配ろうとすると1個余り，大人に9個，子どもに6個ずつ配ろうとすると17個足りないです。

(4) 最初，太郎君は次郎君の1.5倍のお金を持っていました。太郎君は490円のお弁当を，次郎君は210円のサンドウィッチをそれぞれ買ったところ，次郎君の残金は □ 円になり，次郎君の残金が太郎君の残金の1.5倍になりました。

(5) 1から □ までの整数の中に，3で割り切れるが5で割り切れない数は77個，5で割り切れるが3で割り切れない数は39個あります。

(6) 2021のように，数字0，1，2の3種類のみを使って表すことができる奇数を，次のように小さいものから順に並べていきます。

1, 11, 21, 101, 111, …

このとき，2021は最初から数えて □ 番目に並びます。

(7) 2種類の食塩水AとBがあります。A200gとB100gを混ぜると7%の食塩水になり，A150gとB100gを混ぜると8%の食塩水になります。A100gとB100gを混ぜると，□ %の食塩水になります。

(8) 1辺の長さが6cmの立方体ABCD－EFGHを，頂点A，C，Fの3つの点を通る平面と，頂点B，D，Gの3つの点を通る平面で切断したとき，頂点Hを含む立体の体積は □ cm³ です。

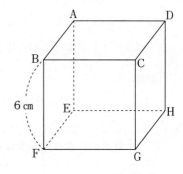

2 A地点とB地点を結ぶ全長7250mのマラソンコースがあり，太郎君と次郎君の2人がこのコースを走ります。

太郎君は，A地点を出発してから一定のペースで走って，出発してから50分後にB地点にたどり着きました。B地点で5分休憩した後，往路と同じペースで走りA地点まで戻ってきました。B地点を出発してから3分後に，B地点に向かって走る次郎君とすれ違いました。

次郎君は，太郎君がA地点を出発してから10分後にA地点を出発して一定のペースで走っていましたが，途中のC地点で20分間休憩し，その後走るペースを1.5倍にしてB地点まで走り切りました。C地点を出発してから2分後に，B地点から折り返してきた太郎君とすれ違いました。

(1) 次郎君がC地点に着いたのは，次郎君がA地点を出発した何分後ですか。

(2) 太郎君が走る速さと，次郎君がA地点からC地点まで走った速さの比は，何対何ですか。

(3) A地点とC地点の間の距離は何mですか。

3 右の図のような平行四辺形ABCDがあります。図のように点P，Q，R，Sを平行四辺形の辺上にとったところ，AP：PD＝1：1，AQ：QB＝3：1，BR：RC＝5：1になりました。また，点Pと点Rを結んだ線と点Qと点Sを結んだ線が交わる点をOとすると，PO：OR＝1：1になりました。

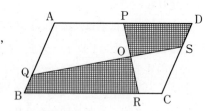

(1) QOとOSの長さの比は何対何ですか。

(2) CSとSDの長さの比は何対何ですか。

(3) 四角形QBROと四角形POSDの面積の比は何対何ですか。

4 ある条件にしたがって作った整数のうち，7の倍数であるものがいくつあるかを考えます。

【条件1】
1から7までの数字だけを使って2けたの整数を作ります。ただし，同じ数字を2回使ってもよいものとします。

(1) 【条件1】によってできる2けたの整数のうち，7の倍数であるものは何個ありますか。

【条件2】
1から7までの数字だけを使って3けたの整数を作ります。ただし，同じ数字を2回以上使ってもよいものとします。

(2) 【条件2】によってできる3けたの整数のうち，7の倍数であるものは何個ありますか。

【条件3】
1から6までの数字だけを使って4けたの整数を作ります。ただし，同じ数字を2回以上使ってもよいものとします。

(3) 【条件3】によってできる4けたの整数のうち，7の倍数であるものは何個ありますか。

かえつ有明中学校（2月1日午後 特待入試）

—50分—

1. 次の □ にあてはまる数を求めなさい。
   (1) $\frac{1}{5} + \left(3 \times \frac{1}{5} + 3\right) \div 12 = $ □
   (2) $2\frac{1}{6} \div \left(4\frac{1}{3} - 2\frac{1}{6}\right) \times \left\{\left(2 - \frac{3}{4}\right) \div \frac{1}{4}\right\} = $ □
   (3) $\frac{3}{5} \times 167 - 38 \times 0.6 - 0.06 \times 290 = $ □
   (4) $180g + 0.25g \times 400 + 0.35kg \div 0.7 = $ □ g
   (5) $300 - \left\{300 - \left(300 - \Box \times \frac{1}{3}\right)\right\} = 3$

2. 次の問いに答えなさい。
   (1) 兄と弟あわせて9000円のこづかいをもらいました。いま，兄は1800円使い，弟は自分のこづかいの $\frac{1}{5}$ を使ったところ，2人のこづかいは同じになりました。兄が最初にもらったこづかいは何円ですか。
   (2) 右の図で，点Aから点Bまでの最短の道順は何通りありますか。

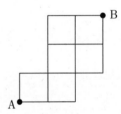

   (3) 14.4kmを2時間30分で進むためには，秒速何mで移動すればよいですか。
   (4) ある日の相場で，イギリスの通貨であるポンドが1ポンド140円，アメリカの通貨であるドルが1ドル105円でした。このとき，50ドルは何ポンドですか。
   (5) 令和となった最初の日となる2019年5月1日は何曜日ですか。なお，2019年9月1日は日曜日です。

3. 10%の食塩水が450gあります。これに18%の食塩水を何gか入れるつもりでしたが，まちがえて，同じ重さの水を入れてしまったので，7.5%の食塩水ができました。
   このとき，次の問いに答えなさい。
   (1) 入れた水の重さは何gになりますか。
   (2) まちがえなければ，何%の食塩水ができるはずでしたか。

4. かえつダムは，天気予報をもとに1日の流水量の予測を立てた上で1日の放水量を変化させています。ここで流水量とは，川や雨などダムに注がれる全ての水の合計量を表します。このとき，次の問いに答えなさい。
   (1) 通常では，今の時期は1日の流水量と放水量を同じにすることで貯水量は800万m³に保たれ

ていました。しかし，今年は雨が降らず流水量が減り，10日間で貯水量が700万㎥まで落ちました。天気予報では雨が降らず良い天気が続くと報告があったため，1日の流水量は今後も一定と予測を立てた上で，1日の放水量を通常より6割減らしました。すると5日間で貯水量が800万㎥に戻りました。このとき通常時の1日の放水量は何万㎥ですか。

(2) その後，流水量と放水量は通常に戻り，貯水量は800万㎥に保たれていました。しかし，週間予報で大雨の予報が出たため，4日後から7日後の4日間は1日の流水量が通常の3倍となると予測を立てました。7日後に貯水量を800万㎥にするためには，本日から7日後までの8日間で1日の放水量を通常と比べて何倍にすれば良いですか。

5 次の数字の列は，3種類の数字0，1，2だけを使ってできる整数を小さい順に並べたものです。
   1, 2, 10, 11, 12, 20, 21, 22, 100, 101, 102, 110, ……
   このとき，次の問いに答えなさい。

(1) 3けたの数字は何個並びますか。
(2) 27番目の数字は何ですか。
(3) 2021は何番目の数字ですか。

6 次の図は立方体を一部切り取ってできる立体の展開図です。このとき，あとの問いに答えなさい。

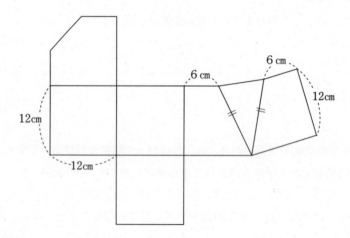

(1) この展開図を組み立ててできる立体は次の4つのうちどれか，番号を答えなさい。ただし，色のついた部分は切り取られた図形の断面です。

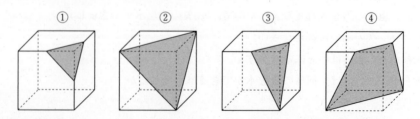

(2) この立体の体積は何㎤ですか。なお，三角すいの体積は「底面積×高さ×$\frac{1}{3}$」で求められます。(式も書くこと)

(3) この立体の表面積は何㎤ですか。(式も書くこと)

―38―

春日部共栄中学校(第1回午前)

—50分—

注意　1　定規，分度器，コンパス，計算機は使用してはいけません。
　　　2　問題文中にある図は必ずしも正確ではありません。
　　　3　円周率は3.14として計算しなさい。

1　次の各問いに答えなさい。

(1) 次の計算をしなさい。
$$\left\{\frac{5}{7} \div \frac{5}{4} - 1 \div (1 \div 0.3)\right\} \times 5$$

(2) 次の □ に適当な数を入れなさい。
$$1 - \left(\frac{19}{28} - \frac{1}{\boxed{}}\right) \times 1\frac{2}{5} = 0.25$$

2　次の □ に適当な数や記号を入れなさい。

(1) 右の図の三角形ABCにおいて，AC上にAD＝DE＝ECになるような点D，Eがあり，BD上に点Fがあります。また，三角形ABCの面積は12cm²，三角形FDEの面積は3cm²です。このとき，BFとFDの長さの比は最も簡単な整数の比で表すとBF：FD＝ ア ： イ です。

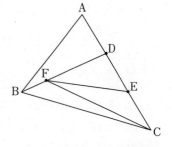

(2) 次の円グラフは，ある日花子さんのお店と太郎さんのお店で売れたくだものの個数の割合を表したものです。次の(ア)～(エ)のうち正しいものは □ です。

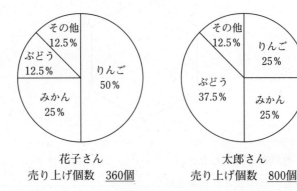

花子さん　売り上げ個数　360個
太郎さん　売り上げ個数　800個

(ア) 花子さんのお店で売れたくだものの個数は，太郎さんのお店で売れたくだものの個数より多い。

(イ) 花子さんのお店でぶどうが売れた割合より，太郎さんのお店でぶどうが売れた割合の方が小さい。

(ウ) 売れたみかんとぶどうの個数の合計が多いのは花子さんのお店。

(エ) 売れたりんごの個数が多いのは太郎さんのお店。

(3) 今,時計の針がちょうど10時をさしています。この後,長針と短針が初めて重なるのは,□分後です。

(4) 右の図はさいころの見取り図です。このさいころの展開図として(ア)～(エ)のうち正しいものは□です。

(ア)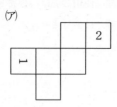

(イ)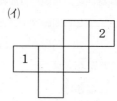

(ウ)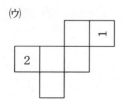

(エ)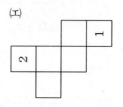

(5) ある人は,はじめに持っていたお金の $\frac{1}{3}$ で問題集を買い,次に残りのお金の $\frac{3}{5}$ で参考書を買うと,800円残りました。はじめに,□円持っていました。

3 図のように1辺の長さが2cmの正六角形と,1辺の長さが1cmの正三角形があります。はじめに正三角形の頂点Pは正六角形の頂点Aにあり,正六角形の内側を正三角形がすべらないように矢印の方向に転がります。頂点Pが頂点Aに再び重なるとき,次の問いに答えなさい。ただし,円周率は3.14とします。

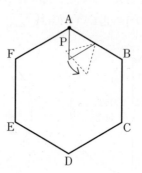

(1) 点Pが移動する道のりを図示しなさい。
(2) 点Pが移動する道のりの長さを求めなさい。

4 図のように，次の規則にしたがって数字を並べていきます。

1番目に1を3つ並べます。

2番目以降は，左と上の数字を足した値を書きます。ただし，左または上に数字がないときは1を書きます。

例えば，3番目に書かれた数字は1，3，3，1とします。また，2列3行の数字は3です。

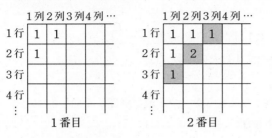

次の☐に適当な数を入れなさい。

(1) 5番目に書かれた数字の和は☐です。

(2) 7番目までに書かれたすべての数字の和は☐です。

(3) 3列10行の数字は☐です。

5 DE＝JK＝2cm，それ以外の辺の長さは1cmの右のような図があります。点Pはこの図形の辺上を動く点でAを出発して毎秒1cmの速さでA→B→C→D→E→F→G→H→I→J→K→L→Aの順に動きます。三角形ABP，三角形ACP，三角形IJPの面積について，次の問いに答えなさい。

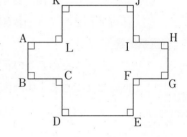

(1) 三角形ABPの面積と時間の関係を表すグラフとして最も適当なものを，次の(ア)～(エ)より1つ選びなさい。

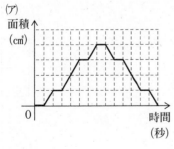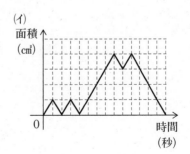
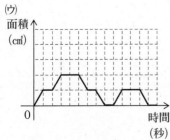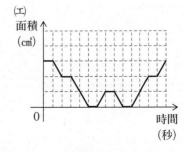

(2) 三角形ABPの面積が三角形IJPの面積と等しくなるのは何回ありますか。

(3) 点PがGからAに到着する間に，三角形ABPの面積が三角形ACPの面積と等しくなるのは全部で何秒間ありますか。

6 記号〈 〉と【 】を用いて，〈 〉にふくまれる数の最大公約数，【 】にふくまれる数の最小公倍数を計算します。

　　例えば　〈12, 18〉＝6
　　　　　　【12, 18】＝36

　　次の　　　　に適当な数を入れなさい。

(1) 〈8, 12, 20〉＝

(2) 【12, 18, m】＝72　を満たす1けたの整数mは

(3) 〈【18, n】, 24〉＝12　を満たす1けたの整数nは

7 (選択問題①)・(選択問題②)のうちどちらか一つを選び解答してください。

(選択問題①)　次の各問いに答えなさい。

(1) 長さ6mで重さ200gの針金があります。針金の重さは長さに比例します。この針金の重さが660gのとき，針金の長さは何mですか。

(2) あるバス停からⒶ，Ⓑ，Ⓒのバスが午前11時30分に3台同時に出発しました。Ⓐ，Ⓑ，Ⓒのバスが次に3台同時に発車するのは何時何分ですか。午前・午後もつけて答えなさい。

　Ⓐ　遊園地行き　　48分おきに発車
　Ⓑ　学校行き　　　12分おきに発車
　Ⓒ　体育館行き　　9分おきに発車

(選択問題②)

　1辺の長さが1cmの8つの正方形を並べてできた図形があります。軸
(ア)で1回転してできる立体の体積を求めなさい。

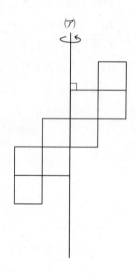

神奈川大学附属中学校(第2回)

—50分—

① 次の□□□にあてはまる数を求めなさい。

(1) $51-\{837-2072\div(70-2\times7)\}\div25=$□□□

(2) $5\frac{4}{7}\div\frac{13}{28}+26-2\div\frac{3}{16}\times(3-0.75)=$□□□

(3) $7.45\times680+74.5\times35-7450\times0.83=$□□□

(4) $7.75-(6-$□□□$)\times1\frac{3}{4}=3\frac{1}{4}$

② 次の問いに答えなさい。

(1) Aさん，Bさん，Cさんは合計48個のあめを持っていました。Aさんは持っているあめの $\frac{1}{5}$ をBさんに渡しました。その後，Bさんは持っているあめの $\frac{3}{7}$ をCさんに渡したところ，3人の持っているあめの個数は等しくなりました。

① BさんはCさんにあめを何個渡しましたか。

② はじめにBさんが持っていたあめは何個ですか。

(2) ある電車が，長さ260mの鉄橋を渡り始めてから渡り終わるまでに22秒かかり，長さ900mのトンネルを通過するのに54秒かかりました。

① 電車の速さは秒速何mですか。

② 電車の長さは何mですか。

(3) 現在，父，母，子ども3人の5人家族の年齢の和は102歳で，父は母より5歳年上です。10年後，父と母の年齢の和は子ども3人の年齢の和より50歳大きくなります。

① 10年後の父と母の年齢の和は何歳ですか。

② 現在の父の年齢は何歳ですか。

(4) 食塩水A，Bの濃度はそれぞれ8%，15%です。

① 食塩水A，Bを3：2の割合で混ぜると何%の食塩水ができますか。

② ①の食塩水を1000g作り，その食塩水から水を蒸発させて15%の食塩水を作るには，何gの水を蒸発させればよいですか。

(5) ある水族館の入館料は，大人1人1800円，子ども1人900円です。20人以上の団体は，合計金額の3割引になります。28人の団体で入館したときの合計金額は，大人7人，子ども8人の入館料の合計より270円安くなりました。

① 大人7人，子ども8人の入館料の合計金額は何円ですか。

② 28人の団体で入館したときの大人の人数は何人ですか。

(6) 次の図は，大きい直方体から小さい直方体を切り取った形をした水そうです。この水そうに，1分間あたり0.8Lの水を入れていくと20分で満水になります。グラフは水を入れ始めてからの時間と水面の高さの関係を表しています。

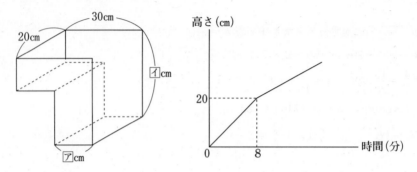

① アはいくつですか。
② イはいくつですか。

3 太郎さんと花子さんはA地点とB地点を，それぞれ一定の速さで往復しています。A地点から太郎さんが，B地点から花子さんが9時に同時に出発しました。出発してから18分後に，A地点から1.5km離れた地点で，2人は初めてすれ違いました。また，A地点から0.9km離れた地点で，2人は2度目にすれ違いました。ただし，2人は2回すれ違うまでに追い越されることはありません。

(1) 2度目にすれ違ったのは，何時何分ですか。
(2) A地点とB地点は何km離れていますか。
(3) 花子さんの速さは時速何kmですか。

4 図1は点Oを中心とした半径の異なる2つの円の一部を重ね合わせたものです。
　点B，CはAからDまでを3等分する点です。
　点P，QはOA，ODの真ん中の点です。
　ただし，円周率は3.14とします。

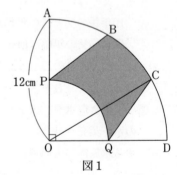
図1

(1) 図2において，EF：FG＝2：1になる理由を図2を利用しながら，言葉も使って説明しなさい。

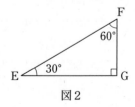
図2

(2) 三角形OCQの面積は何cm²ですか。
(3) 色の塗ってある部分の面積は何cm²ですか。

―44―

5　ある作業をするのに，Ａさん１人では63分，Ｂさん１人では105分かかります。ただし，２人一緒に作業すると，１分間にできる作業の量がそれぞれ２割５分増しになります。

(1)　この作業をはじめから終わりまで２人で一緒にすると，作業が終わるまで何分何秒かかりますか。

(2)　Ａさんは２分作業して１分休み，Ｂさんは１分作業してから１分休むことを繰り返します。この作業をＡさんとＢさんが一緒に始めると作業が終わるまで何分かかりますか。

6　次のようなゲームをします。

---

［１］　最初に得点を10点持っている。
［２］　１個のさいころを振って
①　奇数の目が出たら，その目の２倍の数だけ得点が増える。
②　偶数の目が出たら，その目の数だけ得点が減る。ただし，持っている得点より大きい偶数の目が出たとき，持っている得点を０点とする。
［３］　持っている得点が０点になったとき，ゲームを終了する。

---

(1)　さいころを２回振って，ゲームが終了になるときの目の出方をすべて答えなさい。ただし，１回目が１，２回目が２のときは，（１，２）のようにかきなさい。

(2)　さいころを３回振って，得点が４点になるときの目の出方は何通りありますか。

―45―

関東学院中学校(A)

—50分—

1. 次の □ にあてはまる数を求めなさい。
   (1) $\{(80-57) \times 2 + 24\} \div 7 - 6 \times 3 \div 2 =$ □
   (2) $8 \times \{42 - ($ □ $+3) \div 6\} = 12$
   (3) $\{60 - (1\frac{1}{2} - $ □ $) \div 1\frac{1}{5}\} \times \frac{1}{5} = 11\frac{5}{6}$
   (4) 1時間42分：3時間ア分イ秒＝4：9

2. 分子と分母の和が156の分数があります。この分数を約分して帯分数にすると $2\frac{1}{4}$ になりました。もとの分数を求めなさい。

3. ラグビーワールドカップで日本がスコットランドに勝利した試合の観戦者数はおよそ67500人で、3人に2人は、にわかファンだそうです。またラグビートップリーグ開幕戦の観戦者数はおよそ18000人で、そのうち、にわかファンは40％だそうです。また日本がスコットランドに勝利した試合のにわかファンのうち1割がこの試合を観戦したそうです。このとき、トップリーグ開幕戦のにわかファンのうち何％が日本対スコットランドの試合も見たと考えられますか。

4. はなさんはある会社に毎月980円を支払って音楽聴き放題の契約をしました。去年は1年間に1曲150円の曲と1曲250円の曲を合わせて100曲ダウンロードしていたので、それに比べると今年は6940円安くなったそうです。はなさんは去年250円の曲を1年間に何曲ダウンロードしていたでしょうか。

5. そうた君の家は3人家族で今年も豆まきをしました。豆まきが終わると必ず自分の年齢と同じだけ豆を食べることにしています。今年、3人の食べた豆の合計は100個でした。また今から5年前、お父さんはそうた君の4倍の豆を食べましたが、今から10年後には、お母さんはそうた君の2倍の豆を食べることになるそうです。そうた君のお父さんは現在何才ですか。

6. 右の図のような1辺が600mの長さでできた正方形のランニングコースがあります。ランニングコースの中は林になっていて同じ辺に来ないと互いの姿が見えないようになっています。隆一君はA地点を隆二君はB地点を同時に同じ方向に出発しました。隆一君の速さは毎分300m、隆二君の速さは毎分180mですが、隆一君は隆二君の姿が見えたところで走る速さを速めたので、隆一君は出発してから9分後に隆二君に追いつきました。隆一君は隆二君の姿が見えたところで走る速さを毎分何mにしましたか。

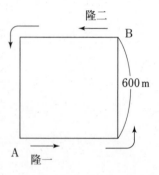

7 右の図は2つの直角二等辺三角形を組み合わせたものです。斜線の部分の面積は何cm²ですか。

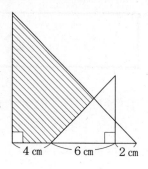

8 右の図のように1辺の長さが12cmの立方体があり，I，J，K，Lは各辺のまん中の点です。次の各問いに答えなさい。
(1) 三角すいAIJEの体積は何cm³ですか。
(2) 三角形IJEの面積は何cm²ですか。
(3) 立方体から三角すいAIJE，CKLGを切り取ったときの残りの立体の表面積は何cm²ですか。

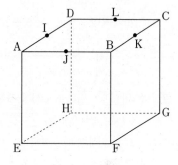

1 次の □ にあてはまる数を求めなさい。

(1) $7+3\times(5-4\div2)-8=$ □

(2) $36-\{12+3\times(77-67)\div2\}=$ □

(3) $1.25\times4\frac{4}{5}-2.5\div\frac{5}{12}=$ □

(4) $2021\times2-202.1\times5+20.21\times17-2.021\times670=$ □

(5) $\frac{1}{3}\times(\frac{1}{4}\times$ □ $+3.5)\div9=\frac{1}{6}$

2 次の □ にあてはまる数を求めなさい。

(1) $1.4\text{m}^2:2100\text{cm}^2=$ □ $:3$

(2) ある遊園地の入園料は，中学生は大人の半分，小学生は中学生の半分の料金です。大人2人，中学生2人，小学生2人で入園したところ9800円かかりました。大人1人の入園料は □ 円です。

(3) あるクラスの生徒に鉛筆を配ります。8本ずつ配ると6本足りなかったので，鉛筆を30本増やして配りなおすと，ちょうど9本ずつ配ることができました。生徒の人数は □ 人です。

(4) 右の図は長方形と正三角形が重なった図です。角アの大きさは □ 度です。

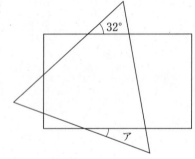

(5) 整数xを整数yで割ったときの商を$\lfloor\frac{x}{y}\rfloor$で表します。例えば，$\lfloor\frac{2}{5}\rfloor=0$ であり，$\lfloor\frac{7}{3}\rfloor+\lfloor\frac{41}{8}\rfloor=2+5=7$ です。このとき，$\lfloor\frac{51}{7}\rfloor+\lfloor\frac{302}{13}\rfloor=$ ① です。また，$\lfloor\frac{29}{a}\rfloor+\lfloor\frac{29}{8}\rfloor=5$ を満たす整数aは ② 個あります。

(6) 毎分30mの速さで流れる川の上流のA地点と下流のB地点を船で往復しました。下りにかかった時間は50分間で，上りは下りの1.5倍の時間がかかりました。静水時の船の速さは毎分 ① mで，A地点からB地点までは ② mです。

3 次の各問いに答えなさい。

(1) 次の和を求めなさい。

$1+3+5+7+\cdots\cdots+93+95+97+99$

(2) 右の図のように①から⑥まで席が横一列に並んでいます。この席にAさん，Bさん，Cさんが座りますが，人と人の間は必ず1つ以上席を空けて座ります。このとき，座り方は全部で何通りありますか。

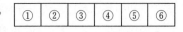

(3) 台形ABCDがあります。点Pは点Bから毎秒1cmで進み，点Cまで動きます。三角形APDの面積が60cm²になるのは何秒後ですか。

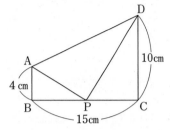

(4) 1時から2時の間で，時計の長針と短針の間の角度がはじめて80度になるのは1時何分ですか。答えを求める式も書きなさい。

(5) 家の掃除をお母さん1人ですると，120分かかります。また，お母さんが40分掃除をして，残りはお父さんと一緒に掃除をすると，全部で90分かかります。この家の掃除をお父さんが1人ですると，何分かかりますか。答えを求める式も書きなさい。

4 一辺が30cmの立方体の容器の真ん中に，高さ24cmのしきりがついています。直方体のおもりAとおもりBを，しきりの両側にそれぞれ置きました。おもりAの高さは12cm，おもりBの高さは24cmで，底面積はともに300cm²です。このとき，次の問いに答えなさい。ただし，しきりの厚さは考えなくてよいものとします。また，おもりを取り出すとき，水はこぼれないものとします。

(1) 水は何cm³入りますか。

(2) 満水の状態からおもりAを出したとき，水の高さは何cmになりますか。

(3) 満水の状態からおもりBを出した後，さらにおもりAを出したとき，左側の水面の高さは何cmになりますか。

(4) 満水の状態からおもりAを出した後，さらにおもりBを出したとき，右側の水面の高さは何cmになりますか。途中の考え方や式も記入すること。

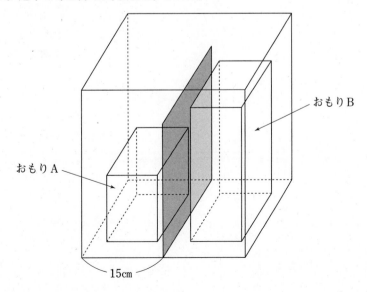

5 一辺の長さが12cmの正方形を半分に折っていきます。折り紙の左上をAとし，図1のようにAの場所を固定して，上に重ねるように折りたたみます。このとき，次の問いに答えなさい。

図1

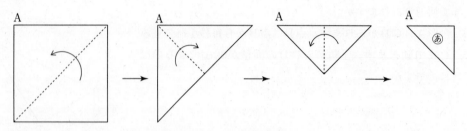

(1) 3回折りたたんだとき，できる三角形あの面積は何cm²ですか。

(2) 3回折りたたんだあと，図2の斜線部分をはさみで切り取りました。残った紙を開いたときに，切り取られている部分を解答欄の図に示しなさい。

図2 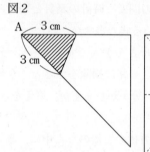　(解答欄)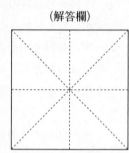

(3) 3回折りたたんだあと，図3の斜線部分をはさみで切り取りました。図中の点はそれぞれの辺を3等分した点です。切り取られた紙を開いたとき，切り取られた紙1枚分の面積は何cm²ですか。
途中の考え方や式も記入すること。

図3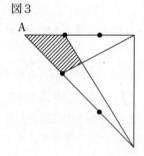

慶應義塾湘南藤沢中等部

—45分—

① ア, イ, ウ にあてはまる数を求めなさい。

(1) $8×9+24×5+21×8+72×3+11×24+8×39=$ ア

(2) $10÷\left(9÷\dfrac{12}{イ-2}-1.25\right)-3=1$

(3) かげのついた部分の面積は ウ cm² （ただし，円周率は3.14とする。）

1辺の長さ28cmの正方形と，半円2個と円を四等分したものを組み合わせた図形

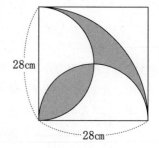

②

(1) 2つのビーカーAとBの中の水の量の比は17：3であった。AからBに30cm³の水を移すと，水の量の比は7：3になった。水を移す前のビーカーAに入っていた水の量は何cm³ですか。

(2) 3つの箱A，B，Cの中にボールが入っている。

AとBの箱のボールの個数の和は137個，

BとCの箱のボールの個数の和は118個，

AとCの箱のボールの個数の和は129個であった。

Aの箱の中に入っているボールの個数は何個ですか。

(3) 次の規則にしたがって，空いているマスに数字をすべて書き入れなさい。

・たて4列，横4列のそれぞれの列の中に，1，2，3，4の数字が必ず一つずつ入る。

・たて2マス，横2マスの太線で囲まれたそれぞれの部分に，1，2，3，4の数字が必ず一つずつ入る。

1			
		2	
	4		
			3

③ 次の図1は底面をA，高さ20cmとする直方体と，底面をB，高さ10cmとする直方体をつなげて作った容器である。2つの底面A，Bはともに1辺の長さ4cmの正方形である。底面Aに底面積4cm²，高さ10cmの直方体Xが置かれている。容器の右はしの上に管Cがあり，毎秒8cm³で水を入れることができる。底面Bに管Dがあり，ふたを開けると毎秒2cm³で水を出すことができる。

いま，管Dのふたを開けてから，管Cから水を入れ始め，10秒後に直方体Xをすばやく引きぬいた。図2は水を入れ始めてからの時間と底面Aからの水面の高さの関係をグラフで表したもので，水を入れ始めてからの時間が㋒秒のときに管Dのふたを閉じた。

このとき，グラフの㋐，㋑，㋒にあてはまる数を求めなさい。

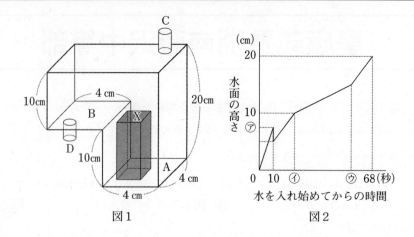

図1　　　　　　　　　図2

4　AさんとBさんは同じ数ずつ玉を持っていて，次のような作業をする。
① Aさんの持っている玉のうち半分をBさんにわたす。
② Bさんの持っている玉のうち半分をAさんにわたす。
　①，②の順にくり返し作業を行い，持っている玉の個数が奇数になったら終わる。

　右の図は最初にAさんが8個，Bさんが8個玉を持っている場合の例であり，玉をわたす作業は3回行われたので，作業の回数は「3」と考えることにする。次の　ア　～　オ　にあてはまる数を答えなさい。

(1) Aさん，Bさんはそれぞれ最初に40個ずつ持っている。この作業が終わったときにAさんは　ア　個の玉を持っていて，作業の回数は　イ　です。

(2) Aさん，Bさんはそれぞれ最初に　ウ　個ずつ持っている。この作業が終わったときにAさんは63個，Bさんは129個の玉を持っていて，作業の回数は　エ　です。

(3) Aさん，Bさんはそれぞれ最初に3072個ずつ持っている。この作業が終わったときの作業の回数は　オ　です。

5　A君とB君は学校を同時に出発し，分速40mで駅へ向かう。出発してから8分後にB君の忘れ物を持ったCさんが学校を出発し，分速50mで駅へ向かう。B君は出発してから12分後に忘れ物に気がつき，A君と別れて分速90mで学校へ向かったが，途中でCさんと出会い，忘れ物を受け取って，いっしょに駅へ分速30mで向かった。
　A君は，B君と別れてからは分速20mで駅に向かったところ，A君が駅に着いてから3分後に，B君とCさんが駅に着いた。
　学校から駅までは一本道で，忘れ物の受けわたしの時間は考えないものとする。
(1) CさんがB君と出会ったのは，学校から何mの地点ですか。
(2) A君が分速20mで歩いたのは何分間ですか。
(3) 学校から駅までの道のりは何mですか。

6 1辺の長さが8mの正方形の形をした広場がある。広場には図のように1mごとに線がひかれており，いくつかの印が線の交わるところに置いてある。広場の中のある地点からそれぞれの印にまっすぐ行くとするとき，印Aが他の印よりも一番近い広場の部分の面積をⒶとする。

　たとえば右の図1のように2つの印A，Bを置いたとき，Ⓐはかげのついた部分の面積で，24㎡となる。このとき，かげのついた部分のある地点からAまでの距離は，そこからBまでの距離より短くなる。

　ただし，印の大きさは考えないものとする。

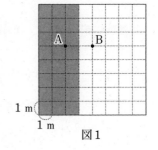

図1

(1) 図2のように，2つの印A，Bを置いたとき，面積Ⓐを求めなさい。
(2) 図3のように，3つの印A，B，Cを置いたとき，面積Ⓐを求めなさい。
(3) 図4のように，3つの印A，B，Cを置いたとき，面積Ⓐを求めなさい。

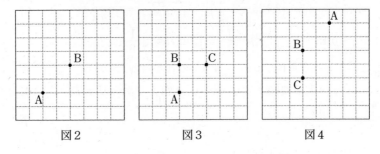

図2　　　　　図3　　　　　図4

2021　慶應義塾中等部

慶應義塾中等部

—45分—

〔注意事項〕　解答は，次の例にならって□の中に0から9までの数字を1字ずつ記入しなさい。
〔例〕

(1)　333mから303mをひくと□mになります。　　解答　| 3 | 0 |

(2)　2.34に6をかけると ア.イ になります。　　解答　| ア | イ | ウ |
　　　　　　　　　　　　　　　　　　　　　　　　　　| 1 | 4 | 0 | 4 |

(3)　$\frac{5}{2}$に$\frac{1}{3}$をたすと ア$\frac{イ}{ウ}$ になります。　　解答　| ア | イ | ウ |
　　　　　　　　　　　　　　　　　　　　　　　　　　| 2 | 5 | 6 |

1　次の□に適当な数を入れなさい。

(1)　$\left(5\frac{5}{6} - 2\frac{2}{3}\right) \div \left\{3.3 - \left(2.125 - 1\frac{1}{5}\right)\right\} = $ ア$\frac{イ}{ウ}$

(2)　$5\frac{2}{15} \times \left(\frac{7}{8} - 0.15 \div$ ア$.\frac{イ}{ウ}\right) + 0.75 = 5\frac{1}{8}$

(3)　2021年1月1日は金曜日でした。2021年の20番目の火曜日は ア 月 イ 日です。

(4)　縮尺25000分の1の地図上で60cm²の広さの土地があります。この土地の実際の面積は ア.イ km²です。

2　次の□に適当な数を入れなさい。

(1)　2%の食塩水に食塩を加えて混ぜるとき，元の食塩水の重さの12%にあたる食塩を加えると， ア.イ %の食塩水ができます。

(2)　3つの店A，B，Cで順に買い物をし，どの店でもそのときに持っていたお金の$\frac{3}{5}$より200円多く使った結果，最初の所持金□円をすべて使い切りました。

(3)　今年のAさんの年齢はB君の2倍で，9年前のAさんの年齢はB君の3倍でした。今年のB君の年齢は□才です。

(4)　ある仕事を仕上げるのに，太郎君1人では60日，次郎君1人では40日かかります。今，太郎君がこの仕事に取りかかってから□日後に，次郎君が太郎君に変わって仕事をしたところ，太郎君が仕事を始めてから47日後にこの仕事を仕上げました。

(5)　3時から4時までの時間で，時計の長針と短針が作る角が直角になるのは3時ちょうどと3時 ア$\frac{イ}{ウ}$ 分です。

3　次の□に適当な数を入れなさい。ただし，円周率は3.14とします。

(1)　［図1］のような正三角形ABCにおいて，色をつけた3つの角の大きさは等しいとします。このとき，辺AQと辺BRの長さの比を最も簡単な整数の比で表すと， ア ： イ になります。

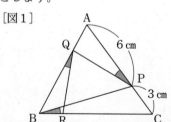

［図1］

—54—

(2) ［図2］のようなおうぎの形を，点Oが円周上の点に重なるように直線ABで折り返しました。このとき，角xの大きさは□°です。

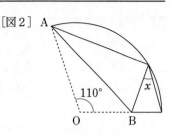

(3) ［図3］のように，1辺の長さが6cmの正六角形を直線で2つに分けました。①の部分と②の部分の面積の比を，最も簡単な整数の比で表すと ア ： イ になります。

(4) ［図4］のような，たて2cm，横1cmの長方形があります。長さ20cmの糸をたるみがないように引っ張りながら，この長方形に矢印の方向に巻き付けていきます。糸をすべて巻き付けたとき，糸の端Pが通った長さの合計は ア ． イ cmになります。
ただし，糸の太さは考えないものとします。

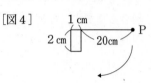

(5) ［図5］のような直角三角形と正方形を組み合わせた図形を，直線ABを軸として1回転させてできる立体の表面の面積は ア ． イ cm²です。

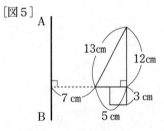

4 太郎君はA地を，次郎君はB地を同時に出発して，それぞれ一定の速さでA地とB地の間を何回も往復します。太郎君の歩く速さは次郎君よりも速く，グラフは太郎君と次郎君の間の距離と時間の関係を表したものです。次の□に適当な数を入れなさい。

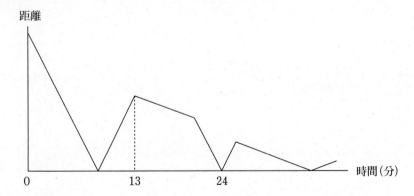

(1) 太郎君と次郎君が初めて出会うのは，2人が出発してから ア 分後です。また，次郎君が初めてA地に着くのは，2人が出発してから イ ． ウ 分後です。

(2) 太郎君が次郎君を初めて追いこすのは，2人が出発してから ア $\frac{イ}{ウ}$ 分後です。

5 2以上の整数に対して，1になるまで以下の操作を繰り返します。
   ・偶数ならば2で割る
   ・奇数ならば3倍して1を加える
   例えば，6であれば，次のような8回の操作によって1になります。
   　　　　　6→3→10→5→16→8→4→2→1
   このとき，次の □ に適当な数を入れなさい。

(1) 11は [14] 回の操作で1になります。

(2) 12回の操作で1になる整数は全部で [10] 個あります。

6 四角形ＡＢＣＤを対角線で2つの三角形に分ける方法は，次の［図１］のように2通りあります。また，五角形ＡＢＣＤＥを対角線で3つの三角形に分ける方法は，次の［図２］のように5通りあります。あとの □ に適当な数を入れなさい。

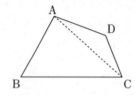
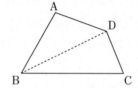

［図１］

    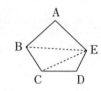

［図２］

(1) 六角形ＡＢＣＤＥＦを対角線で4つの三角形に分ける方法は，全部で [14] 通りあります。

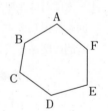

(2) 八角形ＡＢＣＤＥＦＧＨを対角線で6つの三角形に分ける方法は，全部で [132] 通りあります。

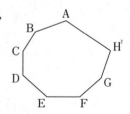

1 次の計算をしなさい。
(1) （1÷2+3）×4−5
(2) 51÷5×2.5÷5$\frac{2}{3}$
(3) 1.5÷$\{8\frac{1}{4}-2÷(\frac{2}{3}-\frac{2}{5})\}$
(4) 4.8−$\{\frac{1}{4}+\frac{2}{3}×(0.375-\frac{1}{6})\}$×6

2 次の問いに答えなさい。
(1) 連続する3つの整数があり，その和は123です。この3つの整数のうち，一番大きい整数はいくつですか。
(2) 1個150円の品物Aと，1個180円の品物Bを合わせて18個買ったところ，合計金額は2850円でした。品物Bは何個買いましたか。
(3) 子どもにあめを配ります。1人に5個ずつ配ると29個余り，1人に8個ずつ配るとちょうど2人分足りなくなります。あめは全部で何個ありますか。
(4) あるグループでは，女子は全体の人数の$\frac{1}{4}$より6人多く，男子は全体の人数の$\frac{4}{7}$より4人多いです。このグループに女子は何人いますか。
(5) 長さ100mの列車が，長さ2kmのトンネルに入り始めてから出終わるまでに2分20秒かかりました。列車の速さは時速何kmですか。
(6) 半径2cm，中心角90°のおうぎ形OABがアのように置いてあります。このおうぎ形が，直線ℓの上をすべることなく転がって，はじめてイのようになるまで移動しました。このとき，点Oが動いたあとの線の長さは何cmですか。

(7) 図1のような体積が18cm³の立体の表面に色をぬった後，図2のように1辺1cmの立方体18個に切りました。この18個の立方体で，色がぬられていない面は全部で何面ありますか。

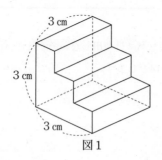
図1

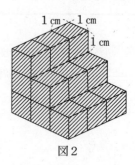
図2

3 容器Aには濃度2％の食塩水400g，容器Bには濃度8％の食塩水が入っています。はじめに，容器Bの食塩水を少しずつ容器Aに移して，5％の食塩水を作りました。次に，容器Aにできた食塩水を半分だけ容器Bに戻しました。
　このとき，次の問いに答えなさい。
(1) はじめに容器Aの食塩水に含まれる食塩の重さは何gでしたか。
(2) ① 容器Bから容器Aに食塩水を移している途中で，移した食塩水の量が80gになったとき，容器Aの食塩水の濃度は何％になりましたか。
　　② 容器Aに5％の食塩水ができたとき，容器Bに残っていた食塩水の量は，はじめの量の半分でした。はじめに容器Bに入っていた食塩水の量は何gでしたか。
(3) 最後に，容器Bにできた食塩水の濃度は何％でしたか。

4 右の図のような直方体の容器が，まっすぐに立っている長方形の仕切りによって，底面がア，イの2つの部分に分けられています。
　管Aはアの部分の上から，管Bはイの部分の上から一定の割合で水を入れます。また，イの部分には排水管Cがあり，栓を開くと一定の割合で排水します。管Aからは1分間に12L，管Bからは1分間に9L水を入れることができ，排水管Cからは1分間に10L排水することができます。
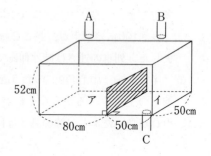
　はじめは管Aのみから水を入れます。しばらくしてから管Bからも水を入れ，その後，排水管Cの栓を開きます。このとき，水を入れ始めてから満水になるまでの時間とアの部分の水面の高さの関係を表したグラフは次のようになりました。アの部分の水面の高さは，水を入れ始めてから10分後までは一定の割合で上がり，10分後からしばらくの間は変わらず，その後は，満水になるまで一定の割合で上がっています。仕切りの厚さは考えないものとして，次の問いに答えなさい。ただし，途中の考え方も書きなさい。

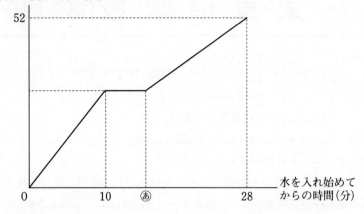

(1) 仕切りの高さは何cmですか。
(2) グラフのあにあてはまる数はいくつですか。
(3) 満水になるまでに，管Aから入れた水の量と管Bから入れた水の量の比が16：7でした。排水管Cの栓を開いたのは水を入れ始めてから何分何秒後ですか。
(4) 満水になったと同時に，管A，管Bから水を入れるのをやめ，排水管Cから排水し続けました。排水管Cから排水されなくなるのは，満水になってから何分何秒後ですか。

1 次の□にあてはまる数を答えなさい。

(1) $11×11+22×22+33×33+44×44-55×55=$ □

(2) $(2021-$ □ $)×(3+1.1×40)=2021$

(3) 300人が算数のテストを受けたところ，全体の平均点は64点で，合格者の平均点は70点，不合格者の平均点は55点でした。このテストの合格者は□人です。

(4) 栄くんが持っているあめ玉の個数の $\frac{3}{5}$ と東さんが持っているあめ玉の個数の $\frac{1}{4}$ が等しく，栄くんは東さんよりあめ玉が21個少ないとき，栄くんが持っているあめ玉は□個です。

(5) 1辺60mの正方形の土地の周囲4辺に5m間隔に木を植えることを考えます。この土地の4辺のうち，1辺には角2つを含めて，すでに別の木が植えられています。このとき，残りの3辺に植えることができる木の本数は□本までです。ただし，木の太さは考えないものとし，別の木を同じ場所に後から植えることはできないものとします。

(6) 右図の五角形ＡＢＣＤＥは正五角形で，その中に辺ＣＤを1辺とする正三角形ＯＣＤをかきます。
このとき，アの角度は□度です。

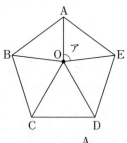

(7) 右図のように，同じ大きさの正方形を5個しきつめた図形があり，点Ａから点Ｂに線を引いたところ6cmになりました。このとき，斜線部分の面積は□cm²です。

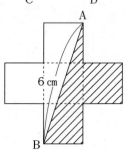

(8) 右図のような，長方形と半円でできた展開図をもつ立体の体積は□cm³です。ただし，円周率は3.14とします。

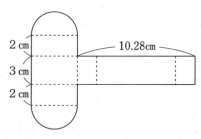

2 文化祭で，東さんのクラスではシュークリーム屋さんを出店することになりました。1個あたり125円の商品を300個仕入れて，昼までは1個につき2割の利益を見込んだ定価で売っていました。ところが，売れ残りが出そうだったため，夕方から定価の1割引きで売ったところ，最終的に25個が売れ残りました。その結果，この日のシュークリーム屋さんの利益が2175円になりました。このとき，次の問いに答えなさい。

(1) 夕方からは1個あたり何円で売りましたか。
(2) この日の売り上げの総額は何円になりましたか。
(3) 昼までにこの商品は何個売れましたか。

3 図1のような円について，次のような操作を行います。

> さいころをふり，出た目の分だけ円を等分し，その最初の部分を①とします。
> 1の目が出たら，すべて①として操作を終えます。
>
> 再びさいころをふり，出た目の分だけ残っているおうぎ形を等分し，その最初の部分を②とします。1の目が出たら，残った部分をすべて②として操作を終えます。
>
> その後，1の目が出るまで，同じ操作を繰り返します。

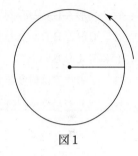

図1

たとえば，さいころの目が2→6の順で出た場合，右の図2のようになります。
このとき②のおうぎ形の中心角は30度で，残っているおうぎ形の中心角は150度です。

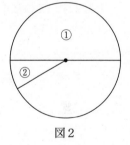

図2

また，さいころの目が4→3→5→1の順で出た場合，右の図3のようになります。
このとき④のおうぎ形の中心角は144度で，残っているおうぎ形はありません。

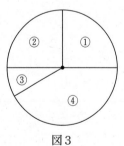

図3

このとき，次の問いに答えなさい。

(1) さいころの目が6→5→4→2→3→1の順で出たとき，⑤のおうぎ形の中心角を求めなさい。

(2) さいころを2回ふって②のおうぎ形の中心角が60度になるような目の出方をすべて書きなさい。ただし，目の出方は2→6のように表すこと。

(3) さいころを3回ふった後，残っているおうぎ形の中心角が120度になるような目の出方は全部で何通りありますか。

4 図1の三角形ＡＢＣはＡＢ＝4cm，ＢＣ＝3cm，ＣＡ＝5cmの直角三角形です。また，三角形ＥＤＡは三角形ＡＢＣと合同で，辺ＡＢ上に点Ｄがあります。ＣＥとＢＤが交わる点をＦとするとき，次の問いに答えなさい。

(1) アの角度は何度ですか。

(2) ＤＦの長さは何cmですか。

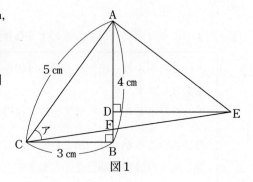

図1

(3) 図2のように，点Ｄを通り，ＣＥに平行な直線を引き，ＡＣ，ＡＥと交わる点をそれぞれＧ，Ｈとします。このとき三角形ＡＧＨの面積は何cm²ですか。

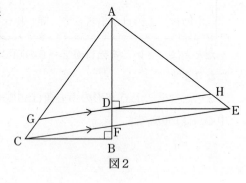

図2

5 図1のように縦30cm，横60cm，高さ40cmの直方体の水そう内に，側面と平行な高さの異なる仕切りを2枚つけます。水そうの底は仕切りで3つの部分に分かれるため，それらを左から順にA，B，Cとします。最初にAの部分だけに水がたまるように，この水そうに一定の割合で水を入れていきます。水を入れ始めてからの時間(秒)と，水そうの底から測った水面までの高さ(cm)の関係をグラフで表したところ，図2のようになりました。ただし，水そうや仕切りの厚さは考えないものとします。このとき，次の問いに答えなさい。

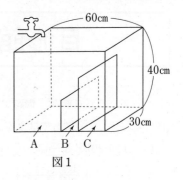
図1

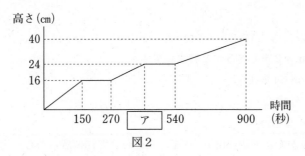
図2

(1) 水そうに入れる水の量は毎秒何cm³ですか。
(2) 図2の ア にあてはまる数を答えなさい。
(3) ある日，空の水そうに(1)と同じように水を入れたところ，Cの部分の水そうの側面に穴があいており，一定の割合で水が漏れていました。その結果，水を入れ始めてからの時間(秒)と，水そうの底から測った水面までの高さ(cm)の関係をグラフで表したところ，図3のようになりました。このとき，水そうの底から穴までの高さを求めなさい。ただし，穴の大きさは考えないものとします。

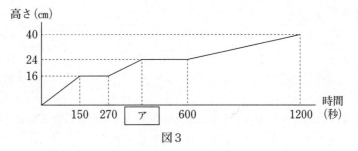
図3

[注意事項] 問題３・４は，答えだけでなく途中式や求め方なども書きなさい。

1　次の　　　にあてはまる数を答えなさい。
(1) $(11+29) \times 3 - (36 + 4 \times 14) \div 4 =$ 　　　
(2) $\dfrac{2}{5} \div 0.8 + \dfrac{1}{7} \times 2\dfrac{1}{3} =$ 　　　
(3) $2.65 \times 3.28 + 2.65 \times 2.72 =$ 　　　
(4) $\left(\boxed{} + \dfrac{1}{5}\right) \times \dfrac{2}{3} \div \dfrac{8}{15} + 1 = 5$
(5) a※b を a×2+b×3 と約束します。
　　このとき，(5※6)※10＝　　　

2　次の各問いに答えなさい。
(1) １個120円のみかんと１個150円のりんごを合わせて10個買ったら，代金の合計は1320円になりました。みかんを何個買ったか答えなさい。
(2) ⓪，①，①，②の４枚のカードがあります。この４枚のカードを使って４けたの整数はいくつできるか答えなさい。
(3) 長さ130ｍの電車が時速90kmで走っています。この電車が長さ370ｍの鉄橋を通過するのに何秒かかるか答えなさい。
(4) 右の図は長方形と半円を組み合わせた図形で，点Eは半円の弧ＣＤの真ん中の点です。しゃ線部分の面積を答えなさい。ただし，円周率は3.14とします。

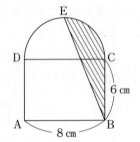

(5) 右の図のような図形を直線ＡＢを軸として１回転させたときにできる立体の体積を答えなさい。ただし，円周率は3.14とします。

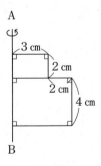

3 シュウ子さんとカンタロウさんはスポーツ大会に向けて図のような5枚の板をつないだ看板を作ることにしました。この看板に，隣り合う板どうしが異なる色になるように色をぬるとき，次の各問いに答えなさい。

(1) 赤色，青色の2色を使って，ぬり分ける方法は何通りありますか。

(2) 赤色，青色，緑色の中から，2色または3色を使ってぬり分けるとき，看板の色が左右対称となるぬり方は何通りありますか。

(3) 赤色，青色，緑色の中から，2色または3色を使ってぬり分けるとき，ぬり方は全部で何通りありますか。

(4) 赤色，青色，緑色の中から，2色または3色を使ってぬり分けるとき，赤色でぬられる枚数が2枚となるぬり方は何通りありますか。

4 図のように，直線上に長方形Aと直角三角形Bがあります。はじめにAとBが離れていて，Aは矢印の方向に秒速2cmの速さで動き，Bは止まっています。Aが動き始めてから数秒後にはBと重なり，8秒後にAとBの重なる部分がなくなりました。次の各問いに答えなさい。

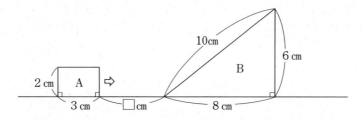

(1) はじめにAとBが何cm離れていたかを答えなさい。

(2) AとBが重なっている部分の形の変化を表すと，次の順のようになります。①〜③に当てはまる図形を答えなさい。また，そのときの図形の一例を直角三角形の図を参考にしてかきなさい。

　　直角三角形 → （ ① ） → （ ② ） → 長方形 → （ ③ ） → 長方形

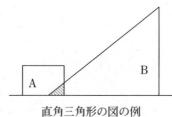

直角三角形の図の例

(3) Aが動き始めてから5秒後のAとBが重なっている部分の面積を答えなさい。

(4) AとBの重なっている部分の面積が1.5cm²になるのは，Aが動き始めてから何秒後と何秒後か答えなさい。

1　次の各問いに答えなさい。

(1) 次の□にあてはまる数を答えなさい。

$(0.875 + \boxed{}) \div 4 + \dfrac{5}{3} \times 0.6 + \left(0.04 + \dfrac{24}{25}\right) \div 3 = \dfrac{19}{12}$

(2) イチロー君はある本を読み始めました。1日目に全体の$\dfrac{1}{4}$を読み、2日目に残りの$\dfrac{3}{5}$を読んだところ、残りは78ページとなりました。この本は全体で何ページありますか。

2　ある町の小学6年生の児童の数を昨年と今年で比べると、昨年と今年の人数比は14：15でした。また、昨年の男子と女子の人数比は4：3でしたが、今年の男子と女子の人数比は17：13でした。さらに、今年は昨年より女子が400人増えていました。

(1) 昨年と今年の女子の人数比をもっとも簡単な整数の比で表しなさい。

(2) 昨年の小学6年生の児童の男の人数を求めなさい。

3　縦40cm、横60cm、高さ40cmである直方体の形をしたふたのない容器があります。図1のように、深さ20cmまで水を入れます。次に図2のように、底面が一辺20cmの正方形で高さが35cmの直方体を入れました。

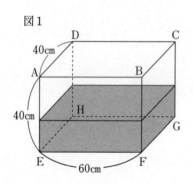
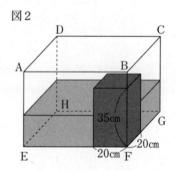

(1) 図2で水の深さは何cmになりますか。

次に先ほどと同じ直方体を図3のように入れました。そして面ABCDにふたをしたあと，面BFGCが下になるように辺FGを固定して容器をゆっくりと回転させました。

図3

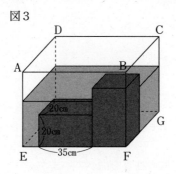

(2) 容器を回転させたあとの水の深さは何cmになりますか。

4 次の[ア]～[ウ]の中には，0から9までのうち1つの数字が入ります。
(1) 4けたの整数57[ア]1は，9で割り切れます。[ア]にあてはまる数字を答えなさい。
(2) 7けたの整数5[イ]3704[ウ]は，6で割り切れます。[イ]，[ウ]にそれぞれあてはまる数字を入れてできる7けたの整数は全部で何個ありますか。

5 直径2cmのコインを，縦30cm，横45cmの長方形の箱に，左側から順に詰めていきます。
(1) 図1のようにどの列にも同じ枚数を詰めていくとき，箱にもっとも多く入るコインの枚数は何枚ですか。
(2) 図2のように，奇数列目のコインは(1)と同じ詰め方をし，偶数列目の各コインは左の列の2枚のコインとぴったりくっつくように詰めていきます。
　図3は図2の一部を拡大したものです。このとき㋐は，何cmになりますか。
　右の三角形の辺の長さを参考に答えてください。

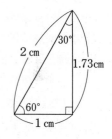

(3) (2)のように詰めていくとき，箱にもっとも多く入るコインの枚数は何枚ですか。

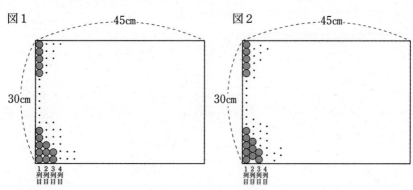

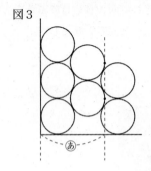
図3

6. 太郎君は曜日に注目して，暦の性質を調べています。
(1) 1月に4回しかない曜日は全部でいくつありますか。理由も含めて答えなさい。
(2) 1月の木曜日の回数が4回の年では，1月1日は何曜日ですか。考えられるすべての曜日を書きなさい。

次の日，太郎君が家の片付けをしていると，押し入れから古いカレンダーが出てきました。
このカレンダーを見ると，この年は「1月の木曜日の回数は3月の月曜日の回数より少ない」ことに気が付きました。
(3) この年の3月1日は何曜日ですか。

7. （注意：この問題は，解き方を式や言葉などを使って書きなさい。）
図のような文字盤に同じ間隔で1から24まで書かれている特殊な時計があります。この時計は，長針は右回りで2時間で1周し，短針は右回りで1日で1周します。24時には，長針も短針も24を指しています。図が表している時刻は15時5分です。
(1) 17時のとき，2つの針が作る小さい方の角度は何度ですか。
(2) 16時36分のとき，2つの針が作る小さい方の角度は何度ですか。
(3) 13時から長針と短針が重なる時刻を調べたとき，3回目に重なるのは何時何分ですか。

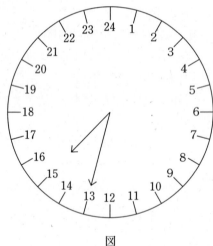
図

芝浦工業大学附属中学校(第1回)

—60分—

注意 1　③以降は，答えだけでなく式や考え方を書いてください。式や考え方にも得点があります。
　　 2　定規とコンパスを使用しても構いませんが，三角定規と分度器は使用してはいけません。
　　 3　作図に用いた線は消さないでください。
　　 4　円周率が必要な場合は，すべて3.14で計算してください。

1　(放送の問題につき省略)

2　次の各問いに答えなさい。ただし，答えのみでよい。

(1) $15 \times 23 + 24 \times 19 - 3 \times 41 - 6 \times 39$ を計算しなさい。

(2) □にあてはまる数を求めなさい。

$1.23 \times 0.2 + \dfrac{1}{25} = 11 \times (12 + \boxed{}) \times \left(\dfrac{1}{20} - \dfrac{1}{25}\right) \div 5$

(3) 水の入ったビーカーの中に，長さの差が10cmの2本のガラス棒が底に対して垂直に立っています。水につかっている部分はガラス棒全体の長さのそれぞれ $\dfrac{3}{5}$，$\dfrac{5}{11}$ です。このとき，ビーカーの中の水の高さを求めなさい。

(4) 右の図の印のついた8か所の角の大きさの和を求めなさい。

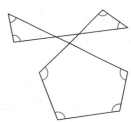

3　次の各問いに答えなさい。

(1) 大中小の3つのさいころを投げて，出た目の数の和が12になる目の出方は全部で何通りですか。

(2) 地球が誕生したのは約46億年前，人類が誕生したのは約700万年前と言われています。地球誕生から現在までの46億年を1年とすると，現在から700万年前は何月何日何時何分になりますか。ただし，1年は365日，地球誕生を1月1日の午前0時とし，割り切れないときは帯分数で答えなさい。

(3) 0から7までの数字で部屋番号を表している15階建てのマンションがあります。各階にはそれぞれ11部屋あります。1階の7番目の部屋番号は0107，8番目の部屋番号は0110，7階の最初の部屋番号は0701，8階の9番目の部屋番号は1011となります。部屋番号0101を1番目とするとき，151番目の部屋番号を求めなさい。

(4) 右の図において，半径1cmの円が長方形ABCDの内側の辺上をすべることなく転がりながら1周するとき，円が通った部分の面積を求めなさい。

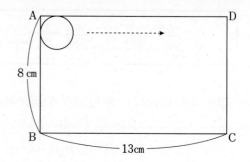

(5) 右の図の直角三角形ABCを，BCを軸に1回転させてできた立体を，さらにACを軸に1回転させます。このときにできる立体をACを通る面で切断したとき，切り口を次に作図し，斜線を引きなさい。（この問題は答えのみでよい）

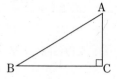

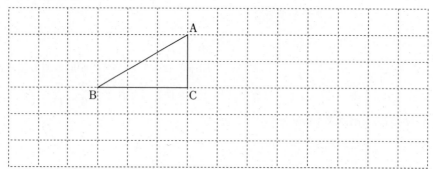

4 図のように，水そうA，Bにそれぞれ給水口A，Bがついており，どちらの給水口からも12％の食塩水を水そうに注ぎます。10000gの食塩水を水そうに注ぐのに給水口Aだけ使うと40分，給水口Bだけ使うと25分かかります。このとき，次の各問いに答えなさい。

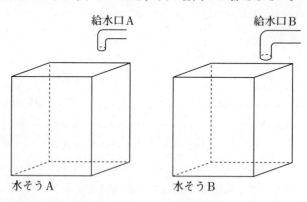

(1) はじめに，水そうAに濃度も重さも分からない食塩水が入っています。給水口Aを開けてから4分後の食塩水の濃度は15％でした。さらに7分後の食塩水の濃度は14％でした。はじめに水そうAに入っていた食塩水の濃度と重さを求めなさい。

(2) 空の水そうBに給水口Bを開けて食塩水を注ぎ始めましたが，15分後に給水口Bが壊れました。1か月で給水口を修理して，再び注ぎ始めてから10分後の食塩水の濃度は12.5％でした。修理の間に水が蒸発しました。

① 蒸発した水は何gですか。

② 空の水そうAに給水口Aを開けて21分36秒間食塩水を注ぎました。水そうA，Bから，それぞれ同じ重さの食塩水を取り出し，水そうAから取り出した食塩水を水そうBへ，水そうBから取り出した食塩水を水そうAに入れると，食塩水の濃度が等しくなりました。水そうAから取り出した食塩水は何gですか。

5 図のように，一辺の長さが6cmの立方体があり，次のように立体に名前をつけます。頂点B，D，Eを通る平面で立方体を切断したとき，頂点Aを含む立体をA′とします。頂点A，C，Fを通る平面で立方体を切断したとき，頂点Bを含む立体をB′とします。A′とB′の重なる部分の立体を(AB)と表します。このとき，次の各問いに答えなさい。ただし，(三角すいや四角すいの体積)＝(底面の面積)×(高さ)÷3です。

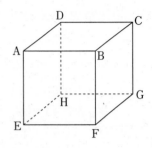

(1) A′の体積を求めなさい。
(2) 立方体から(AB)を取り出したとき，(AB)について次のア～オの説明が正しい場合は○，誤っている場合は×をつけなさい。(この問題は答えのみでよい)
　ア　面の数は4面である
　イ　面の数は6面である
　ウ　面の図形は，正三角形と二等辺三角形である
　エ　面の中に，正方形の面がある
　オ　辺は全部で6本ある
(3) (AB)の体積を求めなさい。
(4) 頂点B，D，Gを通る平面で立方体を切断したとき，頂点Cを含む立体をC′とします。
　　頂点A，C，Hを通る平面で立方体を切断したとき，頂点Dを含む立体をD′とします。
　　頂点A，F，Hを通る平面で立方体を切断したとき，頂点Eを含む立体をE′とします。
　　頂点B，E，Gを通る平面で立方体を切断したとき，頂点Fを含む立体をF′とします。
　　頂点C，F，Hを通る平面で立方体を切断したとき，頂点Gを含む立体をG′とします。
　　頂点D，E，Gを通る平面で立方体を切断したとき，頂点Hを含む立体をH′とします。
　　立方体のうち，A′，B′，C′，D′，E′，F′，G′，H′のどこにも含まれない部分は立体です。この立体の体積を求めなさい。

渋谷教育学園渋谷中学校(第1回)

—50分—

注　定規，コンパスは使用しないこと。

1　次の問いに答えなさい。ただし，(6)は答えを求めるのに必要な式，考え方なども順序よくかきなさい。

(1) $2.8 \times \left\{ 4\dfrac{1}{6} - \left(1.25 + 3\dfrac{1}{3}\right) \div 2\dfrac{1}{5} \right\}$ を計算しなさい。

(2) 2％の食塩水に7％の食塩水を加えると，5.6％の食塩水が500gできました。7％の食塩水を何g加えましたか。

(3) 電車Aが長さ1.3kmのトンネルを通過するとき，電車Aが完全にかくれているのは65秒間です。また，電車Aが，前方からくる電車Bと出会ってからすれ違うまでに8秒かかります。電車Bの長さは190m，速さは秒速22mです。電車Aの速さは秒速何mですか。

(4) 右の図は正方形と円からできている図です。図の㋐の部分の面積が57cm²のとき，㋑の部分の面積は何cm²ですか。ただし，円周率は3.14とします。

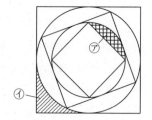

(5) 右の図で，直線Lを軸として図形を1回転させます。このときにできる立体の体積は何cm³ですか。ただし，円周率は3.14とし，すい体の体積は「(底面積)×(高さ)÷3」で求められます。

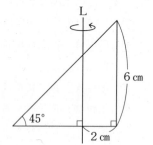

(6) 水の入った水槽に，A，B，Cの3本の棒を底につくようにまっすぐに立てました。それぞれAの棒の長さの$\dfrac{1}{3}$，Bの棒の長さの$\dfrac{1}{4}$，Cの棒の長さの$\dfrac{1}{5}$が水面の上に出ています。これらの3本の棒の長さの合計は147cmです。Aの棒の長さは何cmですか。

2 伝言ゲームを行います。まず、先生が1人の生徒に伝言を伝え、伝言を聞いた生徒は次の生徒に伝言を伝えます。伝言を伝えるのにちょうど1分かかります。1人の生徒は1度に1人の生徒にしか伝言を伝えることができません。伝言が伝わってから、次の生徒に伝え始めるまでの間の時間は考えないものとします。

例えば、1人の生徒が2人ずつの生徒に伝言を伝えるとします。次の図はその様子を表しています。生徒の名前の上の時間は、伝言が伝わった時間を表します。3分後にAさん、Bさん、Cさん、Dさんの4人に伝言が伝わります。

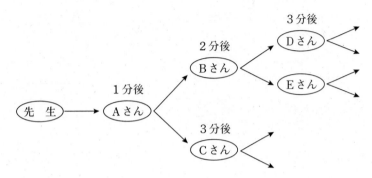

次の問いに答えなさい。
(1) 1人の生徒が2人ずつの生徒に伝言を伝えるとき、5分後に何人の生徒に伝言は伝わりますか。
(2) 1人の生徒が3人ずつの生徒に伝言を伝えるとき、6分後に何人の生徒に伝言は伝わりますか。
(3) この伝言ゲームを、学年の205人で行うことにしました。1人の生徒が3人ずつの生徒に伝言を伝えるとき、何分後に全員に伝言は伝わりますか。

3 右の図は立方体の展開図です。この展開図を組み立ててできる立方体について、次の問いに答えなさい。

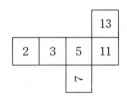

(1) 立方体の見取り図に向きも考えて数字をかき入れなさい。

(2) 同じ立方体になるように向きも考えて展開図に数字をかき入れなさい。

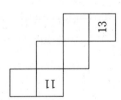

(3) 次の図のように，この立方体を正方形のマス目がかかれた紙の上に，2が上の状態で置きます。置いてある位置は，数字とアルファベットで表すと6－Fとなります。

次の図の状態から立方体の上の数字が，2，3，5，7，11，13の順になるように，正方形のマス目に合わせてすべらないように倒していきます。13が上の状態になったとき，置いてある位置を，数字とアルファベットで答えなさい。また，13が上の状態になったときの立方体を次の図と同じ方向から見た見取り図に向きも考えて数字をかき入れなさい。

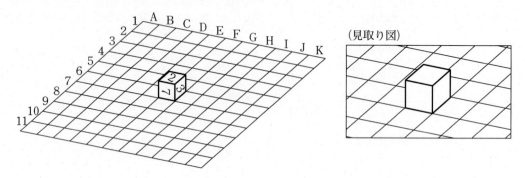

4 図1のような空の水槽に，高さ36cmの仕切りが立ててあります。仕切りの左側に給水管A，右側に給水管Bがあり一定の割合で水を注ぎます。仕切りの左側の底には，排水管Cがあり一定の割合で水を出します。仕切りの左右で入っている水の高さを測ります。

水槽は最初，空の状態で全ての管が閉じてあります。まずAとBを開き給水します。給水を始めてから20分までは，仕切りの右側の水の高さの方が高くなりました。給水してから初めて仕切りの左右に入っている水の高さの差が0cmになったとき，Aだけを閉じCを開きました。50分後に全ての管を閉めました。図2は，給水してからの時間と仕切りの左右に入っている水の高さの差の関係をグラフに表したものです。

次の問いに答えなさい。また，答えを求めるのに必要な式，考え方なども順序よくかきなさい。
(1) Cは1分間あたり何L排水しますか。

50分後に全ての管を閉めたのと同時に，水の高さの差が0cmになるように仕切りを左に動かしました。仕切りを動かしたとき，仕切りの左から右への水の移動はありませんでした。また，仕切りを動かす時間は考えないものとし，仕切りを動かしたあともAとCは仕切りの左側で給水または排水します。仕切りを動かした後すぐに，全ての管を開きました。

仕切りを動かしてからのグラフの続きをかいたところ，図3のようになりました。
(2) 50分後に仕切りを左側に何cm動かしましたか。
(3) 図3の㋐，㋑，㋒にあてはまる数を求めなさい。

図1

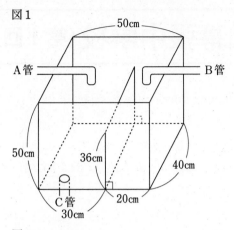

図2

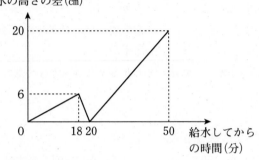

仕切りの左右に入っている
水の高さの差(cm)

図3

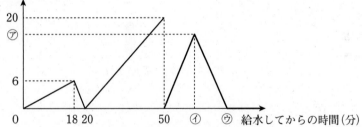

仕切りの左右に入っている
水の高さの差(cm)

渋谷教育学園幕張中学校(第1回)

—50分—

注意 コンパス，三角定規を使用してもかまいません。

① aとbを0ではない整数とします。

$a \times b$を$a + b$で割ったときの商を$a △ b$，余りを$a ▼ b$と表すことにします。

例えば，$a = 6$，$b = 4$とすると，$a \times b = 24$，$a + b = 10$で，24を10で割った商は2で余りは4だから

 $6 △ 4 = 2$，$6 ▼ 4 = 4$

となります。

このとき，次の各問いに答えなさい。

(1) $5 △ 10$，$5 △ 30$，$5 △ 60$はそれぞれいくつですか。

(2) cを0ではない整数とします。cをいろいろな整数にかえて$8 △ c$を計算します。考えられる$8 △ c$のうち，もっとも大きいものはいくつですか。

(3) dを0ではない整数とするとき，$3 ▼ d = 3$となるdは全部で3つあります。それらをすべて答えなさい。

② 図1のような六角形のライトが，たくさんあります。

これを図2のように28個ならべ，00:00から23:59までの時刻を表すデジタル時計をつくりました。

図1

ライト(消灯) ライト(点灯)

図2

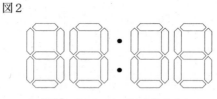

(注)「:」はライトではありません。

このとき，次の各問いに答えなさい。ただし，0から9までの数字は，図3のように表すこととし，時または分を表す数が0から9までのときは，十の位に0を表示します。

例えば，午前2時1分は02:01，午後8時5分は20:05と表します。

(1)と(3)で時刻を答える場合も，02:01，20:05のように表しなさい。

図3

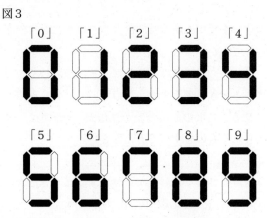

(1) 点灯しているライトの本数がもっとも多い時刻は，何時何分ですか。
(2) ある時刻にライトが12本点灯していました。考えられる時刻は何通りありますか。
(3) ある時刻に点灯しているライトの本数と，その1分後に点灯しているライトの本数を比べます。点灯しているライトの本数が1分後にもっとも多く増えるのは，何時何分ですか。考えられる時刻をすべて答えなさい。

3 図1のように，AB＝20cm，AD＝24cmの長方形ABCDがあります。

点Pは，Aを出発して，A→D→C→B→Aの順に長方形の辺上を一定の速さで動き，Aにとう着したら停止します。点Qは，点Pと同時にAを出発して，A→B→C→D→Aの順に長方形の辺上を一定の速さで動き，Aにとう着したら停止します。

ただし，PのほうがQより速く動きます。

このとき，3点B，C，Qを頂点とする三角形の面積と，3点C，D，Pを頂点とする三角形の面積の和をScm²とします。ただし，3つの点が三角形をつくらない場合は，面積は0cm²とします。

2点P，Qが動き始めてから停止するまでの時間とSの関係は，図2のようになりました。

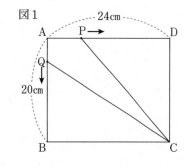

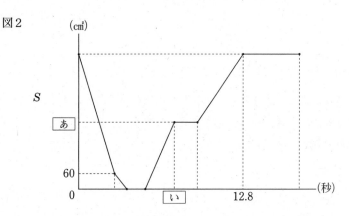

2点P，Qが動き始めてから停止するまでの時間

このとき，次の各問いに答えなさい。
(1) 点PがDにとう着するまでにかかる時間は，点QがBにとう着するまでにかかる時間より何秒早いまたは何秒遅いですか。
(2) 図2の あ ， い にあてはまる数は，それぞれいくつですか。
(3) 点Pが辺BC上にあるときを考えます。3点A，B，Pを頂点とする三角形の面積と，3点A，B，Qを頂点とする三角形の面積の差が100cm²になるのは，2点P，Qが動き始めてから何秒後ですか。考えられるものをすべて答えなさい。

4 図1のように，おうぎ形Aとおうぎ形Bがあります。おうぎ形Aの半径OPは6cmで中心角は60°です。おうぎ形Bの半径QRは12cmで中心角は30°です。
　図2のように，おうぎ形Bの半径QRの上におうぎ形Aを，PとQがぴったり重なるように置きます。そして，おうぎ形Aを，すべらないようにしておうぎ形Bの周りを矢印の方向に転がし，おうぎ形Aの半径OPの一部の線がおうぎ形Bの半径QRと再び重なったところで転がすのを止めます。

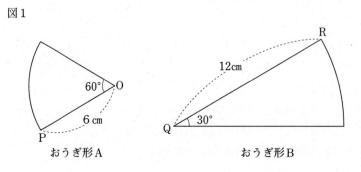

図1

おうぎ形A　　　おうぎ形B

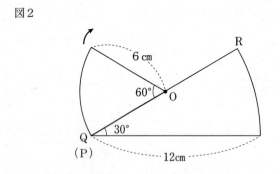

図2

このとき，次の各問いに答えなさい。なお，円周率は3.14とします。
(1) 転がすのを止めたとき，QOの長さは何cmですか。
(2) 点Oがえがく線の長さは何cmですか。

5 図1のように，底面がひし形で，側面がすべて長方形である四角柱ＡＢＣＤ－ＥＦＧＨがあります。点Ｋ，Ｌ，Ｍ，Ｎはそれぞれ辺ＡＢ，ＢＣ，ＣＤ，ＤＡ上にあり，

ＡＫ：ＫＢ＝ＡＮ：ＮＤ＝１：１で，ＢＬ：ＬＣ＝ＤＭ：ＭＣ＝２：１です。

また，点Ｏはひし形ＥＦＧＨの対角線ＥＧ上にあり，ＥＯ：ＯＧ＝１：５です。

四角形ＫＬＭＮの各頂点と点Ｏをそれぞれ結び，四角すいＯ－ＫＬＭＮをつくります。

このとき，次の各問いに答えなさい。

ただし，角すいの体積は，(底面積)×(高さ)÷３でもとめられるものとします。

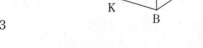

図1

(1) 四角すいＯ－ＫＬＭＮの体積は，四角柱ＡＢＣＤ－ＥＦＧＨの体積の何倍ですか。

(2) 辺ＡＥ，ＢＦ，ＣＧ，ＤＨのそれぞれの真ん中の点を通る平面で四角すいＯ－ＫＬＭＮを切るとき，切り口の面積はひし形ＡＢＣＤの面積の何倍ですか。

(3) 点Ｐ，Ｑ，Ｒを，それぞれ辺ＡＥ，ＢＦ，ＣＧ上にＡＰ：ＰＥ＝２：１，ＢＱ：ＱＦ＝１：１，ＣＲ：ＲＧ＝１：２となるようにとります。

図2は，図1に点Ｐ，Ｑ，Ｒをかき加えたものです。

点Ｐ，Ｑ，Ｒを通る平面で四角すいＯ－ＫＬＭＮを切って２つの立体に分けるとき，点Ｏを含むほうの立体の体積は，四角すいＯ－ＫＬＭＮの体積の何倍ですか。

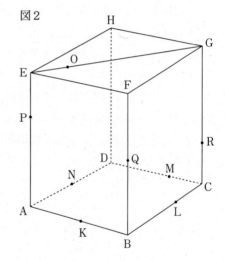

図2

1 次の計算をしなさい。ただし、(4)は□にあてはまる数を答えなさい。

(1) $20 - 12 \div 4 + 2 \times 3$

(2) $5.4 - 3.9 \div (2.17 + 4.33)$

(3) $\left(8.25 - 3\frac{1}{2}\right) \div 2\frac{8}{15} - \frac{17}{20}$

(4) $8\frac{1}{2} - \left(4\frac{5}{6} + \square\right) \times \frac{7}{15} = 5$

2 次の各問いに答えなさい。

(1) A君はこれまで3回の計算テストを行い、その平均は72点でした。あと2回のテストで平均何点以上をとれば、5回の平均が75点以上となりますか。

(2) 周の長さが2700mの池の周りを、兄は毎分100m、弟は毎分80mの速さで走ります。2人が同時に同じ場所から反対方向に走ると、初めて出会うのは何分後ですか。

(3) 濃度6％の食塩水が200gあります。この食塩水を20％の食塩水にするには、食塩を何g加えればよいですか。

(4) 兄ははじめ弟の3倍のお金をもっていました。2人ともお母さんから500円のおこづかいをもらったので、兄のもっているお金は弟のもっているお金のちょうど2倍となりました。おこづかいをもらう前に兄はいくらのお金をもっていましたか。

(5) 50円、100円、500円の3種類の硬貨を2枚ずつもっています。おつりのないように買い物をするとき、何種類の金額の買い物ができますか。

(6) 右の図は円周上に、円周を5等分する点A、B、C、D、Eをとったものです。アの角の大きさは何度ですか。

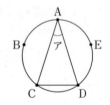

(7) ある仕事をやり終えるのに、A君1人では30日、B君1人では24日、C君1人では20日かかります。この仕事を3人がいっしょに行うとしたら、何日間で仕事をやり終えますか。

(8) たかし君は、ある本を1日目に全体の$\frac{1}{3}$を読み、2日目に残りの$\frac{3}{5}$を読んだところ8ページ残りました。この本のページ数を以下のようにして求めました。空らん ア 〜 エ にあてはまる数を答えなさい。

2日目に読みだす前に残っていたページは、 $8 \div \boxed{ア} = \boxed{イ}$ ページ
よってこの本のページ数は、 $\boxed{イ} \div \boxed{ウ} = \boxed{エ}$ ページ
と求められる。

3 右の図は点Oを中心とする半径4cmの円と，半径8cmのおうぎ形を組み合わせてつくったものです。
斜線をつけた部分について，次のものを求めなさい。ただし，円周率は3.14とします。

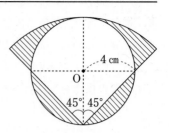

(1) 周の長さの合計
(2) 面積の合計

4 表面に色をぬった同じ大きさの立方体をすき間なく積み重ねて立体をつくります。この立体は真正面から見ると図1のように見え，真上から見ると図2のように見えます。次の各問いに答えなさい。

図1（真正面）　　　図2（真上）

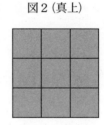

(1) 立方体は最も少なくて何個必要ですか。
(2) 立方体を最も多く使用して立体をつくりました。このあと立体の表面に別の色をぬりました。このとき3つの面だけに別の色がぬられた立方体は何個ありますか。

5 駅から12km離れた遊園地と8km離れた水族館があります。駅と遊園地の間をシャトルバスAが時速60kmで往復し，駅と水族館の間をシャトルバスBが時速40kmで往復しています。シャトルバスAは遊園地と駅でそれぞれ4分間停車し，シャトルバスBは水族館と駅でそれぞれ8分間停車します。次のグラフはシャトルバスAとBが9時に駅を出発してからの様子を表したものです。このとき，あとの各問いに答えなさい。

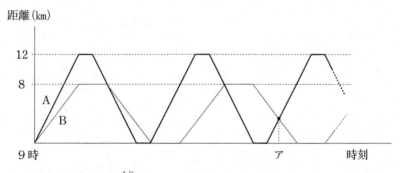

(1) シャトルバスAが最初に駅に戻ってくるのは何時何分ですか。
(2) グラフ中のアの時刻は何時何分何秒ですか。
(3) シャトルバスAとシャトルバスBが次に同時に駅を出発するのは何時何分ですか。
(4) 9時から12時までの間でシャトルバスAが停車している時間は合計で何分間ですか。

6 　赤色，青色，黄色の3色のボールが袋に入っています。この袋からボールを1個取り出し，色を記録したのち，袋に戻します。また，色が赤色なら10点を，色が青色なら5点を，色が黄色なら3点として得点をつけていきます。このとき，次の各問いに答えなさい。

(1) 　この操作を10回行ったところ得点の合計は61点で，黄色のボールは2回出ました。赤色のボールは何回出ましたか。

(2) 　この操作を3回行ったとき，得点の合計が18点となるようなボールの色の出方は何通りありますか。ただし，色の出る順番が違うときは別の場合として考えます。

(3) 　この操作を5回行ったとき，得点の合計が24点となるようなボールの色の出方は何通りありますか。ただし，色の出る順番が違うときは別の場合として考えます。

※円周率は3.14とし，角すいや円すいの体積はそれぞれの角柱や円柱の体積の$\frac{1}{3}$とします。

※ 1，2，3(1)，4(1)，5(1)，(2)は答えのみ記入しなさい。それ以外の問題に対しては答えのみでも良いが，途中式によっては部分点を与えます。

1 次の □ の中に適当な数を入れなさい。

(1) 兄と弟の所持金の比は2：1です。兄は200円使い，弟は親から600円をもらったところ，兄と弟の所持金の比は2：3となりました。はじめに兄が持っていたお金は ア 円です。

(2) 約数が3個である整数を小さい順に並べると，1番目は4で，3番目は イ ，5番目は ウ です。

(3) $\frac{1}{7}$ を小数に直します。小数点以下に並ぶ数字について順番に調べていきます。例えば初めの数字は1，2番目の数字は4です。

① 小数点以下に並ぶ数字で2021番目の数字は エ です。

② 小数点以下に並ぶ数字を順番に足していくとき，2021を初めて超えるのは オ 番目の数字までを足したときです。

2 次の □ の中に適当な数を入れなさい。

(1) 1辺が10cmの正方形ABCDの4つの辺に対して，それぞれ真ん中に4点E，F，G，Hをとります。斜線部分の面積は ア cm²です。

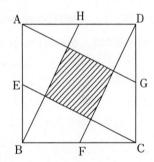

(2) 直径ABが12cmの半円の紙を，直線ACを折り目として折り曲げたところ，半円の円周が半円の中心Oと重なりました。斜線部分の面積は イ cm²です。

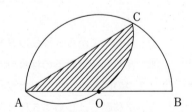

(3) 平面上に図1の1辺が5cmの正方形の折り紙があります。
① 点Oを中心に紙を1回転させます。紙の通過した所の面積は ウ cm²です。

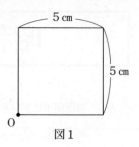
図1

図2のように図1の折り紙に折り目を付けて2等分しました。
② 点Oを中心に紙を1回転させます。斜線部分の通過した所の面積は エ cm²です。

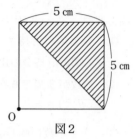
図2

3 図のような直線上に、長方形と三角形が1つの頂点を重ねて置かれています。長方形が毎秒1cmの速さで直線上を右方向に移動し、そのときに2つの図形が重なった部分の面積をScm²とします。

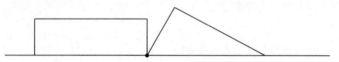

(1) 2つの図形が次の図のように1辺が6cmの正方形と、底辺が18cmの直角二等辺三角形であるとき、次の問いに答えなさい。

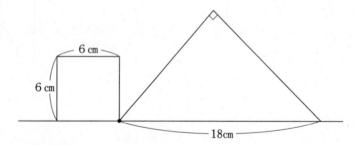

① 移動してから8秒後のSを求めなさい。
② Sが34cm²となるのは移動してから何秒後かをすべて求めなさい。

(2) 2つの図形が次の図のように長方形の横の長さと三角形の底辺の長さが等しいとします。長方形が移動しはじめて5秒後から9秒後まではSが1秒間に4cm²ずつ増加します。Sは最大で62cm²でした。このとき、長方形のたてと横の長さを求めなさい。

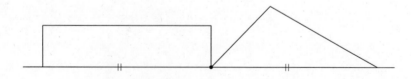

4 3種類の食塩水があり，濃度はそれぞれ4％，8％，12％です。これらの食塩水を混ぜて6％の食塩水500gをつくります。

(1) この食塩水をつくるのに12％の食塩水100gを使うとき，残り2種類の食塩水はそれぞれ何g必要ですか。

(2) この食塩水をつくるのに8％と12％の食塩水を3：1の割合で混ぜるとき，3種類の食塩水をそれぞれ何gずつ混ぜればよいですか。

5 図の立体は1辺が6cmの正方形を底面とする高さ5cmの四角すいです。辺OA，OB，OC，OD，AD，BCそれぞれの真ん中の点をE，F，G，H，I，Jとします。

(1) 立体を4点E，F，G，Hを通る平面で切るとき，点Oを含む方の立体の体積を求めなさい。

(2) 立体を2点F，Gを通り，底面ABCDに垂直な平面で切るとき，切り口の面積を求めなさい。

(3) 立体を4点E，F，J，Iを通る平面で切るとき，点Aを含む方の立体の体積を求めなさい。

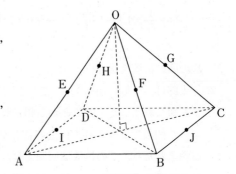

成蹊中学校(第1回)

―50分―

【注意】 円周率を使う場合は，3.14として計算しなさい。

1 次の計算をしなさい。

(1) $27-7\times 2-\{13+(12-5)\times 5\}\div 8\div 2$

(2) $\left(\dfrac{4}{21}\div\dfrac{1}{5}\times 1.8-1.5\right)\div 2\dfrac{1}{7}+0.25+0.75\div 3$

2 次の問いに答えなさい。

(1) 太郎は，1個120円のりんごと1個80円のみかんを合わせて30個買ってくるように，おつかいを頼まれました。ところが，頼まれたりんごの個数とみかんの個数を逆に買ってしまい，頼まれた個数で買うよりも代金の合計が240円高くなってしまいました。太郎がおつかいで最初に頼まれたりんごの個数は何個でしたか。

(2) A，B，C，D，E，F，Gの7人が算数のテストを受けたところ，7人の平均点は73点でした。また，A，B，C，Dの4人の平均点は70点で，E，Gの2人の平均点はFの得点と等しくなりました。Fの得点は何点ですか。

(3) 図1において，四角形ABCDは正方形，五角形DEFCGは正五角形，三角形DFHは正三角形です。角㋐，角㋑の大きさをそれぞれ求めなさい。

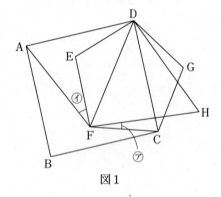

図1

(4) 図2のような正方形ABCDと正方形ECFGを組み合わせた図形を，軸のまわりに1回転させてできる立体の体積を求めなさい。

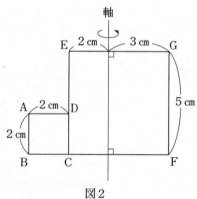

図2

(5) 図3のように，四角形ＡＢＣＤの対角線ＡＣとＢＤの交わる点をＯとします。辺ＯＡと辺ＯＣの長さの比は３：４，辺ＯＢと辺ＯＤの長さの比は５：４です。四角形ＡＢＣＤの面積が126㎠であるとき，三角形ＯＢＣの面積を求めなさい。

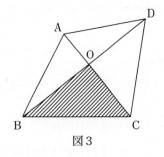

図3

(6) ある遊園地に，開園時に600人の行列ができており，その後も毎分一定の割合で行列に人が加わります。入場口を３つにすると50分で行列がなくなり，入場口を４つにすると30分で行列がなくなります。１つの入場口から１分間に入ることができる人数は何人ですか。ただし，どの入場口からも１分間に入ることができる人数は等しいものとします。

3 容器に入った食塩水から，水を何ｇか蒸発させ，さらに食塩を15ｇ加えると，最初の食塩水の濃度の２倍の濃度の食塩水が350ｇできました。さらに，水を加えると濃度10％の食塩水が420ｇできました。
(1) 最後にできた食塩水420ｇに含まれる食塩の重さは何ｇですか。
(2) 食塩を加えた後の食塩水350ｇの濃度は何％ですか。
(3) 最初に蒸発させた水の重さは何ｇですか。

4 図4のように，１辺が12㎝の正方形ＡＢＣＤの中に，点Ｂ，点Ｃのそれぞれを中心とする半径12㎝の円の一部をかきます。さらに，対角線ＡＣをひきます。
(1) 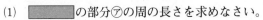の部分㋐の周の長さを求めなさい。
(2) 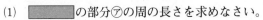の部分㋐と㋑の面積の差を求めなさい。

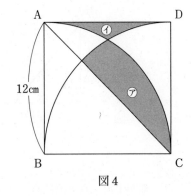

図4

5 規則①，②，③に従って，次のように分数を左から並べました。

１段目：$\frac{1}{2}$, $\frac{2}{3}$, $\frac{3}{4}$, $\frac{4}{5}$, $\frac{5}{6}$, $\frac{6}{7}$, $\frac{7}{8}$, $\frac{8}{9}$, …

２段目：$\frac{1}{6}$, $\frac{1}{12}$, $\frac{1}{20}$, …

──規則──
① １段目の１番目の分数は$\frac{1}{2}$です。
② １段目には，左隣の分数の分母と分子にそれぞれ１を加えた分数をつくり，並べます。
③ ２段目には，１段目の隣り合う２つの分数の間に，右の分数から左の分数を引いて出た数を並べていきます。たとえば，２段目の左から１番目，２番目，３番目の分数は次のように求められます。

$$2段目の1番目：\frac{2}{3}-\frac{1}{2}=\frac{1}{6}$$
$$2段目の2番目：\frac{3}{4}-\frac{2}{3}=\frac{1}{12}$$
$$2段目の3番目：\frac{4}{5}-\frac{3}{4}=\frac{1}{20}$$

(1) 1段目の左から数えて2021番目の分数を答えなさい。

(2) 1段目の1番目の分数$\frac{1}{2}$に，2段目の左から数えて1番目から4番目までの分数をすべて加えるといくつになりますか。

(3) 2段目の左から数えて1番目から2020番目までの分数をすべて加えるといくつになりますか。

6 川の上流にある船着き場Pと，そこから9.8km下流にある船着き場Qとの間を何度も往復している2つの船A，Bがあり，どちらの船も船着き場に到着するとそこで10分間停まってから再び出発します。ある日，Aは船着き場Pを，Bは船着き場Qを同時に出発しました。2つの船が，出発してから1回目にすれ違ったのは午前9時34分で，船着き場Qから4.2kmの地点Rでした。また，2つの船が3回目にすれ違ったのは午前11時32分でした。図5は，そのときの時刻と船着き場Qからの距離の関係を表したものです。ただし，2つの船A，Bの静水時での速さは等しく，また川の流れの速さは一定であるとします。

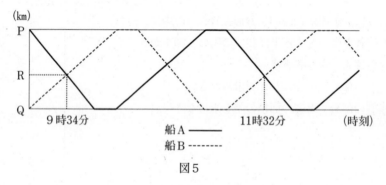

図5

(1) 船が上流から下流に向かう速さと，下流から上流に向かう速さの比を最も簡単な整数の比で答えなさい。

(2) 船が上流から下流に向かう速さは毎時何kmですか。

(3) 2つの船が初めに同時に出発した時刻は午前何時何分ですか。

(4) 川の流れの速さは毎時何kmですか。

1　次の□にあてはまる数を求めなさい。

(1) $12-4\times 2+48\div 3=$ □

(2) $\dfrac{3}{4}\times 36-0.25\times 33+2\dfrac{1}{4}\times 5=$ □

(3) $\{(4.5+0.6)-(1.2-0.3)\}\div 7.8=$ □

(4) $\dfrac{1}{12}+\dfrac{1}{3}+\dfrac{1}{4}-\dfrac{1}{56}-\dfrac{1}{7}-\dfrac{1}{8}+\dfrac{1}{9}=$ □

(5) $7\dfrac{1}{5}\div 4\dfrac{4}{5}-3.5\div$ □ $=\dfrac{1}{4}$

2　次の□にあてはまる数を求めなさい。

(1) 99を割っても171を割っても余りが3になる整数の中で最も大きな数は□です。

(2) $756\times●=$ □ $\times$ □
ただし、●はできるだけ小さい整数で、□には同じ数が入ります。

(3) 高さ□mのタワーの模型を2500分の1のサイズで作ったところ、高さは47.6mmになりました。

(4) 2％の食塩水300gに、6％の食塩水500gを加えると、□％の食塩水になります。

(5) 定価□円の品物を、3割5分引きして2600円で売りました。

(6) ある仕事を終わらせるのに、1人で行うと、Aさんは24日間、Bさんは30日間、Cさんは28日間かかります。この仕事を最初の10日間はAさんとBさんの2人で行い、残りをCさんが1人で□日間行うと、この仕事は終わります。

(7) 周囲が□mの公園の周りに3mおきに木を植えていくと、7mおきに木を植えたときよりも木の本数は28本多くなります。

(8) 姉と弟の所持金の比が11：3でしたが、姉が弟に240円をあげたので、所持金の比が7：3になりました。弟の最初の所持金は□円です。

(9) 2種類の三角定規を右の図のように重ねました。このとき、角アの大きさは□度です。

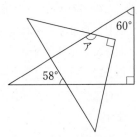

⑽ 円の中に，1辺が4cmの正方形がぴったり入っています。
このとき，斜線部分の面積は □ cm²です。ただし，円周率は3.14
とします。

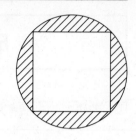

③ 次の表のように，1段目に1から6までの数を並べ，2段目に7から12までというように数を並べていきます。例えば，3段目の2列目にある数は14です。あとの問いに答えなさい。

	1列目	2列目	3列目	4列目	5列目	6列目
1段目	1	2	3	4	5	6
2段目	7	8	9	10	11	12
3段目	13	14	15	16	17	18
4段目	19	20	21	22	23	24
⋮	⋮	⋮	⋮	⋮	⋮	⋮

(1) 45段目の4列目にある数は何ですか。

(2) 119は何段目の何列目にある数ですか。

(3) 表にあるように，3つの数を ⌐┐ の図形で囲みます。

囲まれた3つの数の和が2021になるとき，その3つの数は何ですか。小さい順に答えなさい。
ただし，囲む図形の向きは変えないものとします。
（式または考え方を書きなさい）

④ 右の図のような長方形ABCDがあります。
点P，Qはそれぞれ点A，Cを同時に出発し，長方形の辺上を反時計回りに動き続けます。
点PはA→B→C→D→A→B→C→…の順に毎秒4cmの速さで進み，
点QはC→D→A→B→C→D→A→…の順に毎秒3cmの速さで進みます。
次の問いに答えなさい。

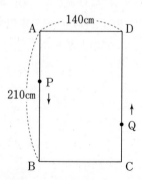

(1) 点Pと点Qが初めて重なるのは，出発してから何秒後ですか。
(2) 直線PQが辺ADと初めて平行になるのは，出発してから何秒後ですか。
(3) 直線PQが辺ABと初めて平行になるのは，出発してから何秒後ですか。
(4) 直線PQが辺ADと2回目に平行になるのは，出発してから何秒後ですか。

5 次の図1のような直方体の水そうに，水面の高さが60cmまで水が入っています。図1の状態から辺ABを床につけたまま，水そうを傾けて中の水を捨てていくと，途中で図2や図3の状態になりました。

ただし，水そうの厚さは考えないものとします。

あとの問いに答えなさい。

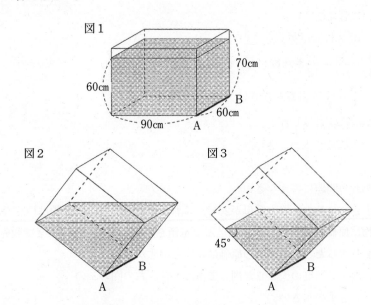

(1) 図2の状態のとき，図1の状態から何Lの水を捨てましたか。

(2) 図2の状態から一定の割合で水を捨てていき，図3の状態になるまでに6秒かかりました。このとき，毎秒何Lの水を捨てましたか。

(3) 図3の状態から(2)の割合のままで水を捨てていくと，水がなくなるまでに何秒かかりますか。

6 たかし，ゆうこ，こうた，けんじ，かおりの年齢がちがう5人が自分たちの年齢について話しています。話の内容は以下の通りです。

たかし：僕 は けんじ より年上だよ。
ゆうこ：かおり は けんじ より年下だよ。
こうた：　ア　 は 　イ　 より年下だよ。
けんじ：こうた は 僕 より年下だよ。
かおり：私 は ゆうこ より年上だよ。

5人の年齢順が決まるように，こうた の話の内容のア，イに入る名前を2通り答えなさい。

また，そのときの5人の名前を年齢の高い方から順に答えなさい。

ただし，アやイに「こうた」が入る場合には「僕」と答えてもかまいません。

1 次の各問いに答えなさい。
 (1) 63×17＋37×17を計算しなさい。
 (2) $\left(\dfrac{5}{3}-\dfrac{5}{4}+\dfrac{5}{6}\right)\div\dfrac{7}{12}$ を計算しなさい。
 (3) $1\dfrac{2}{3}+4\dfrac{5}{6}-\dfrac{7}{8}$ を計算しなさい。
 (4) 2÷(4÷5)を計算しなさい。
 (5) 72の約数の個数を求めなさい。

2 次のそれぞれの問題に答えなさい。
 (1) 1より小さい分数のうち，分母が20で，これ以上約分できない分数はいくつありますか。
 (2) ある品物に原価の20％の利益を見込んで定価をつけ，定価の1割引きで販売したら，120円の利益がありました。この品物の原価はいくらですか。
 (3) 同じ印のついた角度の大きさが同じであるとき，右の図の x の角度の大きさを求めなさい。

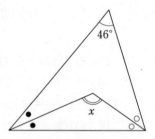

 (4) 図の長方形をすべらないように矢印の方向に1回転させたとき，点Pが描く図形の長さを求めなさい。ただし，円周率を3.14とします。

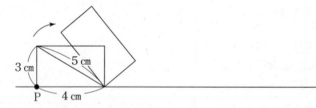

3 図のように，正方形の折り紙をその一部が重なるようにマグネットで止めます。

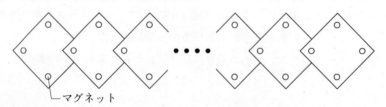

次の各問いに答えなさい。
 (1) 正方形の折り紙を5枚止めるのに必要なマグネットの個数を求めなさい。
 (2) 正方形の折り紙を2021枚止めるのに必要なマグネットの個数を求めなさい。

(3) 何枚かの正方形の折り紙を止めたら，2020個のマグネットを使いました。
何枚の折り紙を止めたかを答えなさい。

4 太郎さんの家と駅の距離は4kmです。
太郎さんは，駅を9時50分に出発する電車に乗るために，家を9時ちょうどに出発して分速80mで歩き始めました。2.4km地点で友達の花子さんと出会ったので立ち止まって10分間おしゃべりをしました。その後，駅に向かって分速150mで走りました。
次の問いに答えなさい。
(1) 太郎さんが花子さんに出会ったのは家を出発してから何分後ですか。
(2) 太郎さんは駅を9時50分に出発する電車に間に合いましたか。
間に合った場合は「間に合った」と書きなさい。
間に合わなかった場合は，間に合うためには最低分速何mで走ればよかったのかを求め，その分速を書きなさい。

5 右の図のような長方形ABCDがあります。辺BCを1：3に分ける点をE，辺CDを1：2に分ける点をF，AFとDEの交点をGとします。
(1) 四角形ABEDの面積は何cm²ですか。
(2) DG：GEをできるだけ簡単な整数の比で表しなさい。
(3) 四角形GECFの面積は何cm²ですか。

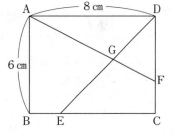

1　次の計算をしなさい。

(1) $4 \times 8 - 6 \div 3 \times 5$

(2) $1.4 \times 0.125 \div 0.15 \times \dfrac{2}{7}$

(3) $\left(5.4 \times \dfrac{1}{3} - 1\dfrac{2}{7}\right) \div 2\dfrac{4}{5}$

(4) $\left\{\left(\dfrac{3}{5} + 1\dfrac{1}{2}\right) \times 2\dfrac{1}{2} - \dfrac{5}{12}\right\} \div 9\dfrac{2}{3}$

(5) $(1.7 \times 3.35 - 1.5 \times 3.35) \div 0.67$

2　次の　　　の中にあてはまる数を入れなさい。

(1) ある品物を3000円で仕入れ、仕入れ値の25％の利益を見込んでつけた定価は　　　円です。

(2) 7％の食塩水300gに15％の食塩水を　　　g混ぜると、10％の食塩水になります。

(3) 右の表は、あるクラスの生徒全員のくつのサイズと人数を表したものです。このクラスの生徒のくつのサイズの平均は　　　cmです。

くつのサイズ(cm)	人数(人)
21.5	4
22.0	5
22.5	6
23.0	1
23.5	8
24.0	7
24.5	2

(4) 弟が家を出発してから7分後に、兄が弟のあとを追って家を出発しました。
兄は分速60m、弟は分速40mで歩くとき、兄が出発してから　　　分後に弟に追いつきます。

(5) 1から32までの整数をすべてかけた数には、一の位から連続して　　　個の0が並びます。

(6) 40人の児童がいるクラスで、1人1票ずつ投票して委員2人を選びます。17票まで開票したところ、得票数はA君が5票、B君が3票、Cさんが7票、Dさんが2票でした。A君が確実に当選するためには、残り23票のうち最低　　　票必要です。

(7) 右の図は、1辺の長さが等しい正五角形と正方形を重ねたものです。角 x の大きさは　　　度です。

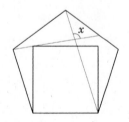

3　4つの数A、B、C、Dの和が720で、$A + 5 = B - 5 = C \times 5 = D \div 5$ のとき、Aを求めなさい。

④ たろう君は，山のふもとにある小屋から山の頂上までハイキングコースを歩きました。その途中，3か所に立て札があり，ハイキングコースについて，それぞれ次のように書かれていました。

・1つ目の立て札…ここは一本杉で，小屋から頂上までの $\frac{29}{40}$ のところです。

・2つ目の立て札…ここは一本杉と3つ目の立て札のちょうど真ん中の地点で，小屋から頂上までの $\frac{4}{5}$ のところです。

・3つ目の立て札…頂上まであと1800mです。

このとき，このハイキングコースは何kmですか。

⑤ 右の図において，四角形ＡＢＣＤと四角形ＥＦＧＨは長方形です。このとき，斜線部分の面積を求めなさい。

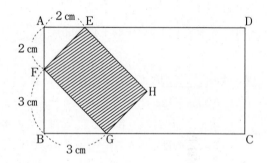

⑥ 右の図のように，円周上に点Ａをとり，点Ａから56°ずつ時計回りに進んだ点を順に1番，2番，3番，……とします。
　このとき，次の問いに答えなさい。
(1) 最初に点Ａと重なるのは何番の点ですか。
(2) 1番から500番までの点のうち，50番の点に重なる点の番号のすべての和を求めなさい。ただし，50番も含むものとします。

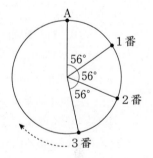

⑦ 右の図のように，水が入っている直方体の容器に，底面が正方形で高さが14cmの直方体のおもりを垂直に立てて入れます。水の深さは，おもりを1本入れると9.6cm，2本入れると12cmになります。
　このとき，次の問いに答えなさい。
(1) おもりの底面の1辺の長さは何cmですか。
(2) 容器に入っている水の量は何cm³ですか。
(3) おもりを3本入れると水の深さは何cmになりますか。

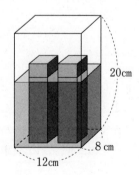

① 次の□にあてはまる数を求めなさい。

(1) $\left(1\frac{1}{6}-0.75\right)\div\frac{3}{20}=\square$

(2) $2\times0.6-(0.8\times0.2+1.6\div4)=\square$

(3) $\left(1\frac{11}{15}-\square\right)\times2\frac{5}{7}-0.8=3$

(4) $5+8+11+\cdots+44+47+50=\square$

② 次の□にあてはまる数を求めなさい。

(1) $0.05\text{ha}+12\text{a}=\square\text{ m}^2$

(2) 現在，太郎君の年令は12才，お母さんの年令は42才です。太郎君とお母さんの年令の比が3：5になるのは，今から□年後です。

(3) 次のように，「0」と「1」だけでできる1以上の整数を，小さい順に並べました。このとき，14番目の数は□です。

1，10，11，100，101，110，111，1000，……

(4) 兄と弟が1500m競走をしました。弟がスタートしてから1分後に兄がスタートしたところ，途中で兄が弟を追いこし，兄が先にゴールしました。兄がゴールしたとき，弟はゴールの□m手前を走っていました。ただし，兄は毎分240m，弟は毎分200mの速さで走り続けたものとします。

(5) 右の図は，ある直方体の展開図を表しています。この展開図を組み立ててできる直方体の体積は□cm³です。

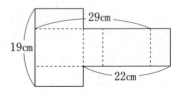

③ 右の図のように，1辺の長さが1cmの白い立方体を125個積み重ねて，1辺の長さが5cmの立方体を作りました。次に，この立方体の表面を赤くぬってから，バラバラにしました。
このとき，次の各問いに答えなさい。

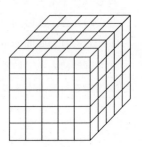

(1) バラバラにした125個の立方体のうち，3つの面が赤くぬられている立方体は何個ありますか。

(2) バラバラにした125個の立方体のうち，1つの面が赤くぬられている立方体と，2つの面が赤くぬられている立方体の個数の比を，最も簡単な整数の比で表しなさい。

4 右の図の四角形ＡＢＣＤは，ＡＤとＢＣが平行な台形です。辺ＡＢ上に点Ｅをとって Ｃ と Ｅ を直線で結んだところ，四角形ＡＥＣＤと三角形ＥＢＣの面積の比が５：３になりました。また，辺ＣＤ上に点Ｆをとって Ｂ と Ｆ を直線で結んだところ，四角形ＡＢＦＤと三角形ＦＢＣの面積の比が３：２になりました。ＤＦとＦＣの長さの比は１：２です。

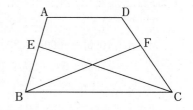

このとき，次の各問いに答えなさい。
(1) ＡＤ：ＢＣを，最も簡単な整数の比で表しなさい。
(2) ＡＥ：ＥＢを，最も簡単な整数の比で表しなさい。

5 貯金箱の中に，10円玉と50円玉と100円玉がそれぞれ何枚か入っています。50円玉の枚数と100円玉の枚数の合計は25枚です。貯金箱の中に入っている硬貨をすべて10円玉に両替すると，貯金箱の中に入っている硬貨の枚数は190枚増えます。また，貯金箱の中に入っている硬貨をすべて50円玉に両替すると，10円玉は余ることなく両替でき，貯金箱の中に入っている硬貨の枚数は6枚増えます。

このとき，次の各問いに答えなさい。
(1) 貯金箱の中に入っている50円玉の枚数は何枚ですか。
(2) 貯金箱の中に入っている金額の合計はいくらですか。

6 定員が1000人のコンサート会場で，コンサートが行われます。開場時刻の午後5時には入場口に288人の行列ができていて，その後も一定の割合でお客さんがやってきます。午後5時に入場口を2か所開けたところ，午後5時30分までに入場した人の数は定員の48％になりました。また，午後5時30分に入場口を何か所か増やして入場を続けたところ，午後5時36分に行列がなくなり，そのときまでに入場した人の数は定員の72％になりました。さらに，それと同時に入場口の数を1か所にして，入場を続けました。その後も同じ割合でお客さんがやってきますが，入場した人の数が定員の100％になったときに入場口を締め切ります。ただし，どの入場口も1分間に入場できる人数は同じです。

このとき，次の各問いに答えなさい。
(1) 1か所の入場口から1分間に入場できる人数は何人ですか。
(2) 1分間にやってくるお客さんの人数は何人ですか。
(3) 入場口を締め切ったとき，入場できずに並んでいる人の数は何人ですか。

7 次の各問いに答えなさい。
(1) 右のような25本のくじ引きがあります。このくじ引きについて，Ｓ中学のＴ先生とＭさんが会話しています。

《くじ引き》

	賞金	本数
1等	1000円	1本
2等	600円	3本
3等	300円	7本
4等	100円	14本

T先生：Mさん，このくじ引きの賞金は，平均するといくらになりますか？
Mさん：1000円，600円，300円，100円の平均だから，
　　　(1000＋600＋300＋100)÷4＝500（円）
　　　ですか？
T先生：それでも誤りではありませんが，その考え方では，くじの本数が無視されていますね。くじの本数も考えに入れた平均を求めてみましょう。
Mさん：どうすればよいのですか？
T先生：まず始めに，25本のくじの賞金総額はいくらになりますか？
Mさん：1000円が1本，600円が3本，…だから，[ア]円になります。
T先生：そうですね。そして，くじの本数の合計が25本ですから，1本あたりの平均はいくらになりますか？
Mさん：はい，[イ]円です。
T先生：正解です。このようにして求めた平均のことを『期待値』といいます。もし，だれかがこのくじを1本引いて，それが3等だったとします。このとき，残りの24本の期待値はいくらになりますか？
Mさん：はい，計算すると[ウ]円になります。
T先生：よくできました。

このとき，[ア]，[イ]，[ウ]にあてはまる数の組み合わせとして正しいものを右から選び，①〜⑧の番号で答えなさい。

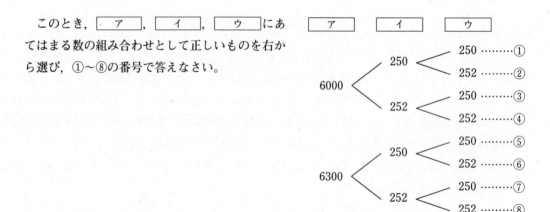

(2) 右のようなくじ引きがあり，3等の賞金と4等の本数がわかっていません。くじを引く前の期待値は528円でしたが，5人が1本ずつ引いたところ，全員4等が出ました。その結果，その時点での期待値が550円に上がりました。このとき，3等の賞金はいくらですか？

《くじ引き》

	賞金	本数
1等	5000円	3本
2等	3000円	5本
3等	？円	30本
4等	0円	？本

千葉日本大学第一中学校(第1期)

—50分—

注意　1　①，②の問題は答えのみ記入し，③，④の問題は途中の計算や説明も書いて下さい。
　　　2　円周率を使用する場合は3.14とします。
　　　3　定規，コンパスは使用してもかまいません。
　　　4　計算器，分度器は使用してはいけません。

① 次の計算をしなさい。[※答えのみでよい]

(1)　$(23-8) \times (46+8) \div 9 \times (18-8)$

(2)　$2\frac{7}{12} - \frac{2}{5} \times \left(\frac{2}{3} + 1\frac{5}{12}\right) \times 2.3$

(3)　$\left(\frac{1}{4042} - \frac{1}{6063} + \frac{1}{8084} - \frac{2}{10105}\right) \div \frac{1}{2021}$

(4)　$12.5 \times 0.2 \times 0.3 + 1.25 \times 0.4 \times 0.5 + 0.125 \times 0.6 \times 20$

② 次の□にあてはまる数を答えなさい。[※答えのみでよい]

(1)　$\left(2 + \boxed{} \times \frac{3}{7}\right) \div \frac{5}{4} - 5 = 11$

(2)　えんぴつ180本，ノート144冊，消しゴム84個を，余ることなくできるだけ多くの人に平等に配る。このとき，1人に配るえんぴつは□本です。

(3)　A，B，Cの3つの数がある。A－B＝30，B－C＝14，A÷C＝5のとき，C＝□です。

(4)　面積が8km²の土地は，縮尺1：40000の地図上では□cm²で表されている。

(5)　太郎君は□ページある小説を読んでいます。1日目に全体の$\frac{3}{8}$を読み，2日目に45ページを読みました。3日目には残りの$\frac{2}{3}$を読み終えると，残りは35ページでした。

(6)　太郎君は，学校に登校するため毎朝同じ時刻に家を出ます。家から徒歩で分速60mで歩くと，始業時間の5分前に学校に着きます。また，別の日にはいつもより10分遅れて家を出発したため，自転車を使って分速300mで学校に登校したところ，始業時間の3分前でした。家から学校までの道のりは□mです。

(7)　右の割り算が成り立つように□にア～オに当てはまる数字をそれぞれ答えなさい。ただし，□には1桁の数字が入ります。

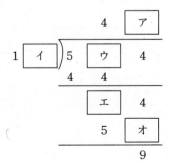

(8)　クラスでパーティーの費用を集めます。1人60円ずつ集めると240円足りず，1人80円ずつ集めると500円余ります。このクラスの人数は　①　人で，費用は　②　円です。

(9) 101から200までの100個の整数があります。この整数の中で2で割り切れる数は ① 個です。また，2で割り切れて，3で割り切れない数は ② 個です。

(10) 正五角形の角の和は ① 度です。
また，以下の図のように，一辺が12cmの正五角形と半径2cmの円があります。この円は正五角形の外側に接しながら，正五角形の周りを一周します。このとき，円の中心が移動する距離の合計は ② cmです。

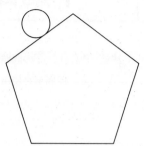

(11) 右の図のように正三角形を折り返しました。このとき，㋐の角度は ① 度です。また，㋑の角度は ② 度です。

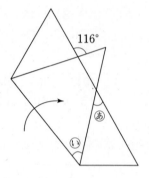

3 ある規則にしたがって整数と記号が並んでいます。このとき，以下の問いに答えなさい。
[※式や考え方を書きなさい]

①, △2, ③, ④, △5, ⑥, ⑨, △10, ⑪, ⑯, △17, ⑱, ㉕, △26, ㉗, ㊱, …

(1) □で囲まれた数のうち，9番目の数は何ですか。

(2) 数列の122番目の数は何ですか。また，その数の記号は○△□のどれになりますか。

(3) この数列の中で連続する3つの整数の和が1878になる数の組があります。その3つの整数の中で1番小さい数Aの記号は○です。Aは最初から数えて何番目ですか。

4　太郎君が自転車に乗り，家を出発して9.4km離れたバス停Aまで毎分200mの速さで向かいます。太郎君の家とバス停Aの間にはバス停Bがあります。バス停Aとバス停Bの間は1台のバスが常に一定の速さで往復しており，それぞれのバス停での停車時間は同じです。次のグラフは，太郎君が家を出発してからの時間と家からの道のりの関係を表したものです。このとき，次の問いに答えなさい。[※式や考え方を書きなさい]

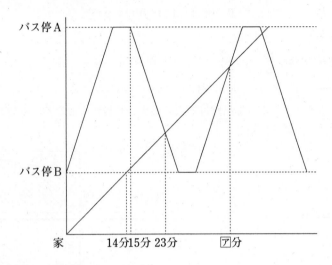

(1) 家からバス停Bまでの距離は何mですか。

(2) バスの速さは毎分何mですか。

(3) バスがバス停で停車する時間は何分ですか。

(4) ア に入る時間は何分ですか。

1 次の問いに答えなさい。

(1) $\left(\dfrac{6}{5} \times 97.21 - 34.84 \div \dfrac{10}{3}\right) \times 1\dfrac{2}{3}$ を計算しなさい。

(2) $(37037 \times 84 - 30030 \times 81 - 7007 \times 81) \times 9$ を計算しなさい。

(3) 大小2つのサイコロをふって出た目の数の最大公約数が1となるのは何通りありますか。

(4) 図の斜線部分の面積は何cm²ですか。

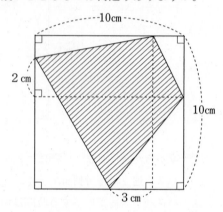

(5) 図の平行四辺形ABCDにおいて，AB＝AEのとき，角xの大きさは何度ですか。

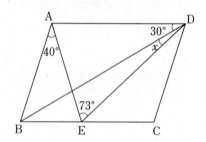

(6) 容器Aには2％の食塩水が500g，容器Bには10％の食塩水が200g入っています。それぞれの容器から同じ量の食塩水を取り出し，それぞれもう一方の容器に入れると，容器Bの食塩水の濃度は6％になりました。このとき，容器Aの食塩水の濃度は何％になりましたか。

(7) 静水上で時速18kmの速さで進む船Pと，時速24kmの速さで進む船Qがあります。流れの速さが時速6kmの川の上流にA町があり，A町から35km下流にB町があります。船PはA町からB町に向け，船QはB町からA町に向け同時に出発しました。船Pと船Qが出会うのは何分後ですか。

2 A，B，C，Dの4人が100点満点の試験を受けたところ，AとCの平均点は80点，BとDの平均点は82点でした。2つの2人組をつくり変えたら，一方の組の合計点は172点，もう一方の組の点数差は26点でした。

(1) 4人の合計点は何点ですか。

(2) 最高点は何点ですか。
(3) 最低点は何点ですか。

3 一定量の水が湧き出ている泉があります。この水を全部くみ出すのに，毎分6 ㎥で排出するポンプ6台では70分，9台では40分かかります。
(1) 泉から毎分何㎥の水が湧き出ていますか。
(2) はじめに，泉にたまっていた水の量は何㎥ですか。
(3) ポンプを16台使うと，水を全部くみ出すのに何分かかりますか。

4 次の問いに答えなさい。ただし，円周率は3.14とします。

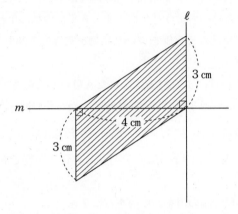

(1) 図の斜線部分の図形を直線 ℓ のまわりに1回転させてできる立体の体積は何㎤ですか。
(2) 図の斜線部分の図形を直線 m のまわりに1回転させてできる立体の体積は何㎤ですか。

5 2台のスマートフォンA，Bがあり，Aの電池残量は90％です。あとのグラフは，2台同時に動画再生を始めてからの再生時間と電池残量の関係を表したものです。
(1) はじめのBの電池残量は何％でしたか。
(2) 動画再生中に2台の電池残量が等しくなるのは，動画再生を始めてから何時間後ですか。
(3) 動画再生中にAの電池残量がBの電池残量の半分になるのは，動画再生を始めてから何時間何分後ですか。

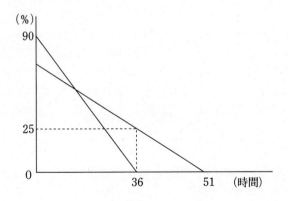

1 次の□にあてはまる数を求めなさい。解答には答えだけを記入しなさい。

(1) $7+2\div 9+5\times(3-1)-4\div 6=$ □

(2) $4.8\div\left\{\dfrac{4}{5}-\dfrac{1}{3}\times(1+0.6)\right\}\div 2\dfrac{2}{3}=$ □

(3) $20.21\times 2020-202.1\times$ □ $=2021$

(4) 6年前は，父と母と兄の年れいの和が，私の年れいのちょうど13倍でした。今は，3人の年れいの和が，私の年れいのちょうど7倍です。6年前の私の年れいは□才です。

(5) 原価の3割の利益を見込んで定価をつけた品物を定価の1割引きで売ったところ255円の利益がありました。定価は□円です。

(6) 縮尺2万5千分の1の地図上で24cmはなれたA町からB町まで往復します。行きの速さは時速4km，帰りの速さは時速3kmでした。往復でかかった時間は□時間□分です。

(7) ある中学校の全校生徒は586人で，そのうち，男子は214人，女子は全体の$\dfrac{2}{3}$がクラブに入っています。クラブに入っていない生徒が男女とも同じ人数であるとき，この学校の男子は□人です。

(8) 右の図のように，半径2cmの円を，中心を右に7mmずつずらしながらかいていきます。図は3つ目までをかいた様子を表しています。全部で6個の円がならんだとき，円と円が交わる点は全部で□個です。

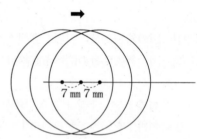

(9) 右の図のように，正六角形の内側に，三角形がぴったりはまっているとき，角xの大きさは□度です。
ただし，同じ印のついている角の大きさは等しいものとします。

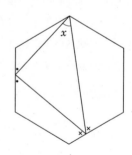

⑽ 右の図のような円すいを，底面に平行に，底面から□cmの
高さで切断すると，切り口の円の面積は12.56cm²になりました。
ただし，円周率は3.14とします。

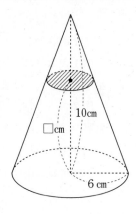

2 太郎くんは毎日午後6時に駅でお父さんと会い，車で家に帰ります。ある日，太郎くんは午後5時32分に駅に着いたので，家に向かって毎時5kmの速さで歩き始めました。お父さんは太郎くんを迎えに行くために，午後6時ちょうどに駅に着くように午後5時47分に車で家を出ましたが，途中で太郎くんと出会ったので，太郎くんを車に乗せてすぐに家に向かい，午後6時5分に家に着きました。このとき，次の問いに答えなさい。ただし，車の速さはいつも一定です。
(1) 太郎くんとお父さんが出会ったのは午後何時何分ですか。
(2) 車の速さは毎時何kmですか。
(3) 駅から家までの道のりは何kmですか。

3 はじめにA，B，Cの3人はカードを何枚か持っています。まず，Aの持っているカードの $\frac{1}{7}$ をCに渡し，Bの持っているカードの $\frac{1}{3}$ をCに渡します。次に，Aの残りのカードの $\frac{1}{6}$ をBに渡すとAとBが持っているカードの枚数の比は5：4になり，Cが持っている枚数は，はじめにCが持っていた枚数の6倍になりました。このとき，次の問いに答えなさい。
(1) はじめに持っていたAとBのカードの枚数の比を，もっとも簡単な整数の比で答えなさい。
(2) はじめに持っていたAとCのカードの枚数の比を，もっとも簡単な整数の比で答えなさい。
(3) 最後にBとCのカードの枚数の和が100枚以上であるとき，Aが持っているカードの枚数として考えられるもっとも少ない枚数を求めなさい。（考え方や式も書くこと）

4 1つの円の周上にいくつかの点をとり，その点を結んで図形を作ります。このとき，次の問いに答えなさい。

(1) 図1のように，円の周上に5つの点をとり，時計まわりに2つとなりの点どうしを結んで，星形の図形を作りました。図1の印のついた角の和は何度ですか。

(2) 図2のように，円の周上に7つの点をとり，時計まわりに2つとなりの点どうしを結んで，星形の図形を作りました。図2の印のついた角の和は何度ですか。

(3) 図3のように，円の周上に9つの点をとり，時計まわりに4つとなりの点どうしを結んで，星形の図形を作りました。図3の印のついた角の和は何度ですか。（考え方や式も書くこと）

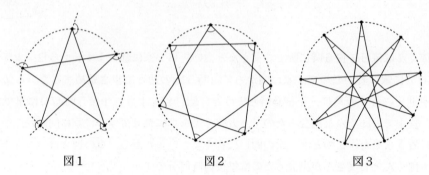

図1　　　　　　　図2　　　　　　　図3

1 次の各問いに答えなさい。

(1) $\frac{14}{15} \times 0.325 + \frac{14}{15} \times 0.425 + \frac{7}{15} \times 1.5$ を計算しなさい。

(2) $5 \times \frac{35}{71} - 2\frac{1}{3} \div 142 - 1\frac{1}{6}$ を計算しなさい。

(3) 3つの数A，B，13がある。AとBと13の平均が，AとBの平均より2大きいとき，AとBの平均を求めなさい。

(4) A，B，Cの3つのコップがあります。Aのコップいっぱいに入っている水を，空のBのコップに移すと，Aのコップの水の60%を移すことができます。Bのコップいっぱいに入っている水を，空のCのコップに移すと，Cのコップの80%を満たすことができます。このとき，Cのコップいっぱいに入れた水を，空のAのコップに移すと，Aのコップの何%を満たすことができますか。

(5) 一組の三角定規を図のように重ねます。このとき，⑦の角度を求めなさい。

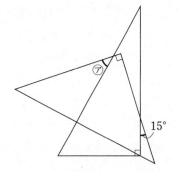

(6) 100万分の1の縮尺でかかれた地図があります。この地図上で，6cmの距離を時速800kmの飛行機で飛ぶとき，何分何秒かかりますか。

(7) $\frac{3}{7}$ を小数で表すと0.42857142…となります。小数第1位の数から小数第5位の数までたすと，その合計は4+2+8+5+7=26となります。では，$\frac{3}{13}$ を小数で表したとき，小数第1位の数から小数第何位の数までたすと，はじめて100より大きくなりますか。

(8) 次の図のように，ア，イ，ウ，エの4つの電球があり，スイッチを入れるとすべての電球が同時に点灯します。その色は，赤→黄→緑→青→消える→赤→…の順に変わっていき，それぞれの色が光っている時間と，消えている時間は一定です。また，赤が点灯してから再び赤が点灯するまでの時間は，表1のようになることがわかっています。このとき，スイッチを入れて電球が点灯してからはじめてすべての電球が消えた状態になるのは，スイッチを入れてから何秒後ですか。

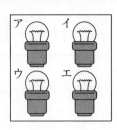

電球	時間
ア	2秒
イ	5秒
ウ	6秒
エ	10秒

表1

2 次のような[大],[中],[小]の3つの半円があります。

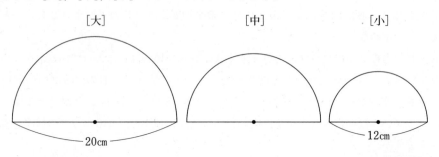

この3つの半円を右の図のように重ねたとき,色をつけた⑦と⑦の部分の面積が等しくなりました。このとき,[中]の半円の面積を求めなさい。ただし,円周率は3.14とします。

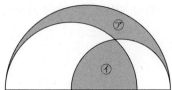

3 右の図のように,ふたのない直方体の形をした容器の中に,縦,横,高さがそれぞれ容器の $\frac{2}{3}$ である直方体を入れました。

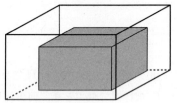

この容器に水を一定の割合で入れ,いっぱいになったところで水を止めました。入れ始めてからの時間と水面の高さの関係が右のグラフになるとき,⑦にあてはまる数を求めなさい。

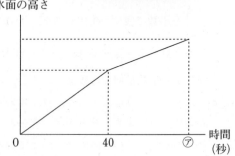

4 次の各問いに答えなさい。

(1) 正方形を縦,横にすき間なくならべて長方形をつくり対角線をひき,その対角線が通る正方形の数を調べます。例えば,右の図のように,正方形を縦に2個,横に3個ならべて長方形をつくり対角線をひくと,対角線は4つの正方形を通っていることが分かります。

では,縦に正方形を45個,横に正方形を75個ならべて長方形をつくり対角線をひいたとき,対角線はいくつの正方形を通りますか。

(2) 立方体ＡＢＣＤ－ＥＦＧＨがあります。立方体の頂点Ａから，辺ＢＦ，辺ＣＧ，辺ＤＨの順に通り，頂点Ｅまでを最も短い線で結びました。このとき，この線が書かれた立方体を表す展開図を，次のア〜オの中から選びなさい。

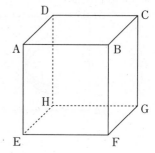

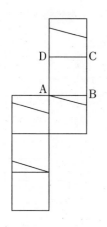

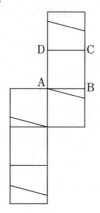

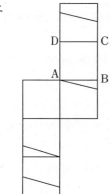

5 正方形の折り紙があります。この折り紙を次の手順で折っていきます。

(手順)

① 頂点Ａ，頂点Ｂが頂点Ｄ，頂点Ｃにそれぞれ重なるように半分に折り，長方形ＤＥＦＣをつくる。
② 頂点Ｃを頂点Ｅに重なるように折る。
③ 頂点Ｆを頂点Ｄに重なるように折る。
④ 対角線ＧＨで折る。

この折り紙をもとの大きさまで広げたとき，折り紙は折り目によっていくつに分けられていますか。ただし，問題用紙などを折ったり，切り取ったりしてはいけません。

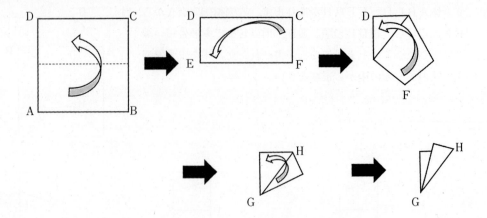

6 次の図は，1辺の長さが1cmの立方体の積み木を積み重ねてできた立体を，正面，真上，右真横から見たものです。このとき，後の各問いに答えなさい。

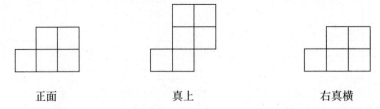

正面　　　　　真上　　　　　右真横

(1) 正面，真上，右真横からこのように見える立体は，立方体を積み重ねて何種類かつくることができます。全部で何種類つくることができますか。

(2) 立方体の個数を最も多く使ってこの立体をつくるとき，その立体の表面積は何cm²ですか。

7 けんたさんの小学校では，サッカー大会を開催することにしました。どのチームも違うチームと1回ずつ試合をするリーグ戦を行い，次のルールにしたがって優勝チームを決めます。

- ルール -
・試合に勝つと「3点」，引き分けだと「1点」，負けると「0点」の勝ち点がもらえる。
・勝ち点の合計が最も多いチームを優勝とする。

例えば，A，B，C，Dの4チームで大会を行い，次のような勝敗表になったとき，優勝チームは勝ち点9のCチームで，各チームの勝ち点の合計は大きい方から順に(9，6，3，0)となります。

	A	B	C	D	勝ち点
A		○	×	○	6
B	×		×	○	3
C	○	○		○	9
D	×	×	×		0

(1) 4チームでサッカー大会を行う場合を考えます。3勝0敗のチームがあったとき，勝ち点の合計の組み合わせとして考えられるものは全部で何通りありますか。

(2) 5チームでサッカー大会を行う場合を考えます。試合結果は次のような勝敗表になり，Bチームが優勝したことが分かります。

	A	B	C	D	E	勝ち点
A		×	×	○	○	6
B	○		×	○	○	9
C	○	○		△	△	8
D	×	×	△		×	1
E	×	×	△	○		4

　　一方で，優勝したBチームは1敗，準優勝したCチームは0敗ですので，負けないチームが最も強いという考え方もあります。負けた場合の勝ち点を0点のままとして，勝った場合と引き分けた場合にもらえる勝ち点をもとの**ルール**から変更すると，BチームとCチームが同じ勝ち点になり，両チーム同時優勝になります。勝ち点についてどのように**ルール**を変更すると，BチームとCチームが同時優勝になりますか。

(3)　5チームでサッカー大会を行う場合を考えます。次の表は，大会途中の各チームの勝敗数を表したものです。

　　Dチームがまだ対戦していないのはどの2チームですか。ただし，引き分けはないものとします。

	A	B	C	D	E
勝った試合数	1	0	4	0	2
負けた試合数	1	3	0	2	1

8　けんたさんの小学校の図書委員会では，「秋の読書月間」という活動の中で，6年1組と2組の児童66人(男子32人，女子34人)に対して，好きな本のジャンルのアンケートを実施し，児童の読書量を調べました。次の文章を読んで，後の問いに答えなさい。

図書委員会アンケート

> **質問1**　あなたの好きな本のジャンルは何ですか？「推理」，「ファンタジー」，「歴史」，「科学」，「文学」，「スポーツ」，「その他」の中から1つ選んでください。
>
> **質問2**　秋の読書月間の期間中に学校の図書室から借りた本は何冊ですか。

　　図書委員会のメンバーが，アンケートの集計結果について話し合いをしています。

けんたさん：**質問1**のアンケート結果を集計して**グラフ**のようにまとめてみたよ。

みさきさん：「推理」が最も人気があるジャンルだね。

ゆうとさん：「ファンタジー」と「文学」は特に女子の人気が高かったよ。

さくらさん：**質問2**について，1組と2組の集計結果を，図書室から借りた本の冊数が少ない順にまとめてみたよ。

けんたさん：詳しく調べるために冊数を区切って，度数分布表にまとめたよ。1組と2組の柱状グラフをそれぞれかくと，1組と2組の傾向が比べられるね。

みさきさん：1組と2組ではどちらの方が多く本を読んだのかな。

ゆうとさん：借りた本の冊数の合計や平均の冊数を調べればいいと思うよ。

さくらさん：借りた本の冊数の合計は1組が308冊，2組が335冊だから，2組の生徒の方がたくさん本を読んだことになるね。

みさきさん：本当に2組の児童の方が読書をしていると言い切れるかな。

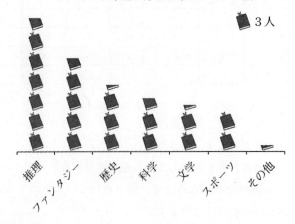
グラフ　6年生の好きな本のジャンル調べ

集計結果：1組の児童が借りた本の冊数

| 1,2,2,3,4,4,5,6,6,6, |
| 6,7,8,9,9,10,10,11,11, |
| 11,11,12,13,13,13,14,15,16, |
| 17,17,18,18 |

集計結果：2組の児童が借りた本の冊数

| 2,2,2,2,4,5,5,5,5,5, |
| 5,5,5,8,8,8,8,8,8,8, |
| 10,11,11,11,11,13,14,14,17, |
| 23,23,23,23,23 |

度数分布表：1組と2組の児童が借りた本の冊数

冊数(冊) 以上　未満	6年1組 度数(人)	6年2組 度数(人)
0〜3		4
3〜6		9
6〜9		7
9〜12		5
12〜15		3
15〜18		1
18〜21		0
21〜24		5
計		34

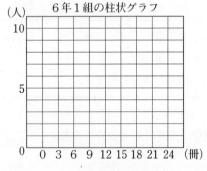

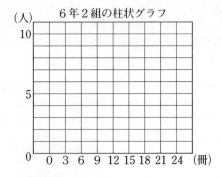

(1) 「グラフ　6年生の好きな本のジャンル調べ」から読み取れるものとして，ア〜オの中からあてはまるものをすべて選びなさい。

ア　学年の半数以上の児童が「推理」または「ファンタジー」が好きと答えている。
イ　女子が最も好きなジャンルは「ファンタジー」である。
ウ　「科学」が最も好きと答えた児童は，学年全体の1割未満である。
エ　「歴史」が好きと答えた男女の割合は2：1である。
オ　「ファンタジー」が好きと答えた人数は「文学」が好きと答えた生徒の2倍である。

(2) 図書委員会は，男子と女子で好きな本のジャンルが似ているかどうかを調べるために，アンケート結果を男女別に集計し直し，グラフで比較することにしました。比較をするために最も

適切なグラフはどれですか。ア〜エの中から選び，選んだ理由も答えなさい。

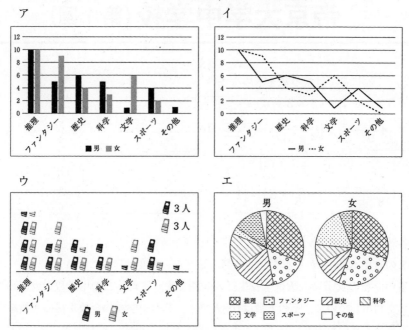

(3) 1組の児童が借りた本の冊数と度数分布表をもとにして，6年1組の柱状グラフをかきなさい。

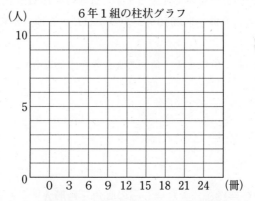

(4) 学校の図書室から借りた本の冊数の合計を比較すると2組の方が多いですが，必ずしも2組の児童の方が読書量が多い傾向があるとは言い切れません。図書委員会が実施したアンケート結果から分かることをもとにして，その理由を説明しなさい。

1 次の □ にあてはまる数を求めなさい。

(1) $2 \div 5 \times 4 + 7 \div (3 \times 3 - 4) =$ □

(2) $\dfrac{2}{3} \times \left\{ 4\dfrac{7}{9} - \dfrac{4}{27} \div \left(\dfrac{3}{4} - \dfrac{2}{3} \right) \right\} =$ □

(3) $0.375 \div \dfrac{9}{4} \div \left(2\dfrac{2}{3} - \dfrac{6}{7} \times 1.75 \right) =$ □

(4) $3 \div \left(\dfrac{1}{16} + \boxed{} \div \dfrac{4}{5} + 3 \right) = \dfrac{12}{13}$

2 次の各問いに答えなさい。

(1) 20%の食塩水250gから水を50g蒸発させたら、濃度は何%になりますか。

(2) ある中学校の女子の人数は全校生徒の4割です。また、この中学校の女子の75%はスクールバスを利用していて、その人数は108人です。この中学校の全校生徒の人数を求めなさい。

(3) Aより2大きい数をB、Bより4小さい数をCとします。また、A、B、Cの3つの数の和は135になります。このとき、B×Cの値はいくつになりますか。

(4) A地点とB地点の間を自転車で往復します。行きは時速21.6km、帰りは時速28.8kmで進んだところ、往復するのに合計1時間10分かかりました。A地点からB地点までの道のりは何kmですか。

(5) 図のような正六角形があります。角(あ)の大きさを求めなさい。

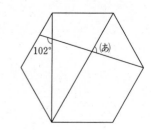

(6) AB=12cm、BC=13cm、AC=5cmの直角三角形ABCがあります。この三角形を頂点Cを中心に時計回りに180°回転させました。このとき、辺ABが動いてできる図形の面積を求めなさい。ただし、円周率は3.14とします。

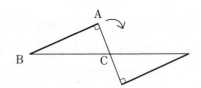

(7) 図は、正方形と円を組み合わせた図形です。斜線部分（▨の部分）の面積を求めなさい。ただし、円周率は3.14とします。

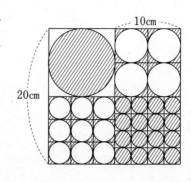

(8) 図は直方体から，三角形ＥＦＧを底面とする三角柱を切り取った立体です。この立体を，点Ｆ，Ｂ，Ｄ，Ｋを通る平面で切断するとき，点Ｈを含む立体の体積は何cm³となりますか。

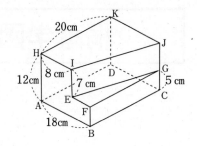

3 ある規則にしたがって，分数を約分せずに並べていきます。

$$\frac{1}{2}, \frac{2}{3}, \frac{1}{3}, \frac{3}{4}, \frac{2}{4}, \frac{1}{4}, \frac{4}{5}, \frac{3}{5}, \cdots\cdots$$

このとき，次の各問いに答えなさい。

(1) $\frac{1}{25}$ は何番目の分数ですか。

(2) はじめから400番目までの分数で，最も大きい分数とその次に大きい分数をかけ合わせたらいくつになりますか。

4 図のような三角形ＡＢＣがあります。ＡＤ：ＤＢ＝１：２，ＢＥ：ＥＣ＝１：２，ＣＦ：ＦＡ＝１：２とします。ＡＥとＢＦの交点をＧ，ＢＦとＣＤの交点をＨ，ＣＤとＡＥの交点をＩとします。このとき，次の各問いに答えなさい。

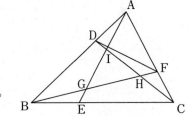

(1) 三角形ＣＤＦの面積は三角形ＡＢＣの面積の何倍ですか。
(2) ＢＨ：ＨＦを最も簡単な整数の比で表しなさい。
(3) 三角形ＧＨＩの面積は三角形ＡＢＣの面積の何倍ですか。

5 Ａ君，Ｂ君，Ｃ君の３人があるコースを走ります。
　Ａ君が６分かかって走る距離を，Ｂ君は５分，Ｃ君は４分で走ります。
　Ａ君とＢ君が同時にスタート地点を出発し，遅れてＣ君はスタート地点を出発しました。Ｃ君はＡ君に追いつき，さらに600ｍ走るとＢ君に追いつきました。
　このとき，次の各問いに答えなさい。ただし，Ａ君，Ｂ君，Ｃ君の走る速さはそれぞれ一定とします。

(1) Ａ君，Ｂ君，Ｃ君の走る速さの比を，最も簡単な整数の比で表しなさい。
(2) Ｃ君がＡ君に追いついたとき，Ｂ君はＣ君の何ｍ先にいますか。
(3) Ｃ君がＢ君に追いついたのは，スタート地点から何ｍのところですか。

1 次の各問いに答えなさい。
(1) 2×17−3×(5−3)を計算しなさい。
(2) $\frac{1}{3} \div \frac{5}{6} + \frac{1}{2}$ を計算しなさい。
(3) 35×67+65×67を計算しなさい。
(4) $\frac{1}{1×2} + \frac{1}{2×3} + \frac{1}{3×4} + \frac{1}{4×5} + \frac{1}{5×6} + \frac{1}{6×7}$ を計算しなさい。
(5) 太郎くんと花子さんが買い物へ行き，同じ金額ずつ使ったところ，太郎くんの所持金は使う前のちょうど半分になり，花子さんの所持金は太郎くんの所持金の半分になりました。太郎くんと花子さんのはじめの所持金の比を，最も簡単な整数の比で答えなさい。
(6) 原価120円の品物を100個仕入れ，25％の利益を見込んで定価をつけました。60個売れたところで，定価から30％を値引きして売ったところ，すべて売り切れました。お店の利益はいくらですか。
(7) 1個320円のプリンと1個420円のケーキを合わせて6個買ったところ，代金がちょうど2120円となりました。プリンとケーキをそれぞれ何個ずつ買いましたか。

2 次の各問いに答えなさい。ただし，円周率は3.14とします。
(1) 【図1】において，三角形ABCは正三角形で，直線 ℓ と直線 m は平行です。角(あ)と角(い)の大きさは，それぞれ何度ですか。

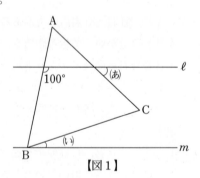

【図1】

(2) 【図2】において，印がついた角の大きさの合計は何度ですか。

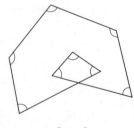

【図2】

(3) 【図3】のように，1辺の長さが3mの正三角形ABCと，1辺の長さが7mの正三角形ADEをつないだ土地があります。点Cの位置から5mのロープで犬がつながれているとき，この犬が動くことのできる範囲の面積は何㎡ですか。ただし，2つの正三角形の土地は塀で囲まれていて，犬もロープもその中に入ることはできません。犬の大きさは考えないものとします。

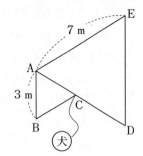

【図3】

(4) 【図4】のように，中心が点Oである3つの円が重なっています。半径はそれぞれ3cm，6cm，9cmです。また，点Oを通る3つの線がそれぞれの円を6等分しています。このとき，斜線部分の周りの長さの合計は何cmですか。

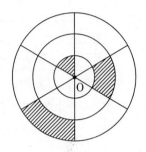

【図4】

3 次の各問いに答えなさい。

(1) 1辺の長さが1cmの小さな立方体がたくさんあります。これらはすべて向かい合わせの2面は黒く，他の4面は白くぬられています。この小さな立方体を，黒い面ができるだけ表面に現れないようにはり合わせて大きな立体を作ります。次の問いに答えなさい。

① 【図1】のように，小さな立方体を4個はり合わせて直方体を作ります。底の部分も含めて，表面に現れる黒い部分の面積の合計は何cm²ですか。

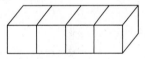

【図1】

② 【図2】のように，小さな立方体を8個はり合わせて大きな立方体を作ります。底の部分も含めて，表面に現れる黒い部分の面積の合計は何cm²ですか。

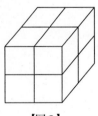

【図2】

(2) 次の問いに答えなさい。

① 2つの整数AとBがあります。BはA以上で，AとBをかけると30です。このとき，考えられるAとBの組は全部で何通りありますか。

② 3つの整数CとDとEがあります。DはC以上，EはD以上です。CとDをかけると60，DとEをかけると840，EとCをかけると126です。CとDとEはそれぞれいくつですか。
どのように考えて求めたのか，式や考え方も答えなさい。

(3) 花子さんの家で使っているシャンプーは，新品の状態から使い始めると，花子さんが1人で毎日使うとちょうど32日でなくなり，お母さんが1人で毎日使うとちょうど48日でなくなり，お父さんが1人で毎日使うとちょうど96日でなくなります。ただし，花子さん，お母さん，お父さんが1日に使うシャンプーの量はそれぞれ一定であるとします。このとき，あ，い，う に当てはまる数や語句を答えなさい。

① ある日，新品のシャンプーを使い始めました。家族3人で毎日使ったところ，使い始めてからちょうど あ 日でなくなりました。

② また別の日，新品のシャンプーを使い始めました。はじめの3日間はお父さんが家にいなかったので，花子さんとお母さんだけがシャンプーを使いました。残りの日は，毎日花子さん・お母さん・お父さんの順番で使ったところ，使い始めてから い 日目に う が使ったところでシャンプーがちょうどなくなりました。
どのように考えて求めたのか，式や考え方も答えなさい。

(4) 【図3】のような，直方体の形をした3つの水そうA，B，Cがあります。【図4】のように，BとCを上から水が入るようにAの中に入れました。このとき，次の問いに答えなさい。ただし，水そうの厚さは考えないものとします。

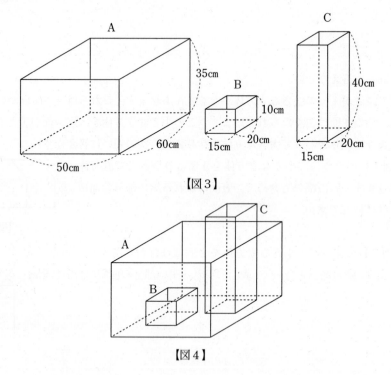

【図3】

【図4】

① 水そうCに30Lの水を注いだとき，水そうAにたまる水の深さは何cmですか。
② 水そうCに38Lの水を注いだとき，水そうBにたまる水の深さは何cmですか。
どのように考えて求めたのか，式や考え方も答えなさい。

東京学芸大学附属世田谷中学校

—40分—

1　次の各問いに答えなさい。

(1) 次の計算をしなさい。
　　67.3×3.16＋3.16×32.7

(2) 3.5時間－45分＝□時間です。□の中にあてはまる数を答えなさい。

(3) 辺ABと辺CDが平行になるように，2つの正五角形が図のように一部重なっているとき，㋐の角の大きさを求めなさい。

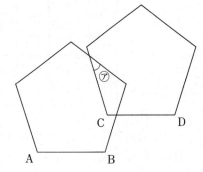

(4) 円の中心が点A，Cである同じ半径の円が図のように交わっているとき，㋑の角の大きさを求めなさい。

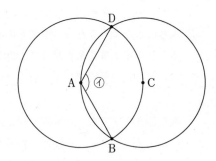

2　0から9までの数が，どれかひとつ書いてあるカードがそれぞれ1枚ずつあります。このとき，次の各問いに答えなさい。

(1) これらのカードを使って2ケタの整数をつくるとき，5の倍数は全部で何通りつくることができるか，求めなさい。

(2) カードをよく切って1枚取り出し，数をたしかめたらもとに戻します。これを3回くり返し，この3つの数を取り出した順に，百の位の数，十の位の数，一の位の数として3ケタの整数をつくります。このとき，その整数が2の倍数になるのは全部で何通りか，求めなさい。

3 以下のグラフは，日本の食品ロス（まだ食べられるのに捨てられてしまうもの）の年ごとの量をあらわしている（単位：万トン）。

出典：農林水産省　食料産業局

次の会話中にある，ア～ウに当てはまる値を求めなさい。なお，小数第2位を四捨五入し，小数第1位まで求めること。

ゆうとくん：食品ロス全体の量は，2015年からは毎年減っているね。中でも事業系の食品ロスが減っているみたい。

みちこさん：そうだね。事業系の食品ロスは2017年は，2016年から（ ア ）％減っているよ。

ゆうとくん：事業系食品ロスの2030年までの削減目標である273万トンまでは，2017年から年平均で（ イ ）万トンずつ減らさなければいけないね。このままいけば実現できるかも。

みちこさん：でも，6年間で見るとあまり変わっていないから，油断はできないね。家庭系の食品ロスはどうだろう。2017年の家庭系の食品ロスの割合は，全体の46.4％なんだって。これは量で言うと（ ウ ）万トンになるよ。

ゆうとくん：だとすると，1人当たり年間で約48kgも捨てていることになるのか。家庭における取り組みも考えていく必要がありそうだね。

2021　東京学芸大学附属世田谷中学校

④　0をのぞく整数どうしの積を，表にしました。次は，スペースの関係で，その表の一部を示したものです。

このとき，あとの各問いに答えなさい。

		\multicolumn{11}{c}{かける数}
		1	2	3	4	5	6	7	8	9	10	…
かけられる数	1	1	2	3	4	5	6	7	8	9	10	…
	2	2	4	6	8	10	12	14	16	18	20	…
	3	3	6	9	12	15	18	21	24	27	30	…
	4	4	8	12	16	20	24	28	32	36	40	…
	5	5	10	15	20	25	30	35	40	45	50	…
	6	6	12	18	24	30	36	42	48	54	60	…
	7	7	14	21	28	35	42	49	56	63	70	…
	8	8	16	24	32	40	48	56	64	72	80	…
	9	9	18	27	36	45	54	63	72	81	90	…
	10	10	20	30	40	50	60	70	80	90	100	…
	⋮	⋮	⋮	⋮	⋮	⋮	⋮	⋮	⋮	⋮	⋮	⋱

⑴　表の積を表す部分に，36は何個あるか，求めなさい。

⑵　積を表す部分には，288がいくつか出てきます。ある288は，その下の数が306でした。この288の右の数はいくつか，求めなさい。

⑶　表を見ると，2の段（かけられる数が2のとき）の積の1の位の数は，左から順に

2，4，6，8，0，2，4，6，8，0，…

となっていて，この順に5つの数が繰り返して現れていることがわかります。

同じように，5の段の積の1の位の数は，左から順に

5，0，5，0，5，0，…

となっていて，この順に2つの数が繰り返して現れています。

では，16の段の積の1の位の数は，何個の数が繰り返して現れるか，求めなさい。

⑤　A〜Dの4チームでバスケットボールの総当たり戦の試合をする計画をしています。体育館が使えるのは，朝8時半〜夕方4時半までです。

1つの試合では，1クオーター8分のゲームを4回行い，その合計得点で勝敗を決めます。1クオーターと2クオーター，3クオーターと4クオーターの間には2分の休みがあり，2クオーターと3クオーターの間には10分の休みがあります。

このとき，次の各問いに答えなさい。

⑴　全部で何試合することになるか求めなさい。

⑵　1試合行うのにかかる時間は，休みも含めて最低何分かかるか求めなさい。

⑶　試合中には，ファウルなどで試合が中断することがあるため，その分の時間も考慮する必要があります。そこで，1試合当たり8分の時間の余裕を持たせることにしました。8時半に第1試合を始め，最後の試合が4時半に終わるようにするとき，各試合の間隔は何分とることができるか求めなさい。ただし，どの試合の間も同じ間隔をとることにします。

－121－

(4) 8時半に体育館に入場し，その10分後に開会式を始めます。開会式に10分，昼食時間に30分，閉会式に10分の時間を取ることにしました。(3)と同じように1試合当たり8分の余裕を持たせ，開会式から第1試合の間を10分，最後の試合から閉会式までの間を5分とります。昼食時間前後の試合と昼食時間の間には，時間をとらないこととし，各試合の間隔を等しくとることにします。閉会式が4時20分に終わるようにし，4時半には体育館を出るようにするとき，各試合の間隔は何分とることができるか求めなさい。

6 世田谷区(枠部分)のおおよその面積を求める方法を図，式，言葉を用いて説明し，何km²か求めなさい。なお，この地図の縮尺は十万分の一である。

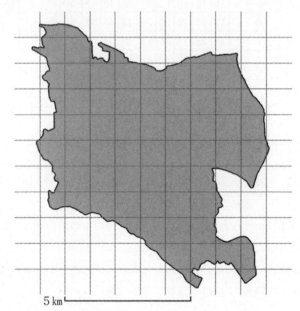

7 右図のような五角形の5つの角の大きさの和は540°になります。このことを，まなぶ君は次のような式で説明できると言っています。

　180°×5－360°

　この式を使うと，5つの角の和が540°になることを，図，式，言葉を使って説明しなさい。

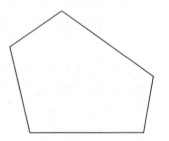

東京都市大学等々力中学校(第1回S特)

—50分—

① 次の□に当てはまる数を答えなさい。

(1) $\left\{1\frac{1}{2} \div \frac{3}{17} \div \left(2-\frac{7}{10}\right)\right\} \times 4\frac{10}{17} = $ □

(2) $15 \times \left(3-\frac{1}{3}\right) + 5 \times 21.6 + 30 \times 0.4 - 2 \times \left(\frac{1}{3}+\frac{2}{3}+\frac{3}{3}+\frac{4}{3}+\frac{5}{3}\right) = $ □

(3) $\left(\frac{2}{3} - 2\frac{1}{3} \times \square - 0.02\right) \div 1\frac{6}{25} = \frac{1}{3}$

② 次の□に当てはまる数を答えなさい。

(1) 2021をある整数で割ったところ、余りが21になりました。ある整数として考えられる数のうち、2桁の数でもっとも小さい数は□です。

(2) 40人の生徒でテストに合格したのは、男子の$\frac{5}{8}$と女子の$\frac{9}{16}$で、その人数の合計は、全体の人数の$\frac{3}{5}$にあたります。男子の不合格者の人数は□人です。

(3) 5人の生徒が49問あるテストを受けたとき、正解した問題数の平均は37.8問でした。その後、一人の別の生徒が追加で同じテストを受けたら39問正解しました。配点を1問2点とし、さらに6人全員に2点ずつ加点したとき、6人の平均点は□点です。

(4) 1gの重りと、4gの重りと、5gの重りをあわせて19個選んで重さをはかると72gでした。重りを使った個数は多い順に並べると5g、4g、1gの順になりました。このとき、4gの重りは□個使用しました。

(5) 右の図の長方形DEFGにおいて辺DGの長さは□cmです。ただし、辺DEの長さは辺EFの長さの2倍になっています。

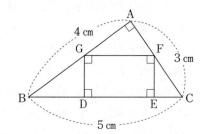

③ 川下のP町から川上のQ町までの43kmをある船Aが10時に出発しました。途中でエンジンにトラブルが発生し、川に流されました。

修理後は川岸から見た速さがエンジントラブル前の速さの1.5倍の速さでQ町に向かいました。

右のグラフはそのときのようすを表したものです。次の問いに答えなさい。

(1) 川の流れは時速何kmですか。

(2) この船がQ町に到着したのは何時何分ですか。

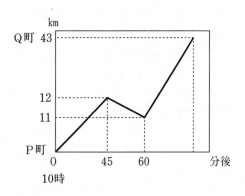

(3) 10時ちょうどに，Q町からP町に向かって，船Bが出発しました。船AとBがすれ違うのは，P町から何km離れていますか。ただし，船Bの静水時の速さは，エンジンが故障する前の船Aの静水時の速さと同じとします。

4 ある紙に，2点間の距離が5cmとなるように点Oと点O'をかきました。次の問いに答えなさい。ただし，円周率は3.14とします。

(1) 点O'を中心とする半径1cmの円が，点Oの周りを1回転したときに通る部分の面積は何cm²ですか。

(2) 対角線の長さが5cmの正方形の折り紙を，対角線が線分OO'と重なるように置き，点Oが中心で半径が正方形の1辺と同じ長さの円をかきました。同様に，点O'を中心として半径が正方形の1辺と同じ長さの円もかきました。この2つの円が重なる部分の面積は何cm²ですか。

(3) 図1の円すいを，底面の円の中心Aが点Oと重なるように紙の上に置きます。点Aが線分OO'の上を点O'まで動くとき，この円すいが通る部分の体積は何cm³ですか。

図1

5 図のように，ある規則にしたがって，整数を12個ずつ円周上に並べます。

最も内側の円周から順に1周目，2周目，…と呼ぶことにします。

さらに，図のように，時計回りに1列目，2列目，3列目，…と呼ぶことにします。

(例) 1列目：1, 13, 25, …
    2列目：6, 18, 30, …

次の問いに答えなさい。

(1) 10周目の1列目の整数は何ですか。

(2) 10周目に並ぶ整数の和はいくつですか。

(3) 2021は何周目の何列目の整数ですか。

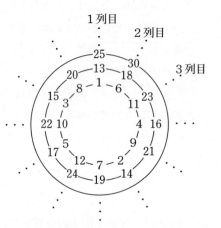

6 次の表はあるタクシー会社の運賃を表したものです。

	初乗り運賃	加算運賃
旧運賃	2.0km以下730円	280mごと90円
新運賃	1.052km以下410円	237mごと80円

　タクシーの運賃は2017年の1月に全国的に改定がなされており，この表は改定前の旧料金と改定後の新料金を比較したものです。旧料金の運賃で具体例をあげると，最初タクシーに乗車してからの距離が1.9kmならば730円，2.1kmならば820円，2.85kmならば1090円となります。

　次の問いに答えなさい。

(1) 3.0km乗車したときの旧運賃と新運賃との差額は何円ですか。

(2) 旧運賃と新運賃が初めて等しくなるのは，乗車距離が◻︎km より長く，◻︎km以下のときです。2つの◻︎に入る数をそれぞれ答えなさい。

(3) この運賃料金改定の目的の一つは，タクシーの利用を促すために，近距離では安価に利用できるようにし，代わりに遠距離利用では値上げとしました。2つの料金を比較すると，初乗りでは新料金の方が安いのですが，乗車距離が2.0kmを超えると，新料金の方が安い区間と旧料金の方が安い区間が交互に現れ，3.4◻︎◻︎kmを超えると，常に新料金の方が高くなります。このとき◻︎に入る数字をそれぞれ答えなさい。ただし◻︎の中には0〜9のいずれかがひとつずつ入ります。

1 次の各問いに答えなさい。

(1) $\dfrac{3}{5}+50\div 1\dfrac{3}{7}\div 10-0.1$ を計算しなさい。

(2) $\dfrac{1}{15\times 16}+\dfrac{1}{16\times 17}+\dfrac{1}{17\times 18}+\dfrac{1}{18\times 19}+\dfrac{1}{19\times 20}+\dfrac{1}{20\times 21}$ を計算しなさい。

(3) $\left(\dfrac{10}{3}-\dfrac{1}{\square}\div 0.125\right)\times 2.5-\dfrac{2}{3}=1$ の□にあてはまる数を求めなさい。

2 次の各問いに答えなさい。

(1) 異なる3つの整数A, B, Cがあり, この3つの整数について次のことがわかっています。

・3つの数の和が16
・AとCの差が4
・BはAの2倍

このとき, 3つの整数として考えられるものを(Aの数, Bの数, Cの数)という形ですべて答えなさい。ただし, 使わない解答欄があってもよいものとします。

<解答欄> (　, 　, 　)　(　, 　, 　)
　　　　　(　, 　, 　)　(　, 　, 　)

(2) $\dfrac{20}{21}$ を小数で表したときに, 小数第2021位の数字はいくつですか。

(3) 8本のダイコンを3人で分けるとき, 分け方は何通りありますか。ただし, 少なくとも1人1本はもらえるものとします。

(4) 長さが8cmのテープがあります。このテープのはしを1cmずつ重ね, のりでつなぎ合わせて長いテープを作ります。例えば, 3枚のテープをつなぎ合わせると次の図のようになります。

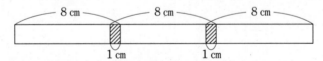

テープを何枚かつなぎ合わせると, 全体のテープの長さが113cmになりました。何枚のテープをつなぎ合わせましたか。

(5) 10両編成の上り電車と8両編成の下り電車が同じ速さで走っています。この2つの電車が出会ってからすれちがうまでに9秒かかりました。電車の速さは時速何kmですか。ただし, 車両の長さは1両あたり20mとし, 連結部分の長さは考えないものとします。

3 次の図のように，底面がたて40cm，横30cm，高さが50cmの水そうがあり，水そうの中央には垂直に仕切り板が設置され，(あ)と(い)の部分に分かれています。ただし，仕切り板の厚さは考えないものとし，仕切り板のすき間から水は出入りしないものとします。また，1mの定規が図のように2個設置されています。

空の水そうに，2つの排水口を両方閉じた後，注水口を開けて毎分3Lの割合で(あ)の部分に水を入れていきます。6分後に(い)の部分に水が入りはじめました。

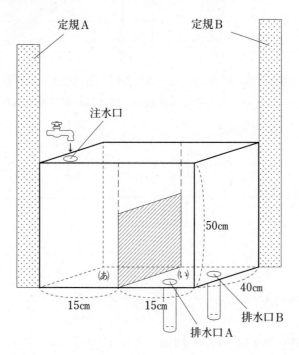

(1) 仕切り板の高さは何cmですか。
(2) 水そうに水を入れ始めてから満水になるまで，何分かかりますか。
(3) 定規Bで水面の高さを測ったときの，目もりの変化の様子を次のグラフに書き込みなさい。

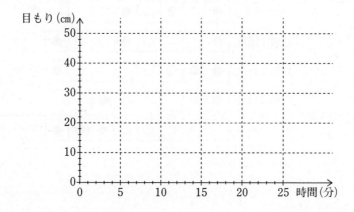

(4) 水をいっぱいにためた後，仕切り板を外さないまま，排水口を開いてたまった水をできるだけ排水します。排水を始めてから排水が終了するまで，排水口Aのみを開くと12分かかり，排水口AとBを両方開くと4分かかります。排水口Bのみを開くと，排水に何分かかりますか。

4 360°映すことができるカメラが2台あり，そのカメラで部屋をすべて映すことを考えます。
　例えば，図1のような形の部屋では，点Pの位置に1台目のカメラを置くと，もう1台のカメラは図2の斜線部分のどこかに置けばよいことになります。

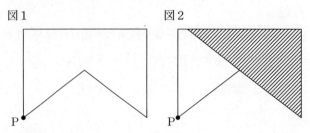

次に，図3のような形の部屋の場合，点Qの位置に1台目のカメラを置くと，もう1台のカメラはどこに置けばよいですか。考えられる範囲を，図3に斜線で書き込みなさい。

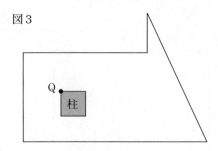

5 太郎君と花子さんが次のようなルールでご石を動かし，指定されたゴールを目指すゲームをおこないました。
　　ルール　・隣り合っているご石2個を，その並び順のままで空いている2マスに移す
　　　　　　・動かすご石はどの2個の並びでも良い
　このゲームを太郎君と花子さんが1回ずつおこない，次のような結果となりました。

太郎君の結果

スタート	●	○	●	○	●	○		
移動1回目	●			○	●	○	●	
移動2回目	●	●	○	○		○	●	
移動3回目	●	●	○	○	○	●		
ゴール			○	○	○	●	●	●

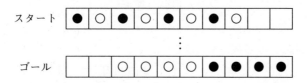

次に2人は協力してこのゲームをおこないますが、ご石のスタートの配置とゴールの配置は以下のようになっています。このとき、ご石の移動回数が最も少なくなるような手順を作業用の図に書きこみなさい。ただし、使用しない解答欄があってもよいものとします。

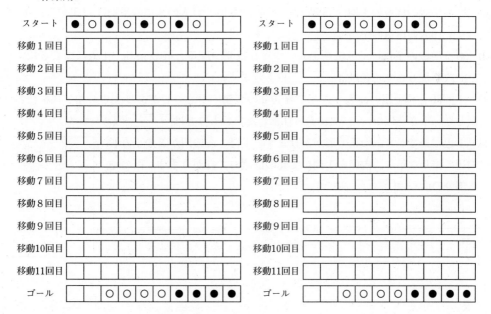

桐光学園中学校（第1回）

—50分—

注意　1　定規・コンパスは使用できません。
　　　2　円周率は 3.14 とします。
　　　3　比はできるだけ簡単な整数の比で表しなさい。

1　次の□□□にあてはまる数を求めなさい。

(1)　$2-\left\{1-\left(\dfrac{3}{4}-\dfrac{1}{3}\right)\div\dfrac{3}{4}\right\}\times0.75=$□□□

(2)　$1.9-\left(\dfrac{5}{8}\times2.4-\dfrac{2}{5}\div\text{□□□}\right)=0.6$

(3)　64の約数のうち，2けたの約数は□□□個あります。

(4)　縦と横の長さの比が 3：5 で，面積が60cm²の長方形のまわりの長さは□□□cmです。

(5)　弟が毎分52mの速さで家を出発してから□□□分後に，兄が自転車で毎分208mの速さで
家から弟を追いかけたところ，2分で追いつきました。

2　次の□□□にあてはまる数を求めなさい。

(1)　ノート3冊とえんぴつ13本の代金の合計は1320円です。また，ノート1冊の代金とえんぴ
つ3本の代金が等しくなっています。ノート1冊とえんぴつ1本の代金の合計は□□□円で
す。ただし，消費税は考えないものとします。

(2)　40人学級の体重の平均は35.5kgで，そのうち男子21人の体重の平均は39.3kgです。この学級
の女子19人の体重の平均は□□□kgです。

(3)　ある学級の全員に，色紙を1人につき3枚ずつ配ると40枚余り，1人につき6枚ずつ配る
と32枚不足します。色紙は□□□枚あります。

(4)　1個70gの金属のおもりAと1個50gの金属のおもりBがあります。AとBを合わせて13
個とり，重さをはかったら810gありました。おもりAは□□□個あります。

(5)　1辺の長さが8cmの正方形があります。半径1cmの円がこの正方形
の辺に接しながら，内側を1周して元の位置まで転がります。円の通
る部分の面積は□□□cm²です。

—130—

(6) 右の斜線部分の図形を，直線ＢＣのまわりに１回転してできる立体の体積は□cm³です。

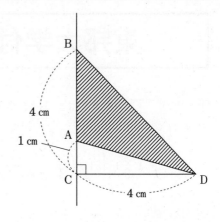

3 図の四角形ＡＢＣＤは平行四辺形です。点Ｅは辺ＡＢを１：１に分ける点で，点Ｆは辺ＢＣを１：２に分ける点です。ＥＤとＡＣの交点をＧ，ＦＤとＡＣの交点をＨとするとき，次の問いに答えなさい。

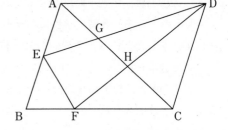

(1) 三角形ＡＥＧと三角形ＤＧＣの面積の比を求めなさい。

(2) ＡＧ：ＧＨを求めなさい。

(3) 四角形ＡＢＣＤの面積が120cm²のとき，四角形ＧＥＦＨの面積を求めなさい。

4 整数Ａを x 回かけ合せた数をＡ〔x〕と表すことにします。
例えば，
　　２〔３〕＝２×２×２＝８
となります。このとき，次の問いに答えなさい。

(1) ３〔４〕を求めなさい。

(2) ５〔15〕×25〔２〕×125〔２〕＝５〔x〕であるとき，x にあてはまる数を求めなさい。

(3) ７〔６〕×49〔３〕÷343〔y〕＝１であるとき，y にあてはまる数を求めなさい。

5 ３つの容器Ａ，Ｂ，Ｃに濃度の異なる食塩水が100ｇずつ入っています。それぞれの容器に入っている食塩水の濃度は，Ａは９％，Ｂは14％，Ｃは22％です。このとき，次の問いに答えなさい。

(1) Ａの食塩水20ｇに含まれる食塩の量は何ｇですか。

(2) Ａから20ｇ，Ｂから30ｇ，Ｃから50ｇの食塩水をとり，別の容器に入れて混ぜると濃度は何％になりますか。

(3) Ａ，Ｂ，Ｃから食塩水をそれぞれとり，容器Ｄに入れて混ぜると13％の食塩水になりました。その後，Ａ，Ｂ，Ｃに残っているすべての食塩水を容器Ｅに入れて混ぜると18％の食塩水になりました。このとき，容器Ｄに入っている食塩水は何ｇですか。

1. 次の　　　にあてはまる最も適当な数を答えなさい。

   (1) $\left(2\dfrac{1}{4}\div 0.375\div 6 - 0.3\div\dfrac{3}{8}\right)\div\dfrac{1}{25}=$　　　

   (2) $5.5\div 1\dfrac{5}{9}-\left\{21\times\left(0.5-\dfrac{1}{3}\right)-\boxed{}\right\}=0.25$

2. 次の問いに答えなさい。

   (1) $6468\times 2+939\times 5$ を13でわった余りを求めなさい。

   (2) 太郎君は，毎朝7時30分に家を出て，同じ通学路で学校へ向かいます。月曜日は歩いて通学したところ，8時に学校に着きました。火曜日は家から100mの地点まで走り，残りを歩いて通学したところ，7時58分に学校に着きました。水曜日は家を出て2分間走り，残りを歩いて通学したところ，7時52分に学校に着きました。

   このとき，自宅から学校までの道のりは何mか求めなさい。ただし，太郎君の歩く速さと走る速さはそれぞれ一定とします。

   (3) 右の図のように，1辺の長さが4cmのひし形と，その中に入る最も大きい円があります。円の面積とひし形の面積の比が3：5のとき，円の周の長さを求めなさい。

   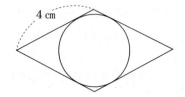

   (4) あるタクシーは，走った道のりが1270m以下のときは，かかった時間や道のりに関係なく，料金は500円です。1270mを超えると，263mを1区間として，新しい区間に入るごとに110円が加算されます。また，1270mを超えると，停車時間が1分35秒を超えるごとに100円が加算されます。例えば，走った道のりが1600mで，停車時間が2分間の場合，料金は820円になります。このタクシーで10km走ったところ，料金は4840円でした。

   このとき，停車時間は少なくとも何分何秒より長いか求めなさい。

   (5) 容器A，容器Bにはどちらも同じ量と同じ濃度の食塩水が入っています。容器Aに食塩を何gか加えたところ，濃度は3％高くなりました。次に，容器Aに入れた食塩と同じ重さの水を容器Bに加えたところ，濃度は1％低くなりました。最初に容器A，Bに入っていた食塩水の濃度は何％か求めなさい。

3 一定の速さで流れる川の上流にA地点があり，下流にB地点があります。2つの船P，Qは，静止した水面では，どちらも時速20kmで移動します。船Pは，A地点を出発し，B地点へ向かいます。船Qは，B地点を出発し，A地点へ向かいます。2つの船は，同時に出発してから21分後に，A地点からの距離とB地点からの距離の比が5：3であるC地点で初めてすれちがいました。また，船P，Qは，それぞれB地点，A地点に着くとすぐにそれぞれA地点，B地点へ引き返します。

このとき，次の問いに答えなさい。

(1) A地点とB地点の間は，何kmか求めなさい。

(2) 川が流れる速さは，時速何kmか求めなさい。

(3) 船P，QがC地点で初めてすれちがってから，何分何秒後に再びすれちがうか求めなさい。

4 記号○と△には，次のようなきまりがあります。ただし，Aには0以外の整数が入ります。
$$A^○ = 1 \div \{1 - 1 \div (1+A)\}, \quad A^△ = 1 \div \{1 + 1 \div (1+A)\}$$
例えば，$1^○ = 2$，$2^△ = \dfrac{3}{4}$ です。

このとき，次の □ にあてはまる最も適当な数を答えなさい。

(1) $1^△ \times 2^○ + 2^△ \times 3^○ + 3^△ \times 4^○ + 4^△ \times 5^○ + \cdots + 2019^△ \times 2020^○ + 2020^△ \times 2021^○ =$ □

(2) $(1^○ \times 2^○ \times 3^○ \times \cdots \times 2020^○ \times 2021^○) \times (1^△ \times 2^△ \times 3^△ \times \cdots \times 2019^△ \times 2020^△) =$ □

5 右の図において，三角形ABCと三角形BDEの面積は等しく，AE＝2cm，EB＝3cm，BC＝4cmです。また，辺ACと辺DEの交わる点をPとします。

このとき，次の問いに答えなさい。

(1) CDの長さを求めなさい。

(2) AP：PCの比を最も簡単な整数の比で求めなさい。

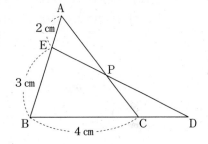

6 右の図のような，正六角形を底面とする六角柱ABCDEF－GHIJKLがあります。点Mは，三角形MGHと三角形MIJの面積の比が3：2となるような辺LK上の点です。

このとき，次の問いに答えなさい。

(1) LM：MKの比を最も簡単な整数の比で求めなさい。

(2) 3つの頂点A，E，Mを通る平面で，この立体を切断しました。切断されてできた立体のうち，頂点Fを含む立体の体積は，六角柱の体積の何倍か求めなさい。

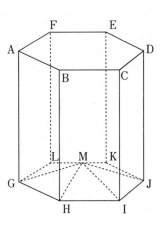

7 次の【図1】のような，白色の板Aと板Bがたくさんあります。【図2】は，12枚の板Aをすきまなく並べたものです。また，【図3】は，12枚の板Aと6枚の板Bをすきまなく並べたものです。これらの【図2】，【図3】のそれぞれについて，2枚の板全体を黒色にぬりつぶして模様をつくります。ただし，回転させて同じになるときは，同じ模様だと考えます。また，板を裏返すことはしません。

このとき，次の問いに答えなさい。

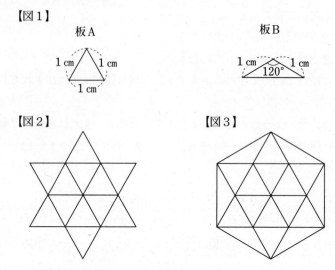

(1) 【図2】について，模様は何通りつくれるか求めなさい。

(2) 【図3】について，模様は何通りつくれるか求めなさい。

1 次の各問に答えなさい。

(1) $5 - \left\{ 1\dfrac{1}{4} \times (1 - 0.2) + \dfrac{5}{6} \div \dfrac{5}{12} \right\}$ を計算しなさい。

(2) 縮尺 $\dfrac{1}{25000}$ の地図上で，縦が4cm，横が6cmの長方形の土地の実際の面積は何km²ですか。

(3) 2桁の整数で，7で割ると3余り，9で割ると4余る数をすべて求めなさい。

(4) 現在，子供の年齢は13歳でお父さんの年齢は39歳です。お父さんの年齢が子供の年齢のちょうど2倍になるのは何年後ですか。

(5) 容積が800Lの空の水そうに，蛇口Aから毎分15Lの割合で水を入れます。途中から毎分20Lの割合で水の出る蛇口Bを同時に用いて水を入れたところ，初めに蛇口Aで水を入れ始めてから40分後に水そうがいっぱいになりました。蛇口Bで水を入れたのは何分間ですか。

(6) 次の表ア，イの整数 x，y の間にはある関係があります。それぞれの表の空欄①，②にあてはまる整数を求めなさい。

表ア
x	1	2	6	8
y	24	12	(①)	3

表イ
x	1	3	(②)	10
y	4	10	19	31

(7) 右の図の円すいの表面積は何cm²ですか。ただし，円周率は3.14とします。

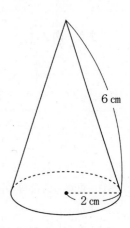

2 次の各問に答えなさい。

(1) A，B，Cの3人が1000mの競走をしました。このとき，次の各問に答えなさい。

① AはBの$\frac{10}{9}$倍の速さで走り，BはCの$\frac{9}{8}$倍の速さで走りました。AはCに何m差をつけて勝ちましたか。

② AはBに100m差をつけて勝ち，BはCに80m差をつけて勝ちました。AはCに何m差をつけて勝ちましたか。

(2) 1～10までの整数がかかれたカードが1枚ずつ合計10枚あります。10枚のカードを2人にそれぞれ5枚ずつ配り，次の【1】，【2】にしたがって点数をつけます。

【1】 奇数のカードが配られたときは，その数が自分の得点になる。

【2】 偶数のカードが配られたときは，その数が相手の得点になる。

このとき，次の各問に答えなさい。

① 1，2，3，4，5のカードが配られたとき，自分の得点の合計は何点ですか。

② 3，5，6，10の4枚のカードが配られました。5枚目に配られる数がいくつのとき，自分の得点の合計が相手より高得点になりますか。あてはまる数をすべて答えなさい。

3 次の図1のように直角二等辺三角形と長方形があります。図1の状態から，三角形が直線にそって毎秒1.5cmの速さで矢印の方向に動きます。

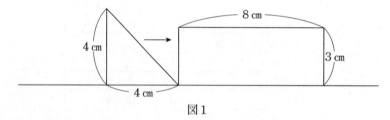

図1

また，図2は，三角形と長方形が重なった部分の図形の形状の変化を表します。

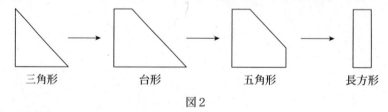

図2

このとき，次の各問に答えなさい。

(1) 重なった部分の図形が直角二等辺三角形になり，等しい辺の長さが2cmとなるのは何秒後ですか。

(2) 重なった部分の図形が台形になるのは何秒後から何秒後までですか。（〈考え方・式〉も書くこと。）

(3) 重なった部分の図形の面積が初めて6cm²となるのは何秒後ですか。（〈考え方・式〉も書くこと。）

4 1パック1000mLのコーヒー牛乳と牛乳があります。次の表は，それぞれのパックに印刷されている原材料名と栄養成分を表したものです。

コーヒー牛乳

原材料名：コーヒー，生乳，砂糖	
200mLあたり	
エネルギー	92Kcal
たんぱく質	2.3 g
脂質	1.7 g
糖質	17.1 g
カルシウム	99mg

牛乳

原材料名：生乳	
200mLあたり	
エネルギー	137Kcal
たんぱく質	6.9 g
脂質	7.8 g
糖質	9.5 g
カルシウム	225mg

このとき，次の各問に答えなさい。

(1) 1パックに含まれるコーヒー牛乳のエネルギーは何Kcalですか。

(2) 生乳のみにカルシウムが含まれるとすると，コーヒー牛乳1パックに含まれる生乳は何mLですか。

(3) コーヒー牛乳に含まれる糖質のうち，生乳に含まれるもの以外がすべて砂糖のとき，コーヒー牛乳1パックに含まれる砂糖は何 g ですか。ただし，コーヒー牛乳1パックに含まれる生乳は(2)の量とし，また，砂糖1 g の糖質は1 g とします。（〈考え方・式〉も書くこと。）

日本大学中学校（A－1日程）

―50分―

注意　1　定規，コンパス，分度器および計算機の使用はできません。
　　　2　分数で解答する場合は，それ以上約分できない分数で答えてください。

1　次の□にあてはまる数を求めなさい。

(1) $2\dfrac{4}{5} \times \left(4.3 - \dfrac{3}{5} \div 0.75\right) + \left(1.75 - 1\dfrac{2}{3}\right) \div \dfrac{5}{12} = \boxed{}$

(2) $\left(\dfrac{7}{12} + \boxed{}\right) \times 0.2 + \dfrac{1}{2} = \dfrac{3}{4}$

(3) 2つの分数 $\dfrac{33}{56}$ と $\dfrac{11}{24}$ のそれぞれに同じ分数をかけて，0より大きい整数にします。かける分数の中で，最も小さい数は □ です。

(4) 右の図のように，合同な正方形が頂点Aで重なっています。
2点B，Cを結ぶとき，あの角の大きさは □ 度です。

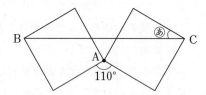

(5) 直角三角形ABCを，Cを中心として90°回転させたとき，辺ABの通ったあとは図の　色の部分となります。
　色の部分の面積は □ cm²です。ただし，円周率は3.14とします。

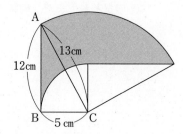

(6) いくつかのグミをA，B，Cの3人で分けます。はじめにAが全体の $\dfrac{1}{4}$ をとり，次にBが12個をとり，最後にCが残りの $\dfrac{2}{3}$ をとったところ残ったグミの数は，はじめにあったグミの数の $\dfrac{1}{5}$ でした。はじめにあったグミの数は □ 個です。

(7) ある川に沿った2地点の間を2せきの船A，Bが往復します。船Aは上りに1時間，下りに15分かかり，船Bは上りに1時間20分かかります。船Bは下りに □ 分かかります。

(8) 右の筆算は7つの整数をたし合わせることを表しています。A，B，C，Dはそれぞれ0から9のどれかの数字を表し，同じ文字には同じ数字が，異なる文字には異なる数字が入ります。このとき，Bは □ です。

```
         A
        A A
       A A A
      A A A A
     A A A A A
    A A A A A A
 + A A A A A A A
 ―――――――――――――――
   A B C A B C D
```

2　あるスーパーではまとめてジュースを買うと，1本定価200円のジュースが10本目までは定価で，11本目から30本目までは定価の1割引きで，31本目からは定価の2割引きで買うことができます。このとき，次の各問いに答えなさい。ただし，消費税は考えないものとします。

―138―

(9) ジュースをまとめて35本買ったときの代金はいくらですか。

(10) 10000円で何本まで買うことができますか。

(11) 1本あたりの平均の値段が170円以下になるのは何本以上買ったときですか。

3 右の図のように，三角形ＡＢＣの辺ＡＢ上にＡＤ：ＤＢ＝２：３となる点Ｄがあり，辺ＡＣ上にＡＥ：ＥＣ＝３：１となる点Ｅがあります。ＤＥ上に点Ｆがあり，三角形ＤＢＦの面積が四角形ＤＢＣＥの面積の半分になります。このとき，次の各問いに答えなさい。

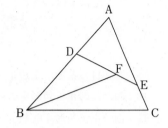

(12) 三角形ＡＢＣと三角形ＡＤＥの面積の比を，最も簡単な整数の比で答えなさい。

(13) ＤＦ：ＦＥを最も簡単な整数の比で答えなさい。

4 広く平らな土地に，右の図1のような直方体があり，点Ａの真上の高さ４ｍの位置にライトがあります。このとき，次の各問いに答えなさい。

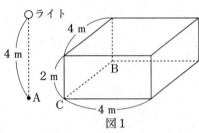

(14) 図２のように点Ａが頂点Ｂの位置にあるとき，地面にできるかげの面積は何㎡ですか。

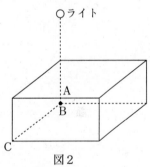

(15) ライトが図３の位置にあるとき，真上から見ると，図４のようになります。このとき，地面にできるかげの面積は何㎡ですか。

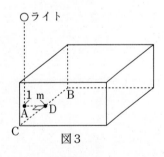

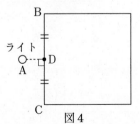

5 次の図のように，1辺1cmの白と黒の正三角形をある規則にしたがってすきまなく並べていきます。このとき，あとの各問いに答えなさい。

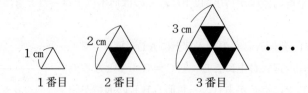

(16) 5番目のとき，1辺1cmの正三角形は全部で何枚ですか。

(17) 白と黒の正三角形をあわせて196枚並べたとき，白の正三角形は全部で何枚ですか。

(18) 白の正三角形を66枚並べたとき，黒の正三角形は全部で何枚ですか。

日本大学藤沢中学校(第1回)

—50分—

注意　① 分数で解答する場合は，それ以上約分できない分数で答えて下さい。

② 比を答える場合は，最も簡単な整数の比で答えて下さい。

③ 円周率を必要とする場合は，3.14で計算して下さい。

④ 定規，コンパス，電子機器は使えません。

① 　次の□□□にあてはまる数を答えなさい。

(1)　$43 \times 21 + 43 \times 12 + 43 \times 17 = $ □

(2)　$\dfrac{1}{8} + \left(\dfrac{9}{16} \times \square - \dfrac{3}{4} \right) \times 3 = 1\dfrac{1}{4}$

(3)　$\left(\dfrac{15}{2} - 2 \right) \times \dfrac{4}{5} - 2.5 = $ □

(4)　$\left(2\dfrac{2}{3} - 2\dfrac{1}{5} \right) \div \square + \dfrac{2}{3} = \dfrac{5}{4}$

(5)　$\dfrac{2}{1 \times 3} + \dfrac{2}{3 \times 5} + \dfrac{2}{5 \times 7} + \dfrac{2}{7 \times 9} = $ □

② 　次の問いに答えなさい。

(1)　ある品物の値段が，昨年はおととしより30％値上がりし，今年は昨年より25％値上がりしました。今年はおととしより何％値上がりしましたか。

(2)　4回のテストの平均点は72点です。平均点を3点あげるには，5回目のテストで何点取ればよいですか。

(3)　水族館の開館前に400人のお客さんが並んでいます。開館後は1分間に30人ずつお客さんが来ますが，窓口を2ヶ所開けると，40分で行列はなくなります。窓口を4ヶ所開くと，何分で行列はなくなりますか。

(4)　$\dfrac{1}{7}$ を小数に直したとき，小数第64位の数字は何ですか。

(5)　歯車Aと歯車Bはかみ合っています。AとBの歯数はそれぞれ18と30です。Aが3秒間に15回転するとき，Bは4秒間で何回転しますか。

③ 　3種類の切手A，B，Cがあります。Aを2枚，Bを1枚，Cを3枚買うと合計金額は750円になります。また，Aを1枚とBを2枚買うと合計金額は780円，Bを3枚とCを1枚買うと合計金額は1010円になります。このとき，次の問いに答えなさい。

(1)　AとBとCを1枚ずつ買うと，合計金額は何円になりますか。

(2)　A1枚の値段は何円ですか。

4 【N】は3をN個かけて，10で割ったときの余りを表します。
例えば，【4】は，3×3×3×3＝81となり，81÷10＝8あまり1となるので，【4】＝1となります。このとき，次の問いに答えなさい。
(1) 【6】はいくつですか。
(2) 【N】＝1となる，2けたの正の整数Nは何個ありますか。

5 Aさんは1周200mのトラックをP地点からスタートし，次の①～④のようにトラックを10周しました。
① 毎秒2mの速さでトラックを5周
② 2分間止まって休けい
③ 毎秒4mの速さでトラックを2周
④ 毎秒2mの速さでトラックを3周

BさんはAさんがスタートしてから，3分40秒後に同じトラックをP地点からスタートし，一定の速さでAさんと同じ方向に10周し，Aさんと同時に走り終わりました。

以下のグラフは，Aさんがトラックを10周走り終えるまでの様子を表したものです。このとき，次の問いに答えなさい。

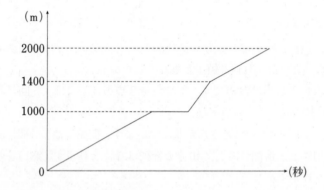

(1) Aさんは10周走り終わるまでに何秒かかりましたか。
(2) Bさんは毎秒何mの速さで走りましたか。
(3) AさんとBさんの走った距離が初めて同じになるのは，Aさんがスタートしてから何秒後ですか。

6 図1～3は，同じ大きさの直方体の箱に2本ひもをかけたときのようすを表しています。使ったひもの長さは，図1では合計80cm，図2では合計86cmです。ただし，ひもは直方体の辺に垂直になるようにかけ，結び目の長さは考えないものとします。このとき，次の問いに答えなさい。

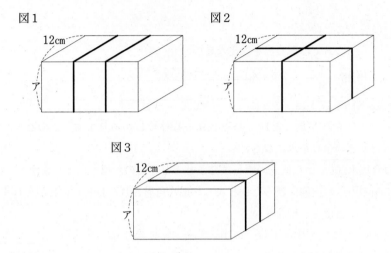

(1) この直方体の高さ（アの長さ）は何cmですか。

(2) 図3のようにひもをかけたとき，使ったひもの長さは合計何cmですか。

(3) 図1～3の直方体において，それぞれのひもの位置で直方体を切ったときを考えます。切られてできた立体を積み上げた時に，一番高く積み上げることができるのは図1～3のうちどれですか。ただし，切り方は図のような位置でなくてもよいが，1cm単位で切るものとします。

1 次の問いに答えなさい。
  (1) 次の ☐ にあてはまる数を答えなさい。
   ① $3\frac{1}{3} \times \left(0.25 + \frac{1}{3} \div \frac{5}{6} \times 0.125\right) = $ ☐
   ② $11 + 13 + 15 + 17 + 19 + \cdots + $ ☐ $= 600$
  (2) 13でわると7余る整数Aと13でわると9余る整数Bがあります。このとき，整数A＋Bを13でわったときの余りを求めなさい。
  (3) 5％の食塩水200gから何gの水を蒸発させると8％の食塩水になりますか。
  (4) 半径1cmの円Oの内側にぴったりと入った正八角形ABCDEFGHがあります。このとき，三角形CDFの面積を求めなさい。
  (5) 右の図のように，AB＝4cm，AD＝3cm，AE＝5cmの直方体ABCD－EFGHがあります。辺BF上にBP＝4cmとなる点Pを，辺AE上にAQ＝3cmとなる点Qをとり，3点P，Q，Dを通る平面でこの直方体を切り，2つに分けました。このとき，頂点Eを含む方の立体の体積を求めなさい。

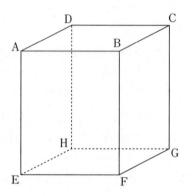

2 ある仕事を完成させるのに，A君とB君の2人ですると10時間かかり，B君とC君の2人ですると12時間かかり，C君とA君の2人ですると15時間かかります。次の問いに答えなさい。
  (1) この仕事をA君とB君とC君の3人ですると，どのくらい時間がかかるか答えなさい。
  (2) この仕事をA君1人ですると，どのくらい時間がかかるか答えなさい。
  (3) この仕事を完成すると，36,000円の報酬（ほうしゅう）がもらえます。3人でこの仕事をして，仕事をした量に応じて報酬を分けることにするとき，A君がもらえる報酬はいくらになるか答えなさい。

3 nは整数であり，《n》はnに使われている位の数を並べ替えてできるすべての数の和を表すものとします。例えば，
   《12》＝12＋21＝33
   《11》＝11
   《211》＝112＋121＋211＝444
  となります。ただし，nのすべての位には0を含まないものとします。次の問いに答えなさい。
  (1) 《123》を求めなさい。
  (2) 《n》＝777となる整数nは何個あるか求めなさい。
  (3) 《n》＝1332となる整数nは何個あるか求めなさい。

4 次の図のように，長方形ＡＢＣＤの対角線ＡＣ上に点Ｅを，直線ＤＥ上に点Ｆをとります。直線ＢＦが対角線ＡＣと交わる点をＧとします。三角形ＡＥＤの面積は63cm²，三角形ＡＢＧの面積は105cm²，三角形ＥＧＦの面積は12cm²です。次の問いに答えなさい。

(1) 直線ＢＥを引きます。三角形ＡＢＥと面積の等しい三角形を１つ答えなさい。

(2) ＡＥ：ＥＧを最も簡単な整数の比で求めなさい。

(3) 三角形ＦＢＤの面積を求めなさい。

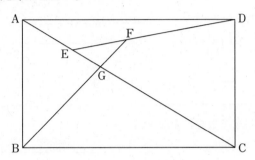

5 次の図は正八面体の展開図と見取り図です。

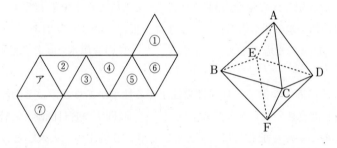

(1) 展開図の面アと点も辺もふれない面イを，①〜⑦の中から一つ選びなさい。

(2) 次の広子さんと学くんの会話を参考に，あとの問いに答えなさい。

広子：「この正八面体を，面ＤＥＦが地面とぴったり重なるように置いたとき，真上からはどんな風に見えると思う？」

学　：「この正八面体の面はすべて合同な正三角形だから，図ウのように見えると思うな。」

広子：「そうかしら？例えば(1)の面アを地面とぴったり重なるように置くと，真上からは(1)の面イも見えるはずだから，図エのように見えると思うわ。」

学　：「そうかなぁ…。正八面体にはへこんだところがないから，図エのような形にはならない気がするよ。真上から見ると重なる部分ができるから，図オのように見えるのかもしれないね。」

問　２人が考えた図ウ，エ，オはどれも正しくありません。実際に見える図を，図ウ，エ，オのように枠だけかきなさい。また，頂点の記号も答えなさい。頂点の答え方として，重なっている場合は両方の記号をかきなさい。

1. 次の □ にあてはまる数を答えなさい。

 (1) $23 \times 4 - (96 \div 8 + 3 \times 5) \div 6 \times 4 =$ □

 (2) $3\frac{4}{7} \div 0.625 - 2\frac{3}{5} \div \left(1\frac{1}{4} - \frac{3}{5}\right) =$ □

 (3) $\left\{36 - 9 \times \left(\frac{13}{18} + \boxed{}\right)\right\} \times 1\frac{4}{9} - 3\frac{1}{2} = 1\frac{5}{9}$

2. 次の □ にあてはまる数を答えなさい。

 (1) 3日2時間10分 − 4時間56分 = □ 日 □ 時間 □ 分

 (2) 3つの整数A, B, Cがあります。AとB, BとC, CとAをかけ合わせてできる数が, それぞれ77, 91, 143のとき, Aは □ です。

 (3) 現在, 父と母と娘3人の年令の和は90才で, 父は母より4才年上です。今から6年後には, 父と母の年令の和が娘の年令の5倍になります。現在の娘の年令は □ 才です。

 (4) 135gの水に15gの食塩を加え, これに □ %の食塩水200gを混ぜると, 6%の食塩水になります。

 (5) 6人で毎日6時間ずつ働くと10日間で仕上がる仕事があります。その仕事を, 5人で毎日8時間ずつ6日間働き, 残りを3人で毎日 □ 時間ずつ8日間働くと仕上がります。

 (6) □ 個のみかんを配るのに, 子どもひとりに5個ずつ, 大人ひとりに3個ずつ配ると29個あまり, 子どもひとりに10個ずつ, 大人ひとりに6個ずつ配ると19個足りません。

 (7) 1周240mの流れるプールがあります。1周泳ぐのに, 流れに沿うと2分, 流れに逆らうと4分かかります。このプールで自分のゴムボートを流れに沿って手放し, 自分は流れに逆らって泳ぎはじめると, 流れてくる自分のゴムボートに □ 分 □ 秒後に触れました。

 (8) 次の図でABとCDは平行です。角xの大きさは □ 度です。

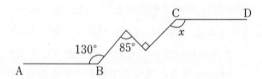

3. 右の図のような三角すいABCDの辺に沿って頂点から頂点へ移る点Pがあります。点Pは1秒ごとに他の3つの頂点のうちの1つに移ります。また, 点Pは同じ点を何回でも通ることができます。

点Pが頂点Aから出発するとき, 次の問いに答えなさい。

 (1) 3秒後に頂点Aに移る道順は何通りありますか。

 (2) 4秒後に頂点Aに移る道順は何通りありますか。

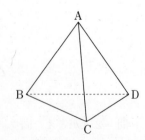

4　右の半円で，ABは直径，Oは中心です。このとき，次の問いに答えなさい。

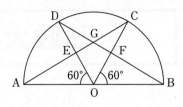

(1)　AE：GCをもっとも簡単な整数の比で表しなさい。

(2)　四角形OFGAと四角形OCGDの面積の比をもっとも簡単な整数の比で表しなさい。

5　底面の円の半径が5cmの円すいを，平面の上ですべらないように回転させると，ちょうど6回転して図のような円をえがきました。

このとき，次の問いに答えなさい。ただし，円周率は3.14とします。

(1)　えがいた円の半径を求めなさい。

(2)　円すいの表面積を求めなさい。

6　コーラの空きびん4本と新しいコーラ1本を交換してくれる店があります。
　このとき，次の問いに答えなさい。

(1)　この店で19本のコーラを買うと，全部で何本飲むことができますか。

(2)　80本以上飲むためには，少なくとも何本のコーラを買えばよいですか。

1 次の問に答えなさい。(2), (3)は ◯ にあてはまる数を求めなさい。

(1) $\left(363 \times 2 - \dfrac{363}{10} - 3.63\right) \div 189$ を途中の計算式も書いて、答えを出しなさい。

(2) $\left(3\dfrac{4}{5} - \boxed{} \times \dfrac{4}{3}\right) \times 15 = 17$

(3) 1.5時間 + 2時間50分 + 1200秒 = ◯ 時間

2 次の問に答えなさい。

(1) A君は毎分75mの速さで歩きます。A君が歩き始めてから2分経ったとき、B君がA君を追いかけはじめました。そして、追いかけはじめてから5分後にA君に追いつきました。B君の速さは毎分何mですか。

(2) 2種類のケーキAとBがあります。Aが5個とBが4個の代金の合計は2580円、Aが6個とBが8個の代金の合計は3680円でした。ケーキA1個の値段は何円ですか。ただし消費税は、考えないものとします。

(3) 面積が108cm²である三角形ABCの辺ABを3等分、辺ACを4等分、辺BCを2等分したとき、斜線部分の四角形の面積は何cm²ですか。

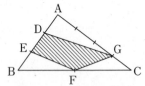

(4) ある山の山頂へ向かう異なる登山道が4つあります。この山に登っておりてくるには何通りの方法がありますか。ただし同じ登山道を往復してもよいこととします。

(5) 1円玉と5円玉があわせて36枚あり、その合計金額は112円であるとき、1円玉は何枚ありますか。

(6) 記号▲は、2つの整数の大きい方から小さい方を引いた数を表し、記号●は、2つの整数の小さい方を大きい方で割った数を表すものとします。

　例えば、5▲9 = 4, 2●1 = $\dfrac{1}{2}$ です。

　このとき、{(9▲6) − (26●9)} ÷ {(11●13) + (4▲8)} を求めなさい。

③ 1辺の長さが1cmの立方体がたくさんあります。図のように1段，2段，…と一定の法則で立方体を積み上げるとき，次の問に答えなさい。

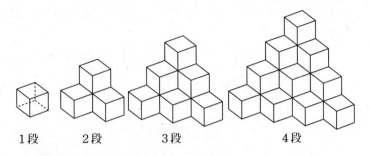

1段　　2段　　3段　　　4段

(1) 6段まで積み上げたときの立体の体積は何cm³ですか。
(2) 10段まで積み上げたときの立体の表面積は何cm²ですか。

④ A，B，C，Dの4つの容器には＜表1＞に示された食塩水や水が入っています。これらの食塩水や水を利用して，＜表2＞に示す手順で作業を行いました。手順3が終了したときに容器Dの中身は食塩水となり，その濃度が2％でした。次の問に答えなさい。

＜表1＞

容器	液体の種類	量(g)	濃度(％)
A	食塩水	250	12
B	食塩水	300	8
C	食塩水	150	あ
D	水	200	

＜表2＞　手順1から手順4は順番通り，続けて行うこととする。

手順1：Aの容器から食塩水を100g取り出し，Bの容器に入れ，よくかき混ぜる。
手順2：Bの容器から食塩水を100g取り出し，Cの容器に入れ，よくかき混ぜる。
手順3：Cの容器から食塩水を100g取り出し，Dの容器に入れ，よくかき混ぜる。
手順4：Dの容器から食塩水を100g取り出し，Aの容器に入れ，よくかき混ぜる。

(1) ＜表2＞の手順4が終了したとき，容器Aの食塩水の濃度は何％ですか。
(2) ＜表1＞のあの値を答えなさい。
(3) ＜表2＞の手順4が終了したとき，容器Bの食塩水と容器Cの食塩水をすべて混ぜ合わせてできる食塩水に含まれる食塩は何gですか。

5 <図1>のように，半径4cmの円Oの円周上に円周を4等分した点A，B，C，Dをとりました。最初，点Pと点Qは，点Aの位置にあり，点Pは円周を12等分した点を1秒で1つずつ，時計回りに進み，点Qは円周を8等分した点を1秒で1つずつ，反時計回りに進んでいきます。このとき，次の問に答えなさい。

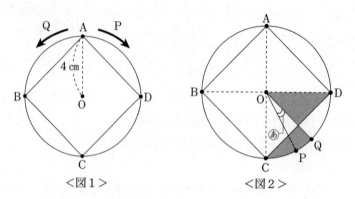

<図1>　<図2>

(1) <図2>は，点Pと点Qが点Aを出発してから5秒後の図です。あの大きさは何度ですか。
(2) <図2>のとき，斜線部分の面積の和は何cm²ですか。
(3) 点Pと点Qが，点Aを出発してから再び点Aで重なり合うまでに辺OPと辺OQが垂直に交わるのは，点Aを出発してから何秒後と何秒後ですか。ただし整数で答えなさい。

6 図のような，底面のたてが㋐cm，横が3cm，高さが4cmの直方体があります。点Aから直方体の側面にそって，糸をたるまないように巻き付け，糸の長さが最も短くなるようにします。次の問に答えなさい。

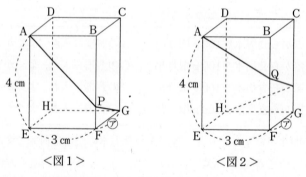

<図1>　<図2>

(1) <図1>で，㋐が2cmであるとき，点Aから辺BF上の点Pを通って点Gまで糸を巻きつけました。PFの長さは何cmですか。
(2) <図2>で，点Aから辺BF上の点Qを通って点Hまで糸を巻きつけたら，QFの長さが$\frac{32}{11}$cmになりました。㋐の長さは何cmですか。言葉，計算式，図などを用いて，考え方も書きなさい。

1 次の各問いに答えなさい。

(1) $96 \div (9+7) - 6$ を計算しなさい。

(2) $9\frac{1}{6} - \left(4 \div \frac{8}{3} + 7.8\right) \times \frac{1}{3}$ を計算しなさい。

(3) $2\frac{1}{7} - \left\{1.75 \div \left(1\frac{3}{4} - 0.25\right)\right\}$ を計算しなさい。

(4) 次の□にあてはまる数を求めなさい。

(□×2021＋2021)÷2021－2021＝2021

(5) 池のまわりに1周4kmの歩道があります。Aさん、Bさんの2人が同じ地点から互いに反対向きに、同時に出発します。Aさんは分速80mで歩き、BさんはAさんの3倍の速さで走るとき、出発してから2人が初めて出会うのは何分何秒後ですか。

(6) 1個120円のおにぎりと、1個150円のパンを、合わせて9個買うと、代金の合計は消費税が10％かかり1287円でした。おにぎりを何個買いましたか。

(7) 4％の食塩水に9％の食塩水を混ぜると7％の食塩水ができました。混ぜてできた7％の食塩水に食塩5gを加えると8％の食塩水ができました。4％の食塩水は何gありましたか。

(8) Aさん、Bさん、Cさん、Dさん、Eさんの5人にお寿司屋さんで必ず食べるものを「まぐろ」「サーモン」「ほたて」「たまご」の4種類から選んでもらったところ、以下のことがわかりました。

・「まぐろ」「サーモン」「ほたて」「たまご」の4種類は、どれも3人が選びました。
・A、Bはそれぞれ3種類、C、D、Eはそれぞれ2種類を選びました。
・Eは「ほたて」を選びませんでした。
・AはEが選んだ2種類のほかに、「まぐろ」を選びました。
・CとDが選んだ種類はすべて同じでした。

このとき、Bさんが選ばなかった種類は何ですか。

(9) 3種類の缶ジュースがあり、それぞれの税抜き価格が80円、90円、100円です。これらの缶ジュースを何本か買ったときの代金の合計は消費税が10％かかり、616円でした。100円の缶ジュースは何本買いましたか。ただし、それぞれ少なくとも1本は買ったものとします。

(10) 右の図のような直角三角形ABCの辺BCを1辺とする長方形EBCDがあります。直線ABと辺EDとの交点をFとします。AC＝4cm、BF＝7cmのとき、長方形の面積は何cm²ですか。

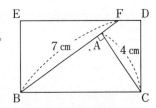

(11) 図1は，平面だけでできているある立体を真正面，真横(真正面からみて右)，真上から見た図です。図2は，図1からできる立体の見取図です。角はすべて直角とするとき，この立体の体積は何cm³ですか。

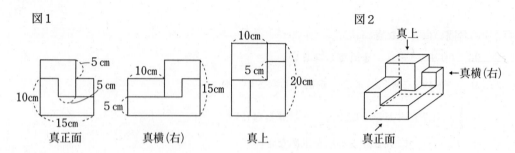

2 右の図のような数を表示するボードがあります。はじめは，このボードに「０００」と表示されています。ボタンを1回押すごとにAに表示されている数が1ずつ増え，Aは3まで増えると次は0に戻ります。Aが0に戻るごとに，Bの表示されている数が1ずつ増え，Bは4まで増えると次は0に戻ります。Bが0に戻るごとに，Cの表示されている数が1ずつ増え，Cは5まで増えると次は0に戻ります。例えば，ボタンを6回押すとボードに表示される数字は「２１０」となります。このとき，次の各問いに答えなさい。

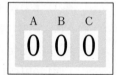

(1) ボタンを10回押したとき，表示される数字を答えなさい。
(2) はじめて「１１１」となるのは，ボタンを何回押したときですか。
(3) はじめて「０００」に戻るのは，ボタンを何回押したときですか。

3 右の図のように，面積が54cm²の正六角形ＡＢＣＤＥＦがあります。このとき，次の各問いに答えなさい。

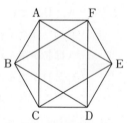

(1) 部分の面積は何cm²ですか。

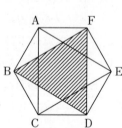

(2) 部分の面積は何cm²ですか。

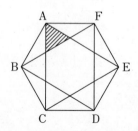

(3) 点Aと点D，点Cと点Fを線でつないだとき，▨部分の面積は何cm²ですか。

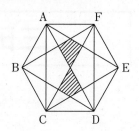

4 Aさんが1人で取り組むとちょうど12日かかり，Bさんが1人で取り組むとちょうど24日かかる仕事があります。この仕事を，最初の3日間はAさんとBさんがいっしょに取り組み，4日目からの4日間はBさん1人で取り組み，8日目からはCさんが加わり，BさんとCさんの2人で取り組んだところ，全部でちょうど12日かかりました。このとき，次の各問いに答えなさい。

(1) AさんとBさんがいっしょにこの仕事に取り組むと全部で何日かかりますか。

(2) この仕事を，Bさんは毎日取り組み，1日目はAさん，2日目はCさん，3日目はAさん，……と，Aさん，Cさんの順に，Bさんを手伝い，2人ずつこの仕事に取り組むと，何日目にこの仕事が終わりますか。ただし，求め方や途中計算も書きなさい。

三田国際学園中学校(第1回)

—50分—

注意　線や円をかく問題は，定規やコンパスは用いずに手書きで記入してください。

1　次の□にあてはまる数を答えなさい。

(1) $\dfrac{2}{2\times3\times4}+\dfrac{2}{3\times4\times5}+\dfrac{2}{4\times5\times6}+\dfrac{2}{5\times6\times7}+\dfrac{2}{6\times7\times8}+\dfrac{2}{7\times8\times9}+\dfrac{2}{8\times9\times10}=\boxed{}$

(2) 次のA，B，Cにそれぞれ5，6，8のどれかを入れて式を正しくするとき，Cに入る数は□です。

　　$123-4A-B7+C9=100$

(3) 1冊250円のノートをある冊数だけ買うために，必要なお金をちょうど□円持って店に行きました。ところがノートが195円に値引きされていたため予定より3冊多く買え，おつりが75円ありました。ただし，消費税は考えないものとします。

(4) 1から10までのすべての整数で割り切れるもっとも小さい整数は□です。

(5) 右の図のような太線で囲まれた立体の体積は□cm³です。
ただし，同じ印をつけた部分の長さは等しく，└の記号がある角度は直角であることを表します。また，角すいの体積は，(底面積)×(高さ)×$\dfrac{1}{3}$で求められます。

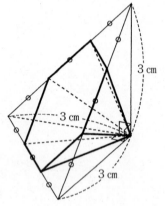

(6) A君，B君，C君，D君の4人でお金を持ち寄りました。A君の所持金は全体の$\dfrac{2}{5}$より30円少なく，B君の所持金はA君の所持金の$\dfrac{1}{3}$より30円多いです。また，C君の所持金はB君の所持金の2倍より30円少なく，D君の所持金は3000円です。A君，B君，C君の合計金額は4人の合計金額の□%です。

2　倍数を判定する方法には様々なものがあり，9の倍数かどうかを判定する方法に
「その数の各位の数の和が9の倍数ならば，その数は9の倍数である」
というものがあります。
例えば，「891」という数の場合，百の位の数「8」，十の位の数「9」，一の位の数「1」の和は，$8+9+1=18$であり，18は9の倍数だから，891は9の倍数であるといえます。

(1) 「1036(ア)492713145」という数が9の倍数になるように，(ア)に入る1けたの数を求めなさい。

次に，以下のような【装置】を考えます。
① この【装置】に数を入力すると，＜計算＞によって得られた数が出力されます。
② ＜計算＞とは，入力された数の各位の数の和を求めることです。
③ 【装置】から出力された数が9以下になるまで，この装置にくり返し入力されます。
④ 出力された数が，9以下の数になると，この【装置】は終了します。
　　例えば「961」という数を【装置】に入力すると，
　　＜計算＞によって，9＋6＋1＝16となり，得られた数「16」が出力されます。
　　「16」は9以下の数ではないため，「16」が再び【装置】に入力されます。
　　＜計算＞によって，1＋6＝7となり，「7」が出力されます。
　　出力された数「7」が9以下の数になったので，この【装置】は終了します。
(2) 【装置】に「84763987429942」という数を入力したとき，【装置】が終了するまでに＜計算＞される回数は何回ですか。
(3) 【装置】に1から2021までの整数をかけ算した結果の数を入力しました。
　(ア) 1から2021までの整数をかけ算した数は9の倍数ですか。9の倍数なら「○」を，そうでないなら「×」をかきなさい。
　(イ) 【装置】が終了したとき，最後に【装置】から出力される数を求めなさい。

3 右の図のあといの三角形は角の大きさがそれぞれ異なるため，同じ形の三角形ではありません。しかし，図のように三角形の内部に直線をかいて三角形を分割すると，うとえの三角形は角の大きさがそれぞれ40°，50°，90°である同じ形の三角形に，おとかの三角形は角の大きさがそれぞれ30°，60°，90°である同じ形の三角形になり，2組の同じ形の三角形に分割することができます。

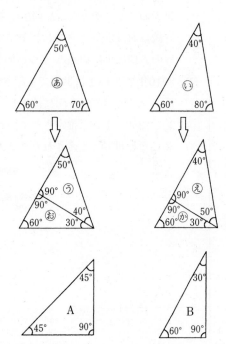

(1) Aの三角形とBの三角形の内部に直線を1本ずつかいて，2組の同じ形の三角形に分割しなさい。右の解答らんには，上の図のように分割した三角形の角度をすべて記入すること。

(2) Aの三角形とBの三角形の内部に直線を2本ずつかいて，3組の同じ形の三角形に分割しなさい。右の解答らんには，前の図のように分割した三角形の角度をすべて記入すること。

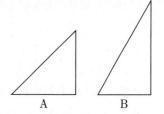

(3) ㋐の三角形と㋑の三角形の内部に点を1点とり，その点と各頂点を結ぶことで，3組の同じ形の三角形に分割しなさい。右の解答らんには，前の図のように分割した三角形の角度をすべて記入すること。ただし，三角形の内部に，辺はふくみません。

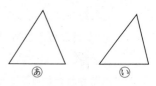

4 三田さんは，今のままの状態が続くと2050年には海に流出したプラスチックごみの量が海にいる魚の量をこえるということを知り，インターネットサイトでプラスチックについて調べました。次の①から⑤は，三田さんが調べたいろいろなサイトから得た情報です。

① プラスチックを製造するのに必要な石油の量は，世界の石油消費量の約6％に当たり，その量は世界中を飛ぶ飛行機が年間に消費する燃料とほぼ同じである。

② 世界のプラスチック製品の生産量は年に約5％ずつ増加していて，このままの割合で増え続ければ2050年までに累計で330億トンのプラスチック製品が生産される。また，世界の人口は年に約2.5％ずつ増加している。

③ 2010年と2015年に世界で生産されたプラスチック製品はそれぞれ2億6500万トンと4億トンで，そのうち海に流出したとされるプラスチックはそれぞれ少なくとも800万トンと1200万トンと推定されている。

④ 2015年に世界で生産されたプラスチック製品の内訳のグラフ

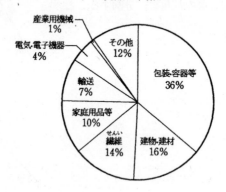

⑤ プラスチックごみの発生量と処理量の内訳の推移を表すグラフ

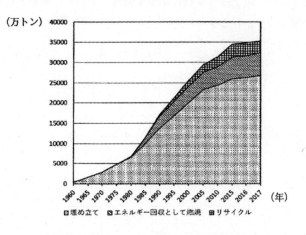

(1) 三田さんは，プラスチック製品が世界でどのくらい生産されているかについて，身近にある大きな建物の重さと比べることで実感しようと思いました。そこで，横浜ランドマークタワーの重さを調べたところ，44万トンであることがわかりました。

2015年に世界で生産されたプラスチック製品は横浜ランドマークタワー何個分に相当しますか。小数第一位を四捨五入して答えなさい。

(2) 三田さんは，調べた情報から次のアからオのことがらを読み取りました。正しく読み取ることができているものをすべて選び，記号で答えなさい。

ア　1995年にはすでにプラスチックごみがリサイクルされるようになっており，リサイクルされるプラスチックごみの量は，年々増え続けている。

イ　生産されるプラスチックの生産量を人口1人当たりに換算すると，その量は年々増加している。

ウ　2015年に生産されたプラスチック製品のうち，最も多く作られたものは包装・容器等で，その量は1億5000万トン以上である。

エ　プラスチックごみの発生量は1960年から増え続けているが，2005年に初めて，それより前に比べてごみの増え方が緩やかになった。

オ　2015年に生産されたプラスチック製品のうち約85％がプラスチックごみになった。

(3) 海にいる魚の量は約8億トンと推定されています。プラスチック製品の生産量に対して，海洋に流出するプラスチックの割合がこのまま変わらなかった場合，2050年には海に流出したプラスチックが海にいる魚の量をこえることを，三田さんが調べた情報をもとに示しなさい。ただし，魚の全生物量はこのまま変わらないとします。

5 紙テープを真ん中で折ってそれをはさみで切ると，紙テープはいくつかの部分に分けられます。
　例えば，図のように紙テープを真ん中で1回折ってから，それを1か所で切り分けると，紙テープは3つの部分に分かれます。

　紙テープを2回以上折るときも，真ん中で折るようにし，何度でも折れるように紙テープは十分な長さがあります。

　また，はさみで切るときは紙テープに対して垂直に切るようにします。

(1) 紙テープを3回折ってから，それを1か所で切り分けると，紙テープはいくつの部分に分かれますか。

(2) 紙テープを4回折ってから，それを2か所で切り分けると，紙テープはいくつの部分に分かれますか。

(3) 紙テープを6回以上折ると，はさみで切ることができない厚さになることがわかりました。はさみで切り分けるのを5か所以下にして，紙テープが65個の部分に分かれるように切るには，紙テープを何回折ってから，それを何か所で切り分ければいいですか。すべての場合を答えなさい。また，どのように考えたかも合わせて答えなさい。

茗溪学園中学校(第1回)

—50分—

【注意】〈途中の考え方〉とある問いには，考え方や途中の計算式を必ず記入しなさい。

1 次の各問に答えなさい。

(1) $(8-5\div3)\times6$ を計算しなさい。

(2) $7.7\div1\frac{2}{5}\times2$ を計算しなさい。

(3) $9+99+999+9999+5$ を計算しなさい。

(4) 片道50kmの道のりを，行きは時速40kmで，帰りは時速60kmで往復しました。このとき，平均の速さを求めなさい。

(5) 定価29900円に10％の消費税を加えた価格のゲーム機を10％引きで買うと，定価よりいくら安くなるか答えなさい。

(6) ある年の1月10日は月曜日でした。この年は365日ありました。このとき，次の年の1月10日は何曜日か答えなさい。

(7) ある国では，$a◎b$でaとbの小さい方の値を表し，$a△b$でaとbの和を表します。この規則にしたがって，$(1◎2)△3$を計算しなさい。

(8) 4や25のように，同じ整数を2回かけて得られる整数を「平方数」と言います。実際，$4=2\times2$，$25=5\times5$です。100以上2021以下の整数の中に，平方数は何個あるか答えなさい。

(9) 4人乗っている列車が2か所の駅で止まります。このとき，乗客の降り方は全部で何通りあるか答えなさい。だれも降りない駅があってもかまいません。ただし，乗客は全員どちらかで必ず降りるとします。

(10) 3つの分数，$\frac{79}{301}$，$\frac{80}{300}$，$\frac{79}{300}$を小さい順に並べなさい。

(11) 右の図のように，1辺10mの正方形型の建物の1つの頂点から，16mの長さのリードでつながれている犬がいます。この犬が動くことのできる広さは何m²か答えなさい。ただし，円周率を3.14とします。

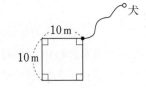

⑿ 次の図のように，1辺が1cmの立方体を，高さが1cm，縦と横の長さが2cmの直方体の上にはみ出さないようにのせます。さらに，それを高さが1cm，縦と横の長さが3cmの直方体の上にはみ出さないようにのせます。このようにして，高さが10cm，一番下の直方体の縦と横の長さが10cmである立体を作ります。この立体の表面積は何cm²か答えなさい。ただし，図における縦横の比率は正確ではありません。

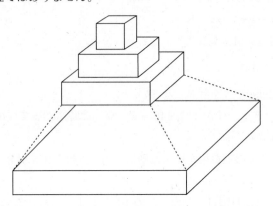

② 次の(1)，(2)の文章を読んで，それぞれ①，②の問に答えなさい。

(1) ものの位置や個数の変化をグラフに表すことで，変化の様子がわかりやすくなります。例えば，1個10円のおかしAと30円のおかしBを合わせて10個買って，代金が180円になる様子は，右のようなグラフにすることができます。

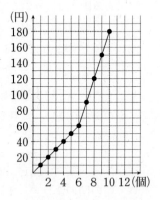

① このグラフは，上の買い物の様子をどのように示していますか。また，このグラフから，おかしAとおかしBを何個ずつ買えば，代金が180円になるか答えなさい。

② この考え方を使って，1個20円のおかしCと30円のおかしBを合わせて10個買って，代金が260円になる様子をグラフに表し，そのときのおかしBとおかしCの個数を答えなさい。

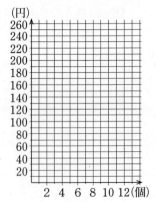

(2) 右のグラフは，A君とB君がいっしょに家を出て800m先の駅に向かう様子を表しています。A君は途中で2分休けいをしました。B君は休けい中のA君をぬかし，そのあとでまたA君にぬかされ，A君が駅に着いた1分後に駅に着きました。

① B君がA君にぬかされたのは，家から何mのところか答えなさい。答えは分数で表しなさい。

② このように，A君とB君がいっしょに出て，途中で2回すれちがうためには，B君はどのくらいの速さで歩けばよいか答えなさい。ただし，A君の歩き方は変わらないものとし，同じ位置から同時に出発したり，同時に着いた場合は「すれちがい」とは言わないことにします。必要であれば，答えは分数で表しなさい。なお，途中の考え方は，グラフを用いて説明しなさい。

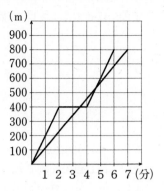

3 次の文章を読んで，各問に答えなさい。

1の位が0でない，ある2けたの数からスタートして，次の操作1〜3を自由に行って，1にたどり着けるかどうかのゲームをします。

操作1 10の位と1の位の数を入れかえても良い
操作2 3で割れたら3で割る
操作3 3で割り切れなくなったら終わり

例えば，72からスタートした場合，「72→24→8」だと1にたどり着きませんが，「72→27→9→3→1」だと成功します。

(1) 45からスタートして1になる道すじを答えなさい。上の例のように答えること。
(2) 1にたどり着ける2けたの数をすべて求めなさい。

4 次の会話を読んで，各問に答えなさい。

先生：今日は，立体の図形を頂点がどこにつながっているかだけに注目して平面の上にかくことを考えてみよう。例えば，図Aの三角すいは，どの頂点からも，他の頂点と辺で結ばれているので，そのつながりをかくと，図Bの図のようにも表すことができます。図Bのような図を「つながり図」と呼ぶことにしましょう。ただし，つながり図は，見取り図の辺の長さや点の位置をそのまま表しているわけではありません。

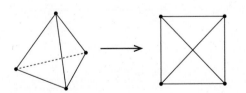

図A：見取り図　　　図B：つながり図

生徒：図Bの2つの図形は，ちょっと見ると，ちがう形に見えますが，頂点のつながりだけ見ると，同じ立体を表しているというわけですね。

先生：頂点が5個ある立体を見取り図で表すと，次の2つがあるけれど，この2つの立体を先ほどと同じ考え方で，つながり図に直すことができるかな？

生徒:任せてください！(問1)

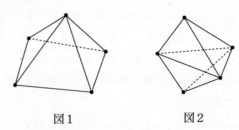

図1　　　　　図2

先生:同じ点の配置でも，2つの立体のちがいがよくわかりますね。

生徒:じゃあ，私から先生への挑戦です。次の2つの図形は，つながり図で表されていますが，これらはどんな立体図形を表していますか。(問2)

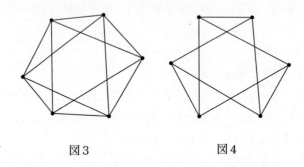

図3　　　　　図4

(1) 図1と図2の2つの見取り図で表されている立体のつながり図を，それぞれかきなさい。

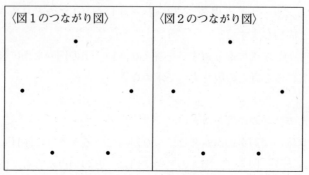

(2) 図3と図4の2つのつながり図で表されている立体の見取り図を，それぞれかきなさい。その際，見えていない辺は，図1や図2のように点線でかきなさい。

1 ☐にあてはまる数を求めなさい。
(1) $45 - \{24 \div 4 + (23 - 9) \times 3 \div 7\} = $ ☐
(2) $7\frac{1}{2} \times \left(0.625 - \frac{1}{4}\right) \times 1.6 \div \left(2\frac{1}{4} - 1.75\right) = $ ☐
(3) $21 \times 39 + 52 \times 49 + 39 \times 9 - 39 \times 52 = $ ☐
(4) $\left(2\frac{5}{16} - ☐ \times 1.9\right) \times \left(1\frac{19}{20} - 0.3\right) + \frac{1}{5} = 3.5$

2 次の問いに答えなさい。
(1) $0.002 km^2 - 50 m^2 + 60000 cm^2$ は何 m^2 ですか。
(2) なし1個の値段はりんご1個の値段よりも15円高く,なし2個とりんご3個を買うと205円になります。なし1個の値段はいくらですか。
(3) 8%の食塩水400gに11%の食塩水を何gか混ぜたら,9%の食塩水ができました。11%の食塩水を何g混ぜましたか。
(4) はじめに持っていたお金の$\frac{2}{9}$を使い,次に残りの$\frac{3}{7}$を使ったら460円残りました。はじめに持っていたお金はいくらですか。
(5) 次の図1のような輪を次の図2のように2021個並べると,はしからはしまでの長さは何cmですか。

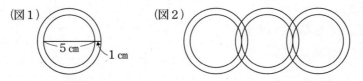

(6) 右の図のように,中心角90°のおうぎ形と直角三角形が重なっています。あと○の面積が等しいときABの長さを求めなさい。ただし,円周率は3.14とします。

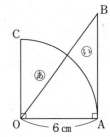

3 次の問いに答えなさい。
(1) $3 \times 4 \times 7 \times 8 \times 3 \times 4 \times 7 \times 8 \times 3 \times \cdots$と規則的に2021個の数をかけ合わせてできる数の一の位の数はいくつですか。
(2) 登君はある坂道を毎分65mの速さで上り,毎分110mの速さで下ります。登君がこの坂道を下から上まで上り,すぐに下って下までもどってくるのに17分30秒かかりました。この坂道は何mありますか。

(3) 展望台に移動するのに1回200円のAか，1回250円のBのエレベーターを使います。ある日の利用者の $\frac{3}{4}$ がAを使い，残りがBを使ったため，売り上げは合計66300円でした。この日の利用者は何人ですか。

(4) 右の図のように，大小2つの直角二等辺三角形を重ねました。重なった斜線部分の面積を求めなさい。

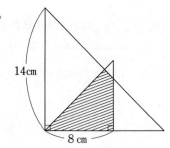

(5) 右の図のように，直方体をななめに切りました。この立体の体積を求めなさい。

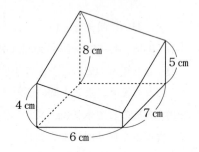

4 右の図のような直方体が組み合わさった水そうがあります。グラフは，水そうに一定の速さで水を入れたときの，水を入れる時間と水深との関係を表したものです。このとき次の問いに答えなさい。

(1) 毎分何Lの水を入れていますか。
(2) あの長さを求めなさい。

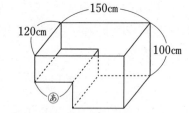

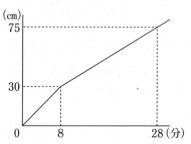

5 右の図のように正六角形を2個つなげた図形があります。この図形の10個の頂点から3個の頂点を選んで三角形を作ります。次の問いに答えなさい。

(1) 正三角形は全部で何個できますか。
(2) 直角三角形は全部で何個できますか。

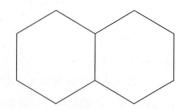

明治大学付属明治中学校（第1回）

—50分—

注意　1　解答は答えだけでなく，式や考え方も書きなさい。（ただし，[1]は答えだけでよい。）
　　　2　円周率は3.14とします。
　　　3　定規・分度器・コンパスは使用してはいけません。

[1]　次の□□□にあてはまる数を求めなさい。

(1)　$5\dfrac{1}{3}-0.125\times\left(\dfrac{7}{4}+\boxed{}\times0.75\right)\div\dfrac{2}{3}=5$

(2)　容量いっぱいにジュースが入った水とうがあります。ジュースを$\dfrac{1}{3}$だけ飲んだときの水とうの重さは2400gで，ジュースを半分飲んだときの水とうの重さは2042gでした。ジュースを飲む前の水とうの重さは□□□gです。

(3)　AさんとBさんの所持金の比は1：3です。まず，両方に210円ずつわたしたところ，2人の所持金の比は4：9になりました。続けて，AさんがBさんにいくらかわたしたところ，2人の所持金の比は1：3になりました。Aさんのはじめの所持金は□□(ア)□□円で，AさんがBさんにわたしたのは□□(イ)□□円です。

(4)　さいころを投げて6の目が出ると6マス，1の目が出ると3マス，その他の目が出ると2マス進めるボードゲームがあります。Aさんは，さいころを35回投げたところ，スタートから151マス進みました。6の目が出た回数が1の目が出た回数の2倍のとき，6の目が出た回数は□□□回です。

(5)　次のように，ある決まりにしたがって分数が並んでいます。

$\dfrac{1}{200},\ \dfrac{2}{200},\ \dfrac{3}{200},\ \dfrac{4}{200},\ \cdots,\ \dfrac{198}{200},\ \dfrac{199}{200}$

この中で，これ以上約分できない分数をすべてたすと□□□になります。

[2]　Aさん，Bさん，Cさんの3人が，円の形をしたコースを同じ位置から同時にスタートして同じ方向に走ります。Aさんは毎分400m，Bさんは毎分360m，Cさんは毎分250mの速さで走るとき，次の各問いに答えなさい。

(1)　Aさんが1周走り終わってから2秒後にBさんが1周走り終わりました。このコース1周の長さは何mですか。

(2)　Aさんは1周走り終わるごとに一定時間の休けいをとり，Cさんは休けいをとらずに走り続けます。スタートしてから12分後にAさんの走った道のりがCさんの走った道のり以上になるためには，1回あたりの休けい時間は最大で何秒とれますか。

3 右の図のように，平行四辺形ＡＢＣＤがあります。4点Ｅ，Ｆ，Ｇ，Ｈはそれぞれ辺ＡＢ，ＢＣ，ＣＤ，ＤＡ上にあり，ＡＥの長さは4cm，ＢＦの長さは6cm，ＣＧの長さは10cm，ＤＨの長さは2cmです。また，ＥＦとＧＨは平行で，ＡＣとＦＧは点Ｉで交わっています。三角形ＥＢＦと三角形ＡＢＣの面積の比が27：65のとき，次の各問いに答えなさい。

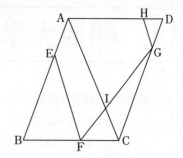

(1) ＤＧの長さは何cmですか。

(2) ＣＦの長さは何cmですか。

(3) 平行四辺形ＡＢＣＤの面積は三角形ＩＦＣの面積の何倍ですか。

4 濃さのわからない3つの食塩水Ａ，Ｂ，Ｃがあります。先生がＡ，Ｂ，Ｃを1：1：2の重さの割合で混ぜた食塩水と，2：3：4の重さの割合で混ぜた食塩水をつくったところ2つの濃さは同じになりました。次に，ある児童が140ｇの食塩水Ｃに水を50ｇ入れて，先生のつくった食塩水と同じ濃さの食塩水をつくろうとしたところ，まちがえて水のかわりに1.9％の食塩水を50ｇ入れてしまったため，8.9％の食塩水ができました。このとき，次の各問いに答えなさい。

(1) 食塩水Ｃの濃さは何％ですか。

(2) 食塩水Ｂの濃さは何％ですか。

(3) 食塩水Ａの濃さは何％ですか。

5 あるゲームソフトの発売日に，パッケージ版希望の客とダウンロード版希望の客が1分あたり1：3の割合で来店しレジに並びます。販売開始からパッケージ版用のレジ1台，ダウンロード版用のレジ2台で対応したところ，10分後にパッケージ版用のレジは待ち人数が4人，ダウンロード版用のレジは待ち人数が27人になりました。このとき，次の各問いに答えなさい。ただし，パッケージ版用のレジ1台で4人が購入する間にダウンロード版用のレジ1台では5人が購入できます。

(1) 販売開始から10分間に来店した客は全部で何人ですか。

(2) レジ待ちの人数を減らすために，販売開始10分後からダウンロード版用のレジを4台に増やしました。レジ待ちの合計人数が初めて9人以下になるのは，販売開始から何分何秒後ですか。

森村学園中等部（第1回）

—50分—

注意 1 $\boxed{1}$$\boxed{2}$$\boxed{3}$$\boxed{4}$$\boxed{5}(1)\boxed{6}$には，答のみ記入してください。$\boxed{5}$(2)(3)には，答のみでもよいです。ただ
　　　　し，答を出すまでの計算や図，考え方がかいてあれば，部分点をつけることがあります。

　　2 円周率は3.14とします。

$\boxed{1}$ 次の計算をしなさい。

(1) $19+\{18-7\times(6-4)\}\div2$

(2) $21\times21+42\times42+63\times63+84\times84$

(3) $1.5\div\dfrac{6}{13}-\left\{12\times\left(\dfrac{1}{3}-0.3\right)-0.15\right\}$

$\boxed{2}$ 次の問に答えなさい。

(1) 4枚のカード$\boxed{0}$，$\boxed{1}$，$\boxed{2}$，$\boxed{2}$があります。この中から3枚を取り出して3けたの整数をつく
　　ると全部で何個できますか。

(2) 12で割っても15で割っても7余る3けたの整数のうち，最も大きい整数はいくつですか。

(3) 10％の食塩水120gから水を何gか蒸発させた後，食塩を6g加えたところ，食塩水の濃度
　　は18％になりました。蒸発させた水は何gですか。

(4) 周りの長さが1600mある池の周りを，同じ場所から兄弟が同時に出発して同じ方向に進む
　　と40分で兄は弟に追いつきます。反対方向に進むと，10分で出会います。兄の速さは分速何m
　　ですか。

(5) あるクラスで，国語と算数のテストを行いました。国語の合格者数と，算数の合格者数の比
　　は4：5でした。国語だけ合格した生徒は7人，国語も算数も合格した生徒はクラス全体の
　　$\dfrac{1}{3}$にあたる13人でした。国語も算数も不合格だった生徒は何人ですか。

3 図のように，1辺の長さが1cmの立方体を複数個用いて，上から1段目，2段目，3段目，……と下へつなげて立体を作っていきます。
　このとき，次の問に答えなさい。

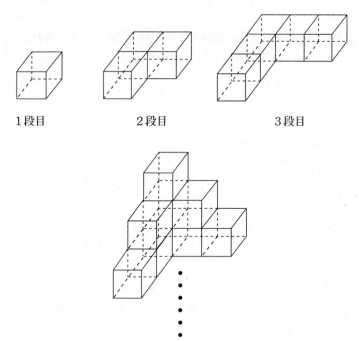

1段目　　　2段目　　　3段目

(1) 5段目まで立体を作ったときと10段目まで立体を作ったときの立体の体積は，それぞれ何cm³ですか。

(2) 立体の体積が576cm³となるのは，立体を何段目まで作ったときですか。

(3) 10段目まで立体を作ったとき，その立体の表面積は何cm²ですか。

4 次の会話文を読んで，問に答えなさい。

Aさん：ハチの巣って見たことある？

B君：ある！家にハチの巣ができて駆除してもらったんだ。

Aさん：ハチの巣の断面って六角形がたくさん並んでいるよね。でも，なんで六角形なんだろうね？　円でも四角でもなく六角形なのにはちゃんと理由があるんだよ。

B君：へー。どんな理由？

Aさん：ハチの気持ちになって考えてみよう！　まず，同じ形のものを作る方が作りやすいよね。だから同じ形を並べて巣を作っていくと，円を並べると隙間ができちゃうんだ。巣を作るときに余計な隙間は作りたくないよね。

B君：確かにそうだね。使えない隙間はもったいないもんね。

Aさん：だから隙間なく同じ形のものを並べるために正多角形の形で考えてみると，すべて同じ形で隙間なく並べられる正多角形は3種類しかないんだよ。

B君：えーっと，正三角形と正方形と正六角形だね。

Aさん：そう！頂点を合わせたときに角の和が（ア）度になるような正多角形じゃないとダメなんだね。この3種類の中から正六角形が選ばれた理由も考えてみよう。

B君：正六角形を作るのが一番大変そうだけど……。

Aさん：ハチの巣の材料は，ミツロウといってハチミツから作られているんだ。できるだけ少ない材料で大きな巣を作れたらいいよね。

B君：　そうだね。

Aさん：どの形が一番いいか，考えてみよう。正三角形と正方形と正六角形の周の長さがそれぞれ12cmのとき，どの形が一番面積が大きくなるかな？

B君：　正方形は簡単だ！　1辺の長さが3cmだから面積は9cm²だね。

Aさん：そうだね。正三角形はちょっと計算が難しいけど，正三角形の高さは1辺の長さの0.86倍と考えてやってみよう！

B君：　えーっと，正三角形だと1辺の長さは（イ）cmだから，高さは（ウ）cmだね。だから面積は……（エ）cm²だ。

Aさん：正解！　では，正六角形はどうだろう？

B君：　正六角形だと1辺の長さは（オ）cm。正六角形の面積の計算は……。

Aさん：計算の式を作れたかな？

B君：　正六角形を分割して考えたらできたよ！　面積は（カ）cm²だね！

Aさん：正解！　よくできたね。3つの面積を比べると正六角形が一番大きくなるでしょう？だから少ない材料で大きな巣を作るのに適しているんだよ。このハチの巣の形を「ハニカム構造」っていうんだ。実はすごく丈夫な作りだから，私たちの身の回りでもいろいろなところで使われているんだよ。

B君：　そうなんだ！　どこに使われているか探してみるよ！

(1)　(ア)に当てはまる数はいくつですか。

(2)　(イ)〜(エ)に当てはまる数はそれぞれいくつですか。

(3)　「1辺の長さ」という言葉を使って，正六角形の面積を求める式をつくりなさい。また，(オ)，(カ)に当てはまる数はそれぞれいくつですか。

5　半径1cmの円を1辺8cmの正方形の内側に沿って転がします。

(1)　図のAの位置からBの位置まで円を転がしたとき，円が通過した斜線部分の面積は何cm²ですか。

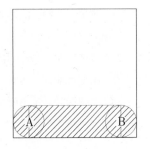

(2)　図のAの位置から円を正方形の内側に沿って1周転がしたとき，円が通過した部分の面積は何cm²ですか。

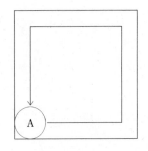

(3) 図のように1辺8cmの正方形から1辺2cmの正方形を4つ切り取ります。このとき、円をこの図形の内側に沿って1周転がしたとき、円が通過した部分の面積は何cm²ですか。

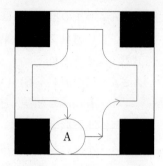

6 T港とO島の間をジェット船が往復しています。このジェット船はT港からO島の33km手前までは高速運行し、O島の33km手前からO島までは海洋生物の保護のために低速運行します。高速運行と低速運行の静水時の速さはそれぞれ一定とします。また、海流はO島からT港に向けて、一定の速さで流れているものとします。次のグラフは、ジェット船がT港とO島の間を1往復したときの様子を表したものです。
　このとき、あとの問に答えなさい。

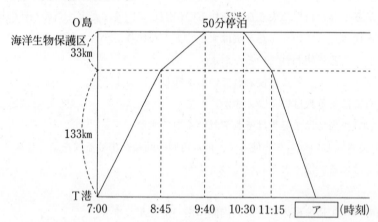

(1) ジェット船の低速運行の静水時の速さは時速何kmですか。また、海流の速さは時速何kmですか。
(2) グラフの ア に当てはまる時刻は何時何分ですか。
(3) 大型客船が、8時15分にO島を出発しT港に向かいます。大型客船の静水時の速さは、海洋生物保護区でもそれ以外でも時速32kmです。ジェット船と大型客船がすれ違う時刻は何時何分何秒ですか。

1　次の□の中に適する数を書きなさい。
(1) $\left(\dfrac{3}{4}\div\dfrac{5}{8}-\dfrac{1}{2}\times 0.2\right)\div\left(1\dfrac{3}{4}-0.85\right)=$ □
(2) $\left(\dfrac{2}{3}+\square\times 2\right)\div 4=\dfrac{11}{30}$

2　次の□の中に適する数を書きなさい。
(1) 10チームで野球の総当たり戦をすると、試合数は全部で□試合あります。
(2) 2％の食塩水Aと8％の食塩水Bを□：□の割合で混ぜると、5.5％の食塩水ができます。ただし、最も簡単な整数の比で答えなさい。
(3) 図のように、正三角形の折り紙を矢印の方向に折りました。あの角の大きさとⓘの角の大きさを合わせると□度です。

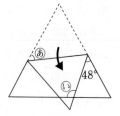

3　ある数の約数と、それらの逆数について考えます。このとき、次の各問いに答えなさい。
(1) 24の約数をすべて足すといくつになりますか。
(2) 24の約数の逆数をすべて足すといくつになりますか。
(3) ある数の約数をすべて足すと168になり、約数の逆数をすべて足すと$\dfrac{14}{5}$となります。ある数はいくつですか。

4　時計の針は0時00分を表しています。このとき、次の各問いに答えなさい。
(1) 0時のあと、はじめて長針と短針が重なる時刻は何時何分ですか。
(2) 7時と8時の間で、長針と短針が重なる時刻は7時何分ですか。
(3) 0時のあと、7回目に長針と短針の作る角が180°となる時刻は何時何分ですか。

5　図のように、1辺の長さが16cm、20cm、35cmの直方体の容器の中に、高さが20cmのところまで水が入っています。3種類のおもりA、B、Cがあり、これらの底面が容器の底面にぴったりくっつくように、A、B、Cの順に容器の中に入れていきます。おもりAは底面が1辺4cmの正方形で高さが16cmの直方体、おもりBは底面が1辺8cmの正方形で高さが35cmの直方体、おもりCは底面が半径4cmの円で高さが35cmの円柱です。このとき、次の各問いに答えなさい。ただし、円周率は3.14とします。

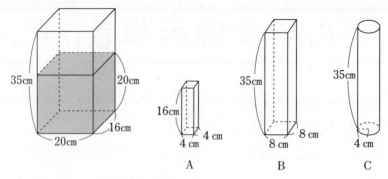

(1) おもりAを入れたとき，水面の高さは何cmになりますか。
(2) (1)におもりBを入れたとき，水面の高さは何cmになりますか。
(3) (2)におもりCを入れたとき，水面の高さは何cmになりますか。
　　小数第2位を四捨五入して答えなさい。

6　時速60kmで走る列車が2つのトンネルA，Bを，この順で通過します。次のグラフは時間の変化に伴う列車の見えている部分の長さを表しています。トンネルAの長さは720m，トンネルBの長さは60mで，トンネルAからトンネルBまでの距離は分かっていません。列車の長さが180mのとき，次の各問いに答えなさい。

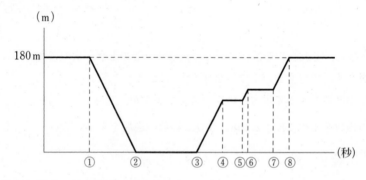

(1) グラフの①から②までは何秒間ですか。
(2) 列車が完全にトンネルAから抜けたのはいつですか。①から⑧の中から選びなさい。
(3) ①から⑤まで52.8秒のとき，トンネルAからトンネルBまでの距離は何mですか。

7　何人かの人を，2つの組と3つの組に分ける方法を考えます。ただし，1人だけでも組とします。例えば，A，B，C，Dの4人を3つの組に分ける方法は，次のように6通りあります。
　　(AとB，C，D)　　(AとC，B，D)　　(AとD，B，C)
　　(BとC，A，D)　　(BとD，A，C)　　(CとD，A，B)
　　このとき，次の各問いに答えなさい。
(1) A，B，C，Dの4人を2つの組に分ける方法は何通りありますか。
(2) 次に，A，B，C，D，Eの5人を2つの組に分ける方法を(1)を利用して考えると，次のような式で求まりました。ただし，⑦と⑦は1以上の整数です。
　　　　　　　(4人を2つの組に分ける方法の総数)×⑦＋⑦
　　⑦と⑦に入る整数はいくつですか。
(3) A，B，C，D，Eの5人を3つの組に分ける方法は何通りありますか。

麗澤中学校（第1回ＡＥコース）

—50分—

1　次の計算をしなさい。
(1) 29－25＋21－17＋13－9＋5－1
(2) （5×9－2）×（5×10－3）
(3) （384－11×24）÷12
(4) 3.9＋1.24－2.17
(5) 8.1÷9＋12.1÷11＋4.9÷7
(6) $4\frac{1}{2} - 2\frac{2}{3} + 1\frac{4}{7}$
(7) $\left(1\frac{1}{12} - \frac{8}{9}\right) \div 2\frac{1}{3} \times 1\frac{1}{2}$
(8) $\frac{1}{12} \div \left\{3\frac{1}{8} + 2\frac{5}{6} - 2\frac{1}{2} \times \left(0.2 + 1\frac{1}{2}\right)\right\}$

2　次の□にあてはまる数を答えなさい。

(1) 次の数字の列はある規則性にしたがって並んでいます。この数字の列で2回目に $\frac{1}{8}$ があらわれるのは左から数えて□番目です。

$\frac{1}{2}$, $\frac{1}{4}$, $\frac{1}{2}$, $\frac{3}{4}$, $\frac{1}{6}$, $\frac{1}{3}$, $\frac{1}{2}$, $\frac{2}{3}$, $\frac{5}{6}$, $\frac{1}{8}$, $\frac{1}{4}$, $\frac{3}{8}$, $\frac{1}{2}$, $\frac{5}{8}$, $\frac{3}{4}$, $\frac{7}{8}$, $\frac{1}{10}$, ……

(2) 濃度5％の食塩水100ｇと8％の食塩水□ｇを混ぜて，さらに水90ｇを加えたところ濃度5％の食塩水ができました。

(3) 1周が□ｍの池の周りを，1周目は時速4.5kmで，2周目は時速10kmで，4分休憩してから3周目は時速15kmで進んだところ，ちょうど1時間かかりました。

(4) □ページある本を初日に半分読み，2日目に残りの4割，3日目に残りの $\frac{2}{3}$ を読んだところ，残りは38ページでした。

(5) 最大公約数が3で，和が24になる2つの1以上の整数の組は□と□，□と□です。

(6) 右の図において，大きいほうの円の半径を6㎝，小さいほうの円の半径を2㎝とします。このとき，黒塗りの部分の面積は□㎠です。ただし，円周率は3とし，曲線部分は円または円の一部とします。

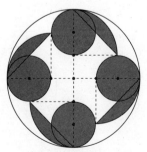

3　ある場所で，春分の日の影のでき方について調べました。図1は点Ｏから見た太陽の動きを表しています。図2のように，地表から高さ60㎝の位置に直方体ＡＢＣＤＥＦＧＨの底面ＥＦＧＨを固定し，ＡＢ＝ＡＤ＝30㎝，ＡＥ＝20㎝となっていて，図4のように太陽の光は平行に降

り注ぐことがわかっています。図5は図4を真上から見た図です。10：00には図2のように点Cの影が点Pに落ち，15：25には図3のように点Cの影が点Qに落ちるとするとき，次の問いに答えなさい。

(1) 10：00時点の直方体の影の面積を求めなさい。

(2) 10：00時点の直方体の影の輪郭は，6つの辺BC，CD，DH，EH，EF，BFの影です。
15：25時点の直方体の影の輪郭は，どの辺の影であるか6つ選んで次の□に✓をつけなさい。

□AB □BC □CD □AD □AE □BF
□CG □DH □EF □FG □GH □EH

(3) 10：00から15：25の間に直方体の影が通った部分の面積を求めなさい。

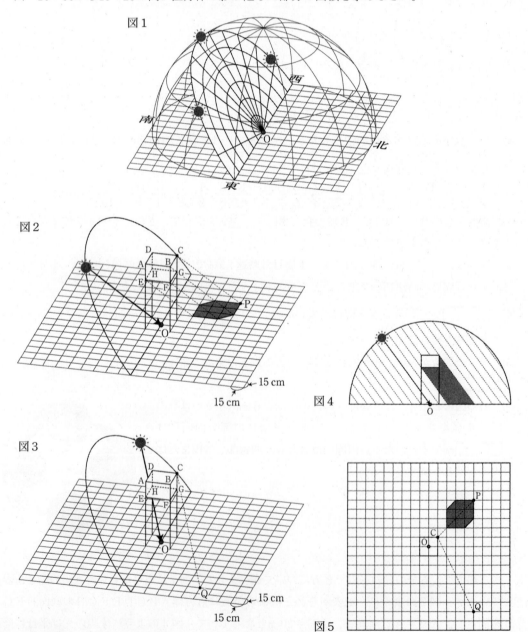

4 次の問いに答えなさい。

(1) 1÷3を分数と小数で表しなさい。ただし, 小数は小数第3位まで答え, それ以降も続く場合は「…」をつけて答えなさい。

(2) 2つの数AとBが等しいとき, その2つの数にある数Cをかけた2つの数A×CとB×Cは等しいか等しくないか答えなさい。

(3) (1)で求めた分数と小数のそれぞれに3をかけた数を比べて気になることを(2)をふまえて書きなさい。

早稲田実業学校中等部

—60分—

1. 次の各問いに答えなさい。

   (1) $1\frac{5}{7} - \left\{1.325 + \frac{1}{5} \times \left(\frac{7}{96} \div \boxed{}\right)\right\} = \frac{3}{14}$ の $\boxed{}$ にあてはまる数を求めなさい。

   (2) 3つの歯車A, B, Cがかみ合っています。歯数の比はA：B＝3：4, A：C＝5：8です。歯車Bが72回転するとき，歯車Cは何回転しますか。

   (3) 右の図で四角形ABCDは正方形です。あの角度を求めなさい。

   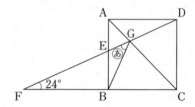

   (4) 右の図のように，底面の半径が3cm，高さが2cmの円柱を床に置き，底面の中心の真上4cmのところから，電球で照らしました。円柱の影がつくる立体の体積を求めなさい。ただし，円周率は3.14とします。

   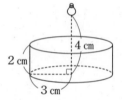

2. 次の各問いに答えなさい。

   (1) 長さ56mの船Aと長さ28mの船Bがあります。船Aと船Bがどちらも川を上っているとき，船Bが船Aに追いついてから完全に追い越すまでに1分10秒かかりました。また，船Aが川を上り，船Bが川を下っているとき，船Aと船Bが出会ってから完全に離れるまでに10.5秒かかりました。次の①，②に答えなさい。

   ① 船Aの静水での速さは秒速何mですか。

   ② 船Aで川下から川上まで上りましたが，川の流れの速さがいつもの2倍だったので，かかった時間が$1\frac{3}{11}$倍になりました。いつもの川の流れの速さは秒速何mですか。

   (2) 2021は20と21を並べてできる数です。このような，連続する2つ以上の0より大きな整数をその順に並べてできる数として，ほかに12（1と2），123（1と2と3），910（9と10）などがあります。これらを小さい順に並べたとき，2021は何番目ですか。

3 表1は，1クラス20人の国語と算数のテストの結果をまとめたものです。例えば，国語が20点で算数が0点だった人は2人います。算数の平均点は57点でした。次の各問いに答えなさい。

(1) 算数よりも国語の点数の方が高かった人は，全体の何％いますか。

(2) 表のア，イにあてはまる数を求めなさい。**求め方も書きなさい。**

(3) 算数が40点以下だった人に再び試験を行ったところ，60点以上をとった人が3人いました。この3人の最初の試験の点数を60点だったとして表を書き直したところ，表2のようになり，平均点は62点になりました。表2の空欄部分をうめなさい。ただし，0を記入する必要はありません。

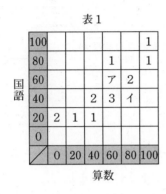

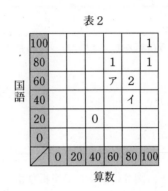

4 A君とB君の2人が次のような遊びをしました。

ルール
● 1から順に1ずつ増やした整数を交互に言い合う。
● 一度に1つか2つの数を言うことができる。
● ある数 n を言った方を負けとする。

A君が先攻，B君が後攻とします。例えば $n=5$ のとき，「Ⓐ1→Ⓑ2，3→Ⓐ4→Ⓑ5」と言うとB君の負けです。次の各問いに答えなさい。

(1) $n=1$，2，3，…に対して，2人の数の言い方が全部で何通りあるかを，それぞれ①，②，③，…と表すことにします。例えば，①＝1，②＝2（「Ⓐ1→Ⓑ2」と「Ⓐ1，2」の2通り）です。次の①，②に答えなさい。

① ③と④を求めなさい。

② ⑩を求めなさい。

(2) $n=10$ とします。後攻に必勝法があることに気づいたB君は，自分が必ず勝つように途中の数を言いました。このとき，2人の数の言い方は全部で何通りありますか。

5 紙の折り方には山折りと谷折りがあり，それぞれ図1のような折り方をします。いま，縦9cm，横12cmの長方形の方眼紙ＡＢＣＤがあります。次の各問いに答えなさい。

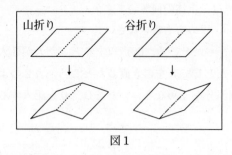

図1

［必要なら，自由に使いなさい。］

(1) 図2のように紙を折ったとき，縦の長さは何cmになりますか。

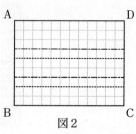

図2

(2) 図2のあと，図3のように紙を折りました。ＢＦ上に点Ｑをとり，ＰＱに沿って三角形ＰＦＱを切り取って広げた図形を，図形アとします。次の①，②に答えなさい。

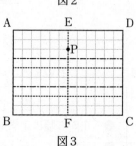

図3

① ＦＱの長さが3cmのとき，図形アとして切り取られた部分を右の図にかき，斜線で示しなさい。

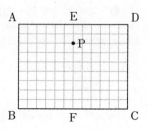

② 図形アの面積が20cm²のとき，ＦＱの長さを求めなさい。

1　次の ア ～ コ にあてはまる数または語句をそれぞれ答えなさい。また，(4)については，説明を書きなさい。

(1) $\left\{\left(18-\dfrac{21}{25}\right)\div 0.13-\boxed{ア}\right\}\times 15\dfrac{2}{3}=2021$

(2) 全部で イ 本の木があります。A地点からB地点までの道沿いに一定の間隔で イ 本の木を植えたいと思います。A地点から植え始めて15m間隔で木を植えていくとすると，B地点まで植えることはできず，最後に植える木はB地点より119m手前に植えることになります。また，A地点から植え始めて20m間隔で木を植えていくとすると，B地点まであと9mのところまで植えることができ，3本の木が余ってしまいます。

　そこで，A地点から植え始めて ウ m間隔で木を植えていくとすると，A地点から植え始めてぴったりB地点で植え終えることができます。

(3) 濃度30％の砂糖水を砂糖水Aとします。砂糖水Aを水でうすめて，濃度12％の砂糖水を作ろうと思います。45gの砂糖水Aに，水を105g入れてうすめたところ，予定より濃度のうすい砂糖水が150gできました。

　そこで，この砂糖水に エ gの砂糖水Aを追加すれば，濃度12％の砂糖水になります。

(4) 円周率とは， オ の長さが カ の長さの何倍かを表す数のことをいいます。ただし， オ ， カ はそれぞれ**漢字2字**で答えなさい。

　次に［図1］のように，半径1cmの円と一辺の長さが1cmの正六角形をかきました。［図1］を参考にして，円周率が3より大きい理由を説明しなさい。

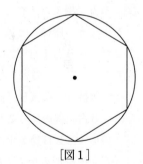

［図1］

(5) 1221のように一の位が0でなく，一の位から逆の順番で読んでも元の数と等しい数を回文数といいます。4桁の整数で3の倍数となる回文数は全部で キ 個あります。

　また，4桁の整数で11の倍数となる回文数は全部で ク 個あります。

(6) 一辺の長さが4cmの正方形ABCDの対角線を半径とする円の面積は ケ cm²です。

　また，正方形ABCDの隣に同じ大きさの正方形EFGHが［図2］のように辺DCと辺EFがぴったり重なるように並んでいます。このとき，［図2］の状態から正方形ABCDのまわりをすべらずに正方形EFGHが時計回りに回転し，はじめて［図3］の状態になるまでに辺EFが通過した部分の面積は コ cm²です。ただし，円周率は3.14とします。

—179—

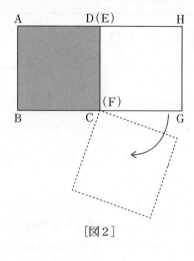

[図2]

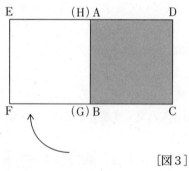

[図3]

2 ある工場でマスクを製造しています。機械Aと機械Bの2台で作ると1日で22万枚を作ることができ，機械Aと機械Cの2台で作ると1日で26万枚を作ることができ，機械Bと機械Cの2台で作ると1日で24万枚を作ることができます。3台の機械が1日に作るマスクの枚数はそれぞれ一定であるとして，次の問いに答えなさい。

(1) 機械A，機械B，機械Cでそれぞれ1日に何万枚のマスクを作ることができますか。

(2) 3台の機械は，それぞれ決まった日数動かすと，1日止めて点検作業をする必要があります。機械Aは2日動かすと1日，機械Bは3日動かすと1日，機械Cは1日動かすと1日，それぞれ機械を止めなくてはいけません。3台が同じ日に動き始めました。12日間で何万枚のマスクを作ることができますか。

(3) (2)のように，3台の機械が同じ日に動き始め，点検作業を行うものとするとき，1000万枚のマスクが完成するのは何日目ですか。

3 1から15までの整数は，1，2，4，8のいくつかを足して作ることができます。ただし，1，2，4，8の1つのみで作る場合も含みます。また，同じ数を複数回足して作ってはいけないものとします。

例えば，3は1＋2，7は1＋2＋4のように足して作ることができます。ただし，3を1＋1＋1，5を1＋2＋2，7を1＋2＋2＋2のように足して作ってはいけないものとします。

次に［図1］のように，縦，横が2マスずつの枠を用意し，左上のマスに1，右上のマスに2，左下のマスに4，右下のマスに8を対応させ，この4個のマスに「○」，「×」を書き込むことで

—180—

1から15までの整数を表します。

例えば，3は1＋2より[図2]のように表され，7は1＋2＋4より[図3]のように表されます。

このとき，後の問いに答えなさい。

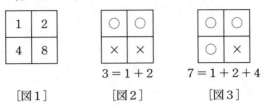

(1) 10を，右の図に「○」，「×」を記入し表しなさい。

次にこの方法と同じようにして，縦，横が3マスずつの枠を用意し，上から一段目の左から右に1，2，4を，上から二段目の左から右に8，16，32を，上から三段目の左から右に64，128，256を9個のマスに対応させます。この9個のマスに「○」，「×」を書き込むことで整数を表します。

(2) このとき表すことができる整数で，最も大きな数を求めなさい。

(3) 432を，右の図に「○」，「×」を記入し表しなさい。

(4) [図4]の(ア)で表される数と(イ)で表される数の和を，右の図に「○」，「×」を記入し表しなさい。

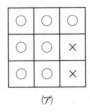 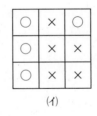

　　　　(ア)　　　　　(イ)

[図4]

4　A君は自転車に乗ってP駅を出発し，線路沿いの道を一定の速さでQ駅に向かいました。A君がP駅を出発してから3分後に，電車がP駅を出発してQ駅に向かいました。電車がA君の4倍の速さでP駅とQ駅の間を何回か行ったり来たりし，各駅に着くと5分間停車するものとします。

[図1]のグラフは，A君がP駅を出発してからQ駅にたどり着くまでの時間と，A君と電車との間の距離の関係を表したものです。このとき，後の問いに答えなさい。

ただし，線路や道は一直線で，道の幅や自転車，電車の長さは考えないこととします。

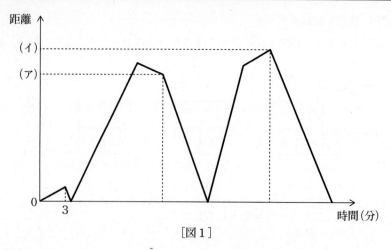

[図1]

(1) A君が電車に初めて後ろから追い越されるのは，A君がP駅を出発してから何分後ですか。
(2) A君がQ駅にたどり着いたのは，A君がP駅を出発してから何分後ですか。
(3) A君が電車と初めて正面から出会うのは，A君がP駅を出発してから何分何秒後ですか。
(4) ［図1］の(ア)にあてはまる数と(イ)にあてはまる数の比を求めなさい。

5 216個の同じ大きさの小さな立方体をすき間なくはりつけて大きな立方体を作り，［図1］のように点A～Hを定めます。このとき，次の問いに答えなさい。

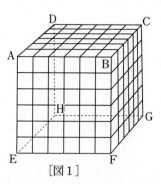

[図1]

(1) 面ABFEから［図2］の色のついた部分の小さな立方体を反対の面DCGHまで，まっすぐくり抜きました。このとき，残っている小さな立方体の個数を求めなさい。

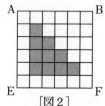

[図2]

(2) (1)でくり抜いた後に，面DCBAから［図3］の色のついた部分の小さな立方体を反対の面HGFEまで，まっすぐくり抜きました。このとき，残っている小さな立方体の個数を求めなさい。

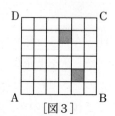

[図3]

(3) (1), (2)でくり抜いた後に, 面BCGFから [図4] の色のついた部分の小さな立方体を反対の面ADHEまで, まっすぐくり抜きました。このとき, 残っている小さな立方体の個数を求めなさい。

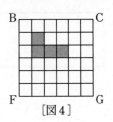

[図4]

(4) (1), (2), (3)でくり抜いた後に, 大きな立方体を点D, C, E, Fを含む面で切断しました。このとき, この切断によって切断された小さな立方体の個数を求めなさい。

(下書き用)

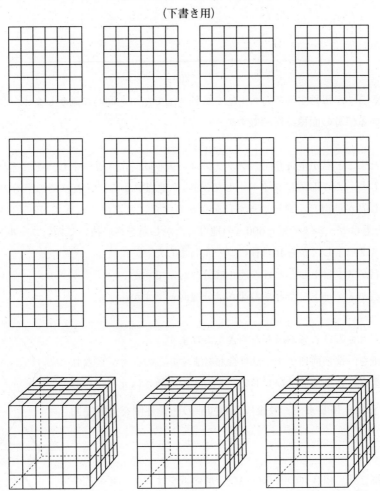

1　次の図のような直角二等辺三角形①と台形②があります。

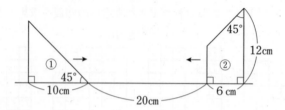

　図の位置から①を毎秒1cmで右へ，②を毎秒2cmで左へ，同時に動かします。9秒後に①と②が重なっている部分の面積は何cm²ですか。

2　たかし君とまこと君が全長6kmのマラソンコースを同時にスタートし，それぞれ一定の速さで走り始めました。たかし君はスタートして3.6kmの地点Pから，それまでの半分の速さで走りました。たかし君が地点Pを通り過ぎた15分後から，まこと君はそれまでの2.5倍の速さで走りました。まこと君はゴールまで残り600mの地点でたかし君を追い抜いて先にゴールしました。また，たかし君はスタートしてから40分後にゴールしました。
(1) たかし君がスタートしたときの速さは分速何mですか。
(2) まこと君がスタートしたときの速さは分速何mですか。

3　同じ形と大きさのひし形の紙がたくさんあります。
　これらの紙を，縦横何列かずつはり合わせます。このとき，となりのひし形と重なり合う部分はひし形で，その1辺の長さは元のひし形の$\frac{1}{4}$倍となるようにします。最後にこの図形の一番外側を太線で囲みます。

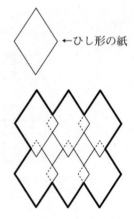

　例えば，縦2列，横3列の計6枚のひし形の紙をはり合わせてこの図形の一番外側を太線で囲んだ場合は，右図のようになります。太線の内側には，紙が重なり合う部分が7か所あり，紙のない所が2か所できます。

　この方法で，縦10列，横20列の計200枚のひし形の紙をはり合わせて，この図形の一番外側を太線で囲みました。以下の問いに答えなさい。
(1) 太線の内側に，紙が重なり合う部分は何か所ありますか。
(2) 太線の内側の面積は，ひし形の紙1枚の面積の何倍ですか。ただし，太線の内側の面積には，紙のない所の面積も含むものとします。

4 1.07と書かれたカードAと，2.13と書かれたカードBがそれぞれたくさんあり，この中から何枚かずつを取り出して，書かれた数の合計を考えます。

例えば，カードAを10枚，カードBを1枚取り出したとき，書かれた数の合計は12.83です。このとき，12をこの合計の整数部分，0.83をこの合計の小数部分と呼びます。

(1) カードAとカードBを合わせて32枚取り出したとき，書かれた数の合計の小数部分は0.78でした。この合計の整数部分を答えなさい。

(2) カードAとカードBを合わせて160枚取り出したとき，書かれた数の合計の小数部分は0.36でした。この合計の整数部分として考えられる数をすべて答えなさい。ただし，解答らんはすべて使うとは限りません。

答 ☐, ☐, ☐, ☐, ☐, ☐

5 1から7までの数字が書かれた正六角形のライトが右図のように並んでいて，各ライトを押すと，以下のように点灯と消灯が切りかわります。
・押されたライトの点灯と消灯が切りかわる。
・押されたライトに接するライトのうち，押されたライトより大きい数字が書かれたライトの点灯と消灯が切りかわる。

例えば，次の図のように，1，7のライトだけが点灯しているとき，3→2の順でライトを押すと，1，2，3，5，6，7のライトだけが点灯します。

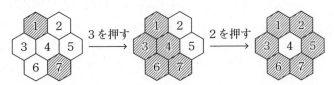

このとき，以下の問いに答えなさい。

(1) すべてのライトが消灯しているとします。そこから1→5→6の順でライトを押したとき，点灯しているライトの数字をすべて答えなさい。

(2) 2のライトだけが点灯しているとします。そこからすべてのライトを消灯させるには，少なくとも3回ライトを押す必要があります。3回で消灯させる押し方を一つ答えなさい。

(3) 1，4，6のライトだけが点灯しているとします。そこからすべてのライトを消灯させるには，少なくとも5回ライトを押す必要があります。5回で消灯させる押し方を一つ答えなさい。

2021 麻布中学校

6　赤色と緑色の2つのサイコロをこの順に振り，出た目をそれぞれA，Bとします。ただし，サイコロには1から6までの目が一つずつあります。このとき，$A \times B$が決まった数になるような目の出方が何通りあるか数えます。例えば，$A \times B = 8$となるような目の出方は$A = 2$，$B = 4$と$A = 4$，$B = 2$の2通りあります。

(1)　$A \times B = \boxed{ア}$となるような目の出方は全部で4通りありました。$\boxed{ア}$に当てはまる数をすべて答えなさい。ただし，解答らんはすべて使うとは限りません。

答　　　　　　　，　　　　　　　，　　　　　　　，

(2)　$A \times B = \boxed{イ}$となるような目の出方は全部で2通りありました。$\boxed{イ}$に当てはまる数はいくつあるか答えなさい。

　赤色，緑色，青色，黄色の4つのサイコロをこの順に振り，出た目をそれぞれA，B，C，Dとします。

(3)　$A \times B = C \times D$となるような目の出方は全部で何通りあるか答えなさい。

栄光学園中学校

—60分—

注意 鉛筆などの筆記用具・消しゴム・コンパス・配付された定規以外は使わないこと。

1 立方体の各面に，次のような1～6の目がかかれたシールを1枚ずつ貼り，さいころを作りました。

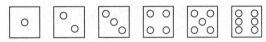

このとき，さいころの向かい合う面の目の和が7になるようにしました。

(1) このさいころを2の目を上にして，ある方向から見ると図1のように見えました。また，1の目を上にして，ある方向から見ると(図2)，見えた目は図1で見えた目とはすべて異なりました。手前の面(斜線が引かれた面)の目を算用数字で答えなさい。

図1　　　　　図2

(2) 右の図はこのさいころの展開図です。⦁と⦁，⦁⦁と⦁⦁，⦁⦁⦁と⦁⦁⦁の目の向きの違いに注意して，展開図を完成させなさい。

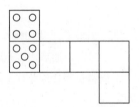

(3) このさいころを4回ふったところ，出た目(上面の目)は大きくなっていきました。また，手前の面(斜線が引かれた面)の目はすべて2でした。⦁または⦁を正しくかきいれなさい。

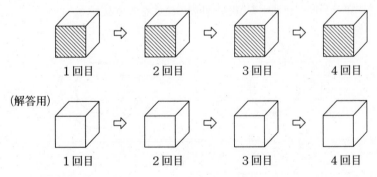

(解答用)

(4) このさいころを3回ふったところ，出た目は大きくなっていきました。また，手前の面は次の図のようになりました。

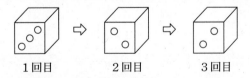

出た目として考えられる組み合わせを，答え方の例にならってすべて答えなさい。

【答え方の例】　1，2，3の順に出た場合……(1，2，3)

2 次の問に答えなさい。ただし，円周率は3.14とします。

半径が10cmの円と一辺の長さが15cmの正方形について考えます。

(1) 円を，正方形から離れないように正方形の周りを一周転がしたとき，円が通過する範囲の面積を求めなさい。

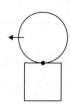

(2) 正方形を，向きを保ったまま（回転することなく），円から離れないように円の周りを一周動かすと，次の図のようになります。
  ① 正方形が通過する範囲の外周（右はじの図の太線部）の長さを求めなさい。
  ② 正方形が通過する範囲の面積を求めなさい。

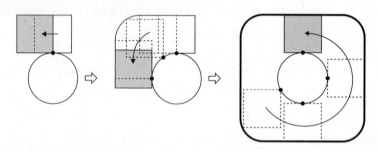

(3) 円の半径は10cmのままで，正方形の一辺の長さを変えました。(1)のように円を動かしたときに円が通過する範囲の面積と，(2)のように正方形を動かしたときに正方形が通過する範囲の面積が等しくなりました。このとき正方形の面積を求めなさい。

次に，半径が10cmの円と一辺の長さが15cmの正三角形について考えます。

(4) 正三角形を，向きを保ったまま（回転することなく），円から離れないように円の周りを一周動かしたとき，正三角形が通過する範囲の外周の長さを求めなさい。

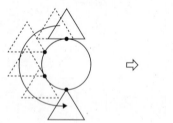 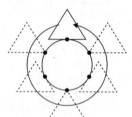

3 図のように，ある一定の長さの黒い部分と，長さ1cmの透明な部分が交互になっているテープA，Bがあります。テープAの黒い部分の長さは4cmです。テープBの黒い部分の長さは分かりません。

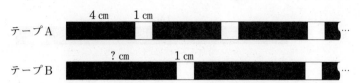

この2つのテープを，左はじをそろえて重ねたときの見え方について考えます。ただし，透明な部分と黒い部分が重なると黒く見えるものとします。

例えば，テープBの黒い部分が1cmのとき，図のように，最初の黒い部分が9cm，その隣の透明な部分が1cmになります。

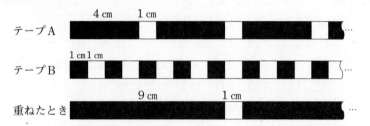

(1) 図のように，テープBの黒い部分が$\frac{5}{2}$cmのとき，テープA，Bを重ねると，最初の黒い部分とその隣の透明な部分の長さはそれぞれ何cmになりますか。

(2) テープA，Bを重ねたとき，図のように，最初の黒い部分が9cm，その隣の透明な部分が1cmになりました。テープBの黒い部分の長さは何cmですか。上の例であげた1cm以外で考えられるものをすべて答えなさい。

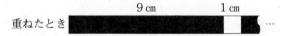

(3) テープA，Bを重ねたとき，図のように，最初の黒い部分が9cm，その隣の透明な部分が$\frac{2}{3}$cmになりました。テープBの黒い部分の長さは何cmですか。考えられるものをすべて答えなさい。

(4) テープA，Bを重ねたとき，図のように，最初の黒い部分が14cmになり，その隣の透明な部分が1cm未満になりました。テープBの黒い部分の長さはどの範囲にあると考えられますか。答え方の例にならって，その範囲をすべて答えなさい。

14cm

重ねたとき　██████████████████████ █ ██ …

【答え方の例】

2cmより長く4cmより短い範囲と，$\dfrac{11}{2}$cmより長く8cmより短い範囲が答えの場合　……（2〜4），$(\dfrac{11}{2}〜8)$

4 1とその数自身のほかに約数がない整数を素数といいます。ただし，1は素数ではありません。素数を小さい順に並べていくと，次のようになります。

2, 3, 5, 7, 11, 13, 17, 19, 23, 29, 31, 37, 41, 43, 47, 53, 59, 61, 67, 71, 73, 79, 83, 89, 97, 101, 103, 107, 109, 113, 127, 131, 137, 139, 149, 151, 157, 163, 167, 173, 179, 181, 191, 193, 197, 199, 211, 223, 227, 229, 233, 239, 241, 251, 257, 263, 269, 271, 277, 281, 283, 293, ……

異なる2つの素数の積となる数を『素積数』と呼ぶことにします。

例えば，2021＝43×47となり，43も47も素数であるから，2021は『素積数』です。

素数は『素積数』ではありません。素数以外にも，次のような数は『素積数』ではありません。

・121（＝11×11）や169（＝13×13）のような，同じ素数の積となる数

・105（＝3×5×7）や117（＝3×3×13）のような，3つ以上の素数の積となる数

(1) 偶数の『素積数』のうち，小さい方から7番目の数を答えなさい。

連続する整数と『素積数』について考えます。例えば，33，34，35はすべて『素積数』です。

(2) 連続する4つの整数がすべて『素積数』であるということはありません。その理由を説明しなさい。

(3) 100以下の整数のうち，連続する3つの整数がすべて『素積数』であるような組がいくつかあります。上の例で挙げた33，34，35以外の組を，答え方の例にならってすべて答えなさい。

【答え方の例】　(33, 34, 35)

(4) 連続する7つの整数のうち6つが『素積数』であるような組を，答え方の例にならって1つ答えなさい。

【答え方の例】　31〜37の連続する7つの整数が答えの場合……(31〜37)

—190—

1 次の問いに答えなさい。

(1) 次の計算をしなさい。
$$5 \div 3 \div \left\{ 2\frac{1}{4} \div \left(\frac{1}{5} \div 0.5 \right) \right\}$$

(2) 大きさの異なる3つのさいころを投げるとき，出た目の和が7になる場合は何通りありますか。

(3) 3で割ると2余り，5で割ると4余り，7で割ると1余る整数のうち，500に最も近いものを求めなさい。

(4) 右の図で，角アの大きさは何度ですか。ただし，同じ印のついた角の大きさは等しいものとします。

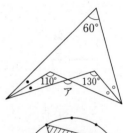

(5) 右の図は，半径が12cmの円の円周を12等分したものです。斜線部分の面積を求めなさい。

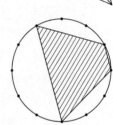

2 x%の食塩水100gに水を20g加えた後の食塩水の濃度を$\langle x \rangle$%と表します。

(1) $\langle 10 \rangle$を求めなさい。

(2) $\langle \langle 10 \rangle \rangle$を求めなさい。

(3) $\langle \langle \langle \boxed{} \rangle \rangle \rangle = 10\frac{5}{12}$となるとき，$\boxed{}$にあてはまる数を求めなさい。

3 図のような三角形ABCにおいて，辺ABを3等分する点をAに近い方からそれぞれD，Eとします。また，辺ACを4等分する点のうち，Aに最も近い点をF，Cに最も近い点をGとします。さらに，DGとEFが交わる点をHとします。

(1) DH：HGを最も簡単な整数の比で求めなさい。

(2) 三角形ABCと五角形BCGHEの面積の比を最も簡単な整数の比で求めなさい。

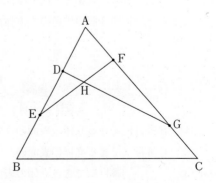

4 地点Pと地点Qの間を，A君はPを，B君はQを同時に出発してそれぞれ一定の速さで1往復します。2人が初めてすれ違ったのは，Qから675m離れた地点でした。次にすれ違ったのは，Pから225m離れた地点で，出発してから45分後でした。

(1) 2人が初めてすれ違ったのは，出発してから何分後ですか。

(2) PQ間の距離は何mですか。

5 T地点を頂上とする五角すいの形をした山があります。図のように，五角すいの辺はすべて道になっていて，山の高さの3分の1，3分の2の高さにも五角形の道があります。A地点とB地点の間には展望台が，C地点とD地点の間には茶屋があります。S地点から出発していずれかの道を通ってT地点まで行きます。ただし，同じ地点，同じ道は通らず，上から下には進まないものとします。

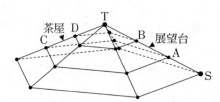

□ にあてはまる数を求めなさい。ただし，同じ記号の欄には同じ数が入ります。

(1) AB間の展望台を必ず通ることにすると，
SからAまでの行き方は ア 通り，
BからTまでの行き方は イ 通りなので，
SからTまで展望台を通って行く行き方は ア × イ 通りあります。

(2) CD間の茶屋を必ず通ることにすると，
SからCまでの行き方は ウ 通り，
DからTまでの行き方は イ 通りなので，
SからTまで茶屋を通って行く行き方は ウ × イ 通りあります。

(3) SからTまでの行き方は エ 通りあります。

6 すべての面が白色の立方体と，すべての面が黒色の立方体がたくさんあり，いずれも1辺が1cmです。これらを使って次の図のように立体を作ります。ただし，同じ段には同じ色の立方体が使われているものとします。例えば，3番目にできる立体は，上から1段目が1個の白色の立方体，上から2段目が3個の黒色の立方体，上から3段目が6個の白色の立方体でできています。

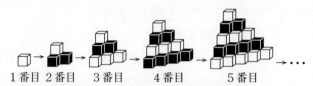

1番目 2番目 3番目 4番目 5番目

(1) 6番目にできる立体の表面のうち，黒い部分の面積を求めなさい。

(2) 6番目にできる立体の表面のうち，白い部分の面積を求めなさい。

(3) □ 番目にできる立体の表面のうち白い部分をすべて黒色に塗った後，この立体をばらばらにしました。このとき白く残った部分の面積の合計は720cm²でした。□にあてはまる数を求めなさい。

1 次の問いに答えなさい。

(1) 2021年2月1日は月曜日です。現在の暦のルールが続いたとき，2121年2月1日は何曜日ですか。

ただし，現在の暦において，一年が366日となるうるう年は，
・4の倍数であるが100の倍数でない年は，うるう年である
・100の倍数であるが400の倍数でない年は，うるう年ではない
・400の倍数である年は，うるう年である
であり，うるう年でない年は一年を365日とする，というルールになっています。

(2) 三角形の頂点を通る何本かの直線によって，その三角形が何個の部分に分けられるかについて考えます。ただし，3本以上の直線が三角形の内部の1点で交わることはないものとします。

図のように，三角形の各頂点から向かい合う辺に，直線をそれぞれ2本，2本，3本引いたとき，元の三角形は24個の部分に分けられます。

では，三角形の各頂点から向かい合う辺に，直線をそれぞれ2本，3本，100本引いたとき，元の三角形は何個の部分に分けられますか。

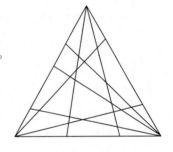

(3) 面積が6cm²の正六角形ABCDEFがあります。図のように，P，Q，Rをそれぞれ辺AB，CD，EFの真ん中の点とします。三角形PQRの面積を求めなさい。

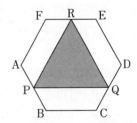

(4) $\dfrac{1}{9998}$ を小数で表すとき，小数第48位の数，小数第56位の数，小数第96位の数をそれぞれ求めなさい。

2 三角すいの体積は，(底面積)×(高さ)÷3により求めることができます。

1辺の長さが6cmの立方体の平行な4本の辺をそれぞれ6等分し，図のように記号を付けました。以下の問いに答えなさい。

(1) 4点き，G，a，gを頂点とする三角すいの体積を求めなさい。

(2) 4点き，ウ，G，aを頂点とする三角すいの体積を求めなさい。

(3) 4点い，オ，C，gを頂点とする三角すいの体積を求めなさい。

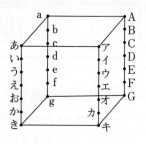

3 1と0のいずれかが書かれたカードがたくさんあります。

はじめにA君とB君は同じ枚数のカードを手札として横一列に並べています。審判には0のカードが1枚渡されていて，「スコアスペース」にはカードがありません。

次のような「操作」を考えます。

> A君とB君はそれぞれ手札の右はしのカード1枚を出し，審判は最後に渡されたカードのうち1枚（はじめは0のカード）を出します。これら合計3枚のカードを次のように移します。
>
> ・3枚とも0の場合は，
>   「スコアスペース」に0のカード1枚を置き，審判に0のカード2枚を渡します。
> ・2枚が0で1枚が1の場合は，
>   「スコアスペース」に1のカード1枚を置き，審判に0のカード2枚を渡します。
> ・1枚が0で2枚が1の場合は，
>   「スコアスペース」に0のカード1枚を置き，審判に1のカード2枚を渡します。
> ・3枚とも1の場合は，
>   「スコアスペース」に1のカード1枚を置き，審判に1のカード2枚を渡します。
>
> ただし，「スコアスペース」には古いカードが右に，新しいカードが左になるように置いていきます。

A君，B君，審判は，A君とB君の手札がなくなるまで上の「操作」を繰り返します。

審判に最後に渡されたカードが1 2枚ならばA君の勝ちです。

審判に最後に渡されたカードが0 2枚ならばB君の勝ちです。

いずれの場合も「スコアスペース」に置かれている1のカードの枚数を，勝者の得点とします。

例えば，次の図のように，はじめの手札が3枚ずつであるとして，A君の手札が001でB君の手札が101のとき，最終的に「スコアスペース」には110が置かれて，審判に最後に渡されたカードが0 2枚なので，B君の勝ちで得点は2点になります。

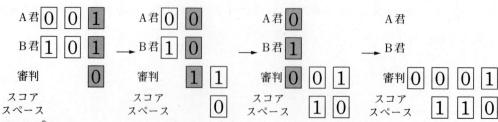

注意：塗られているカードは，次の「操作」で移すカードです。

(1) はじめの手札が4枚ずつであるとします。

A君の手札が0101でB君の手札が0000のとき，最終的に「スコアスペース」に置かれているカードを答えなさい。

(2) はじめの手札が6枚ずつであるとします。

A君の手札が001001でB君の手札が010001のとき，最終的に「スコアスペース」に置かれているカードを答えなさい。

(3) はじめの手札が6枚ずつであるとします。

A君の手札が001001のとき，B君が勝ちで得点が6点になるには，B君はどのような手札であればよいでしょうか(答えは一通りしかありません)。

(4) はじめの手札が6枚ずつであるとします。

A君の手札が001001のとき，B君が勝ちで得点が1点になるには，B君はどのような手札であればよいでしょうか。すべて答えなさい。ただし，解答らんはすべて使うとは限りません。

(5) はじめの手札が6枚ずつであるとします。

A君の手札が001001のとき，B君が勝ちで得点が2点になるようなB君の手札は何通りありますか。

学習院中等科(第1回)

—50分—

〔注意〕 (式)と書いてあるところは，式や考え方を必ず書きなさい。(式)と書いていないところは答えだけを書きなさい。

1. 次の□に当てはまる数を入れなさい。
   (1) $(17 \times 9 - 21) \div 12 + 15 \times 134 = $ □
   (2) $1.5 \times 2.4 - 1.33 \div 0.7 + 16 \times 0.6 = $ □
   (3) $4\frac{7}{12} \times 3\frac{3}{11} - 2\frac{1}{3} - 3\frac{1}{2} + 2\frac{5}{9} \div 3\frac{1}{15} = $ □
   (4) $\left(\frac{5}{7} - 0.5\right) \times 2\frac{1}{3} - \left(\boxed{} \div 3.5 - \frac{1}{7}\right) \times 2\frac{4}{5} = 0.3$

2. 次の□に当てはまる数を入れなさい。
   (1) あめを何人かの子どもに分けます。1人に7個ずつ分けると30個余り，1人に10個ずつ分けても6個余るとき，あめは□個あります。
   (2) 今，太郎と父の年齢の和は51歳です。7年後に父の年齢が太郎の年齢の4倍になります。今の太郎の年齢は□歳です。
   (3) 40人のクラスの算数のテストの平均点は73.2点です。そのクラスの男子の平均点が72点，女子の平均点が75点であるとき，男子の人数は□人です。
   (4) A君1人では9日，A君，B君2人では6日かかる仕事があります。この仕事をB君1人ですると，□日かかります。

3. 4桁の整数を3つの数12, 18, 42で割るとき，次の問いに答えなさい。
   (1) これらのどの数でも割り切れる4桁の整数のうち，最も小さいものを求めなさい。(式)
   (2) これらのどの数で割っても1余る4桁の整数のうち，最も大きいものを求めなさい。(式)
   (3) 12で割ると11余り，18で割ると17余り，42で割ると41余る4桁の整数のうち，5000に最も近いものを求めなさい。(式)

4. 次の図は，半径が3cmの円を6つと，半径が6cmの円を1つ組み合わせたものです。

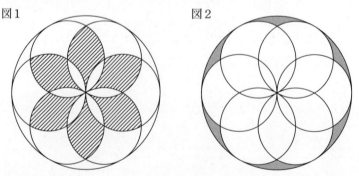

図1　　　図2

このとき，次の問いに答えなさい。ただし，円周率を3.14，1辺が3cmの正三角形の高さを2.59cmとします。

(1) 図1の斜線をつけた部分の周の長さの和を求めなさい。(式)
(2) 図1の斜線をつけた部分の面積の和を求めなさい。(式)
(3) 図2の影をつけた部分の面積の和を求めなさい。(式)

5 太郎と一郎の家は2km離れています。ある日，2人はそれぞれの家を結ぶ一本道の途中にある公園で会うことにしました。太郎が出発してから6分後に一郎が出発し，その12分後に2人は同時に公園に着きました。何分か公園で2人で過ごした後に，2人は同時に公園を出発して，行きとは異なる速さでそれぞれの家に帰りました。

次の図は，この時の2人の様子を表したものです。

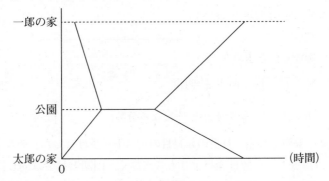

このとき，次の問いに答えなさい。ただし，2人の行きと帰りの進む速さはそれぞれ一定であるとし，行きの太郎の進む速さは行きの一郎の進む速さの $\frac{3}{8}$ 倍とします。

(1) 太郎の家から公園までの距離を「〜m」の形で求めなさい。(式)
(2) 一郎の行きに進む速さは毎時何kmか求めなさい。(式)
(3) 帰りは2人同時にそれぞれの家に着きました。このとき，帰りの太郎の進む速さは帰りの一郎の進む速さの何倍であるか求めなさい。(式)

6 1から4までの数字が書かれた4枚のカードをA，B，C，Dの4人に1枚ずつ配りました。配られたカードの数字を自分以外の3人にだけ見えるように持ったところ，A，B，Cの3人がそれぞれ次のように言いました。

A「僕から見える3枚のうち，奇数のカードは1枚だけだ。」
B「僕から見える3枚のうち，Cのカードの数が1番大きい。」
C「僕から見える3枚のうち，Dのカードの数が1番大きい。」

このとき，次の問いに答えなさい。

(1) A，B，Cの3人が本当のことを言っているとき，4人のカードの数を答えなさい。
(2) D「僕から見える3枚のうち，Bのカードの数が1番小さい。」

今，Dは本当のことを言っています。また，A，B，Cの3人のうち，2人がうそをついていて，1人だけが本当のことを言っています。A，B，Cのうち，本当のことを言っているのは誰か答えなさい。さらに，このときの4人のカードの数も答えなさい。

1 次の計算をしなさい。

(1) $45-\{(20-12)\times 3-(13+2)\div 5\}\times 2$

(2) $3\dfrac{2}{3}+\left(4\dfrac{1}{6}-2\dfrac{7}{8}\right)\div 4\dfrac{3}{7}-2.625$

(3) $\dfrac{1}{43\times 44}+\dfrac{1}{44\times 45}+\dfrac{1}{45\times 46}+\dfrac{1}{46\times 47}$

(4) $6.78\times 79+678\times 0.57-860\times 0.678$

2 次の ☐ に適する数を求めなさい。

(1) $3\dfrac{1}{35}-1.56\div(\boxed{}-1.6)+\dfrac{4}{7}=1.2$

(2) 分母と分子の和が198で，約分すると $\dfrac{5}{13}$ になる分数は ☐ です。

(3) K君は，国語，算数，理科，社会の4科目のテストを受けました。それぞれの点数は，国語は理科よりも11点低く，算数は理科よりも8点高く，国語と社会は同じ点数でした。4科目の平均点が79.5点のとき，算数の点数は ☐ 点です。

(4) 図のように，たて，横，ななめの3つの数の積が，どの列もすべて等しくなるように異なる数を書きます。x にあてはまる数は ☐ です。

4		64
	32	
16	x	

3 次の ☐ に適する数を求めなさい。

(1) 図のように，辺ＡＢと辺ＡＣの長さが等しい二等辺三角形ＡＢＣを，頂点Aが辺ＢＣ上にくるように折ります。角 x の大きさが，角 y の大きさの1.4倍のとき，角 x の大きさは ☐ 度です。

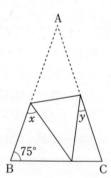

(2) 図のように，外側から正方形，円，正六角形，正三角形を組み合わせた図形があります。正方形の面積が8cm²のとき，斜線部分の面積は ☐ cm²です。ただし，円周率は3.14とします。

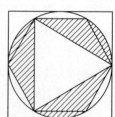

4 図のように，○と●の碁石が一定の規則で並んでいます。

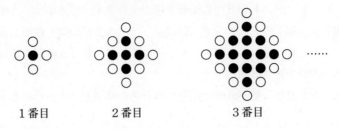

1番目　　2番目　　3番目

次の問いに答えなさい。
(1) 4番目の○の碁石は何個ありますか。
(2) 9番目の●の碁石は何個ありますか。
(3) ●の碁石が初めて2021個より多くなるのは何番目ですか。

5 図のように，直線上に直角三角形と平行四辺形があります。図の位置から直角三角形は動かさずに，平行四辺形を毎秒2cmの速さで左へ動かしたとき，2つの図形の重なった部分の面積を S とします。

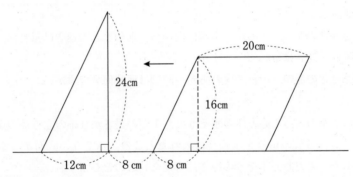

次の問いに答えなさい。
(1) 動き始めてから9秒後の面積 S を求めなさい。
(2) 動き始めてから15秒後の面積 S を求めなさい。
(3) 面積 S が64cm²になるのは，動き始めてから何秒後と何秒後ですか。

6 整数Aを，偶数ならば2で割り，奇数ならば3倍して1をたすという計算を1になるまでくり返し行います。このとき，記号［A］を初めて1になるまでの計算の回数とします。
　例えば，［5］を求めるには，

　　　　1回目　　2回目　　3回目　　4回目　　5回目
　　　5 → 16 → 8 → 4 → 2 → 1

と計算して，［5］＝5となります。
　次の問いに答えなさい。
(1) ［12］を求めなさい。
(2) ［23］を求めなさい。
(3) ［□］＝8のとき，□にあてはまる整数をすべて加えるといくつになりますか。

7 一定の速さで流れている川にそって水上バスが運航されていて，下流から上流に向かって4km ごとにA，B，C，D，E，Fの6つの船着き場があります。普通船は，Aを出発して途中のすべての船着き場と折り返しのFに5分ずつ停はくして，AとFの間を往復します。急行船は，Fを出発して途中のDと折り返しのAに5分ずつ停はくして，FとAの間を往復します。また，普通船と急行船の静水時の速さは同じです。

　図1は，これらの2せきの船が9時に出発したときの時刻と，Aからのきょりの関係を表したグラフです。

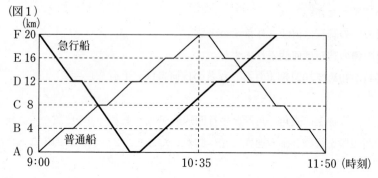

次の問いに答えなさい。
(1) これらの2せきの船が，この川を上流に向かって進むときの速さは毎時何kmですか。
(2) この川の流れの速さは毎時何kmですか。
(3) これらの2せきの船が，復路ですれちがう時刻は何時何分ですか。

8 図1のように，水の入った直方体の水そうと，1辺の長さが9cmの立方体の重りが3個あります。図2のように，3個の重りを水そうに入れたところ，水そうの底面から水面までの高さが15cmになりました。ただし，水そうの厚さは考えないものとします。

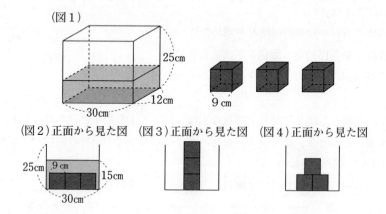

次の問いに答えなさい。
(1) 水そうに入っている水の量は何cm³ですか。
(2) 図3のように，3個の重りを水そうに入れたときの水そうの底面から水面までの高さは何cmですか。
(3) 図4のように，3個の重りを水そうに入れたときの水そうの底面から水面までの高さは何cmですか。

1. 次の問いに答えなさい。円周率は3.14とします。
 (1) 図1は，正方形と中心角が90°のおうぎ形と半円とを重ねたものです。正方形の1辺の長さは10cmです。2つの斜線部分の面積の差を求めなさい。
 (2) 図2は，正方形と中心角が90°のおうぎ形と直角三角形とを重ねたものです。正方形の1辺の長さは10cmで，2つの斜線部分の面積は等しいです。辺AEの長さを求めなさい。

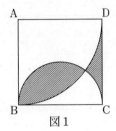
図1

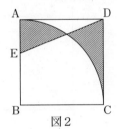
図2

2. 40人のクラスに数学のテストを行ったところ，男子の平均点は52点，女子の平均点は60点でした。クラス全体の平均点が基準点よりも10点低かったので，得点の低い16人の生徒に補習を行い，再度クラス全員にテストを行いました。すると，補習を受けた生徒の平均点は56点，それ以外の生徒の平均点は71点となり，クラス全体の平均点が基準点と同じになりました。
 (1) 基準点を求めなさい。
 (2) このクラスの男子の人数を求めなさい。

3. ある仕事をA，B，Cの3人で行うと24分，A，Bの2人で行うと42分かかります。
 (1) この仕事をCが1人ですべて行うと何分かかりますか。
 (2) この仕事をAが1人で10分行い，残りをA，Cの2人で行うと，Aが1人で始めてから36分かかります。この仕事をAが1人ですべて行うと何分かかりますか。

4 A君は毎朝7時30分に家を出て学校に向かいます。ある日A君は家を出て10分後に立ち止まり，バッグの中を調べたところ忘れ物があることに気づき，6分後に初めの1.4倍の速さで家に戻り始めました。一方，家にいたA君のお父さんは忘れ物に気づき，7時44分にA君の初めの1.8倍の速さでA君を追いかけ始めました。あとのグラフは，A君が家を出てからお父さんと出会うまでの時間とA君とお父さんの距離の関係を表したものです。

(1) A君の初めの速さを求めなさい。

(2) A君とお父さんが出会った時刻を求めなさい。

(3) お父さんと出会った後，A君は初めの1.2倍の速さで学校に向かったところ，8時に学校に着きました。家から学校までの距離を求めなさい。

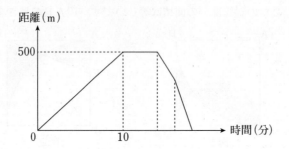

5 次の問いに答えなさい。

(1) 2円切手と3円切手が十分にたくさんあります。これらの切手を少なくとも1枚は使い，どちらかは1枚も使わなくてもよいものとして金額を作ると，1円以外はすべて作ることができます。その理由を答えなさい。

(2) 3円切手と5円切手が十分にたくさんあります。これらの切手を少なくとも1枚は使い，どちらかは1枚も使わなくてもよいものとして金額を作るとき，作ることができない金額をすべて答えなさい。

① □にあてはまる数を求めなさい。
① $\dfrac{1}{2021}+\dfrac{1}{188}=\dfrac{1}{□}$
② $1.875\div 2.5+\left(2\dfrac{1}{3}\times\dfrac{5}{□}-\dfrac{5}{6}\right)\div\dfrac{5}{7}=\dfrac{17}{18}$

② 右の図は，正五角形と正八角形の1つの辺を重ね合わせてかいたものです。
① 図の㋐の角の大きさは何度ですか。
② 正五角形の1つの辺をのばし，正八角形の辺と交わった点をPとします。図の㋑の角の大きさは何度ですか。

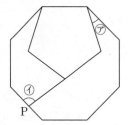

③ A君，B君，C君の3人はそれぞれお金を持っていました。A君の所持金の$\dfrac{7}{10}$，B君の所持金の$\dfrac{4}{5}$，C君の所持金の$\dfrac{14}{17}$を出しあって9900円の品物を買ったところ，A君，B君，C君の所持金がすべて同じになりました。B君ははじめにいくら持っていましたか。

④ ①，②，③，④，⑤，⑥の6枚のカードがあります。この中から3枚のカードを選んで，3けたの整数をつくります。このとき，3の倍数は何個できますか。

⑤ 2500個のキャンディがあり，生徒全員に1人3個ずつ配ると500個以上余りました。そこで，その余った分を1人に1個ずつ配ると，もらえない生徒が80人以上いました。生徒全員の人数は何人以上何人以下ですか。

⑥ A，B，C，Dの4つの整数があり，すべて異なる数です。AとBの差は3，BとCの差は2，CとDの差は1で，4つの数の合計は40です。最も小さい数をAとしたとき，Cはいくつになりますか。

7 次の図のように，円柱Aから円柱Bをくり抜き，円柱Bと立体Cの2つに分けました。このとき，円柱Bと立体Cの体積の比は1：15となりました。
① 円柱Aの底面と円柱Bの底面の半径の比を最も簡単な整数の比で求めなさい。
② 円柱Bと立体Cの底面積の差と円柱Bと立体Cの側面積の差が等しいとき，円柱Bの底面の半径と高さの比を最も簡単な整数の比で求めなさい。ただし，底面積は1つの底面の面積とし，立体Cの側面積は外側と内側の両方の面積の和とします。

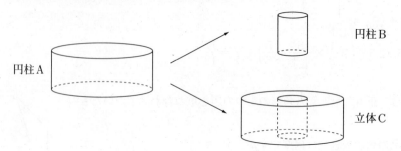

8 右の図のようにA，B，C，Dの4つの地点を通る道があります。A地点，D地点はB地点，C地点より高台にあり，BC間は平地です。太郎君はA地点からD地点へ，次郎君はD地点からA地点へ向かって同時に出発し，次郎君がA地点に到着してから10分後に太郎君がD地点に到着しました。2人とも，下りは時速6km，平地は時速5km，上りは時速4kmの速さで進み，途中の休憩はありません。

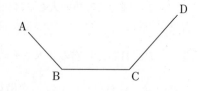

① AB間の距離とCD間の距離の差は何kmですか。
② 2人はBC間にあるP地点で出会いました。BC間が3kmであるとき，BP間の距離は何kmですか。

9 正六角形ABCDEFの辺AB，BC，DE，EFの真ん中の点をそれぞれG，H，I，Jとし，AIとGJ，HJが交わる点をそれぞれK，Lとします。このとき，AK：KL：LIを最も簡単な整数の比で求めなさい。

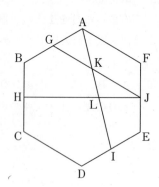

攻玉社中学校(第1回)

—50分—

注意　1　必要なときには，円周率を3.14として計算しなさい。
　　　2　比で答えるときは，最も簡単な整数比で答えなさい。
　　　3　図やグラフは正確とはかぎりません。

① 次の＿＿＿にあてはまる数を求めなさい。

(1) $\left(2\dfrac{2}{3}+\dfrac{5}{6}\times0.16\right)\div\dfrac{14}{15}-\dfrac{7}{10}=$＿＿＿

(2) $\left(0.7+\dfrac{1}{6}\right)\times$＿＿＿$+2\dfrac{2}{5}\div\dfrac{4}{9}=6$

(3) ☆という記号はA☆B＝(A＋B)×(A－B)という計算を表すものとします。
　　このとき，(7☆2)☆2＝＿＿＿です。

② 次の＿＿＿にあてはまる数を求めなさい。

(1) 0，1，2，3の数字を1回ずつ使って作ることができる4けたの偶数は＿＿＿通りあります。

(2) 1時以降で，時計の長針と短針のつくる角が5回目に直角になるのは＿＿＿時＿＿＿分です。

(3) 2021を33回かけた数の十の位の数字は＿＿＿です。

(4) 1300円を兄と弟の2人で分けたところ，兄が受け取った金額の2倍と弟が受け取った金額の3倍が等しくなりました。このとき，兄が受け取った金額は＿＿＿円です。

(5) 3つの数2021，2177，2385をある整数Aで割ったところ，その余りがすべて同じ数になりました。整数Aのうち，最も大きな数は＿＿＿です。

(6) 長さ90mの直線の道に沿って木を10本植えたところ，となりあう木の間隔(かんかく)の中で最も長い距離は＿＿＿mでした。ただし＿＿＿は，あてはまる数のうち最も小さい数です。また，道の両はしには必ず木を植えるものとします。

(7) ある工場では，部品Aを5個と部品Bを3個使って1つのおもちゃを作ります。いま，この工場には部品Aと部品Bが合計99個あり，おもちゃは最大で11個作ることができます。また，部品Aと部品Bをそれぞれ7個ずつ増やすと，おもちゃは最大で14個作ることができるようになります。増やした後の部品Aの個数は全部で＿＿＿個です。

3 縦の長さが20cm，横の長さが48cmの長方形ＡＢＣＤがあります。点Ｐは点Ａを，点Ｑは点Ｃを同時に出発し，点ＰはＡとＢの間を毎秒４cmの速さでくり返し往復し続け，点ＱはＣとＤの間を毎秒６cmの速さでくり返し往復し続けます。次の問いに答えなさい。

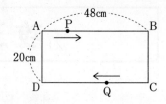

(1) 出発してから９秒後の四角形ＡＰＱＤの面積を求めなさい。
(2) 出発してから12.9秒後のＰとＱをまっすぐ結んだ線の長さを求めなさい。
(3) 四角形ＡＰＱＤがはじめて長方形となるのは出発してから何秒後ですか。
(4) 出発してから１分の間に，四角形ＡＰＱＤが長方形になる回数を求めなさい。
(5) 四角形ＡＰＱＤの面積が長方形ＡＢＣＤの面積の半分になるときが何回かあります。そのときのＡＰ：ＰＢをすべて求めなさい。

4 ４つの立体「四角柱」「四角すい」「円すい」「円柱の一部」があります。この４つの立体のうち，２つを組み合わせて立体Ａ，Ｂ，Ｃを作ります。次の図は，立体Ａ，Ｂ，Ｃを真上と真横から見た図です。この図のように見える立体のうち，体積が最も大きくなるものを考えます。ただし，立体Ｃの真上から見た図は，正方形とおうぎ形を組み合わせた図で，おうぎ形の中心は正方形の真ん中の点です。

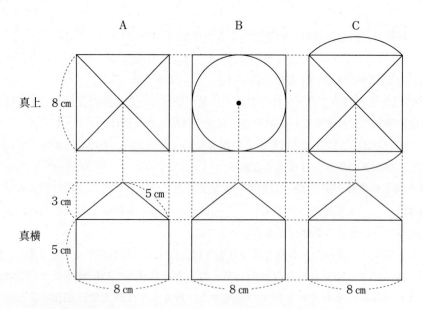

(1) 立体Ａの体積を求めなさい。
(2) 立体Ａの表面積を求めなさい。
(3) 立体Ｂの体積を求めなさい。
(4) 立体Ｂの表面積を求めなさい。
(5) 立体Ｃの体積を求めなさい。

1 次の□にあてはまる数を書きなさい。
 (1) $14 \times 9 \div 6 - 18 =$ □
 (2) $11 \times 11 - 99 \div (31 - 22) =$ □
 (3) $15 - 51 \div (22 - 35 \div 7) =$ □
 (4) $1.5 \div \frac{3}{4} - 0.6 \times 1\frac{1}{3} =$ □
 (5) $\left(□ - \frac{2}{5}\right) \times 15 = 39$

2 次の□にあてはまる数を書きなさい。
 (1) 18と24と34の最小公倍数は，□です。
 (2) 1個90円のみかんと1個110円のなしを合わせて13個買ったところ，代金の合計は1250円になりました。このとき，みかんを□個買いました。
 (3) □％の食塩水400gに8％の食塩水600gをまぜると6％の食塩水になります。
 (4) 友達に消しゴムを配ることにしました。1人に3個ずつ配ると3個あまり，1人に4個ずつ配ると6個足りません。消しゴムは□個あります。
 (5) 半径6cmの円に半径3cmの円が図のように重なっています。重なっている部分の周の長さは□cmです。

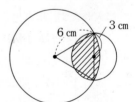

 (6) 右の図の三角形を，直線ℓのまわりに1回転させてできる立体の体積は□cm³です。ただし，「円すいの体積は(底面積)×(高さ)×$\frac{1}{3}$」で求めることができます。

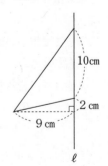

③ 学校と野球場の間をバスが往復しています。バスは学校と野球場にそれぞれ到着したとき，そこで12分間停車します。ある日，たろう君は，午後4時12分に学校を出発して，自転車で野球場に向かったところ，午後5時に野球場に着きました。右のグラフは，学校を午後4時に出発するバスとたろう君が自転車で走行する様子を表したものです。ただし，バスと自転車の速さは，それぞれ一定とします。

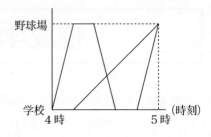

(1) バスが学校から野球場まで行くのにかかる時間は何分ですか。
(2) バスの速さとたろう君の自転車の速さの比を求めなさい。
(3) たろう君の自転車の速さは時速15kmでした。たろう君が野球場から駅に向かうバスとすれちがった時刻は何時何分何秒ですか。

④ 0，1，2，3，4，5だけを使って表すことのできる数を，次のように小さい順に並べました。

0, 1, 2, 3, 4, 5, 10, 11, 12, 13, 14, 15, 20, 21, 22, …

(1) 20番目の数を求めなさい。
(2) 1番目から20番目までの数の和を求めなさい。
(3) 243は何番目の数ですか。

⑤ 袋の中に，20個の白石と13個の黒石が入っています。この袋から同時に2個の石を取り出します。そのとき，石の色が同じなら，白石1個を袋に入れ，石の色がちがったら，黒石1個を袋に入れます。取り出した2個の石は袋の中に戻さないこととし，この作業をくり返し行います。

袋の中の石が1個になったとき，その石が何色かを考えます。

袋の中から2個の石を取り出して，1個の石を入れるので，1回の作業ごとに石の数は1個ずつ減っていき，取り出した石と袋に入れる石は，右のようになります。

	取り出した石	袋に入れる石
【ア】	（白 白）	（白）
【イ】	（黒 黒）	（白）
【ウ】	（白 黒）	（黒）

ここで黒石の減り方をみると，【ウ】の場合は袋の中の黒石の数が減らないので，袋の中から黒石が減るのは，　①　のときだけであり，このとき黒石は　②　個減ります。袋の最初の状態は「白石20個，黒石13個」なので，袋の中の黒石は，必ず奇数個になります。

つまり，黒石は13→11→9→……と減っていくことになります。

(1) 　①　に入るものを上表の【ア】から【ウ】より選びなさい。
(2) 　②　に入る数を答えなさい。
(3) 袋の中の石が1個になったとき，この作業を何回行いましたか。
(4) 袋の中の石が1個になったとき，その石は何色ですか。また，その理由を図や言葉を使って説明しなさい。

1

(1) 次の計算をしなさい。

$\{(6.7-1.26) \times \dfrac{25}{14} - 65 \div 7\} \div (1\dfrac{1}{2} \div 1.47 - 1)$

(2) 1辺の長さが10cmの正方形と半径が10cmのおうぎ形2つを組み合わせて右の図を作りました。斜線部の面積を求めなさい。ただし、円周率は3.14とします。

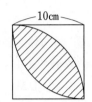

(3) 右の図は3けたの整数と4けたの整数の足し算を表しています。1つの文字には1つの数字が対応し、同じ文字には同じ数字が入り、別の文字には別の数字が入ることとします。

この計算が成り立つような3けたの整数「NEW」で最も大きい数を求めなさい。

```
   N E W
 + Y E A R
 ─────────
   2 0 2 1
```

(4) Aを1より大きい整数とします。1からAまでのすべての整数を書いたとき、書いてある数字の1の個数を＜A＞とあらわします。例えばA＝19のとき＜19＞＝12です。＜199＞と＜2021＞をそれぞれ求めなさい。

(5) 4つの正方形を辺にそってつなげてできる図形は、右の図のように5種類あります。ただし、回転させたり、裏返ししたりして重なるものは同じ図形とみなします。右の図では正方形が

　　［1］　1列に4個
　　［2］　1列に3個
　　［3］　1列に2個

というつながり方ごとにグループ分けをしてあります。これを参考にして、次の問いに答えなさい。

[1]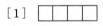

[2]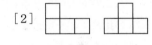

[3]

① 5つの正方形を辺にそってつなげたとき、正方形が1列に3個つながっている図形は何種類できますか。

② 5つの正方形を辺にそってつなげてできる図形は、全部で何種類ありますか。

2 8段の階段があります。A君は階段の1番下にいて、1回で1段か2段（1段飛ばし）か3段（2段飛ばし）のいずれかで階段を上がります。

(1) A君が4段目まで上がる階段の上がり方は、全部で何通りありますか。

(2) A君が6段目まで上がる階段の上がり方は、全部で何通りありますか。

(3) B君が階段の1番上にいて、1回で1段か2段か3段のいずれかで階段を下ります。A君とB君の移動は同時に1回ごとに行います。このとき、

① 2回目の移動で2人が同じ段で止まる動き方は、全部で何通りありますか。（答えの出し方も書きなさい。）

②　2人が同じ段で止まる動き方は，全部で何通りありますか。(答えの出し方も書きなさい。)

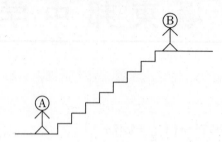

3　立方体ＡＢＣＤ-ＥＦＧＨがあり，[図1]のように辺を1：3の比に分ける点をとります。すなわちＡＩ：ＢＩ＝1：3，ＡＪ：ＤＪ＝1：3，ＡＫ：ＥＫ＝1：3，ＣＬ：ＢＬ＝1：3，ＣＭ：ＤＭ＝1：3，ＨＮ：ＤＮ＝1：3です。

[図1]　　　　　　　　　[図2]

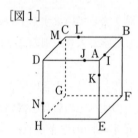 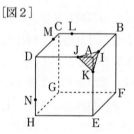

この立方体を，3点Ｉ，Ｊ，Ｋを含む平面で切ったときの切り口は[図2]の斜線部のようになります。この切り口の面積をSとします。

(1) この立方体を3点Ｌ，Ｍ，Ｎを含む平面で切ったときの切り口の面積をTとします。SとTの比$S:T$を求めなさい。

(2) 立方体ＡＢＣＤ-ＥＦＧＨと同じ大きさの立方体を4つ使って，縦と横の長さが2倍の直方体を作り，その上に，接する2つの面の対角線がそれぞれ重なるように[図1]の立方体をのせた，[図3]のような立体を作りました。上にのせた[図1]の立方体の3点Ｌ，Ｍ，Ｎを含む平面で，この立体を切ったときの切り口を，[図2]を参考にして図3に斜線で示しなさい。また，この切り口の面積をUとしたとき，SとUの比$S:U$を求めなさい。(答えの出し方も書きなさい。)

[図3]

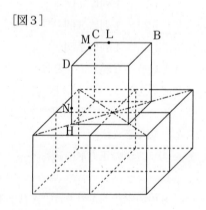

4　2021，6564のように，連続する2つの2けたの整数を並べてできた，4けたの整数を考えます。
(1) このような整数は，全部で何個ありますか。
(2) このような整数すべての平均を求めなさい。
(3) このような4けたの整数のうち，47の倍数をすべて求めなさい。(答えの出し方も書きなさい。)

1 次の□にあてはまる数を答えなさい。

(1) $\left(62\frac{63}{100} \div 2 + 63\frac{16}{25} \div 2\right) - 64\frac{13}{20} \div 2 + 65\frac{2}{25} \div 2 = $ □

(2) $\left(3.72 - 1\frac{11}{50}\right) \times 1.25 = \left\{(□ - 1.2) \times \frac{1}{7} - 7.2\right\} + 0.125$

2 次の□にあてはまる数を答えなさい。

(1) 400個の分数 $\frac{1}{6}$, $\frac{2}{6}$, $\frac{3}{6}$, ……, $\frac{399}{6}$, $\frac{400}{6}$ の中で，約分できないものは□個あります。

(2) 50円玉と100円玉が合わせて234枚あり，50円玉の合計金額と100円玉の合計金額の比は4：5です。
このとき，50円玉は□枚あります。

(3) 2つの物体A，Bは，右のグラフのように移動していきます。
2つの物体が ア mの地点を通過したときの時間の差は9分であり，また，2つの物体の距離の差が1000mになるのは，2つの物体が移動を開始してから イ 分後になります。

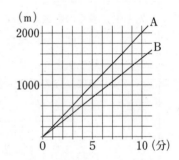

(4) 6人で川を渡るのに2そうのボートを使います。2そうのボートには区別がなく，1そうにつき最大で4人まで乗ることができます。2そうとも1回だけ使って6人全員が川を渡るとき，ボートの乗り方は□通りあります。

(5) 右の図のような三角形OCRがあります。
2点A，Bは，辺OCをOA：AB：BC＝1：2：3に分ける点，また，2点P，Qは，辺ORをOP：PQ：QR＝1：2：3に分ける点です。このとき，図の▨部分の面積は三角形OCRの面積の□倍です。

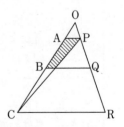

3 20人の児童がいるクラスAにおいて，2週間，タブレット端末の活用時間について調査しました。次の表は，その調査の結果になります。

クラスAの1週目

活用時間(時間)	0	1	2	3	4	5	6	7	8	9
人数(人)	0	1	2	3	5	4	1	2	2	0

クラスAの2週目

活用時間(時間)	0	1	2	3	4	5	6	7	8	9
人数(人)	0	2	2	3	2	4	1	3	3	0

このとき，次の問いに答えなさい。

2021 サレジオ学院中学校(A)

(1) 1週目と2週目の活用時間の平均値はそれぞれ何時間何分ですか。

(2) 調査の結果に関する内容として，次の①〜④の中で最も適切なものを1つ選び，記号で答えなさい。

① 1週目の活用時間が一番長い児童は，2週間で合計16時間活用した。

② どちらの週も半分の児童は，活用時間が5時間以上だった。

③ 1週目の活用時間と比べて，2週目の活用時間は半分以上の児童で増加した。

④ 2週目の中央値は，2週目の平均値よりも大きい。

(3) 次の表は，20人の児童がいるクラスBにおいて，同様の調査をした1週目の結果になります。

このとき，クラスAとクラスBの1週目の結果を比べて，気づいたことを述べなさい。

クラスBの1週目

活用時間(時間)	0	1	2	3	4	5	6	7	8	9
人数(人)	0	4	2	2	3	2	0	2	5	0

④ AさんとBさんと先生が「整数」についての次のような会話をしています。

会話文を読んで，次の問いに答えなさい。

先　生　多くの整数は連続する2つ以上の整数の和で表すことができます。

例えば，9の場合

$9 = 4 + 5$，$9 = 2 + 3 + 4$　のように2通りの表し方があります。

では，18の場合はどうでしょう？

Aさん　はい，見つけました。私は，連続する3つの整数の和で

$18 = $ ［ ア ］ $+$ ［ イ ］ $+$ ［ ウ ］　と表すことができました。

Bさん　まだあります。私は，$18 = $ ［ エ ］ $+$ ［ オ ］ $+$ ［ カ ］ $+$ ［ キ ］　のように

18を連続する4つの整数の和で表すことができました。

先　生　なるほど。二人ともよく見つけることができましたね。

では逆に，連続する2つ以上の整数の和で表すことができない整数を見つけることはできるでしょうか？　とりあえず100以下の範囲で考えてみて。

Aさん　奇数ならば必ず連続する2つの整数の和で表すことができると思います。

例えば，99の場合，$99 = 49 + 50$　のように真ん中あたりの連続する2つの整数の和で表せばいいからです。

先　生　なるほど。では，偶数の場合はどうでしょう？

Bさん　私は，最も大きい100から調べていきました。

すると，例えば100の場合，

100を 20×5 のように (偶数)×(奇数) の形で表して，

(偶数)を真ん中に，(奇数)を連続する整数の個数にすると，

$100 = 18 + 19 + 20 + 21 + 22$　と表すことができました。

ですが，94の場合は，2×47 としか表すことができなくてうまくいきませんでした。

Aさん　あっ！　47を $23 + 24$ と考えたらどうかな。

94は47が2つあるから　$94 = 22 + 23 + 24 + 25$　と表すことができるよ。

先　生　2人ともなかなかいいですね。この調子で話し合いを続けましょう。

(1) 空らん ア ～ ウ にあてはまる整数を答えなさい。

(2) 空らん エ ～ キ にあてはまる整数を答えなさい。

(3) 100以下の範囲で，連続する2つ以上の整数の和で表すことができない最も大きい整数を答えなさい。また，その理由も答えなさい。

5 3つの角が30°，60°，90°の三角形を三角形㋐とします。
   このとき，次の問いに答えなさい。

(1) 三角形㋐は，60°の角をはさむ辺の長さの比が必ず2：1になっています。
   その理由を説明しなさい。

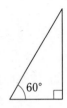

(2) 図1のような二等辺三角形の面積を求めなさい。

(3) 60°の角をはさむ辺の長さが8cm，4cmの三角形㋐を2つ使って，図2のような二等辺三角形ABCを作ります。
   また，辺BC上にCD＝3cmとなるように点Dをとり，辺AC上に角㋐と角㋑が等しくなるような点Eをとります。
   このとき，三角形BDEの面積を求めなさい。
   ただし，途中の考え方も書きなさい。

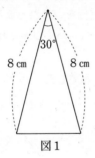 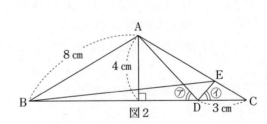

図1　　　　　　　　　　　　図2

次の問いの□をうめなさい。

1 次の計算をしなさい。

(1) $\left(\dfrac{1}{7}-\dfrac{1}{9}\right)\times 10.5+\dfrac{2}{11}\times\left(\dfrac{2}{3}+0.25\right)+\left(\dfrac{1}{9}-\dfrac{1}{15}\right)\div 0.4=$ □

(2) $\dfrac{3}{8}\times 1.875\div\left(2+1\dfrac{4}{7}\right)\div(2-$ □ $)\div 0.12=1\dfrac{5}{16}$

2 7％の食塩水が600gあります。これに15％と20％の食塩水を1：2の割合で混ぜて，10％の食塩水を作りました。

このとき，20％の食塩水を□g混ぜました。

3 整数の中で，1とその数を含めて，約数をちょうど5個持つ整数の中で2番目に小さい整数は，(1)です。

また，1とその数を含めて，約数をちょうど8個持つ整数の中で1番小さい整数は，(2)です。

4 マスクを□箱仕入れ，原価の3割の利益を見込んで定価をつけたところ，200箱しか売れませんでした。そのため，定価の2割引きで売り出したところ，いくつか売れました。売れ残ったマスクは400箱で，定価の半額で売り切りました。

その結果，売り上げと仕入れ値が同じになり，利益は出ませんでした。

5 右の図で，三角形ABCの面積は100㎠です。
また，AD：DB＝DG：GE＝1：3，BE：EC＝EH：HF＝1：4，CF：FA＝FI：ID＝2：3です。

(1) 三角形ADFの面積は□㎠です。
(2) 三角形GHIの面積は□㎠です。

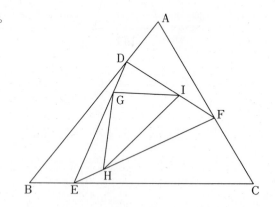

6 ある数Aをこえない1番大きい整数を表す記号を＜A＞で表すことにします。

例えば，＜1.2＞＝1，＜$\dfrac{15}{7}$＞＝2，＜3＞＝3のようになります。

このとき，$\dfrac{5}{7}+\dfrac{10}{7}+\dfrac{15}{7}+\dfrac{20}{7}+\cdots+\dfrac{310}{7}=$ (1) であり，

＜$\dfrac{5}{7}$＞＋＜$\dfrac{10}{7}$＞＋＜$\dfrac{15}{7}$＞＋＜$\dfrac{20}{7}$＞＋…＋＜$\dfrac{310}{7}$＞＝(2)です。

7 箱の中の玉を次のルールにしたがって操作します。箱の中の玉がなくなったときこの操作を終了します。
・箱の中の玉が20個未満のときは，箱の中の玉の個数が2倍になるように玉を入れます。
・箱の中の玉が20個以上のときは，箱の中から玉を20個取り出します。

(1) 最初に36個の玉が入っていたとき，この操作を30回行うと箱の中の玉は，□個になります。

(2) この操作を4回行ったところ，箱の中の玉がちょうどなくなりました。最初に箱に入っていた玉の個数で考えられるのは，全部で□通りです。

8 あるホールでコンサートが行われました。受付は開演の1時間前から行われ，受付開始前に，すでに480人が並んでいました。受付開始後も一定の割合で人が集まり，列に並んでいきました。また受付では，一定の割合で人を入場させます。
　受付を開始したときは，受付場所を5カ所開け，その10分後には並んでいる人は300人になりました。受付開始20分後に5カ所の受付場所を4カ所にしたところ，開演の20分前には並んでいる人がいなくなりました。
(1) 受付開始20分後には□人が並んでいます。
(2) 1分間に□人が列に加わっています。

9 水そうに，蛇口A，蛇口Bと排水口Cの3つがあり，同じ時間で蛇口Aと蛇口Bから入る水の量の比は5：6です。
　ある日，蛇口Aだけを開けて水を入れましたが，□(1)□分後，水そうのちょうど半分まで水が入った時点で，蛇口Bも開けました。しかし，途中12分間だけ排水口Cが開いてしまい，そのため，水そうの水が満水になるまでに1時間かかりました。
　その後，一定時間すべての蛇口と排水口を閉めたあと，再び排水口Cを開けたところ，再び排水口Cを開けたところから□(2)□分間で空になりました。
　以下のグラフは，その時の水そうの水の量と時間の関係を表したグラフです。

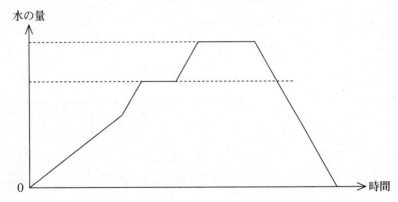

10 あとの図のような長方形ＡＢＣＤがあり，点Ｐ，Ｑ，Ｒは辺ＢＣを，点Ｘ，Ｙ，Ｚは辺ＡＤをそれぞれ４等分しています。

(1) 斜線部分①の面積は，長方形ＡＢＣＤの面積の□倍です。

(2) 斜線部分②の面積は，長方形ＡＢＣＤの面積の□倍です。

(3) 斜線部分をすべて合わせた面積は，長方形ＡＢＣＤの面積の□倍です。

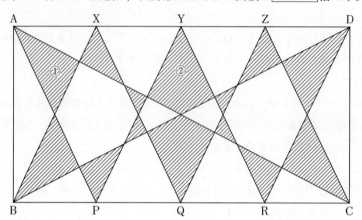

城西川越中学校（第1回）

—50分—

注意 (1) 定規・コンパス・分度器は使用できません。
(2) 【求め方】と書いてあるところは，求め方や計算式も書いて答えを記入しなさい。
それ以外は答えのみを記入しなさい。

1 次の □ にあてはまる数を答えなさい。

(1) $1 + 8 \times \dfrac{1}{9} - \left(10 - 2\dfrac{1}{3} \div 0.25\right) = $ □

(2) $25 \times 125 + 25 \times 55 + 25 \times 120 = $ □

(3) $\dfrac{1}{\square} + \dfrac{2}{\square} + \dfrac{3}{\square} + \dfrac{4}{\square} + \dfrac{5}{\square} + \dfrac{6}{\square} + \dfrac{7}{\square} = 7$
ただし，□ には同じ数が入ります。

(4) あるクラス20人の算数のテストの平均点は79点です。このクラスの12人の平均点が75点であるとき，残り8人の平均点は □ 点です。

(5) 1個60円のお菓子Aと1個90円のお菓子Bを合わせて20個買ったところ，代金の合計は1380円でした。このとき，買ったお菓子Aの個数は □ 個です。

(6) 全部で □ ページの本を1日目にすべてのページ数の60%を読み，2日目に残りのページ数の $\dfrac{1}{2}$ を読み，3日目に10ページ読んだところ，残り20ページになりました。

(7) 8％の食塩水300gがあります。この食塩水を加熱して，水100gを蒸発させると □ ％の食塩水ができました。

(8) 0，1，2，3の4つの数字から，異なる3つを使って3けたの数字をつくるとき，全部で □ 通りあります。

2 次の各問いに答えなさい。

(1) 次の □ に当てはまる最も適当な言葉を答えなさい。
円周率とは，円周の長さが □ の長さの何倍になっているかを表す数のことです。

(2) 右の図の三角形ABCは正三角形です。角㋐の大きさを求めなさい。ただし，直線 ℓ と直線 m は平行です。

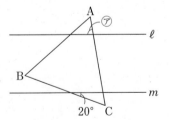

(3) 右の図のように，たての長さが4m，横の長さが5mの長方形の土地に，幅1mの道をつくります。このとき，斜線部分の面積は何m²ですか。

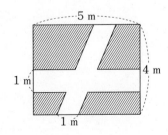

(4) 右の図のように，AB，ACを直径とする2つの半円があります。AB＝AC＝4cm，角BAC＝45°のとき，斜線部分の面積は何cm²ですか。ただし，点Oは半円の中心であり，円周率は3.14とします。【求め方】

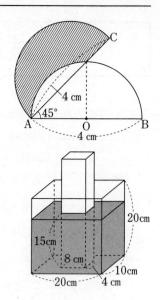

(5) 底面がたて10cm，横20cm，高さ20cmである直方体の形をした水槽に水が入っています。右の図のように，底面がたて4cm，横8cm，高さ30cmである直方体を水槽の底につくまでまっすぐに入れたところ，水の深さは15cmになりました。入れた直方体を取り出したとき，水の深さは何cm下がりますか。【求め方】

3 42kmの道のりを走るマラソン大会があり，この大会ではスタート地点から5kmごとに給水ポイント（水を受け取り飲むことができるところ）があります。この大会に城西くんが参加します。城西くんは分速280mの速さで走りますが，給水をすると給水ポイントから0.84kmの区間だけは速さが分速240mになります。ただし，給水は走りながらするので時間はかからないとし，給水はしてもしなくても，どちらでもよいものとします。このとき，次の問いに答えなさい。

(1) 給水を一度もしないでマラソンを走りきったとき，スタート地点からゴール地点まで何時間何分かかりますか。

(2) 全部で4カ所の給水ポイントで給水を行い，マラソンを走りきったとき，スタート地点からゴール地点まで何時間何分かかりますか。【求め方】

(3) 城西くんはスタート地点から30km地点までのすべての給水ポイントで給水を行い，ゴールまで残り8.4km地点からラストスパートをかけて分速300mの速さで走りきりました。このとき，スタート地点からゴール地点まで何時間何分かかりましたか。ただし，30km地点で給水を行って以降，給水はしなかったものとします。【求め方】

4 1から50までの整数が書かれたカードが1枚ずつあります。それぞれのカードは，次の例のように表と裏が区別でき，表面と裏面には同じ整数が書かれています。最初，すべてのカードが表になっており，このカードに次の【操作1】から【操作50】までを行いました。

(例) 1の書かれたカードの場合

【操作1】 1の倍数の書かれたカードをすべて裏返す。
【操作2】 2の倍数の書かれたカードをすべて裏返す。
【操作3】 3の倍数の書かれたカードをすべて裏返す。
          ︙
          ︙
【操作49】 49の倍数の書かれたカードをすべて裏返す。
【操作50】 50の倍数の書かれたカードをすべて裏返す。

例えば，3は，1の倍数，3の倍数なので，3の書かれたカードは2回裏返され，表になります。また，4は，1の倍数，2の倍数，4の倍数なので，4の書かれたカードは3回裏返され，裏になります。

このとき，次の問いに答えなさい。

(1) 2回だけ裏返されたカードは全部で何枚ありますか。
(2) 9の書かれたカードは何回裏返されましたか。
(3) 裏になっているカードは全部で何枚ありますか。【求め方】

1 次の□にあてはまる数を求めなさい。

(1) $\left\{2\frac{5}{6}-\left(0.15+\frac{13}{20}\right)\div 0.4\right\}\times 2\frac{2}{5}=\boxed{}$

(2) $\left(2.7\div\frac{1}{5}\div 0.6-54\times 0.2-\boxed{}\times\frac{1}{15}\right)\times 30=81$

2 次の□にあてはまる数を求めなさい。

(1) 兄と弟が1周900mの池の周りを，それぞれ一定の速さで歩きます。2人が同じ場所から同時に出発して，反対方向に歩くと6分ごとに出会い，同じ方向に歩くと45分ごとに兄が弟を追いこします。
このとき，兄の歩く速さは分速□mです。

(2) 次の図のおうぎ形CADは，おうぎ形OABを点Aを中心として点Oを点Cに，点Bを点Dに回転させたものです。曲線OC，BDはこの回転によって点O，点Bが動いてできた曲線です。
このとき，アの部分とイの部分の面積の差は□cm²です。

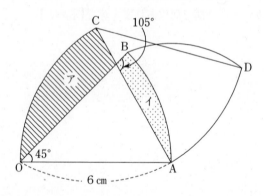

(3) J中学校の入学試験では，受験者数が合格者数の5倍でした。算数の試験は，合格者の平均点が受験者全体の平均点よりも24点高い□点であり，不合格者の平均点が42点でした。

(4) 右の図の四角形ABCDはADとBCが平行な台形です。CA＝CB＝CDのとき，角アの大きさは□度です。

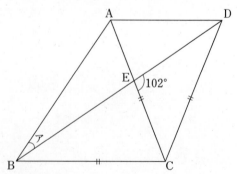

-220-

(5) 右の図のような長方形Aの周りを，形と大きさが長方形Aと同じである長方形Bがすべることなく1周して元の位置まで戻ります。
頂点Pが動いた長さは □ cmです。

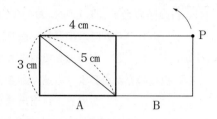

(6) A君とB君は次の規則に従ってビー玉をもらいます。

1日目は，A君が1個，B君が1個もらいます。
2日目は，A君が1個，B君が2個もらいます。
3日目は，A君が2個，B君が1個もらいます。
4日目は，A君が1個，B君が3個もらいます。
5日目は，A君が2個，B君が2個もらいます。
6日目は，A君が3個，B君が1個もらいます。
7日目は，A君が1個，B君が4個もらいます。
　　　　　　⋮

このとき，70日目はA君が ① 個，B君が ② 個もらいます。

3 右の図は1辺の長さが6cmの立方体で，点P，Q，R，Sはそれぞれ，辺AD，BC，EF，HGの真ん中の点です。P，Q，R，Sを結んでできる立体を立体アとし，PQの真ん中の点を点Mとします。
次の問いに答えなさい。

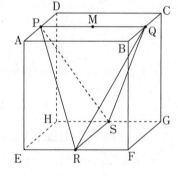

(1) 次の □ にあてはまる数を求めなさい。
三角形MRSの面積は ① cm²，立体アの体積は ② cm³です。

(2) PR，PSの真ん中の点をそれぞれ点T，Uとします。
点P，M，T，Uを結んでできる立体の体積を求めなさい。

(3) 四角すいM－EFGHと立体アの重なっている部分の体積を求めなさい。

4 右の図の台形ＡＢＣＤにおいて，点Ｐは点Ａから，点Ｑは点Ｂから同時に出発し，点Ｐは辺ＡＤ上を，点Ｑは辺ＢＣ上を一定の速さで何度も往復します。ただし，点Ｑの方が点Ｐよりも速く動きます。

次のグラフは，2点Ｐ，Ｑが出発してからの時間と図形ＡＢＱＰ(四角形または三角形)の面積の関係を表したものの一部です。

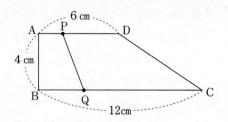

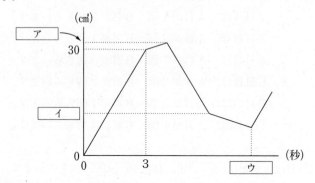

次の問いに答えなさい。

(1) 点Ｐ，Ｑが動く速さはそれぞれ秒速何cmですか。

(2) グラフの ア ， イ ， ウ にあてはまる数を求めなさい。

(3) 2点Ｐ，Ｑが出発してから12秒後までの間に図形ＡＢＱＰの面積と図形ＰＱＣＤ(四角形または三角形)の面積の比が5：4となるのは，2点Ｐ，Ｑが出発してから何秒後ですか。すべて求めなさい。

5 長方形を以下の【操作】に従って，いくつかの正方形に分割します。

【操作】
① 短い方の辺を一辺とする正方形で，片側からできる限り分割する。
② 長方形が残った場合はその残った長方形に対して，①を行う。
残りの長方形ができなくなるまでこれを繰り返す。

例えば，短い方の辺が3cm，長い方の辺が8cmの長方形に【操作】を行うと，次の図のように分割されました。

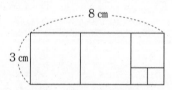

(1) 短い方の辺が27cm，長い方の辺が62cmの長方形に【操作】を行うと，何個の正方形に分割されますか。

(2) 次の図のように，短い方の辺が34cmの長方形に【操作】を行うと，10個の正方形に分割されました。図の□にあてはまる数を求めなさい。

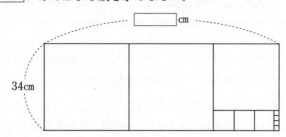

(3) 短い方の辺が20cmの長方形に【操作】を行うと，4個の正方形に分割されました。このような長方形は全部で何通りありますか。

(4) 短い方の辺が20cmの長方形に【操作】を行うと，5個の正方形に分割されました。このような長方形は全部で8通りあります。次の図は，そのうちの2つの長方形に【操作】を行ったものです。

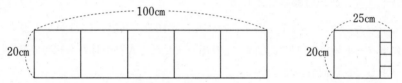

長い方の辺が100cmの長方形は1種類の正方形に分割され，長い方の辺が25cmの長方形は2種類の正方形に分割されています。

次の表は，8通りの長方形それぞれの，長い方の辺の長さと，【操作】によってできた正方形の種類の数についてまとめたものです。

次の表の ア ～ カ にあてはまる数を求め，表を埋めなさい。ただし， ア ＞ イ ＞ ウ とします。

長い方の辺の長さ(cm)	100	70	ア	$\frac{140}{3}$	イ	ウ	28	25
正方形の種類の数	1	2	エ	2	3	オ	カ	2

1 次の各問いに答えなさい。

(1) 次の計算をしなさい。
$27+3\times12\div\dfrac{1}{10}+20\times10+5\div\dfrac{1}{4}\div\dfrac{3}{13}$

(2) 次の□にあてはまる数を分数の形で答えなさい。
$(0.25-\square)\div 0.125\times\dfrac{8}{5}=1.28$

(3) あるジョギングコースを1周するのにA君は10分，B君は15分かかります。A君とB君が同時にスタート地点から同じ方向に走り出しました。A君がB君を初めて追い越すのは2人がスタートしてから何分後ですか。

(4) ○，□には1から9までの整数を入れて，＜○，□＞を次のように計算することとします。
＜○，□＞＝○×□＋○
例えば，4×3＋4＝16なので＜4，3＞＝16です。次の問いに答えなさい。
① ＜5，6＞を求めなさい。
② ＜＜2，3＞，4＞を求めなさい。
③ ＜○，□＞を計算すべきところを間違えて＜□，○＞を計算したところ，正しい答えより7小さくなってしまいました。
正しい答えとして考えられるものをすべて求めなさい。

(5) 右の図は1辺2cmの正方形と半径2cmのおうぎ形と半径1cmの半円を組み合わせたものです。図の中のアの面積からイの面積を引くと何cm²ですか。

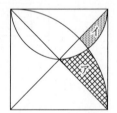

(6) 四角形ABCDは正方形です。右の図のように各辺を延ばしたところにある点を結んで四角形EFGHをつくります。
このとき，DEの長さはADの長さと等しく，FAの長さはABの長さの2倍，GBの長さはBCの長さの$\dfrac{1}{2}$倍，HCの長さはCDの長さの3倍でした。
四角形EFGHの面積は四角形ABCDの面積の何倍ですか。

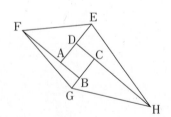

2 次の問いに答えなさい。
 (1) 素数とはどのような数ですか。簡潔に説明しなさい。
 (2) 次の空欄にあてはまる数を求めなさい。
  ① 2021は2つの素数 ア と イ の積になります。
  ② 3つの整数1178, 1507, 3528をある数で割るとあまりが同じ数 ウ になります。

3 ある映画館には，座席が20列あり，各列の座席数は同じです。開場前に，何人かの客が入場を待っています。入場した客は必ず列の左端から座っていきます。間に1つの席を空けて座ると右端の座席は空席になり，間に2つの席を空けて座ると右端の座席には客が座ることになります。
 次の問いに答えなさい。
 (1) 1列の座席は，何席あると考えられますか。考えられる座席数を小さいほうから4つ答えなさい。
 (2) 最前列から順に，間に1つの席を空けて座るとちょうど最後の2列がすべて空席になり，間に2つの席を空けて座ると，24人が座れません。入場を待っていた客は何人ですか。
 (3) 最前列から順に，間に1つの席を空けて座り，何列目からか間に2つの席を空けて座ると，ちょうど最後列の右端の座席に最後の客が座りました。間に1つの席を空けて座った列は何列ですか。

4 地点Oに高さ6mの電柱が立っていて，その先端には電球Pがついています。Oから5m離れた地点Aに高さ3.5mの柱が立っています。また，地点Bにも柱が立っていて，BはAからの距離が3mで，直線ABとOBが垂直になるような地点であり，電球Pからの明かりでできるBに立っている柱の影の長さは11mです。さらに，2つの柱の影の先端を結ぶ直線と直線OAは垂直で，2つの影の先端の距離は9mです。
 次の問いに答えなさい。
 (1) 電球Pからの明かりでできる地点Aの柱の影の長さは何mになりますか。
 (2) 地点Bの柱の高さは何mですか。
 (3) 地点Aの柱の影の先端を通り，直線OBに垂直になるようにかべを作りました。地点Bの柱の影のうち，かべにうつっている部分の高さは何mになりますか。

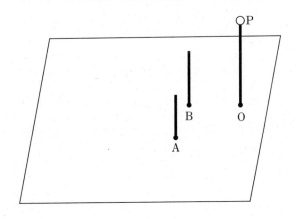

2021 城北埼玉中学校(第1回)

5 図のように大きな正三角形を9個の小さな正三角形で区切り，赤，青，黄の3色をすべて使って，辺を共有する三角形は同じ色にならないようにぬり分けます。

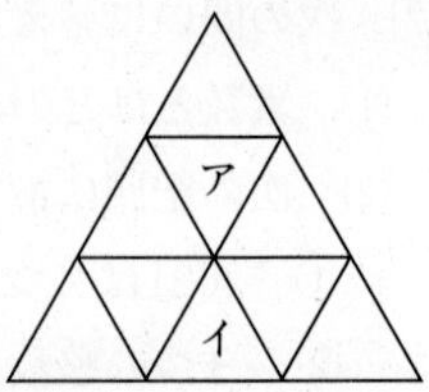

次の問いに答えなさい。

(1) 図のアの部分を赤でぬるとき，イの部分のぬり方は何通りありますか。

(2) 図のアとイの部分を同じ色でぬる場合，大きな三角形のぬり分け方は何通りありますか。

(3) 図のアとイの部分を違う色でぬる場合，大きな三角形のぬり分け方は何通りありますか。

巣鴨中学校(第Ⅰ期)

—50分—

注意事項　1　(式)とある問題は，答えを求めるまでの式などを書きなさい。
　　　　　2　定規・コンパス・分度器は使用できません。

1　次の各問いに答えなさい。

(1)　2％の食塩水と3％の食塩水と5％の食塩水を2：3：5の割合で混ぜました。できた食塩水の濃度(のうど)は何％ですか。

(2)　太郎くんが買い物に行きました。まず，1600円の品物を買いました。次に，残りのお金の $\frac{3}{4}$ を使ったら，残ったお金は最初に持っていた金額の $\frac{1}{7}$ より100円少なくなりました。太郎くんが最初に持っていたお金はいくらでしたか。

(3)　5台のロボットAと8台のロボットBを使ってある仕事をすると45分かかります。それと同じ仕事を10台のロボットBを使ってすると144分かかります。10台のロボットAを使ってこの仕事をすると何分かかりますか。

(4)　図のような通路をA点からB点まで進みます。最短で行く行き方は何通りありますか。

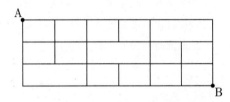

(5)　ある電車が1本の電柱を通り過ぎるのに9秒かかりました。また，この電車が長さ1920mのトンネルに入ってから出るまでに105秒かかりました。この電車の全長は何mですか。ただし，電柱の幅(はば)は考えないものとします。

(6)　$1-\frac{1}{2}=\frac{1}{2}$，$\frac{1}{2}-\frac{1}{3}=\frac{1}{6}$，$\frac{1}{3}-\frac{1}{4}=\frac{1}{12}$　となります。次の計算をしなさい。

$\frac{1}{2}+\frac{1}{6}+\frac{1}{12}+\frac{1}{20}+\frac{1}{30}+\frac{1}{42}+\frac{1}{56}+\frac{1}{72}$

2　次のような分数の書かれた435枚のカードがあります。

$\boxed{\frac{1}{2}}$，$\boxed{\frac{1}{3}}$，$\boxed{\frac{2}{3}}$，$\boxed{\frac{1}{4}}$，$\boxed{\frac{2}{4}}$，$\boxed{\frac{3}{4}}$，$\boxed{\frac{1}{5}}$，……，$\boxed{\frac{28}{29}}$，$\boxed{\frac{1}{30}}$，$\boxed{\frac{2}{30}}$，……，$\boxed{\frac{29}{30}}$

これらのカードを次のルールにしたがって，①～㉚と書かれた30個の箱に入れていきます。

①　②　③　……　㉙　㉚

・カードの分数が約分できないならば，分母の数字と同じ数字の箱に入れる。
・カードの分数が約分できるならば，①の箱に入れる。

たとえば，$\frac{2}{3}$ は約分できないので，$\boxed{\frac{2}{3}}$ のカードは分母の数字3と同じ数字である③の箱に入れます。$\frac{2}{4}$ は約分できるので，$\boxed{\frac{2}{4}}$ のカードは①の箱に入れます。このとき，次の各問いに答えなさい。

(1)　⑫の箱には，何枚のカードが入っていますか。(式)

(2)　③，⑨，㉗の箱に入っているすべてのカードに書かれた分数の和を求めなさい。(式)

3 右の図は，半径3cmの円形の紙6枚を，それぞれの円の中心が，1辺が3cmの正六角形の頂点に重なるようにおいたものです。このとき，次の各問いに答えなさい。ただし，円周率は3.14とします。

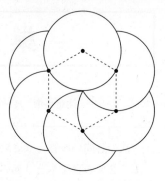

(1) この図形のまわりの長さは何cmですか。(式)

(2) 紙が3枚重なっている部分を斜線(しゃせん)でぬって表しなさい。

(3) 紙が2枚以上重なっている部分の面積を求めなさい。(式)

4 ある時計があり，2021年2月1日の午前0時に長針と短針が12を指していました。その後この時計は，長針が1時間に1分ずつ遅れ，短針が1時間に6分ずつ早くなります。このとき，次の各問いに答えなさい。

ただし，答えが割り切れないときは分数で答えなさい。

(1) この時計の長針は1分あたり何度動きますか。(式)

(2) この時計の長針と短針は，何分ごとに重なりますか。(式)

(3) 2021年2月1日の午前中にこの時計を見たところ，図のように短針が7と8の間を指し，時計の長針と短針の作る角が6の目もりを示す点線によって2等分されていました。このようになった実際の時刻は午前何時何分ですか。(式)

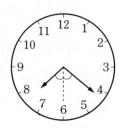

逗子開成中学校(第1回)

—50分—

注意
・考え方を書く指示がある問題以外は，答えだけを書いてください。
・答えに単位が必要な問題は，必ず単位をつけて答えてください。
・答えが分数になる場合は，それ以上約分できない一番簡単な分数で答えてください。また，仮分数は帯分数に直してください。
・図やグラフをかいて答える問題に対し，定規・コンパスを忘れた場合は手がきでていねいにかいてください。

1 次の□にあてはまる数を求めなさい。

(1) $(26+39+52+65+78) \div (4+6+8+10+12) = $ □

(2) $\dfrac{3}{5} \times 1\dfrac{4}{9} - \dfrac{1}{3} \div \left\{ 1\dfrac{5}{12} - \left(1\dfrac{1}{4} - \dfrac{1}{3}\right) \right\} = $ □

(3) $3 \div \left\{ 2\dfrac{2}{5} + \dfrac{3}{5} \times 8 + \left(5.6 - 4\dfrac{2}{3}\right) \times \boxed{} \right\} = 0.3$

2 次の各問いに答えなさい。

(1) 長さ4mの角材を50cmずつに切り分けていきます。角材を1回切るのに45秒かかり，一度角材を切ってから次の角材を切るための準備に20秒かかります。この角材を切り始めてからすべて切り終わるまでに，何分何秒かかりますか。

(2) 太郎君と次郎君は2人で買い物に行きました。太郎君の所持金の6割と次郎君の所持金の4割は等しく，2人の所持金の差は300円でした。太郎君の所持金を求めなさい。

(3) 長さ200m，時速54kmで走る上り電車Aと，長さ150m，時速72kmで走る下り電車Bの先頭がすれちがってから，電車の最後尾どうしが離れるまでにかかる時間は何秒ですか。

(4) 2つの整数a，bについて，aをb回かけた数の一の位を(a, b)という記号で表すことにします。例えば$(2, 4)$は，2を4回かけた$2 \times 2 \times 2 \times 2 = 16$の一の位より，$(2, 4) = 6$となります。また，$((2, 4), 3)$は，$((2, 4), 3) = (6, 3)$となるので，$6 \times 6 \times 6 = 216$の一の位より，$((2, 4), 3) = 6$となります。このとき，$((7, 3), x) = 1$となる2けたの整数$x$の中で，もっとも小さい整数を求めなさい。

(5) 右図はAB＝2cm，BC＝4cmの長方形ABCDに，おうぎ形ODEを書きこんだものです。また，点Oは長方形の辺BCの真ん中の点です。このとき，おうぎ形ODEの面積を求めなさい。ただし，円周率は3.14とします。

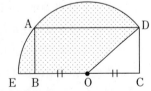

(6) 0を含めた互いに異なる1けたの数字が書かれた4枚のカード0，ア，イ，ウがあります。この4枚のカードの中から3枚のカードを使ってできる3けたの整数をすべてノートに記録していきます。記録した3けたの整数の和を計算したところ9016になりました。4枚のカードに書かれた数字の和 ア＋イ＋ウ の値はいくつですか。

3 3つの立体，円柱A，直方体B，直方体Cがあります。
　円柱Aは，底面の半径が4cm，高さが20cmです。
　直方体Bは，たてが10cm，横が20cm，高さが5cmです。
　直方体Cは，たてが10cm，横が20cm，高さが$x$cmです。
　図1は，円柱Aに直方体Bを底面が重なるように合体させたものです。
　図2は，直方体Cをななめにして，円柱Aと合体させたものです。
　図3は，図2のようすを真横から見たものです。
　このとき，次の各問いに答えなさい。ただし，円周率は3.14とします。

(1) 図1において，円柱Aと直方体Bを合体させた立体の体積を求めなさい。

(2) 直方体Cの高さxを求めなさい。

(3) 図2において，円柱Aと直方体Cを合体させた立体の体積を求めなさい。

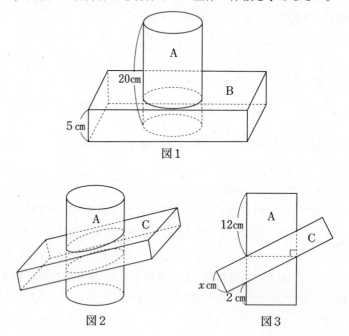

4 あるクラスで毎日放課後，巨大なボードに何人かの生徒が色紙をはり付ける作業をしています。その内容は次の通りです。

・ボードを装飾するために，1日にはり付ける色紙の枚数はどの生徒も同じで，全員が1日分の色紙をはり終えた時点でその日の作業は終了します。

・もともと教室には2700枚の色紙がありますが，作業を開始する日から，毎日，同じ枚数の色紙を作業前に担任の先生が追加していきます。
　例えば，毎日，色紙を10枚追加するとした場合，作業初日は2710枚の色紙が教室にあることになります。

・教室にある色紙がすべてなくなった時点で，装飾したボードは完成とします。

(1) 毎日，10人の生徒で作業を行いました。1人の生徒が1日にはり付ける色紙を11枚，毎日，担任の先生が追加する色紙を20枚とすると，作業を開始してから何日目に装飾したボードは完成しますか。

(2) 次に，1人の生徒が1日にはり付ける色紙の枚数と，毎日，担任の先生が追加する色紙の枚数を(1)の条件から変えたところ，次のようになることがわかりました。ただし，1人の生徒が1日にはり付ける色紙の枚数をX枚とします。

・14人の生徒で作業をすると，15日目に各人がちょうど色紙をX枚はり終えたときに，装飾したボードは完成します。

・8人の生徒で作業をすると，30日目に各人がちょうど色紙をX枚はり終えたときに，装飾したボードは完成します。

このとき，次の各問いに答えなさい。

① Xの値を求めなさい。

② 最初6人の生徒で何日間か作業を進め，途中から生徒を5人増やし11人で作業を行いました。すると30日目に各人がちょうど色紙をX枚はり終えたときに，装飾したボードは完成しました。最初6人の生徒だけで作業を行ったのは何日間ですか。

5 底面の半径が同じ2種類の円柱A，Bがたくさんあります。円柱Aは青色で高さが1cm，円柱Bは赤色で高さが2cmになっています。太郎君と花子さんは，これらの円柱の両方またはいずれか一方のみを積み上げて，色々な模様の円柱を作ろうとしています。2人の会話文を読み，次の各問いに答えなさい。

花子：1種類の円柱だけ積み上げても色が変わらないからつまらないけど，2種類の円柱を使って積み上げていくと，いろいろな模様の円柱が作れておもしろいね。太郎君，1種類または2種類の円柱を使って，高さ5cmの円柱は全部で何種類できるかわかる？

太郎：ちょっと待って。今計算するから…
え～っと，全部で（ ア ）種類できるね。
では今度は花子さん，高さ6cmの円柱は全部で何種類できるかわかる？

花子：ちょっと待って。少し時間をちょうだい。
え～っと，全部で（ イ ）種類できるのね。

太郎：花子さん，高さが5cmや6cmだったらぼくでも計算できるけど，10cmになったらすごく計算が大変になりそうだね。

花子：そうだね…わたしわかったかも…
一番下に何色の円柱を置くかを考えれば，さっきまでの計算結果が生かせると思うの。それをうまい具合に繰り返せば，そんなに時間がかからないはずよ。太郎君，高さ10cmの円柱は全部で何種類できるかわかる？

太郎：・・・ぼくもわかったかも…
花子さんの考え方で計算してみると…全部で（ ウ ）種類だ！

(1) （ ア ）に入る数字を求めなさい。

(2) （ イ ）に入る数字を求めなさい。

(3) （ ウ ）に入る数字を求めなさい。ただし，答えだけではなく，途中の考え方も書きなさい。

聖光学院中学校（第1回）

—60分—

① 次の問いに答えなさい。

(1) 次の計算の □ にあてはまる数を答えなさい。

$$\left(\boxed{} \div 30 - 1.625\right) \div \frac{132}{224} - 2\frac{7}{9} \times 0.1 = \frac{1}{2}$$

(2) 3の倍数を順に，1桁ずつの数字の列として並べたもの，つまり，

$$3,\ 6,\ 9,\ 1,\ 2,\ 1,\ 5,\ 1,\ 8,\ 2,\ 1,\ 2,\ 4,\ \cdots$$

を考えます。

このとき，最初から数えて2021番目の数字を答えなさい。

(3) 光さんの家は10人家族です。光さんは貯めていたお小遣いを使って，お母さんの誕生日に家族全員分の10個のケーキを買い，代金4200円を支払いました。買ったケーキは1個380円，420円，500円の3種類で，お母さんのケーキは他の9人のものとは違う種類でした。

380円のケーキは合計何個買いましたか。考えられる個数をすべて答えなさい。

② 4桁の整数Mと4桁の整数Nがあります。この2つの整数について次の性質の一部，もしくは全部が成り立っています。

性質① Mを4倍するとNになる。

性質② Mの千の位とNの百の位は等しく，また，Mの百の位とNの千の位は等しい。

性質③ Mの十の位とNの一の位は等しく，また，Mの一の位とNの十の位は等しい。

このとき，次の問いに答えなさい。

(1) 性質①が成り立つとき，Mとして考えられる整数は何個ですか。

(2) 性質①と性質②が成り立つとき，Mの十の位以下を切り捨てた値として考えられる整数をすべて答えなさい。

(3) 性質①と性質②と性質③が成り立つとき，Mとして考えられる整数をすべて答えなさい。

③ A地点とB地点の間を，聖さん，光さん，学さんの3人が移動します。聖さんはA地点を午前8時3分に出発し，B地点へ向かいました。また，学さんと光さんは，この順にそれぞれ別の時刻にB地点を出発し，A地点へ向かいました。すると，聖さんが出発してから7分30秒後に，聖さん，光さん，学さんの3人は，A地点とB地点の間のC地点を同時に通過しました。

光さんは午前8時15分30秒にA地点に着いて，しばらく休憩したあとにB地点に向かって出発しました。また，聖さんはB地点に着いてしばらく休憩したあと，午前8時20分にA地点に向かって出発しました。2人が休憩した時間は，光さんより聖さんのほうが2分30秒だけ長かったことが分かっています。

光さんはA地点を出発してしばらくすると学さんとすれ違い，さらにその3分36秒後に聖さんとすれ違い，午前8時26分にB地点に着きました。3人の速さはそれぞれ一定であるものとして，次の問いに答えなさい。

(1) 聖さんと光さんの速さの比を最も簡単な整数比で答えなさい。

(2) 聖さんがB地点に着いたのは，午前何時何分ですか。
(3) 光さんがB地点を出発したのは，午前何時何分何秒ですか。
(4) 学さんがB地点を出発したのは，午前何時何分ですか。

4 ある平面上を点Pが次の［規則1］にしたがって移動することを考えます。

［規則1］
① 点Pはまっすぐ3cm移動します。
② 点Pは，それまで進んでいた方向から反時計回りに90度回転した方向に4cm移動します。
③ 点Pは，それまで進んでいた方向から反時計回りに ア 度回転した方向に5cm移動します。
④ 点Pは，それまで進んでいた方向から反時計回りに イ 度回転した方向に3cm移動します。
⑤ 以降，点Pは②〜④の移動を繰り返します。

すると，点Pは図1のような直角三角形ABCを描きます。
このとき，次の問いに答えなさい。

(1) ア ＋ イ の値を答えなさい。

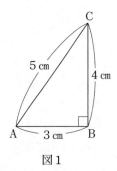

図1

次に，同じ平面上を点Qが次の［規則2］にしたがって移動することを考えます。ただし，［規則2］の ア ， イ と，［規則1］の ア ， イ には，それぞれ同じ値が入るものとします。

［規則2］
① 点Qはまっすぐ4cm移動します。
② 点Qは，それまで進んでいた方向から反時計回りに90度回転した方向に3cm移動します。
③ 点Qは，それまで進んでいた方向から反時計回りに ア 度回転した方向に5cm移動します。
④ 点Qは，それまで進んでいた方向から反時計回りに イ 度回転した方向に4cm移動します。
⑤ 以降，点Qは②〜④の移動を繰り返します。

ここで，点Qが①の移動をする前にいた点をA，移動した後に着く点をB，②の移動を1回した後に着く点をC_1，2回した後に着く点をC_2，…，③の移動を1回した後に着く点をA_1，2回した後に着く点をA_2，…，④の移動を1回した後に着く点をB_1，2回した後に着く点をB_2，…，とすると，点Qは図2のような図形を描くことが分かります。

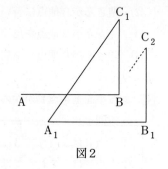

図2

(2) 直線BC_1と直線C_2A_2は点Dで交わります。BDの長さは何cmですか。

(3) 点C_1と点A_1を結ぶ直線上の点Eと，点C_2と点A_2を結ぶ直線上の点Fについて，EFの長さとして考えられる値のうち，最も小さいものは何cmですか。

(4) 点Qが点Aを出発してから合計2021cm移動すると，点Qが描く図形によって，平面は何個の部分に分かれますか。

たとえば，点Qが点Aを出発してから点B_1まで移動すると，平面は三角形の内側と外側の2個の部分に分かれます。また，点Qが点Aを出発してから点A_2まで移動すると，平面は5個の部分に分かれます。

5 右の図のような一辺が6cmの立方体ABCD-EFGHがあり，辺ADの真ん中の点をM，辺BCの真ん中の点をNとします。この立方体を，3点B，D，Gを通る平面と，3点A，N，Eを通る平面と，3点M，C，Gを通る平面で切断すると，この立方体は6つの立体に分かれます。このうち，辺AMを含む立体Xについて，次の問いに答えなさい。

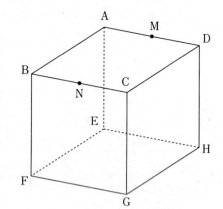

(1) 立体Xの面の数を答えなさい。

(2) 立体Xの体積は何cm³ですか。

(3) 辺AE上にAP=4cmとなる点Pをとり，点Pを通る面ABCDに平行な平面で立体Xを切断しました。このときの切り口を右の図に斜線で示し，その面積を求めなさい。ただし，右図のマス目の1目盛りは1cmとします。

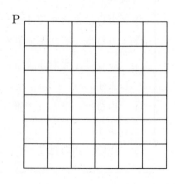

1 次の□にあてはまる数を求めなさい。

(1) $\left(1\dfrac{5}{7}+2.55\div\dfrac{3}{5}-2.75\right)\times 4\dfrac{2}{3}=$ □

(2) $0.375\times$ □ $\div\left(0.25-\dfrac{3}{22}\right)=3\dfrac{1}{7}$

2 現在，子ども2人の年令の合計と，お父さんの年令の比は5：12です。
2年後にはこの比が1：2になります。現在のお父さんの年令は何才ですか。

3 右の図で，点A，B，C，D，Eは，半径6cmの円の円周の半分を6等分する点です。また，点Oは円の中心です。
(1) あの角の大きさは何度ですか。
(2) 斜線部分の面積は何cm²ですか。

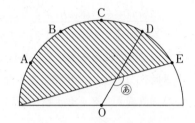

4 次のように，あるきまりにしたがって数が並んでいます。
　　1，1，2，1，1，2，3，2，1，1，2，3，4，3，2，1，1，……
(1) 初めて8が現れるのは，初めから数えて何番目ですか。
(2) 初めから数えて50番目の数までの中に，1は何個ありますか。
(3) 初めの数から50番目の数までの和はいくつですか。

5 右の図のような図形を直線あのまわりに1回転させてできる立体を考えます。
(1) この立体の体積は何cm³ですか。
(2) この立体の表面積は何cm²ですか。

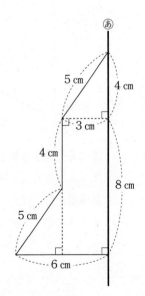

6 あとの図の三角形ＡＢＣにおいて，点Ｋ，Ｌはそれぞれ辺ＡＢ，ＢＣの真ん中の点で，点Ｍ，Ｎは辺ＡＣを３等分する点です。また，点ＰはＫＭとＬＮの交わった点です。

(1) 図１で三角形ＡＫＭの面積は三角形ＡＢＣの面積の何倍ですか。

(2) 図２で三角形ＡＰＣの面積は三角形ＡＢＣの面積の何倍ですか。

(3) 図２で四角形ＰＬＣＭの面積は三角形ＡＢＣの面積の何倍ですか。

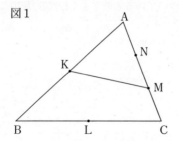
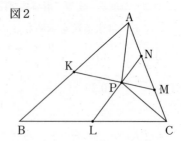

7 ケイスケ君は，毎朝，学校へ登校するのにタイセイ君と新聞屋で待ち合わせをして，８時10分に新聞屋を一緒に出発することにしています。

　ある朝，ケイスケ君は８時に家を出て歩いて新聞屋に向かいましたが，途中で忘れ物に気づき，走って取りに帰りました。そして，すぐに走って新聞屋へ向かいましたが，タイセイ君はすでに８時10分に歩いて新聞屋を出発していたので，ケイスケ君はそのまま走って８時13分に新聞屋を通り過ぎ，タイセイ君に追いつきました。追いついた後は歩いて学校へ向かい，８時17分に到着しました。

　ケイスケ君の走る速さは一定で，２人の歩く速さは毎分80ｍです。次のグラフは，時刻とケイスケ君の自宅からの距離の関係を表したものです。

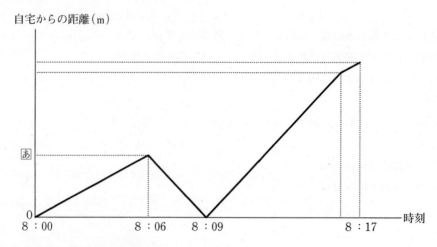

(1) あにあてはまる数を求めなさい。

(2) ケイスケ君の走る速さは毎分何ｍですか。

(3) 新聞屋から学校までの距離は何ｍですか。

(4) ケイスケ君がタイセイ君に追いついたのは，ケイスケ君の自宅から何ｍの地点ですか。

8 次のような，①から⑤までのマスが線で結ばれた図を使って持ち点を競うゲームがあります。ルールは次の通りです。

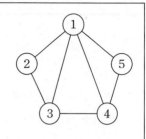

参加者は自分のコマを①のマスに置き，持ち点が0点の状態からゲームを始めます。
順番にサイコロを1つ投げ，出た目と同じ数のマスにコマを移動させ，そのマスの数を持ち点に加えていきます。ただし，出た目と同じ数のマスが，コマが置いてあるマスと線で結ばれていない場合と，コマが置いてあるマスと同じだった場合は，移動できず持ち点は変わりません。また，6の目が出た場合は①のマスにもどり，それまでの持ち点は0点になります。

たとえば，コマが②のマスにあって持ち点が10点のとき，
　　2の目が出れば②のマスにとどまり持ち点は10点
　　3の目が出れば③のマスに移動して持ち点は13点
　　5の目が出れば②のマスにとどまり持ち点は10点
　　6の目が出れば①のマスに移動して持ち点は0点
となります。

(1) ゲームを始め，サイコロを3回投げたところ，順に5，3，4の目が出ました。このとき，持ち点は何点になりますか。

(2) ゲームを始め，サイコロを2回投げて持ち点が5点になる目の出方は全部で何通りですか。

(3) レン君とシュウ君がゲームを始め，2人とも2回目の順番が終わったとき，レン君の持ち点は5点でした。その後，2人とも3回目の順番が終わったとき，レン君の持ち点は9点，シュウ君の持ち点は7点でした。さらに，4回目の順番では2人が同じ目を出して，シュウ君の持ち点がレン君の持ち点を上回りました。4回目に2人が出したサイコロの目の数はいくつですか。

　また，2人とも3回目の順番が終わったとき，シュウ君のコマの置いてあるマスの数はいくつでしたか。

―60分―

〔注意事項〕 1　①〜④は答えだけを，⑤と⑥は求め方も書きなさい。
　　　　　　2　円周率は 3.14 として計算しなさい。
　　　　　　3　問題にかかれている図は，必ずしも正確なものとは限りません。

① 次の □ にあてはまる数を求めなさい。

(1) $1.2 \div \left\{ 1\dfrac{1}{2} \times \dfrac{2}{5} - (1.4 - 0.95) \right\} =$ □

(2) ある品物の仕入れ値に20％の利益を見込んで定価をつけました。その後，売れなかったので定価の10％引きにしたところ，すぐに売れました。このとき，実際の利益は，仕入れ値の □ ％になりました。

(3) 異なる4色から3色を選んで，右の図の4つの部分すべてを選んだ3色でぬり分けるとき，ぬり方は全部で □ 通りあります。ただし，となり合う場所は異なる色でぬるものとします。

(4) おはじきが全部で □ 個あります。A君が全体の $\dfrac{1}{3}$ をとり，B君が残りの $\dfrac{3}{4}$ より2個多くとると，残りは全体の $\dfrac{1}{7}$ になりました。

(5) オレンジ，キウイ，リンゴを合わせて15個買ったところ，合計2790円になりました。オレンジは1個80円，キウイは1個100円，リンゴは1個250円で，オレンジとキウイを同じ個数だけ買ったとき，リンゴは □ 個買いました。

(6) 右の図で四角形ABCDは平行四辺形で，点L，M，Nは各辺の真ん中の点です。また，直線LMと直線CNの交点をP，直線BPと辺CDの交点をQとします。このとき，色のついた部分の面積の和は平行四辺形ABCDの面積の □ 倍です。

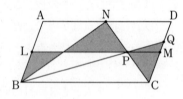

② A君，B君，C君の3人が学校からS駅に向かって，同じ通学路を通って帰りました。B君はA君より4分遅れて出発し，その6分後にA君を追いこしました。また，C君はB君より8分遅れて出発し，その8分後にA君を追いこしました。
　このとき，次の問いに答えなさい。

(1) A君，B君，C君の速さの比を，最も簡単な整数で答えなさい。

(2) C君がB君を追いこすのはC君が出発してから何分後ですか。

③ 右の図の四角形ＡＢＣＤは，ＡＢ＝３cm，ＡＤ＝６cmの長方形です。ＡＥとＰＱは長方形ＡＢＣＤに垂直で，長さはそれぞれ６cm，３cmです。ＡＰの延長とＥＱの延長が交わる点をＲとします。
　このとき，次の問いに答えなさい。

(1) 角ＰＡＢの大きさが60°のとき，三角形ＰＱＲの面積は何cm²ですか。

(2) 点Ｐが辺ＢＣ上をＢからＣまで移動するとき，三角形ＰＱＲが通過した部分の体積は何cm³ですか。

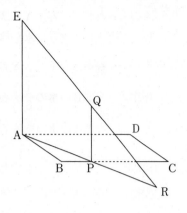

④ ４ｇの重りと７ｇの重りがそれぞれたくさんあります。これらを使っていろいろな重さを作ることを考えます。例えば，４ｇの重り３個と７ｇの重り２個で26ｇを作ることができます。ただし，重さは１ｇ単位で考え，使わない重りがあってもよいものとします。
　このとき，次の問いに答えなさい。

(1) 作ることができない１ｇ以上の重さは全部で何通りですか。

(2) 160ｇの作り方は，全部で何通りですか。

⑤ 次の図１，図２はともに１辺が８cmの正方形の方眼紙で，マス目の間かくは１cmです。
　このとき，あとの問いに答えなさい。

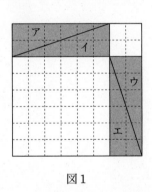

図１　　　　　　　図２

(1) 図１のように，この方眼紙の上に４つの同じ直角三角形ア〜エを並べたとき，１辺６cmと１辺２cmの正方形があらわれます。イ，ウ，エの直角三角形を３個並べかえて，面積40cm²の正方形が１個あらわれるようにします。３つの直角三角形を右の図の適切な位置にかきなさい。ただし，方眼紙からはみださないようにすること。

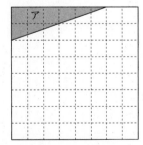

(2) 図２で，点ＡからＥのいずれかの点と点Ｐを結ぶ直線で方眼紙を切ったとき，点Ｑを含む側の面積が$42\frac{2}{3}$cm²になりました。どの点と点Ｐを結んだ直線で切りましたか。（求め方も書くこと）

―239―

6 水の入った2つの容器A，Bがあります。

以下のように，交互に水を移しかえていく操作を順々に行いました。

操作①　容器Aの水の $\frac{1}{2}$ を容器Bに入れる。

操作②　容器Bの水の $\frac{1}{3}$ を容器Aに入れる。

操作③　容器Aの水の $\frac{1}{4}$ を容器Bに入れる。

操作④　容器Bの水の $\frac{1}{5}$ を容器Aに入れる。

操作⑤　容器Aの水の $\frac{1}{6}$ を容器Bに入れる。

操作⑥　容器Bの水の $\frac{1}{7}$ を容器Aに入れる。

操作⑦　容器Aの水の $\frac{1}{8}$ を容器Bに入れる。

はじめは容器Aには容器Bより840㎤多く水が入っていました。その後操作⑤が終了したとき，容器Bには容器Aより560㎤多く水が入っていました。

このとき，次の問いに答えなさい。

(1) はじめに容器Aには何㎤の水が入っていましたか。（求め方も書くこと）

(2) 操作⑦が終了したとき容器Aには何㎤の水が入っていますか。（求め方も書くこと）

高 輪 中 学 校 (A)

—50分—

〈注意〉 円周率は3.14を用いること。

1 次の ▢ にあてはまる数を求めなさい。

(1) $44+96÷\{125-13×(27-18)\}=$ ▢

(2) $\dfrac{2}{15}÷\left(\dfrac{4}{5}-\dfrac{1}{3}\right)+\dfrac{1}{6}×1\dfrac{1}{2}=$ ▢

(3) $3.87×329-38.7×29.1+387×1.62=$ ▢

(4) $0.875×\left\{\dfrac{17}{42}+\left(1\dfrac{1}{3}-□\right)÷6\right\}=\dfrac{11}{24}$

2 次の各問いに答えなさい。

(1) 1個の値段が20円，37円，40円の品物をあわせて16個買ったところ，代金が482円になりました。20円の品物は何個買いましたか。

(2) Tさんは本を読みました。1日目は全体の$\dfrac{2}{5}$を読み，2日目は残りの$\dfrac{2}{3}$より10ページ多く読んだところ，14ページ残りました。この本は何ページありますか。

(3) A君が1人で働くとちょうど30日，B君が1人で働くとちょうど20日で終わる仕事があります。この仕事を2人で一緒に始めましたが，仕事の途中でA君が何日か休んだため，仕事が終わるのにちょうど14日かかりました。

　　A君は何日休みましたか。

(4) 紙に1から2021までの数字を書き並べました。このとき，数字「4」は何個書きましたか。
答えを出すための計算や考え方を書いて答えなさい。

3 太郎君と母親は車で家から学校に向かいました。途中で母親は忘れ物に気づき，P地点で太郎君を降ろし，歩いて学校に向かわせました。母親はP地点から車で家に戻り，忘れ物を持って再び学校に向かったところ，太郎君と母親は同時に学校に着きました。

　　最初に家からP地点に着くまでの車の速さは時速30km，太郎君の歩く速さは時速5kmです。ただし，母親が家に戻ってから，再び学校に向かうまでにかかる時間は考えないものとします。

　　次の各問いに答えなさい。

(1) 母親が車で家とP地点を往復したときの平均の速さは時速40kmでした。P地点から家に戻る車の速さは時速何kmですか。

(2) 家に戻ってから，再び学校に向かう車の速さは時速60kmでした。家からP地点までの距離とP地点から学校までの距離の比を，最も簡単な整数の比で表しなさい。

(3) 太郎君と母親は7時に家を出発し，8時32分に学校に到着しました。家と学校の距離は何kmですか。

4 右の図は，半径が5cmで弧の長さが5cmのおうぎ形と，点Oを中心とする半径3cmの円です。

次の各問いに答えなさい。

(1) おうぎ形の面積は何cm²ですか。

(2) 点Oを中心とする円が，おうぎ形の周りをすべることなく転がって1周します。

① 点Oが動いたあとの線の長さは何cmですか。

② 点Oを中心とする円が動いたあとの図形の面積は何cm²ですか。

5 1辺の長さが a cmの正三角形の面積を $0.43 \times a \times a$ cm²とします。

次の各問いに答えなさい。

(1) 図1は1辺が3cmの正三角形と半径3cmのおうぎ形を組み合わせた図形です。網目部分の面積は何cm²ですか。

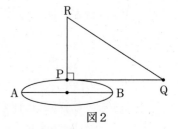

図1

(2) 図2のように，円が描かれた平面に，直角三角形PQRを垂直に立てます。ABは円の直径で，その長さは6cm，点Pは円周上にあり，PQ＝6cm，RP＝4cmです。

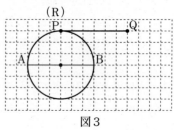

図2

図3は図2を真上から見た図です。

図4のように，直角三角形PQRは円が描かれた平面に垂直に，辺PQを常に直径ABに平行なまま，点Pが円周上を1周するまで動きます。

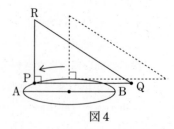

図4

① 辺PQが動いたあとの図形の面積は何cm²ですか。

② 直角三角形PQRが動いてできた立体を，円が描かれた平面から高さ2cmの平面で切断しました。切り口の図形の面積は何cm²ですか。

【注意】 円周率は3.14を用いなさい。

1 図のように2つの円があります。はじめ，大きい円の半径は5cm，小さい円の半径は4cmで，1秒ごとにそれぞれが1cmずつ大きくなっていきます。ただし，小さい円は，つねに大きい円の内側にあります。

つまり，2つの円の半径は，1秒後は6cmと5cm，2秒後は7cmと6cm，…になります。

図で斜線をつけた，2つの円のあいだの部分について，次の問いに答えなさい。

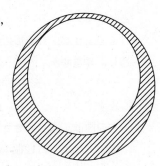

(1) 5秒後における，2つの円のあいだの部分の面積を求めなさい。

(2) 2つの円のあいだの部分の面積が，はじめて2021cm²をこえるのは何秒後ですか。整数で答えなさい。

(3) ある時刻における，2つの円のあいだの部分の面積をScm²，

その1秒後における，2つの円のあいだの部分の面積をTcm²とします。

$T \div S$の値が，はじめて1.02より小さくなるような「ある時刻」は何秒後ですか。整数で答えなさい。

2 整数を横一列に並べてできる数を考えます。たとえば，1から10までのすべての数をひとつずつ並べると

12345678910

という11けたの数ができます。また，1から20までのすべての数をひとつずつ並べると

1234567891011121314151617181920

という31けたの数ができます。次の問いに答えなさい。

(1) 1から100までのすべての数をひとつずつ並べてできた数に，数字「2」は全部で何個ありますか。たとえば，1から20までのすべての数をひとつずつ並べてできた数に，数字「2」は全部で3個あります。

(2) 1からある数までのすべての数をひとつずつ並べてできた数に，数字「0」が全部で200個ありました。ある数を求めなさい。

(3) 1から1000までのすべての数をひとつずつ並べたとき，何けたの数ができますか。

(4) 整数のうち，数字「1」，「2」，「0」のみが使われた数を考えます。たとえば，このような数だけを，小さい順に1から20までひとつずつ並べると

1210111220

という10けたの数ができます。

数字「1」，「2」，「0」のみが使われた数だけを，小さい順に1から2021までひとつずつ並べたとき，何けたの数ができますか。

3 次の問いに答えなさい。

(1) 右の図は，同じ大きさの2つの正方形ＡＢＣＤ，ＢＥＦＣを並べてつくった長方形ＡＥＦＤです。

図の・で示した6個の点のうち，2個以上の点を通る直線を2本ひくとき，それらをそれぞれまっすぐのばすと，長方形ＡＥＦＤの外側で交わる場合があります。

このような，長方形の外側で交わる点の位置として，考えられるものは何通りありますか。

ただし，「長方形の外側」には，長方形の辺上や頂点はふくまないものとします。

(2) 右の図は，同じ大きさの2つの立方体を積み重ねてつくった直方体です。

図の・で示した12個の点のうち，2個以上の点を通る直線を2本ひくとき，それらをそれぞれまっすぐのばすと，直方体の外側で交わる場合があります。

このような，直方体の外側で交わる点の位置として，考えられるものは何通りありますか。

ただし，「直方体の外側」には，直方体の面上，辺上，および頂点はふくまないものとします。

(3) 右の図は，同じ大きさの3つの立方体を積み重ねてつくった直方体です。

図の・で示した16個の点のうち，2個以上の点を通る直線を2本ひくとき，それらをそれぞれまっすぐのばすと，直方体の外側で交わる場合があります。

このような，直方体の外側で交わる点の位置として，考えられるものは何通りありますか。

ただし，「直方体の外側」には，直方体の面上，辺上，および頂点はふくまないものとします。

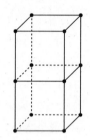

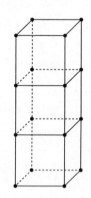

4 図のような三角形ＡＢＣを底面とする三角柱があります。ＡＢの長さは12cm，ＢＣの長さは8cm，角Ｂは直角です。点Ｄ，Ｅ，Ｆはそれぞれ三角柱の辺上にあって，ＡＤの長さは5cm，ＢＥの長さは10cm，ＣＦの長さは4cmです。

点ＰはＤを出発し，秒速2cmでＡに向かって進み，Ａに着いたらすぐに折り返し，秒速2cmでＤに向かって進み，Ｄに着いたらまたすぐに折り返して，同じ動きをくり返します。

点ＱはＥを出発し，秒速3cmでＢに向かって進み，Ｂに着いたらすぐに折り返し，秒速3cmでＥに向かって進み，Ｅに着いたらまたすぐに折り返して，同じ動きをくり返します。

点ＲはＣを出発し，秒速1cmでＦに向かって進み，Ｆに着いたらすぐに折り返し，秒速1cmでＣに向かって進み，Ｃに着いたらまたすぐに折り返して，同じ動きをくり返します。

3点Ｐ，Ｑ，Ｒが同時に動き始めるとき，次の問いに答えなさい。

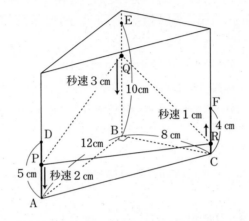

(1) ＱＲとＢＣがはじめて平行になるのは，動き始めてから何秒後ですか。

(2) 三角柱を，三角形ＰＱＲで2つに分け，三角形ＡＢＣをふくむ方の立体を㋐とします。

　(ア) 立体㋐がはじめて三角形ＡＢＣを底面とする三角柱になるのは，動き始めてから何秒後ですか。

　(イ) 立体㋐が三角形ＡＢＣを底面とする三角柱になるとき，その三角柱の体積として考えられるものをすべて求めなさい。

2021　東京都市大学付属中学校(第1回)

東京都市大学付属中学校(第1回)

—45分—

[注意]　定規，三角定規，分度器，コンパス，計算機は使ってはいけません。

1　次の　　　　　に当てはまる数を答えなさい。

問1　$\left(2\dfrac{1}{3}-4.5\div\boxed{}\right)\times3\dfrac{3}{5}=3$

問2　0.4L×4＋5dL＋$\boxed{}$cm³−20mL×5＝20.21dL

問3　みかんが何個かあり，このみかんを$\boxed{}$人に配ります。みかんを4個ずつ配ると，み
かんは11個あまるので，5個ずつ配ったところ，3個しかもらえない人が1人いました。

問4　10%の食塩水100g，6%の食塩水150g，4%の食塩水$\boxed{}$gをすべて混ぜたところ，
7%の食塩水ができました。

問5　ある牧場では，7頭のひつじを放すとちょうど10日で，9頭のひつじを放すとちょうど
6日で牧場の草を全部食べ終えます。10頭のひつじを放すとちょうど$\boxed{}$日で牧場の
草を全部食べ終えます。ただし，草は一定の割合で生えていきます。

問6　50をある整数で割るとあまりが1以上3以下になります。この整数は全部で$\boxed{}$個
あります。

問7　右の図は，1辺の長さが1cmの正方形9個と直角三角形を組み合わせた
図形です。
　　このとき，斜線部分の面積の合計は$\boxed{}$cm²です。

問8　右の図のように面積が500cm²の長方形があります。辺
ＡＢを軸として1回転させてできる立体の側面積は
$\boxed{}$cm²です。ただし，円周率は3.14とします。

—246—

2 下流にあるA地点から上流にあるB地点までの距離は18kmあります。船でA地点からB地点まで上ると2時間15分かかります。川の流れの速さは一定で，(静水時の船の速さ)：(川の流れの速さ)＝5：1のとき，次の問いに答えなさい。

問1 静水時の船の速さは毎時何kmですか。

問2 ある日，太郎君はこの船で午前7時にA地点からB地点に向かって出発しました。A地点から8km離れたC地点ですぐに引き返し，A地点にもどりました。ただし，途中のD地点からE地点まで，船は川の流れだけで進みました。

A地点に着いてから10分後にB地点に向かって出発し，午前11時30分にB地点に着きました。次のグラフはこの日のA地点から船までの距離と時刻の関係をグラフで表したものです。

このとき，D地点からE地点までの距離は何kmですか。

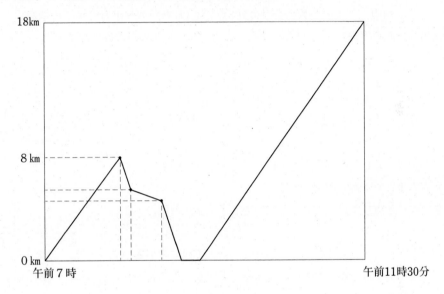

3 右の図のように，三角形ABCがあり，辺ABを3等分した点をAの方から順にD，Eとし，辺ACのちょうど真ん中の点をFとします。また，直線BFと直線CE，直線CDが交わった点をそれぞれG，Hとします。次の問いに答えなさい。

問1 BG：GH：HFを，最も簡単な整数の比で表しなさい。

問2 (斜線部分の面積の合計)：(斜線部分でない部分の面積の合計)を，最も簡単な整数の比で表しなさい。

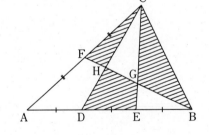

4 袋の中に赤玉と白玉がたくさん入っていて，A君，B君，C君の順に袋の中から20個ずつ玉を取り出すゲームを行います。赤玉を取り出すと1個につき3点，白玉を取り出すと1個につき6点もらえます。また，3人とも取り出した玉は袋にもどしません。
次の問いに答えなさい。

問1　このゲームを行ったところ，3人の点数の合計は240点で，A君が取り出した赤玉の個数は，A君が取り出した白玉の個数の3倍より4個少なかったそうです。また，B君が取り出した白玉の個数は，C君が取り出した白玉の個数より8個多かったそうです。このときA君の点数は何点でしたか。

問2　問1のとき，B君の点数は何点でしたか。

問3　このゲームを「取り出した20個のうち，赤玉1個につき5点もらえ，その後に，白玉1個につき3点減らす」という方法に変えて，もう1度ゲームを行ったところ，A君の点数の合計は44点，3人の点数の合計は108点で，(B君が取り出した白玉の個数)：(C君が取り出した赤玉の個数)＝2：3でした。このとき，C君の点数は何点ですか。

5 右の図のように1辺が4cmの小さい立方体27個がすきまなく重なって大きい立方体をつくっています。この大きい立方体をまっすぐな長い針でつきさします。次の問いに答えなさい。ただし，針の太さは考えないものとします。

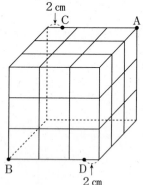

問1　点Aと点Bを通るように1回つきさすとき，何個の小さい立方体に穴があきますか。

問2　点Cと点Dを通るように1回つきさすとき，何個の小さい立方体に穴があきますか。

問3　大きい立方体に3回つきさすとき，最大で何個の小さい立方体に穴をあけることができますか。ただし，1つの小さい立方体に，2回以上つきさすことはできません。

1 次の計算をしなさい。
(1) $2\dfrac{1}{3} - 1\dfrac{5}{6} + \dfrac{7}{8}$
(2) $(8.4 - 1.9) \div 2.6 + 4.5 \times 0.6$
(3) $1\dfrac{1}{14} \div \left(1\dfrac{7}{12} - 0.75\right) \times \left(0.15 + \dfrac{11}{20}\right)$

2 次の問いに答えなさい。
(1) 1個150円のりんごと1個90円のオレンジを合わせて20個買ったところ，代金は2640円でした。りんごを何個買いましたか。
(2) 右の図のように，長方形におうぎ形をかきました。おうぎ形の面積が図の黒い部分の面積と等しいとき，aはいくらですか。円周率を3.14として計算しなさい。

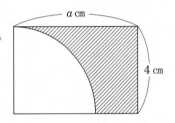

(3) 容器にジュースが入っています。1日目に全体の3割より60mLだけ少ない量のジュースを飲みました。2日目に残りのジュースの半分より110mLだけ多い量のジュースを飲んだところ，残りのジュースの量は550mLでした。1日目に飲んだジュースの量は何mLですか。

3 兄と弟が家から1.7km離れた駅まで歩きました。弟は，兄より先に家を出発し，一定の速さで駅に向かいました。兄は家を出発してから9分間，弟の歩く速さより分速10mだけ速く歩きました。次に7分間，弟の歩く速さより分速20mだけ速く歩きました。さらに1分間，弟の歩く速さより分速25mだけ速く歩いたところ，兄と弟は同時に駅に着きました。
(1) 弟の歩く速さは分速何mですか。答えだけでなく，途中の考え方を示す式や図などもかきなさい。
(2) 弟が家を出発してから15分後に，弟は兄の何m先を歩いていましたか。

4 ある中学校の1年生全員にアンケートを行いました。そのアンケートには2つの質問があり，それぞれA，B，Cのいずれかの記号で答えます。右の表は，その結果を百分率で表しています。また，アンケートの結果，次の①〜⑤のことがわかりました。

	質問1	質問2
A	㋐%	㋒%
B	㋑%	㋓%
C	22%	14%
合計	100%	100%

① 2つの質問にどちらもAと答えた人の数は，どちらもCと答えた人の数より3人多かった。
② 2つの質問にどちらもBと答えた人の数は，どちらもAと答えた人の数の2倍だった。

③　2つの質問に同じ記号で答えた人の数は37人だった。
④　質問1でBと答えて，質問2でAと答えた人の数は5人だった。
⑤　質問2でCと答えた人は，質問1でもCと答えた。

ただし，アンケートには，全員が2つの質問に答えました。
(1)　2つの質問にどちらもCと答えた人の数は何人ですか。
(2)　この中学校の1年生の人数は何人ですか。
(3)　㋐にあてはまる数を求めなさい。
(4)　質問1でCと答えた人のうち，質問2でAと答えた人の数とBと答えた人の数が等しくなりました。㋒にあてはまる数を求めなさい。

5　右の図の台形ＡＢＣＤで，辺ＡＤ，ＢＣの長さはそれぞれ8cm，12cmです。また，三角形ＡＢＤの面積と三角形ＥＢＣの面積の比は6：5です。
(1)　ＡＥの長さとＥＢの長さの比を求めなさい。
(2)　三角形ＤＦＣの面積が三角形ＥＢＦの面積より36cm²だけ大きいとき，辺ＡＢの長さを求めなさい。

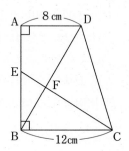

6　右の図のように，3つのポンプＡ，Ｂ，Ｃがついた水そうがあります。ポンプＡは濃度3％の食塩水を毎分400ｇの割合で水そうに入れることができ，ポンプＢは濃度8％の食塩水を一定の割合で水そうに入れることができます。ポンプＣは一定の割合で水そうの食塩水を出すことができます。
　はじめに，空の水そうにポンプＡとポンプＢを同時に使って5分間食塩水を入れたところ，水そうの食塩水の濃度は6％になりました。次に，ポンプＣだけを使って4分間食塩水を出しました。さらに，ポンプＢだけを使って2分間食塩水を入れたところ，水そうの食塩水の濃度は6.5％になりました。

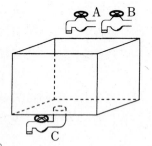

(1)　ポンプＢは毎分何ｇの食塩水を入れることができますか。
(2)　ポンプＣは毎分何ｇの食塩水を出すことができますか。
(3)　最後に，ポンプＡだけを使って食塩水を入れたところ，水そうの食塩水の濃度は5.5％になりました。ポンプＡだけを使った時間は何分何秒でしたか。

7　Nは1より大きい整数とします。分数$\dfrac{1}{N}$に次のような操作をくり返し行い，その結果が1になるまで続けます。

操作

分数の分子に1を加え，約分できるときは約分する。

この操作を行った回数を$\left\langle\dfrac{1}{N}\right\rangle$で表すことにします。たとえば，$N=12$のとき，

$$\dfrac{1}{12}\rightarrow\dfrac{1+1}{12}=\dfrac{2}{12}=\dfrac{1}{6}\rightarrow\dfrac{1+1}{6}=\dfrac{2}{6}=\dfrac{1}{3}\rightarrow\dfrac{1+1}{3}=\dfrac{2}{3}\rightarrow\dfrac{2+1}{3}=\dfrac{3}{3}=1$$

となるので，$\left\langle\dfrac{1}{12}\right\rangle=4$　です。

(1)　次の値を求めなさい。

　　① $\left\langle\dfrac{1}{5}\right\rangle$　　② $\left\langle\dfrac{1}{16}\right\rangle$

(2)　$\left\langle\dfrac{1}{N}\right\rangle=2$　となるようなNを求めなさい。考えられるものをすべて書きなさい。

(3)　$\left\langle\dfrac{1}{N}\right\rangle=6$　となるようなNを求めなさい。考えられるものをすべて書きなさい。

【注意事項】 1　①〜③は解答のみ，④，⑤は途中の式も書きなさい。
　　　　　　2　円周率を使う場合は，3.14で計算しなさい。

① 　　　にあてはまる数を答えなさい。

(1) $\left(\dfrac{1}{2}-\dfrac{1}{3}\right)+\left(\dfrac{1}{3}-\dfrac{1}{4}\right)+\left(\dfrac{1}{4}-\dfrac{1}{5}\right)=\boxed{}$

(2) $4.6\times22+5.4\times22=\boxed{}$

(3) $2\times\dfrac{5}{6}+\dfrac{1}{3}\div\boxed{}=3$

(4) $\left(\dfrac{1}{2}\div2-\boxed{}\times\dfrac{1}{3}\right)\times12=1$

(5) 3時間20分21秒＝ 　　　 秒

② 次の問いに答えなさい。

(1) 30と21の最小公倍数を答えなさい。

(2) 原価250円の商品を20％の利益を見込んで定価を付けたら50個すべて売れました。もうけはいくらですか。

(3) 秒速8mで走る乗り物が10km走ったときにかかる時間は何分何秒ですか。

(4) 1本50cmのテープ20本をのりしろ2cmでつなげて1つの長いテープにしました。できあがったテープの長さは何mですか。

(5) あるお菓子は3個入りの袋で買うと140円，8個入りの袋で買うと370円です。このお菓子をなるべく安い金額で50個買うといくらになりますか。

(6) 時計の針が9時50分を指しています。長針と短針の間の角の大きさは何度ですか。

(7) 3％の食塩水150gに水50gを加えました。この食塩水の濃度は何％ですか。

(8) 図の斜線部分の面積は何cm²ですか。

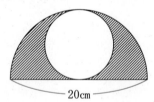

3　表１は，Ａ～Ｊの10個のアルファベットに０～９の10個の数字を１つずつ対応させたものです。Ｃには３，Ｉには７が対応しています。また，表２はアルファベット同士の関係を，式に表したものです。計算結果が２けたの数のときは［　］を用いて表しています。式①の［ＨＢ］は，Ｈが十の位，Ｂが一の位を表しています。このとき，次の問いに答えなさい。

表１

アルファベット	Ａ	Ｂ	Ｃ	Ｄ	Ｅ	Ｆ	Ｇ	Ｈ	Ｉ	Ｊ
対応させた数			３						７	

表２

式①	Ｃ＋Ｉ＝［ＨＢ］
式②	Ａ×Ａ×Ａ＝Ｅ
式③	Ｅ×Ｉ＝［ＦＤ］
式④	Ｆ＋Ｇ＝Ｊ

(1)　Ｈに対応する数字を答えなさい。

(2)　Ｅに対応する数字を答えなさい。

(3)　４に対応するアルファベットを答えなさい。

4　図のような縦30cm，横40cm，高さ30cmの空の水そうに，底面積が200cm²の直方体のおもりが入っています。この水そうに一定の割合で水を入れていきました。途中(とちゅう)で水の入れる割合をはじめの２倍にすると，水を入れ始めてからちょうど20分で水そうがいっぱいになりました。グラフはそのときの様子を表しています。このとき，次の問いに答えなさい。

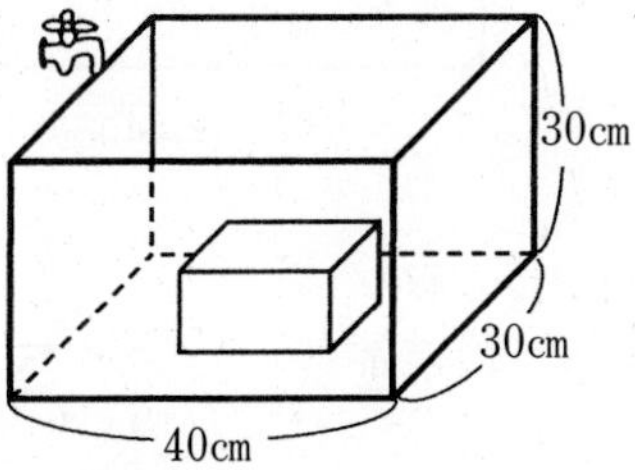

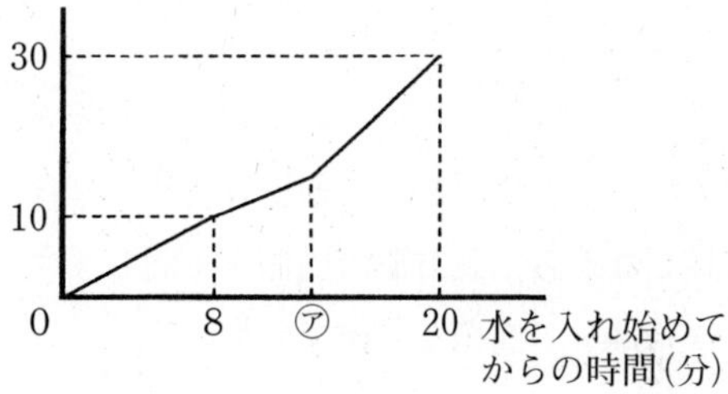

(1)　はじめは毎分何Ｌの割合で水を入れましたか。

(2)　グラフの㋐に入る数を答えなさい。

5　１両20ｍの車両がつながっています。15両の列車Ａが，長さ1.5kmのトンネルに列車の最前部が入ってから列車の最後部が出てくるまでに100秒かかりました。また，10両の列車Ｂが反対方向から走ってきた列車Ｃと出会ってからすれ違(ちが)い終わるまでに10秒かかりました。このとき，次の問いに答えなさい。ただし，どの列車も同じ速さで走っているものとします。

(1)　列車の速さは時速何kmですか。

(2)　列車Ｃは何両ですか。

獨 協 中 学 校（第１回）

—50分—

＊ 円周率は3.14として計算しなさい。

1. 次の各問いに答えなさい。

(1) $\dfrac{11}{16} - \left(0.625 - \dfrac{1}{6}\right)$ を計算しなさい。

(2) $\left(\dfrac{5}{9} - \dfrac{1}{4}\right) \times 1.2 \div \left(\dfrac{1}{3} + 1.5\right)$ を計算しなさい。

(3) □ にあてはまる数を求めなさい。

$3 - 0.7 \times \left(\boxed{} + \dfrac{1}{2}\right) = \dfrac{2}{3}$

(4) 3％の食塩水60ｇに2％の食塩水110ｇを混ぜたあと，水をすべて蒸発させました。このとき，何ｇの食塩が残りますか。

(5) 右の図のような横幅が8ｍ40cmの教室に，7個の机を横一列に等間隔に並べます。机の横幅が60cmで両はじの机を壁につけるとき，机と机の間隔は何cmにすればよいですか。

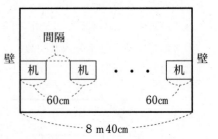

(6) 縦8cm，横6cmの長方形があります。半径1cmの円が長方形の辺に接しながら，長方形の内側を1周します。このとき，円が通過しない部分の面積は何cm²ですか。

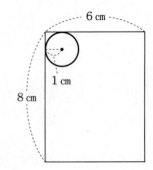

2. A君は，自転車では時速20kmの速さで，徒歩では時速5kmの速さで移動します。家から駅まで行くときは自転車を利用し，駅から家までは徒歩で戻りました。家と駅を往復したときの平均の速さは時速何kmですか。途中経過を記入すること。

3. 次の表は，生徒30人のテストの点数をまとめたものです。このテストの問題は問1，問2，問3の3題で，問1は2点，問2は3点，問3は5点の計10点満点で，部分点はありません。次の問いに答えなさい。

点数(点)	0	1	2	3	4	5	6	7	8	9	10
人数(人)	2	0	5	8	0	6	㋐	㋑	4	0	3

(1) ㋐，㋑に入る整数をそれぞれ答えなさい。

(2) 問1，問2を両方とも正解した生徒が5人のとき，問3を正解した生徒は何人ですか。

—254—

4 机の上に五角柱があります。この五角柱を＜図１＞のように上，正面，横から見たときの形を表したのが＜図２＞で，見えない辺は点線で表しています。このような図について，次の問いに答えなさい。

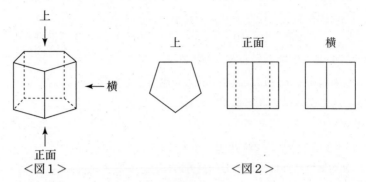

＜図１＞　　　　　　　　＜図２＞

(1) ＜図３＞はある立体を，上，正面，横から見たときの形を表したもので，上から見ると半径１cmの円，正面と横から見ると一辺２cmの正方形です。この立体の体積は何cm³ですか。

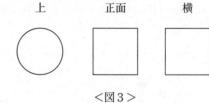

＜図３＞

(2) ＜図４＞は直方体を組み合わせたある立体を，上，正面，横から見たときの形を表したものです。この立体の体積は何cm³ですか。

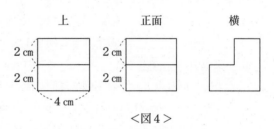

＜図４＞

5 太郎君と先生が「2021」という整数について話しています。二人の会話を読んで，あとの問いに答えなさい。

先生：「今年は2021年。2021は43と47の　あ　で表されるね。」
太郎：「普通（ふつう）はそんなことに気づきませんよ…。」
先生：「確かに2021から43×47は気づきにくいけど，43×47＝2021というのは暗算でできるよ。」
太郎：「え，筆算を使わないで？」
先生：「うん。＜図１＞で43×47の長方形の面積を考えよう。Aの部分を切り取って，長方形の下につけると，長方形の面積は45×45の正方形から，　ア　×　ア　の正方形をひけばいいことがわかるよね？」
太郎：「確かに。43と47の平均が45だから，　ア　×　ア　の正方形ができるんですね。じゃあ，もし42×48なら，42と48の平均が45だから，45×45の正方形から，３×３の正方形をひけばいい①ってこと？」
先生：「そういうこと。理解が早いね。」
太郎：「でも，この計算を利用するためには，45×45を暗算でできないと意味ないのでは？」
先生：「そうだね。実は，45×45や35×35のように，一の位が５の整数を２回かけた数も，面積

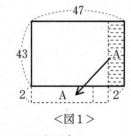

＜図１＞

におきかえて考えることで簡単に計算できるんだ。」

太郎：「先生，暗算のプロですね。」

先生：「まぁね。どういうふうに考えるかというと，例えば<図2>のような35×35の正方形で，Bの部分を切り取って，正方形の下にくっつけてみよう。そうすると，40×[イ]の長方形と5×5の正方形をたせばいいということがわかるよね？」

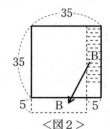

＜図2＞

太郎：「はい。これによって，1225という答えが出てきます。」

先生：「じゃあ，もし65×65の正方形だったら？」

太郎：「さっきと同じように考えると…，70×[ウ]の長方形と5×5の正方形をたせば良さそう。5×5の正方形は必ず出てくるんだね。」

先生：「うん，よく気づけたね。じゃあ，長方形はどうかな？」

太郎：「縦の長さと横の長さはそれぞれ，もとの正方形の一辺に5をたしたり，一辺から5をひいたりしたものだ。」

先生：「お，そこまで気づけたのなら45×45は，どうなるかな？」

太郎：「えっと，(45＋5)×(45－5)の長方形に，5×5の正方形をたせばいい②から，2025だ！」

先生：「正解。これで43×47が，43×47＝45×45－[ア]×[ア]と暗算できるんだ。」

太郎：「暗算，知っているとかっこいいですね。」

先生：「うん。計算も速くなるし，算数がどんどん楽しくなるよ。」

(1) 文章中の[あ]にあてはまる漢字1文字を答えなさい。

(2) 文章中の[ア]～[ウ]にあてはまる整数をそれぞれ答えなさい。
ただし，同じカタカナの空欄には同じ整数が入ります。

(3) 文章中の下線部①にならって，26×34を計算しなさい。途中経過を記入すること。

(4) 文章中の下線部②にならって，75×75を計算しなさい。途中経過を記入すること。

(5) 99994×99996を計算しなさい。

灘　中　学　校

第1日　—60分—

[注意]　・問題にかいてある図は必ずしも正しくはありません。

　　　　・角すいの体積は，(底面積)×(高さ)×$\frac{1}{3}$ で求められます。

次の問題の□にあてはまる数を書きなさい。

① $9\frac{32}{221} \div \left(1\frac{1}{17} - \frac{\boxed{}}{13}\right) = (12+19\times11)\times\left(\frac{1}{13}+\frac{2}{17}\right)$

② 3つの容器A，B，Cにあわせて600mLの水が入っています。容器Bの水の体積は容器Aの水の体積の1.5倍です。容器Aから容器Bに水を40mL移すと，容器Bの水の体積は容器Cの水の体積の1.4倍になりました。水を移したあとの容器Bの水の体積は□mLです。

③ 2021の各位の数の和は 2＋0＋2＋1＝5 です。このように，各位の数の和が5である4桁の整数は，2021を含めて全部で①□個あります。そしてそれらの整数の中で2021は小さい方から数えて②□番目です。

④ 右の図のような正方形ABCDの辺上を3点P，Q，Rが動きます。

　点Pは点Bを出発し図の矢印の向きに，点Qは点Aを出発し図の矢印の向きに，点Rは点Cを出発し図の矢印と反対の向きに動きます。

　点Qの動く速さは点Pの動く速さの3倍です。3つの点が同時に出発し，点Pと点Rがはじめて出会うのにかかった時間は，点Qと点Rがはじめて出会うのにかかった時間の2倍でした。点Rの動く速さは点Pの動く速さの□倍です。

⑤ Aは2桁の整数で，$A \times A$を15で割ると1余ります。このようなAは全部で□個あります。

⑥ 2以上の整数Aに対して，Aの約数をすべてかけあわせてできる数を $[A]$ と書きます。例えば，

$$[6]＝1\times2\times3\times6＝36$$

です。

　$B＝6$ のとき $\dfrac{[2\times B]}{[B]}＝$①□ です。また，$\dfrac{[2\times C]}{[C]}＝192$ となる2以上の整数Cは ②□ です。

⑦ Xは3桁の整数で，どの2つの位の数も異なります。Xを7倍すると4桁の整数ABCDを作ることができ，A＞B，B＞C，C＞D，D＞0 となりました。このとき，Xは□です。

—257—

8 　縦の長さが1cm, 横の長さが3cmの長方形と, 1辺の長さが2cm の正三角形が, 図のように置かれています。正三角形が, 長方形の周に沿って, すべることなく図の矢印の向きに回転し, はじめて元の三角形の位置に戻るまで移動します。このとき頂点Aが動いてできる線の長さは □ cmです。ただし, 円周率は $3\frac{1}{7}$ とし, 1辺の長さが2cmの正三角形の面積は $1\frac{3}{4}$ cm²とします。また, 頂点Aは元の位置に戻るとは限りません。

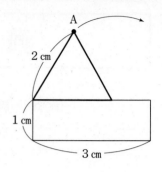

9 　右の図で, 三角形ABCの面積は80cm², 三角形ADFの面積は10cm², 三角形CFEの面積は35cm², FCの長さはAFの長さの3倍です。BFとDEの交わる点をGとするとき, GFの長さはBGの長さの □ 倍です。

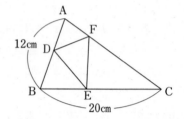

10 　直角三角形を図のように三角形ABCと三角形DEFに切り分けます。これらの2つの三角形を図のように重ねたとき, 斜線部分の面積は □ cm²です。

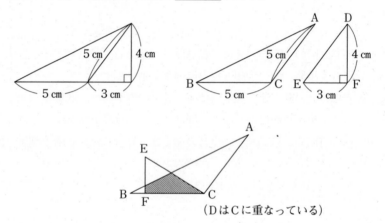

（DはCに重なっている）

11 　右の図のように, 三角すいの形をした容器があり, 4つの面の面積は16cm², 18cm², 20cm², 24cm²です。この容器にはいくらかの水が入っています。この容器を, 4つの面のいずれかが水平な地面につくように置きます。容器の内側の面のうち水にぬれる部分の面積が最も大きくなるように置いたとき, 水にぬれる部分の面積は60cm²になります。水にぬれる部分の面積が最も小さくなるように置いたとき, 水にぬれる部分の面積は □ cm²になります。

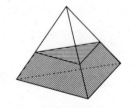

12 ある立体の展開図を，幅が3cmの方眼紙にかくと，右の図の太線のようになりました。斜線をつけた三角形は正三角形です。また，正方形でない四角形の面はすべて長方形です。

この立体の体積は□cm³です。

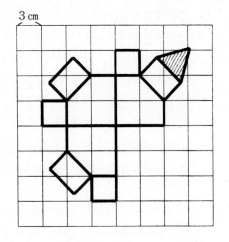

第2日 —60分—

[解答上の注意] ・1(2)(イ)，2(2)，3(2)，(3)，5(2)(イ)，(ウ)は答え以外に文章や式，図なども書きなさい。それ以外の問題は答えのみ記入しなさい。

・問題にかいてある図は必ずしも正しくはありません。

・角すいの体積は，(底面積)×(高さ)×$\frac{1}{3}$ で求められます。

1 水に液体Xを溶かしてできる水溶液をA液と呼び，A液の重さに対する液体Xの重さの割合を百分率(%)で表したものをA液の濃度と呼ぶことにします。例えば，水5gに液体Xを45g溶かしてできるA液の濃度は90%です。また，水10gに液体Xを20g溶かしてできるA液の濃度は$66\frac{2}{3}$%です。

(1) 濃度が96%のA液をいくらか用意します。これに水を加えてかき混ぜて，重さが120gで，濃度が60%以上80%以下のA液をつくります。はじめに用意する，濃度が96%のA液の重さは□g以上□g以下です。

(2) 3つの容器P，Q，Rがあります。Pには濃度が96%のA液が144g，Qには水が150g，それぞれ入っています。Rには何も入っていません。PからA液をちょうど8gずつ何回か量りとりRに入れ，Qから水をちょうど10gずつ何回か量りとりRに入れます。

(ア) Pから□回，Qから□回量りとりRに入れ，かき混ぜると，RのA液の濃度は72%になります。

(イ) 濃度が60%以上のA液をRにできるだけ多く作るには，P，Qからそれぞれ何回ずつ量りとって混ぜればよいですか。またそのときにできるA液の濃度を求めなさい。

2　右の図のようにたくさんのマス目があります。最も上の段と最も左の列のマスにはすべて1を書き入れます。それら以外のマスには，その1つ上のマスに書かれた数と1つ左のマスに書かれた数の和を書き入れます。図で斜線をつけたマスを左上の隅とする，縦4マス横4マスの正方形の中に，偶数は全部で7個あります。

1	1	1	1	1	1	1	1
1	2	3	4				
1	3	6	10				
1	4	10	20				
1							
1							
1							
1							
1							

(1) 図で斜線をつけたマスを左上の隅とする，縦8マス横8マスの正方形の中に，偶数は全部で □ 個あります。

(2) 図で斜線をつけたマスを左上の隅とする，縦16マス横16マスの正方形の中にある偶数の個数を求めなさい。

(3) 図で斜線をつけたマスを左上の隅とする，縦32マス横32マスの正方形の中に，偶数は全部で □ 個あります。

3　1辺の長さが2cmの正六角形ABCDEFがあり，次の図のように点G，H，I，J，Kをとります。4点G，H，I，Fは同じ直線上にあり，4点A，I，J，Kは同じ直線上にあり，4点G，C，D，Kは同じ直線上にあります。

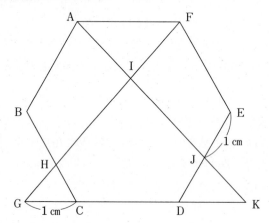

(1) CHの長さは □ cmで，DKの長さは □ cmです。

(2) 三角形AIFの面積は，正六角形ABCDEFの面積の何倍ですか。

(3) 五角形CDJIHの面積は，正六角形ABCDEFの面積の何倍ですか。

4 はじめ，3枚のカード1, 2, 3が左からこの順に並んでいます。これらのカードの並べ替えを何回かします。1回の並べ替えにつき，次の(A)～(D)のどれか1つが行われます。

  (A) 最も左にあるカードを右端に移動させる
  (B) 最も右にあるカードを左端に移動させる
  (C) 最も左にあるカードを残り2枚の間に移動させる
  (D) 最も右にあるカードを残り2枚の間に移動させる

  例えば，1回目に(A)，2回目に(C)の並べ替えをすると，カードの並びは
  123 → 231 → 321
と変化します。

(1) 次の図で，線でつながれた並びどうしは，(A)～(D)のいずれか1回の並べ替えで変わります。次の図の9つの空欄に1～3のいずれかの数字を入れなさい。次の図の6つの並びは，どの2つも異なります。

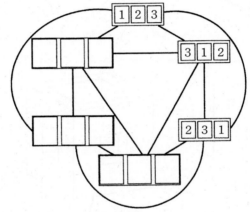

(2) 3回の並べ替えで初めて123の並びに戻るような，3回の並べ替えの方法は全部で□通りあります。

(3) 5回の並べ替えで初めて123の並びに戻るような，5回の並べ替えの方法は全部で□通りあります。

(4) (3)の並べ替えの方法のうち，(A)の並べ替えの回数と(B)の並べ替えの回数の合計が5回であるものは全部で□通りあります。

(5) (3)の並べ替えの方法のうち，(A)の並べ替えの回数と(B)の並べ替えの回数の合計が1回または3回であるものは全部で□通りあります。

5 図1は，1辺の長さが6cmの立方体ABCD－EFGHです。この立方体の面EFGHは水平な地面についています。

この立方体から，図2の斜線部分の正方形を底面とし，高さが6cmの直方体をくりぬきます。次に，図3の斜線部分の正方形を底面とし，高さが1cmの直方体をくりぬきます。さらに，図4の斜線部分の正方形を底面とし，高さが1cmの直方体をくりぬきます。このようにしてできる図5の立体をPとします。

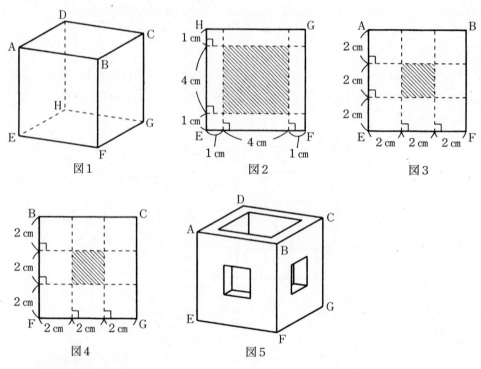

(1) 立体Pの体積は□cm³です。

(2) 立体Pを，頂点A，C，Fを通る平面で切って2つの立体に分けたとき，頂点Bを含む方の立体をQとします。

(ア) 右の図は，立方体の面EFGHから5cmの高さにある平面で立体Qを切ったときの真上から見た切り口をかき入れたものです。その平面と面AEFBの交わりを太線で表しています。立方体の面EFGHから4cm，3cm，2cmの高さにある平面で立体Qを切ったときの真上から見た切り口を，右の図にならってそれぞれかき入れなさい。

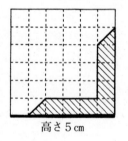

高さ5cm

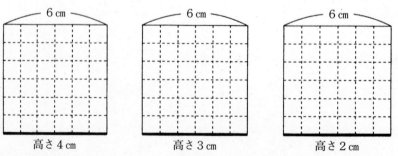

高さ4cm　　高さ3cm　　高さ2cm

(イ) 立体Qのうち，面ＥＦＧＨから2㎝の高さにある平面と面ＥＦＧＨとではさまれた部分の立体の体積を求めなさい。

(ウ) 立体Qの体積を求めなさい。

日本大学豊山中学校（第1回）

—50分—

注意　1　定規，コンパス，分度器，計算機などを使用してはいけません。
　　　2　答えが分数のときは，約分してもっとも簡単な形で求めなさい。

1　次の□にあてはまる数を答えなさい。

(1) $12 - 5 \times 2 + 6 \div 3 - 3 = $ □

(2) $2021 - \{51 - 5 \times (32 - 26)\} = $ □

(3) $1\frac{1}{2} + 2\frac{5}{6} \times \frac{2}{51} - \frac{7}{12} \div \frac{3}{4} = $ □

(4) $0.14 \times 120 + 2 \times 5.6 + 0.3 \times 56 - 0.28 \times 60 = $ □

(5) $37 - \left\{25 \times \left(2\frac{1}{5} - \Box\right) \div 3\frac{3}{4}\right\} = 31$

2　次の□にあてはまる数を答えなさい。

(1) $0.8\text{km} - (500\text{m} - 2000\text{cm}) = $ □ m

(2) 分母と分子の差が99で，約分すると $\frac{4}{7}$ になる分数は□です。

(3) ある仕事をするのに，B君とC君の2人では56分かかり，A君とC君の2人では40分かかり，A君とB君の2人では35分かかります。
このとき，A君とB君とC君の3人でこの仕事をすると□分かかります。

(4) 右の図のように，円周を6等分した点があります。この中から3つの点を結んでできる三角形は全部で□個あります。

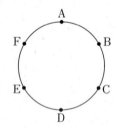

(5) ある40人のクラスで算数と国語の小テストを行ったところ，算数のテストに合格した生徒は22人，国語のテストに合格した生徒は30人，どちらも不合格だった生徒は6人いました。
このとき，算数のテストのみに合格した生徒は□人です。

3　次の問いに答えなさい。

(1) 右の図のように，半径3cmの3つの円がそれぞれ他の2つの円の中心を通っています。このとき，かげのついた部分の周りの長さを求めなさい。
ただし，円周率は3.14とします。

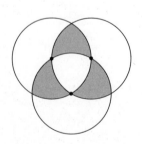

(2) 右の図のように，円周を8等分した点があります。このとき，㋐の角度を求めなさい。

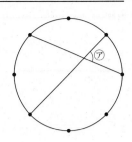

4 家から公園まで4000mあります。まなぶ君は家から公園まで100分かけて歩きました。やすし君はまなぶ君が出発してから20分後にまなぶ君と同じ道を歩き始め，途中でまなぶ君を追いぬき，公園に着いてから20分間休みました。その後，やすし君は行きの2倍の速さで来た道を家に向かって走り，まなぶ君が公園に着いたのと同時に家に着きました。このとき，次の問いに答えなさい。

(1) やすし君が家から公園まで歩いた速さは，毎分何mですか。

(2) まなぶ君が公園から家に向かって走っているやすし君とすれちがったのは，まなぶ君が家を出発してから何分何秒後ですか。

(3) まなぶ君は公園に着いたあと，すぐに家に帰るために行きと同じ速さで来た道を歩き出しました。途中で母親に出会い，家まで車で送ってもらったところ，公園を出発してから40分後に家に着きました。車の速さが毎時60kmであるとき，まなぶ君が公園を出発してから何分何秒後に母親に出会いましたか。

5 次のようにある規則にしたがって，左から順番に分数が並んでいます。

$\frac{1}{2}, \frac{1}{3}, \frac{2}{3}, \frac{1}{4}, \frac{2}{4}, \frac{3}{4}, \frac{1}{5}, \frac{2}{5}, \frac{3}{5}, \frac{4}{5}, \frac{1}{6}, \frac{2}{6}, \cdots\cdots$

このとき，次の問いに答えなさい。

(1) 1番目から15番目までの分数で，約分できるものは何個ありますか。

(2) 1番目から15番目までのすべての分数の和を求めなさい。

(3) 1番目から順番に分数を加えていったとき，和が初めて20以上になるのは，何番目までの分数を加えたときですか。

6 右の図のように，1辺の長さが2cmの正方形の紙がかげのついた部分に並んでいます。このとき，次の問いに答えなさい。ただし，円周率は3.14とします。

(1) かげのついた部分を直線 l の周りに1回転させてできる立体の体積を求めなさい。

(2) かげのついた部分を直線 m の周りに1回転させて立体をつくります。この立体の体積と(1)で求めた体積の差を求めなさい。

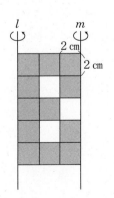

本 郷 中 学 校（第1回）

—50分—

注意　コンパス，分度器，定規，三角定規，計算機の使用は禁止します。

1　次の□に当てはまる数を求めなさい。

(1) $8 \times (\square - 9) \div (4 \div 7 - 1 \div 3) - 6 \div 5 = 2$

(2) $(1.125 - 0.25) \times 32 - 14 \div \left\{ 2.8 \div \left(3.14 - \dfrac{7}{50} \right) \right\} = \square$

2　次の問いに答えなさい。

(1) 毎時0.6kmで流れている川があります。下流にA地点，上流にB地点があり，A地点とB地点の間を静水での速さが一定の船で往復したところ，A地点からB地点まで進むのに9時間，B地点からA地点まで進むのに6時間かかりました。このとき，A地点とB地点の間は何km離れていますか。

(2) 濃度が4％の食塩水が250gあります。この食塩水に濃度が12％の食塩水を何gか混ぜ合わせたところ，濃度が7％の食塩水になりました。このとき，濃度が12％の食塩水を何g混ぜ合わせましたか。

(3) 次のように，あるきまりにしたがって数字が並んでいます。

　　1，2，2，3，3，3，4，4，4，4，5，5，5，5，5，6，6，…

この数の列の1番目から42番目までの積は，3で何回割れますか。

(4) ある文房具屋では値段の異なる3種類のペンを売っています。値段はそれぞれ100円，150円，200円です。どのペンも必ず1本は買って，代金の合計がちょうど1600円になるようにペンを買うとき，3種類のペンの本数の組み合わせは全部で何通りありますか。

(5) たくさんあるアメ玉のうち，全体の個数の$\dfrac{4}{13}$をA君が取り，A君の取った後の残りの$\dfrac{3}{10}$をB君が取り，残り全部をC君が取りました。A君とB君が取ったアメ玉の個数の差が26個になるとき，C君はアメ玉を何個取りましたか。

(6) 図のような1辺が1cmの正方形を組み合わせた図形を，直線ℓの周りに1回転させてできる立体の体積は何cm³ですか。ただし，円周率は3.14とします。

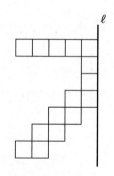

3 ［図Ⅰ］のような直方体の水そうに初めの高さが10cm，幅20cmの長方形の仕切りを底面に垂直に入れました。今，㋐の部分の真上から一定の割合で水を入れ始めます。初め仕切りの高さは変化しませんが，［図Ⅱ］のようにちょうど㋐の部分の深さが10cmになった瞬間から仕切りの高さは一定の割合で高くなります。

［図Ⅲ］のグラフは水を入れ始めてから水そうがいっぱいになるまでの時間と㋐の部分の深さの関係を表したものです。このとき，次の問いに答えなさい。ただし，仕切りの厚さは考えないものとします。

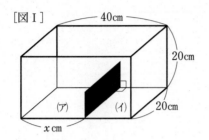
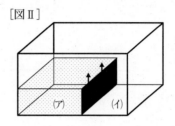
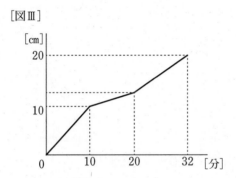

(1) 水は毎分何cm³の割合で注がれていますか。
(2) ［図Ⅰ］の x はいくつですか。
(3) 仕切りが動いているとき，仕切りは毎分何cmずつ高くなりますか。

4 H君とR君は本郷中学校の生徒です。次の【問題】をふたりで協力して解こうとしています。

【問題】
　［図Ⅰ］のように，正三角形ABCの中に円が接していて，その円の中に正三角形DEFが接しています。
　さらにその正三角形の中に円が接しています。また，点Oは2つの円の中心であり，点P，Qは小さい方の円の円周上の点です。
　三角形OPQが面積5cm²の正三角形であるとき，正三角形ABCの面積は何cm²ですか。

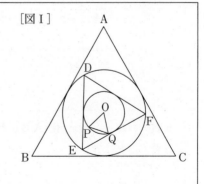

以下は問題を解こうとしているふたりの会話です。

H君：こういう問題は考えやすいように一部の図を抜き出して考えるのが基本だよね。

R君：そうだね，抜き出してかいてみようか。

H君：うーん，さらにちょっと補助線をかき足して，正六角形を作ろう。

R君：なるほどね。[図Ⅱ]みたいになるんだね。

H君：さて，この正六角形の面積が x cm²ということはすぐに分かるけど…。

(1) x の値を求めなさい。

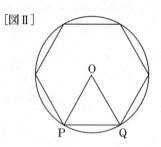

[図Ⅱ]

R君：また別の図をかいてみようよ。

H君：うーん，そうだな，こんなのをかいてみるとどうだろう…。

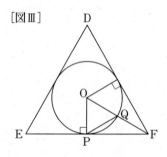

[図Ⅲ]

R君：[図Ⅲ]のこことここに垂直な直線を引くと，正三角形ＤＥＦの中で[図Ⅱ]の正六角形の面積とそれ以外の部分の面積の関係が分かるよ！

H君：本当だぁ，正三角形ＤＥＦの面積は y cm²だね！

(2) y の値を求めなさい。

H君：なるほど，じゃあ，ここまできたら[図Ⅳ]の正三角形ＡＢＣに正三角形ＤＥＦを考えやすい向きにかき入れて，面積比を調べると…。

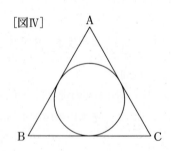

[図Ⅳ]

R君：おおっ，正三角形ＡＢＣと正三角形ＤＥＦの面積比も明らかになったね。

H君：あとは計算。
　　・・・
H君：やったー，求まったね。正三角形ＡＢＣの面積は z cm²だ！

R君：そうだね！！

(3) z の値を求めなさい。

5 三角形PQRの面積を△PQRと表します。点P，Q，Rが一直線上にあるとき，△PQRは0㎠とします。いま，△ABCが1㎠のとき，次の問いに答えなさい。ただし，［図Ⅰ］，［図Ⅱ］において直線上の・と・の間の長さが辺AB，BC，CAと同じ部分にはそれぞれ□，∥，×の記号がついています。

(1) ［図Ⅰ］について，△ABX＋△BCX＋△CAXは何㎠ですか。

(2) △ABX＋△BCX＋△CAXが(1)と同じ値になるのは，点Xがどの位置にあるときですか。［図Ⅱ］のア〜キのうちで，当てはまるものをすべて書きなさい。

(3) △ABX＋△BCX＋△CAXが(1)と同じ値となるように点Xを動かすと，点Xが動いたあとは多角形になります。この図形の面積は何㎠ですか。

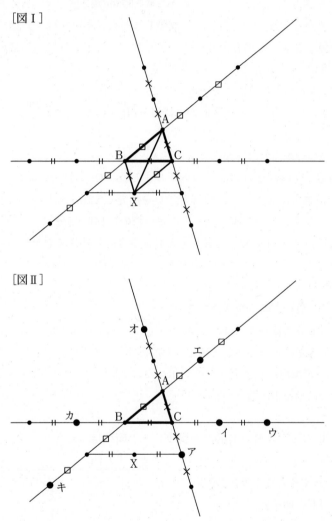

1
(1) 次の計算をしなさい。

$$1 \div \left(3\frac{3}{8} + \frac{5}{6} \times 2.4\right) + 0.08 \div \left(1\frac{1}{4} + \frac{5}{6} - \frac{1}{8}\right) \times 3\frac{1}{8}$$

(2) 8060L入る水そうと，これに水を入れる2つのポンプA，Bがあります。Aだけで水そうをいっぱいにする時間は，Bだけでいっぱいにする時間の2.1倍です。A，B2つを使って水を同時に入れ始めたところ，32分後にBが故障しました。その後はAだけで水を入れ続けたところ，Bが故障しなかった場合より，42分多くかかって水そうはいっぱいになりました。次の問に答えなさい。（式や考え方も書きなさい）

(ア) Bが故障しなかった場合，水を入れ始めてから何分で水そうはいっぱいになりますか。

(イ) Bが故障するまでの間，Bが入れた水は毎分何Lですか。

2 山のふもとに2つの地点PとQがあります。Aさんは9時にPを出発して山を登り，山頂で1時間休けいしてQへ下りました。Qに着いたのは14時45分でした。また，Bさんは9時30分にQを出発して山を登り，山頂で1時間休けいしてPへ下りました。Pに着いたのは14時55分でした。PからQまでの道のりは6.6kmです。AさんとBさんは同じ速さで登りました。下りの速さは，登りの速さの1.5倍でした。次の問に答えなさい。（式や考え方も書きなさい）

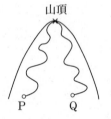

(1) Aさんが山頂に着いた時刻を求めなさい。
(2) 2人の山を登る速さは時速何kmですか。
(3) AさんとBさんが山頂にいっしょにいたのは何分間ですか。
(4) Cさんは13時に地点Pを出発して(2)で求めたのと同じ速さで山を登りました。BさんとCさんが出会った時刻を求めなさい。

3 図のような，正六角形ABCDEFがあり，その面積は10cm²です。BG＝EHでGI：IC＝2：3です。次の問に答えなさい。（式や考え方も書きなさい）

(1) 四角形ABDFの面積を求めなさい。
(2) 三角形BGIの面積を求めなさい。
(3) 三角形IDJの面積を求めなさい。

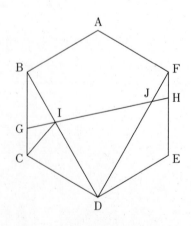

4

(1) 次の①〜⑥のうち，立方体の展開図になっているものはどれですか。すべて選び，番号を書きなさい。

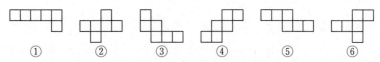

(2) 〔図1〕のように，16個の同じ大きさの正方形があり，それぞれの正方形には1から16までの数が書かれています。ここから，辺でつながった6個の正方形を選び，立方体の展開図を作ります。このとき，組み立てた立方体が，次の〈ルール〉に合うようにします。

1	2	3	4
5	6	7	8
9	10	11	12
13	14	15	16

〔図1〕

〈ルール〉 向かい合う3組の面のうち，2組の面は書かれた数の和が12である。

〔図2〕は〈ルール〉に合う例の1つです。次の問に答えなさい。

(ア) 〈ルール〉に合う展開図を〔図2〕以外に3つ答えなさい。答え方は，〔図2〕なら(2, 5, 6, 7, 8, 10)のように，6個の正方形に書かれた数を小さい順に書きなさい。

〔図2〕

(イ) 〈ルール〉に合う展開図は，〔図2〕と(ア)で答えたものをふくめて全部で何通りありますか。

(ウ) 〈ルール〉に合う展開図に使われている6個の数のうち，最も大きい数をAとします。
〔図2〕ではAは10です。Aが最も大きい展開図を(ア)と同じように答えなさい。

明治大学付属中野中学校(第1回)

—50分—

1 次の □ にあてはまる数を答えなさい。

(1) $25.6 \times 5 + 128 \times 3 + 8 \times 8 \times 192 = $ □

(2) $\left(2\dfrac{1}{3} - \boxed{}\right) \times \dfrac{3}{4} \div 2.2 + \dfrac{3}{8} = 1$

(3) Aさん，Bさん，Cさんの所持金について，CさんはBさんの $\dfrac{3}{4}$ であり，また，Aさんの6割です。このとき，Bさんの所持金は，Aさんの □ ％です。

2 次の問いに答えなさい。

(1) 4％の食塩水150gと12％の食塩水160gを混ぜ，さらに水を加えたところ，7％の食塩水になりました。加えた水の量は何gですか。

(2) 一定の速さで走っている人が，15分間隔で運行されているバスに20分ごとに追いこされました。バスの速さが時速36kmで一定のとき，この人の走る速さは分速何mですか。

(3) 右の図の立体は，底面の半径が6cmの円柱から底面の半径が4cmの円柱を，底面の円の中心が重なるようにしてくりぬいたものの一部です。四角形ABCDと四角形EFGHは1辺が2cmの正方形であり，辺ABと辺EFの延長は垂直に交わります。この立体の表面積を求めなさい。
ただし，円周率は3.14とします。

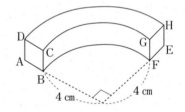

(4) 右の図のように，三角形ABCが直角三角形，三角形ADEと三角形ABFが正三角形のとき，四角形DBCFの面積は三角形ABCの何倍ですか。

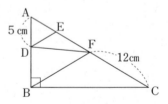

(5) 水そうに水が入っています。図①のように，1辺が6cmの立方体の石を3個重ねて入れると，水面の高さが石の高さと同じになりました。さらに，図②のように同じ立方体の石を4個加え，重ねて入れると，このときも水面の高さが4個重なった石の高さと同じになりました。
この水そうに入っている水の量は何cm³ですか。

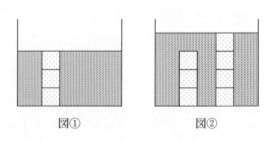

図①　　　図②

3 次の問いに答えなさい。

(1) 右の図のように，大きさの異なる2つの正方形を重ねて図形を作ります。斜線の部分の面積は279cm²で，重なっている部分の面積はそれぞれの正方形の面積の$\frac{1}{12}$と$\frac{2}{9}$でした。

小さい方の正方形の1辺の長さを求めなさい。

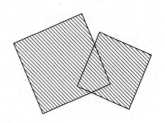

(2) N君とK君が，ある公園のジョギングコースを同時にスタートして同時にゴールしました。N君は90mを20秒の速さでスタートからゴールまで走りました。K君は，はじめ毎分310mの速さでしたが，3分ごとに走る速さが毎分30mずつ遅くなりました。

この公園のジョギングコースは何mですか。

(3) ある中学校では，男子生徒と女子生徒の人数の比は9：7です。また，犬を飼っている生徒と犬を飼っていない生徒の人数の比は5：19です。さらに，犬を飼っている男子生徒は22人おり，犬を飼っていない女子生徒の割合は全校生徒の$\frac{11}{36}$です。

この学校で，犬を飼っていない男子生徒は何人いますか。

4 [x]は整数xの各位の数をかけ算した結果の，一の位の数を表すものとします。
また，$a*b=a\times b+a-b$とします。例を参考にして，次の問いに答えなさい。
例 [512]は$5\times 1\times 2=10$より，10の一の位の数が0であるから，[512]=0
例 $5*2=5\times 2+5-2=13$

(1) [20*21] の値を求めなさい。

(2) $A*[A]=A$となる整数Aにあてはまる数は次のうちどれですか。
㋐〜㋕の中からすべて選びなさい。
㋐ 12345　㋑ 1357　㋒ 2468　㋓ 2021　㋔ 1　㋕ 5

5 ある水そうには，一定の割合で水を入れる給水管と，一定の割合で水をぬく排水管が，何本かずつついています。この水そうにはある量の水が入っていて，給水管と排水管を1本ずつ開けると10分で水そうは空になり，給水管を4本，排水管を3本開けると6分で空になります。

(1) 初めの状態から，給水管を20本開けたとき，排水管を最低何本開ければ水そうは空になりますか。

(2) 初めの状態から，給水管3本，排水管1本を同時に開きました。水が増えてきたので，開いた4分後に，排水管をもう1本開きました。次の問いに答えなさい。
① 水面の高さが初めの状態と同じになるのは，初めから何分後ですか。
② 水そうが空になるのは，初めから何分後ですか。

6 右の図のように，中心が同じで，半径がそれぞれ210m，280mの2つの円形の道があります。午前10時ちょうどにA君は図の位置から外側の道を自転車で時計回りに，B君は図の位置から内側の道を徒歩で反時計回りに進みます。A君の自転車の速さはB君の歩く速さの$2\frac{2}{9}$倍です。また，A君は12分で外側の道を1周します。次の問いに答えなさい。

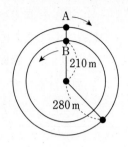

(1) 最初に2人が最もはなれる時刻を「～時～分～秒」の形で求めなさい。

(2) 午前10時50分にA君の自転車が故障したので，A君は自転車を押して歩くことにしました。A君が自転車を押して歩く速さはB君が歩く速さの$\frac{14}{27}$倍です。

午前10時50分を過ぎてから最初に2人が最も近づく時刻を「～時～分～秒」の形で求めなさい。

横 浜 中 学 校(第1回)

—50分—

① 次の計算をしなさい。

(1) $15-6+44+57-83$

(2) $\dfrac{3}{4}+\dfrac{2}{3}-\dfrac{9}{16}$

(3) 4.21×2.2

(4) $23.8\div0.56$

(5) $1\dfrac{2}{3}\times4\dfrac{1}{2}\div\dfrac{5}{19}\div2\dfrac{2}{5}$

(6) $84\times2-102\div3-23\times3$

(7) $112\times2-96\div(2021-1997)-(23\times3-47)$

(8) $4\dfrac{1}{5}\div\left(7\dfrac{2}{3}-6.5\right)\times2\dfrac{1}{4}$

(9) $632\times0.2+6.32\times4-12.64\times2$

(10) $\left(3\dfrac{1}{3}-2\dfrac{1}{2}\right)\times5\dfrac{1}{4}\div\dfrac{5}{4}\times3\dfrac{1}{2}+2\dfrac{3}{4}$

② 次の □ に入る数を答えなさい。

(1) $2-\left(\boxed{}+\dfrac{1}{4}\right)\times\dfrac{2}{15}=1\dfrac{11}{12}$

(2) ある飛行機に141人乗っています。これは定員の75%です。この飛行機の定員は □ 人です。

(3) 時速64.8kmで走る電車が，ある地点を通過するのに15秒かかりました。この電車の長さは □ mです。

(4) ある印刷機は1分間に80枚印刷できます。この機械で連続して3500枚印刷するには，□ 分 □ 秒かかります。

(5) さとる君の国語，算数，理科，社会のテストの平均点は79点でした。国語は76点，算数は80点で，理科は社会より6点高い点数でした。このとき理科の点数は □ 点です。

(6) 時刻は3時ちょうどです。次に長針と短針がぴったり重なるのは □ 分後です。

(7) 次の図のように黒玉と白玉を並べていきます。9番目の黒玉は全部で □ 個です。

(8) 次の図のような長方形ＡＢＣＤがあります。点Ｐは頂点Ａを出発し，毎秒３㎝の速さで辺ＡＤ上を頂点Ｄに向かって動き，点Ｑは毎秒１㎝の速さで点Ｐと同時に，頂点Ｂを出発して辺ＢＣ上を頂点Ｃに向かって動きます。２点Ｐ，Ｑが出発して３秒後の四角形ＰＤＣＱの面積は □ ㎠です。

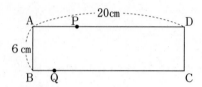

(9) 右の図の直方体において，四角形ＡＢＣＤの面積が72㎠，四角形ＡＤＨＥの面積が96㎠，四角形ＤＣＧＨの面積が108㎠です。この直方体の体積は □ ㎤です。

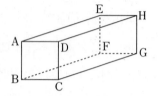

3 次の問いに答えなさい。ただし，円周率は3.14とします。

(1) 図１のように，１辺が１㎝の正三角形ＡＢＣを，折れ線上をすべらないように転がします。あからいの状態になるまで動くとき，いにおける頂点Ａ，Ｂ，Ｃの位置をかきなさい。

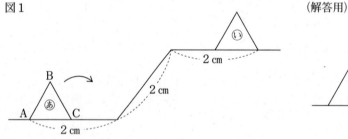

(2) 図２のように，１辺が３㎝の正三角形ＡＢＣを，１辺が６㎝の正三角形の辺上を，すべらないように転がします。正三角形ＡＢＣが初めて同じ位置にもどるまで動くとき，頂点Ａが通ったあとの長さを求めなさい。（式も書くこと）

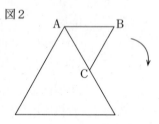

(3) 図３のように，半径が３㎝，中心角が60°のおうぎ形を，直線ℓ上をすべらないように転がします。あから，初めていの状態になるまで動くとき，点Ｏが通ったあとの線と，直線ℓでかこまれた部分の面積を求めなさい。（式も書くこと）

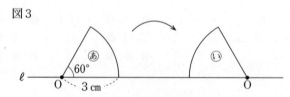

1 次の □ にあてはまる数をそれぞれ求めなさい。

(1) $82 \times 17 - 111 \times 9 + 76 \times 11 - 43 \times 27 + 82 \times 5 =$ □

(2) $3.5 \div 1\frac{1}{5} - \left\{ 12 \times \left(\frac{1}{3} - 0.3 \right) - 0.15 \right\} =$ □

(3) $\left\{ 14 + \left(3 \times □ - 1\frac{1}{4} \right) \div \frac{3}{7} \right\} \times 0.8 = 21$

2 次の各問に答えなさい。

(1) 右図において，ADとBCは平行で，AE＝BE，BC＝BDです。角㋐，角㋑はそれぞれ何度ですか。

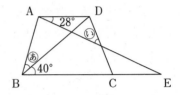

(2) 次の表は10点満点のテスト40人分の結果をまとめたものです。平均が7.3点のとき表のア，イにあてはまる数を求めなさい。

得点	0	1	2	3	4	5	6	7	8	9	10	計
人数	0	0	0	0	1	4	ア	10	イ	8	2	40

(3) $3\frac{4}{7}$ 倍しても $\frac{1}{5}$ をたしても整数となる数で最小のものを求めなさい。

(4) A中学，B中学の部活動への加入者数は等しく，加入率はそれぞれ $\frac{2}{3}$，$\frac{3}{5}$ です。A中学，B中学を合わせた全体での加入率を分数で表しなさい。

3 A地からB地の方へ1320mはなれたC地をP君が出発し，一定の速さで歩いてB地へ向かいます。P君がC地を出発して5分後に車がA地を出発し，時速36kmでB地へ向かいます。車は，AB間の $\frac{1}{3}$ を進んだ地点でP君を追いこしました。そしてP君は車より54分遅れてB地へ着きました。
このとき，次の問に答えなさい。

(1) P君の歩く速さは分速何mですか。

(2) AB間は何kmですか。

4 図の五角形ＡＢＣＤＥにおいて，四角形ＡＢＣＤは長方形，三角形ＡＤＥは四角形ＡＢＣＤと面積が等しい正三角形です。次の問に答えなさい。

(1) 直線ＥＢでこの五角形はどのような面積比に分けられますか。

(2) 辺ＤＥのまん中の点をＭとすると，直線ＭＢでこの五角形はどのような面積比に分けられますか。

(3) 次のア，イ，ウを正しくうめなさい。
「(2)の点Ｍと五角形の辺 ア を イ ： ウ に分ける点を通る直線は，この五角形の面積を二等分します。」

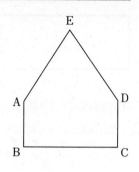

5 右図のような1辺6cmの立方体から直方体を切りとった形の立体があります。次の問に答えなさい。

(1) この立体の体積を求めなさい。

(2) この立体を3点Ａ，Ｂ，Ｃを通る平面で切って2つに分けたとき，2つの立体の体積を求めなさい。

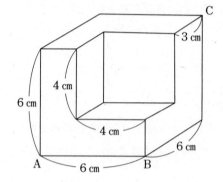

6 1からＡまでの整数を左から小さい順に並べます。これらをつなげてひとつの長い数字の列を作りました。
　　　123456789101112・・・・
次のとき 2021 という数字の並びは何回あらわれますか。

(1) Ａ＝99

(2) Ａ＝9999

(3) Ａ＝99999

1 次の計算をしなさい。
　1） 13.7−{(4.23−1.97)×3.5+2.14}÷1.5
　2） $\frac{1}{4}+\frac{1}{20}÷\{\frac{1}{3}×(\frac{4}{5}-\frac{1}{2})÷\frac{3}{4}\}$

2 次の図は，ABを直径とする半円で，OはABの真ん中の点です。

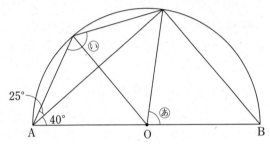

　次の問いに答えなさい。
　1） あの角度は何度ですか。
　2） いの角度は何度ですか。

3 ようた君は，ある都市の2月から5月のそれぞれの月に降った雨や雪の量（降水量）を調べ，右の表のようにまとめることにしました。
　右の表で，2月と3月の降水量の比は2：3で，5月の降水量は3月の降水量の2.2倍でした。
　また，4月の降水量は2月から5月の降水量の合計の26％でした。

月	降水量(mm)
2月	
3月	
4月	150.8
5月	

　次の問いに答えなさい。
　1） 2月と3月と5月の降水量の比をもっとも簡単な整数の比で表しなさい。
　2） 5月の降水量は何mmですか。

4 図Ⅰと図Ⅱで，▽には上の2つの□に入る数の最大公約数を入れ，△には下の2つの□に入る数の最小公倍数を入れます。

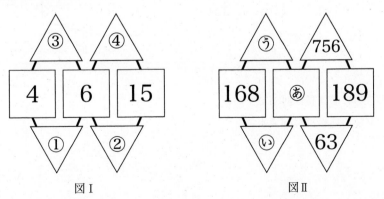

たとえば，図Ⅰの①には4と6の最大公約数である2を入れ，②には6と15の最大公約数である3を入れます。

また，③には4と6の最小公倍数である12を入れ，④には6と15の最小公倍数である30を入れます。

次の問いに答えなさい。

1) 図Ⅱのあにあてはまる数はいくつですか。

2) 図Ⅱのい，うにあてはまる数はそれぞれいくつですか。

5 太郎君は毎朝，学校まで自転車で通学しています。その通学路には赤と青をくり返す信号機があり，赤は15秒間，青は20秒間それぞれ点灯します。

太郎君が，その信号機の真下から150m手前の地点を通過するときに，青から赤に変わりました。次の問いに答えなさい。ただし，信号機の真下に着いたとき，赤ならば青になるまで待たなければなりません。

1) 太郎君が時速15kmで走るとすると，信号機の真下で青になるまで何秒間待つことになりますか。

2) 赤から青に変わったときに太郎君が信号機の真下を通過するには，一番早くて，時速何kmで走ればよいですか。ただし，太郎君は時速20km以上で走ることはできません。

6 濃度が5%の食塩水Aと濃度が9%の食塩水Bがあります。空の容器に食塩水Aを毎分15g，食塩水Bを毎分45gずつ同時に入れ，よく混ぜ合わせていきます。

次の問いに答えなさい。

1) 食塩水A，Bを10分間入れると，何%の食塩水ができますか。

2) 空の容器に食塩を20g入れてから，食塩水A，Bを入れたところ，12%の食塩水ができました。食塩水A，Bを何分何秒間入れましたか。

7 1辺が3cmの立方体を5個組み合わせて，図Ⅰのような立体を作りました。さらに，図Ⅰの立体の頂点を結んで図Ⅱのような立体を作りました。

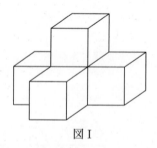
図Ⅰ

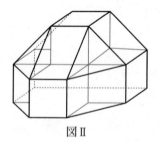
図Ⅱ

次の問いに答えなさい。

1) 図Ⅰの立体の表面積は何cm²ですか。

2) 図Ⅱの立体の体積は何cm³ですか。

8 次の21行20列の表に，1から420までの整数を書きます。

1	2	3	…	…	19	20
40	39	38	…	…	22	21
41	42	43	…	…	59	60
⋮	⋮	⋮			⋮	⋮
⋮	⋮	⋮			⋮	⋮
400	399	398	…	…	382	381
401	402	403	…	…	419	420

　また，表の2行3列に38が入ることを，記号【　】を使って【2，3】＝38と表すことにします。

　次の問いに答えなさい。

1）【9，13】はいくつですか。

2）【あ，い】＝235となるとき，あといにあてはまる数はそれぞれいくつですか。

9 大，中，小の3つの円柱があり，それぞれの底面の半径は6cm，3cm，2cmで，体積の比は12：6：1です。

　右の図のように，大，中，小の円柱を重ねて立体を作ったところ，立体の表面積は847.8cm²になりました。

　次の問いに答えなさい。ただし，円周率は3.14とします。

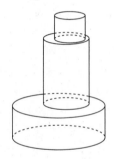

1）大，中，小の円柱の高さの比をもっとも簡単な整数の比で表しなさい。

2）重ねて作った立体の高さは何cmですか。

10 次の図のような道に沿って，地点Aから地点Bまで進みます。

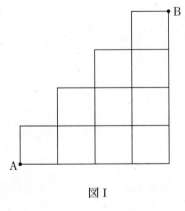

図Ⅰ

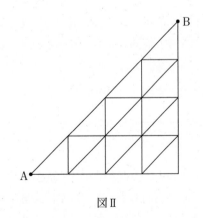

図Ⅱ

次の問いに答えなさい。

1）図Ⅰの道を，右，上のどちらかの方向に進むとき，行き方は全部で何通りありますか。

2）図Ⅱの道を，右，上，右ななめ上のどれかの方向に進むとき，行き方は全部で何通りありますか。

1 以下の問いに答えなさい。

(1) 次の計算をしなさい。

$$1 \div \left(\frac{2}{3} - \frac{1}{2}\right) \div 0.375 - 2 \div \frac{2}{15} \times \left(1\frac{1}{5} - \frac{3}{4}\right) \times 1\frac{1}{3}$$

(2) まっすぐな道路の片側に木を植えます。最初にA地点とB地点に木を植えて、すべての木と木の間かくが等しくなるように、A地点とB地点の間に木を植えることにします。木の本数は、10mおきに植えるときのほうが、14mおきに植えるときより22本多く植えられます。次の問いに答えなさい。

① A地点とB地点は何m離れていますか。

② 10mおきに植えるときと、14mおきに植えるときに、同じ位置に木を植えられるのは、A地点とB地点を除いて何か所ありますか。

(3) 太郎君は3種類のお菓子A、B、Cを合計2021個もらいました。それぞれのお菓子の個数の比は、AとBは1：6、BとCは8：5です。次の問いに答えなさい。

① 太郎君はお菓子Aとお菓子Cをそれぞれ何個もらいましたか。

② お菓子をもらった日、太郎君はお菓子Aを20個とお菓子Cを180個家族にあげました。その翌日から、太郎君は1人で毎日お菓子Aを2個とお菓子Cを3個食べ続けました。何日間か食べたところ、お菓子Aの残りとお菓子Cの残りの個数の比が1：5になりました。太郎君はお菓子を何日間食べましたか。

(4) 図のように直角三角形ABCと直線ℓが2点D、Eで交わっています。直角三角形ABCを直線ℓの周りに1回転させてできる立体の体積を求めなさい。ただし、円すいの体積は(底面積)×(高さ)÷3で求めるものとします。

(5) 図は1辺4cmの正方形と、半径2cmで中心角90°のおうぎ形を4つ組み合わせた図形で、辺AD上にAM＝1cmとなるような点Mをとります。また、辺BC上のFとCの間に点Pをとり、2点M、Pを結び、図のように影のついた部分をそれぞれア、イ、ウとします。次の問いに答えなさい。

① CP＝1cmのとき、ア、イ、ウの面積の和を求めなさい。

② アの面積と、イとウを合わせた面積が等しいとき、CPの長さを求めなさい。

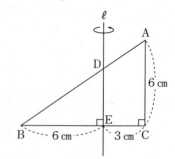

2 図のような直角三角形ＡＢＣがあります。辺ＡＢの真ん中の点をＤ，ＡＤの真ん中の点をＥとします。点Ｅを通り辺ＢＣに平行な直線と，辺ＡＣとの交わる点をＦとし，ＦＣの真ん中の点をＧとします。また，２点ＥとＣ，ＤとＧをそれぞれ結び，ＥＣとＤＧの交わる点をＨとします。次の問いに答えなさい。

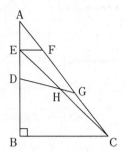

(1) ＡＦとＦＧの長さの比を求めなさい。
(2) ＥＨとＨＣの長さの比を求めなさい。
(3) ＤＨとＨＧの長さの比を求めなさい。

3 図のように，ＡＢ＝６cm，ＡＤ＝８cm，ＡＥ＝１２cmの直方体ＡＢＣＤ－ＥＦＧＨから，１辺の長さが４cmである正方形を底面とする直方体でまっすぐ奥までくりぬいた立体があります。次の問いに答えなさい。

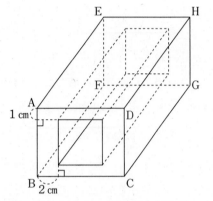

(1) この立体の体積と表面積をそれぞれ求めなさい。
(2) 辺ＡＤ，ＢＣ，ＥＨの真ん中の点をそれぞれＰ，Ｑ，Ｒとします。この立体を３点Ｐ，Ｑ，Ｒを通る平面で切断したとき，点Ａをふくむ方の立体をＫとします。立体Ｋの表面積を求めなさい。
(3) (2)の立体Ｋにおいて，辺ＡＥ，ＰＲの真ん中の点をそれぞれＳ，Ｔとし，辺ＢＦ上にＢＵ＝４cmとなる点Ｕをとります。立体Ｋを３点Ｓ，Ｔ，Ｕを通る平面で切断したとき，点Ａをふくむ方の立体の体積を求めなさい。

4 以下のア〜ウのすべての条件をみたす整数について，次の問いに答えなさい。
ア　３けたの３の倍数である。
イ　各位の数がすべて異なる。
ウ　いずれかの位の数が４である。
(1) 最も小さい整数を求めなさい。
(2) いずれかの位の数が０である整数は何個ありますか。
(3) ア〜ウのすべての条件をみたす整数は全部で何個ありますか。
(4) 大きい方から１０個の整数をすべてたすといくつになりますか。

5 太郎君は，人が床の上に乗っているときに，その人が床に乗っていて感じた時間と，実際に経過した時間が異なる床，「時間床」を開発しました。時間床には変えることのできる「設定」があります。長さが200mの時間床の上を秒速4mで移動すると，乗っていて感じた時間は50秒間でしたが，設定が $\frac{1}{2}$ のときは実際の時間を表す時計ではその $\frac{1}{2}$ 倍である25秒が経過して，設定が $\frac{3}{2}$ のときは実際の時間を表す時計ではその $\frac{3}{2}$ 倍である75秒が経過していました。

太郎君が12時ちょうどに秒速4mでA地点を出発し，1000m離れたB地点まで移動するとき，次の問いに答えなさい。ただし，ここでの時刻は，実際の時間を表す時計の時刻とします。

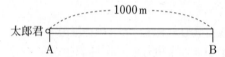

(1) 設定が $\frac{1}{2}$，長さが600mの時間床がA地点からB地点の間にしかれています。このとき，太郎君がB地点に到着したのは12時何分何秒ですか。

(2) 設定が $\frac{1}{2}$ の時間床がA地点からB地点の間の一部にしかれていて，太郎君がB地点に到着したのは12時3分20秒でした。このとき，時間床の長さを求めなさい。

(3) 設定が $\frac{1}{2}$，長さが500mの時間床がA地点からB地点の間にしかれています。太郎君が時間床に乗ってから440m移動したところで設定を変えたら，B地点に到着したのは12時3分6秒でした。時間床の設定は $\frac{1}{2}$ からいくつに変えましたか。

(4) A地点とB地点の間で，A地点から400m離れた地点をC地点とします。設定が $\frac{1}{3}$ の時間床がC地点からある場所までしかれています。12時1分57秒に設定を $\frac{5}{3}$ に変えたら，太郎君がB地点に到着したのは12時4分28秒でした。このとき，時間床の長さを求めなさい。

早稲田中学校(第1回)

—50分—

注意 定規，コンパス，および計算機(時計についているものも含む)類の使用は認めません。

1 次の問いに答えなさい。

(1) 1から2021までの整数の中で，12でも18でも割り切れない整数は何個ありますか。

(2) 1階分上がるのにエスカレーターでは7秒，エレベーターでは3秒かかるビルがあります。このビルを太郎くんと次郎くんが同時に1階から上がり始めます。太郎くんは階段で上がり始め，途中でエレベーターに乗り換えます。次郎くんはエスカレーターだけで上がります。2人が同時に29階に到着するには，太郎くんは何階でエレベーターに乗り換えればよいですか。なお，太郎くんは階段で1階分上がるのに10秒かかり，各階での乗り換え時間は考えないものとします。

(3) 赤い玉5個と青い玉3個の重さの平均は18g，赤い玉3個と青い玉5個の重さの平均は20gです。ある袋の中に赤い玉と青い玉がいくつか入っていて，それらの玉の重さの平均は21.2gです。この袋に入っている赤い玉と青い玉の個数の比をもっとも簡単な整数の比で答えなさい。

2 次の問いに答えなさい。

(1) 図は正六角形1つと，正五角形2つを並べたものです。角アの大きさは何度ですか。

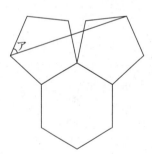

(2) 図の四角形ABCDの面積が63cm²のとき，五角形ABCEFの面積は何cm²ですか。

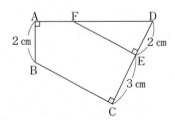

(3) 図のように，1辺の長さが6cmの正方形1つと，直角二等辺三角形4つ，正三角形2つを並べると，ある立体の展開図になります。この図を組み立ててできる立体の体積は何cm³ですか。

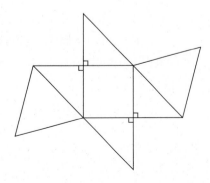

3 生徒から1個ずつ集めたプレゼントを先生が生徒に分けることにしました。次の空らんに当てはまる数を答えなさい。

(1) A，B，Cの3人から集めたプレゼントを先生が分けます。

　(ア) 3人とも自分のプレゼントを受け取るとき，その分け方は1通りあります。

　(イ) 3人とも他の人のプレゼントを受け取るとき，その分け方は2通りあります。

　(ウ) 3人のうち，1人だけが自分のプレゼントを受け取るとき，その分け方は　①　通りあります。

　その後，遅れてDがプレゼントを持ってきました。ここからDが3人のうち，誰か1人とプレゼントを交換することで4人とも他の人のプレゼントを受け取る分け方を考えます。

　(ア)の場合は，誰と交換しても分けられません。

　(イ)の場合は，A，B，Cの誰か1人と交換すれば，分けられます。

　(ウ)の場合は，A，B，Cのうち，自分のプレゼントを受け取った人と交換すれば，分けられます。

　以上のことから，4人とも他の人のプレゼントを受け取る分け方は　②　通りあります。

(2) 4人の生徒のプレゼントを先生が分けるとき，4人のうち1人だけが自分のプレゼントを受け取る分け方は　③　通りあります。

(3) 5人の生徒のプレゼントを先生が分けるとき，5人とも他の人のプレゼントを受け取る分け方は　④　通りあります。

4 図1のような直方体があります。点Pは直方体の辺上を点Aを出発して，一定の速さでA→B→C→Dの順に動き，その後1.5倍の速さでD→E→F→Aの順に動きました。図2は，点Pが点Aを出発してからの時間と三角形ADPの面積との関係を表したグラフです。次の問いに答えなさい。

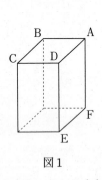

図1

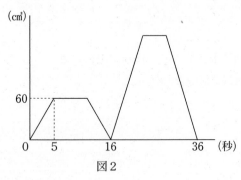

図2

(1) 点PはA→B→C→Dを毎秒何cmの速さで動きますか。

(2) 三角形ADPが4回目に二等辺三角形になるのは，点Aを出発してから何秒後ですか。

(3) 直方体の体積は何cm³ですか。

5 ある正方形Pの周の内側に沿って，半径1cmの円が1周します。この円が通った部分の図形の面積は111.14cm²でした。次の問いに答えなさい。ただし，円周率は3.14とします。

(1) 正方形Pの1辺の長さは何cmですか。

(2) 正方形Pのそれぞれの頂点から1辺が2cmの正方形を4つ切り取った図形をQとします。半径1cmの円がQの周の内側に沿って1周するとき，この円が通った部分の図形をXとします。また，半径1cmの円がQの周の外側に沿って1周するとき，この円が通った部分の図形をYとします。

① 解答らんの太線は，図形Qの周の一部分です。この部分の図形Xを解答らんの図にかき込み，斜線で示しなさい。

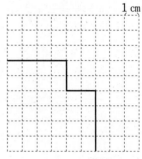

(解答らん)

② 図形Xの面積と図形Yの面積の差は何cm²ですか。

1 次の □ にあてはまる数を求めなさい。

(1) $1.5 \div 0.5 + 4 \times 0.5 =$ □

(2) $8 - 2\frac{3}{8} - 4\frac{4}{5} =$ □

(3) $\frac{13}{24} \div \frac{7}{3} \times \frac{21}{13} =$ □

(4) $7 - 1\frac{2}{5} \div 0.35 =$ □

(5) $7 \times ($ □ $- 2) \div 3 = 21$

(6) □ $\div 7.3 = 5.2$ 余り 0.08

(7) $18 : (15 -$ □ $) = 9 : 4$

(8) $0.03 km^2 =$ □ m^2

2 次の問いに答えなさい。

(1) 三角形の内角の比が，3：4：5になっています。いちばん大きい内角の大きさは何度ですか。

(2) 3つの数27, 36, 60の最小公倍数はいくつですか。

(3) さなえさんは算数ドリルを1日目で全体の$\frac{2}{5}$を解き，2日目は残りの$\frac{1}{3}$を解き終えたので，残りが24ページになりました。このドリルは全部で何ページですか。

(4) ランニングコース1周に同じ間かくで旗を立てます。24mごとに立てるのと，16mごとに立てるのとでは，10本の差がありました。このランニングコース1周は何mですか。

(5) 50円玉と100円玉が合わせて37枚あり，合計の金額は2900円になります。50円玉は何枚ですか。

(6) クラスで記念品を買うことにしました。1人200円ずつ集めると300円足りず，1人250円ずつ集めると1500円余ります。この記念品はいくらですか。

(7) 2クラスで算数のテストをしました。A組42人の平均点は52点，B組38人の平均点は56点でした。2クラス全体の平均点は何点ですか。小数第1位まで答えなさい。

(8) 右の図でAD，EF，BCは平行です。また，AE：EB＝3：1です。EFの長さは何cmですか。

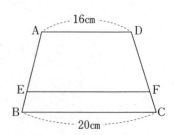

3 図のように，1辺が1cmの正三角形アとイを組み合わせて，正三角形を大きくしていきます。次の問いに答えなさい。（式または考え方も書くこと）

(1) 1辺が4cmの正三角形にしたとき，正三角形アとイはそれぞれ何枚使いましたか。

(2) 正三角形アとイの合計が，初めて50枚以上になるのは，1辺の長さが何cmの正三角形にしたときですか。

4 図のように，ばねにおもりをつるして長さをはかりました。ばねの伸びはおもりの重さに比例します。次の問いに答えなさい。（式または考え方も書くこと）

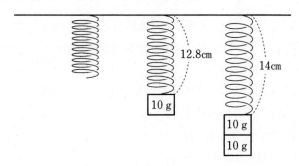

(1) おもりをつるしていないとき，ばねの長さは何cmですか。

(2) ばねの長さが16.4cmになったとき，つるしたおもりの重さは何gですか。

浦和明の星女子中学校（第1回）

—50分—

注意　コンパス，定規，分度器，計算機は使用しないこと。

1　次の各問いに答えなさい。

(1) $\left(\dfrac{2}{3}+\dfrac{3}{4}-\dfrac{4}{5}\right)\div(3.52-2.78)+1\dfrac{1}{3}\times\left(2-\dfrac{3}{8}\right)$ を計算しなさい。

(2) 濃度6％の食塩水300gに食塩を10g加え，よくかき混ぜました。その後，水を蒸発させると，食塩水の濃度が10％になりました。何gの水を蒸発させましたか。

(3) クリスマス会に参加した人にお菓子を配りました。予定では，1人あたりお菓子を4個ずつ配り，24個余るはずでした。ところが，実際には，予定していた人数の3倍の人が参加したため，1人あたり2個ずつ配ったところ，余ったお菓子は2個でした。用意したお菓子は全部で何個ですか。

(4) ある列車は，長さ400mのトンネルに入り始めてから出終わるまでに36秒かかります。また，この列車が1.5倍の速さで走ると，長さ800mの鉄橋を渡り始めてから渡り終わるまでに40秒かかります。この列車の長さは何mですか。

(5) 図のように，大きな円の中に1辺8cmの正方形があり，その正方形の中に，半径4cmの半円が2つあります。

このとき，斜線部分の面積を求めなさい。

ただし，円周率は3.14とします。

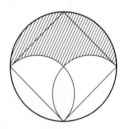

(6) 図1のようなサイコロがあり，向かい合う2つの面の目の数の和は7です。このサイコロを8個使い，同じ目の数の面どうしをはり合わせて，図2のような立方体を作りました。このとき，ア，イの目の数を答えなさい。

図1

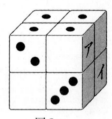

図2

(7) 1から20までの整数から異なる3つの数を選びました。3つの数のうち，一番大きい数は奇数で，3つの数をすべて足すと31になります。また，3つの数から2つずつ取り出して，それぞれ大きい方から小さい方を引いた数を3つとも足すと18になります。選んだ3つの数を小さい方から順に答えなさい。

2 ある仕事は，Aさんが12日間働いた後，Bさんが9日間働くと終わります。この仕事は，Aさんが8日間働いた後，Bさんが12日間働いても終わります。また，Cさんが1人で働くと36日間で終わります。

(1) Aさんが1人でこの仕事をすると，何日間で終わりますか。

(2) 3人で一緒にこの仕事をすると，何日間で終わりますか。

(3) 3人で一緒にこの仕事を始めましたが，途中でAさんが6日間休みました。このとき，この仕事が終わるまでに全部で何日間かかりましたか。

3 流れの速さが毎分36mの川の下流にア町，上流にイ町があります。この区間を2そうの船A，Bが往復しています。Aが上流に向かって進む速さとBが下流に向かって進む速さは同じです。

この2そうの船A，Bが，ア町からイ町に向かって同時に出発しました。Aがイ町に到着したとき，Bはイ町より1728m下流の地点にいました。その後Aはすぐにア町に向かって戻り，途中Bとすれ違った後，出発してから40分後にア町に戻りました。

次のグラフは，2そうの船がア町を出発してからの時間と，ア町からの距離を表したものです。ただし，静水時での船の速さはそれぞれ一定であるとします。

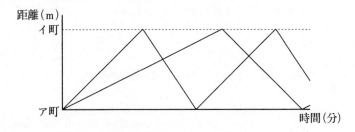

(1) 静水時での船A，Bの速さの差は，毎分何mですか。

(2) 静水時での船Aの速さは毎分何mですか。

(3) 船A，Bが2度目にすれ違ったのは，ア町から何m上流の地点ですか。

4 直方体の形をした，2つの容器A，Bに水が入っています。この2つの容器の底面積は異なり，容器Aの底面積は120cm²です。

はじめ，2つの容器AとBの水の深さの比は3：2でした。Aに入っている水の量の$\frac{1}{6}$をBへ移したところ，Aの水の深さはBより0.8cmだけ深くなりました。さらに，Aに入っている水の量の$\frac{1}{5}$をBへ移すと，Bの水の深さはAより2.4cm深くなりました。

(1) はじめに容器A，Bに入っていた水の深さをそれぞれ答えなさい。

(2) 2つの容器の水の深さを等しくするには，この後，BからAへ何cm³の水を移せばよいですか。

5 次のような，長さが異なる3種類のテープがたくさんあります。これらのテープを横につないで，長いテープをつくります。このとき，テープとテープをつなげるのりしろは2cmとします。

例えば，10cmテープと30cmテープをつなぐと，38cmの長いテープができます。

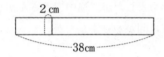

(1) 10cmテープだけをつなぐことによってできる長いテープの長さはどれですか。以下の中から，すべて選び答えなさい。

　　50cm，60cm，70cm，80cm，90cm，100cm，110cm

(2) 3種類のテープを何枚か使って，130cmの長いテープをつくります。使わない種類のテープがあってもよいとき，次の ア と イ に当てはまる数を答えなさい。

130cmの長いテープをつくるのに使うテープの枚数は，最も多くて ア 枚，最も少なくて イ 枚となります。

(3) 3種類のテープをそれぞれ必ず1枚以上使って，130cmの長いテープをつくります。このとき，3種類のテープをそれぞれ何枚ずつ使うことになりますか。考えられるすべての場合を答えなさい。例えば，10cmを5枚，20cmを3枚，30cmを2枚使う場合は，(5，3，2)のように短いテープの枚数から順に答えなさい。ただし，次の解答欄の(， ，)をすべて使うとは限りません。

(10cm, 20cm, 30cm)	(10cm, 20cm, 30cm)	(10cm, 20cm, 30cm)	(10cm, 20cm, 30cm)
(， ，)	(， ，)	(， ，)	(， ，)

1 次の□にあてはまる数を求めなさい。

(1) $\frac{6}{7} \times 2\frac{1}{3} - \left(\frac{3}{5} + \frac{1}{3}\right) \div 1\frac{3}{4} = \boxed{}$

(2) $\left(\boxed{} - \frac{2}{3}\right) + \frac{1}{4} = \frac{11}{12}$

(3) 5で割ると3余り，7で割ると5余る整数のうち，100に最も近い数は□□□です。

(4) 0，1，2，3の数字が書かれた4枚のカードがあります。このうち3枚のカードを並べて3桁の整数を作るとき，偶数は□□□個できます。

(5) 2つの彗星A，Bは，地球に最接近してからそれぞれちょうど70年後，75年後に再び地球に最接近します。西暦2021年にこれら2つの彗星がともに地球に最接近した場合，次に2つの彗星が同じ年に地球に最接近するのは西暦□□□年です。

(6) 15%の食塩水120gに，食塩を□□□g加えると20%の食塩水になります。

(7) 原価1200円の品物に30%の利益をみこんで定価をつけましたが，売れないので割り引いて売ったところ，126円の利益がありました。このとき，□□□%割り引きしたことになります。

(8) 図のように，黒と白のご石を交互に使って正方形を作っていきます。ご石の数が3600個になった正方形では，白色のご石は□□□個あります。

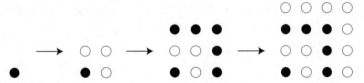

(9) 図は，正方形を折り返したところを表しています。このとき，角アの大きさは□□□度です。

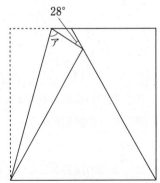

(10) 図は，正方形Aを頂点Oを中心として時計回りに180°回転させたものです。このとき，斜線部分の面積は□□□cm²です。ただし，円周率は3.14とします。

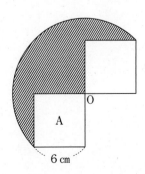

⑾ 図のような台形ＡＢＣＤがあります。このとき，この台形を辺ＡＤを軸にして回転させてできる立体の体積は，辺ＢＣを軸に回転させてできる立体の体積より □ cm³大きいです。ただし，円周率は3.14とします。

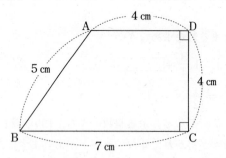

② a, b を1以上の整数とするとき，【a, b】を a 以上 b 以下の整数の積を表すものとします。例えば，【2, 5】＝2×3×4×5＝120となります。このとき，次の問に答えなさい。

(1) 次の計算をしなさい。
① 【4, 7】 ② 【3, 100】÷【5, 99】

(2) 【a, $a+5$】が7で割り切れないとき，整数 a の中で100以下のものは何個ありますか。

(3) 【4, b】が10000で割り切れるとき，整数 b の中で最も小さいものを求めなさい。

③ 図のように，正方形と台形があります。いま，正方形をこの状態から毎秒0.5cmの速さで矢印の方向に直線ＡＢにそって動かしていきます。このとき，後の問に答えなさい。

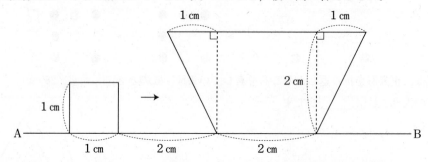

(1) 動かし始めてから4秒後に，2つの図形が重なっている部分の面積を求めなさい。

(2) 2つの図形が重なっている部分の面積が1cm²となるのは，何秒後から何秒後までか求めなさい。

(3) 2つの図形が重なっている部分の面積が $\frac{3}{4}$ cm²となるのは，何秒後と何秒後か求めなさい。

4 次の会話文は，先生と生徒の会話の内容です。この会話文を読み，後の問に答えなさい。

先生：ここに10枚のカードが重ねて置いてあります。図のように，これを5枚ずつの上下2組に分け，上から上組の1枚目，下組の1枚目，上組の2枚目，下組の2枚目…，というように交互に重ねていきます。これを「カードをきる」ということにします。

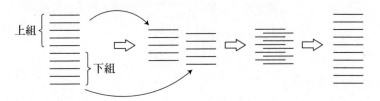

生徒：この方法だと，初めに上から1枚目にあったカードと10枚目にあったカードは，カードをきっても位置が変わりませんね。他のカードはどうなるかな？

先生：他のカードの位置がどう変わるか表にまとめてみましょう。

1	→	1
2	→	3
3	→	(ア)
4	→	(イ)
5	→	(ウ)

6	→	2
7	→	4
8	→	(エ)
9	→	(オ)
10	→	10

先生：この表は，例えば上から2枚目にあったカードはカードをきることで上から3枚目になることを表しています。

生徒：上から6枚目にあったカードはカードをきると上から2枚目になるということですね。

先生：その通りです。それではカードを2回きったときに初めの位置にもどるカードは，上から何枚目のカードか分かりますか？

生徒：1枚目と10枚目はずっと同じ位置だし，あとは (2) 。

先生：正解です。それでは10枚のカードすべてが初めの位置にもどるのは，何回カードをきったときでしょうか？

生徒：えっと， (3) 回です。

先生：すばらしい！

(1) (ア)〜(オ)にあてはまる数を答えなさい。

(2) (2) に入るのは何枚目のカードか，すべて求めなさい。

(3) (3) に入る最も小さい数を求めなさい。

桜蔭中学校

—50分—

[1] 次の□にあてはまる数を答えなさい。 イ は色を答えなさい。

(1) $\left(7\dfrac{64}{91} \times \boxed{ア} - 0.7 - \dfrac{5}{13}\right) \times 11 + 76\dfrac{11}{13} = 85\dfrac{5}{7}$

(2) 2021年のカレンダーの日付を1月1日から順に，青，黄，黒，緑，赤，青，黄，黒…と5色の○で囲んでいきます。

① 10月1日を囲んだ○の色は イ 色です。

② 4月の日付のうち黒色の○で囲まれた日付の数字を全部足すと ウ になります。

(3) 整数Xの約数のうち1以外の約数の個数を【X】，1以外の約数をすべて足したものを＜X＞と表すことにします。

たとえば，2021の約数は，1，43，47，2021なので【2021】＝3，＜2021＞＝2111です。

① ＜A＞÷【A】が整数にならない2けたの整数Aのうち，最大のものは エ です。

② 【B】＝2，＜B＞＝1406のとき，B＝ オ です。

③ 2を10回かけた数をCとするとき【C】＝ カ です。

④ 60以下の整数のうち【D】＝3となる整数Dは全部で キ 個あります。

[2] 同じ大きさの白と黒の正方形の板がたくさんあります。図1のように白い板を9枚すきまなく並べて大きな正方形を作り，図2のように中央の板に◎をかきます。次に◎以外の8枚のうち何枚かを黒い板と取りかえます。

このとき，大きな正方形の模様が何通り作れるかを考えます。

ただし，回転させて同じになるものは同じ模様とみなします。

たとえば，2枚取りかえたときは図3のように四すみの2枚を取りかえる2通り，図4のように四すみ以外の2枚を取りかえる2通り，図5のように四すみから1枚，四すみ以外から1枚取りかえる4通りの計8通りになります。

図1

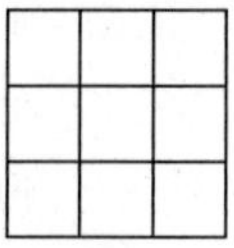

図2

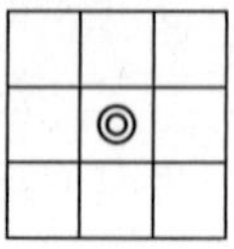

図3　図4
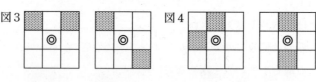

図5
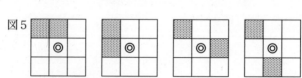

次の□にあてはまる数を答えなさい。

(1) 大きな正方形の模様は，9枚のうち◎以外の8枚の白い板を1枚も取りかえないときは1通り，1枚取りかえたときは ア 通り，3枚取りかえたときは イ 通り，4枚取りかえたときは ウ 通りになります。

(2) 同じように5枚，6枚，…と取りかえるときも考えます。図2の場合もふくめると大きな正方形の模様は全部で エ 通りになります。

③ 底面が1辺35cmの正方形で，高さが150cmの直方体の容器の中に1辺10cmの立方体12個を下から何個かずつ積みます。立方体を積むときは，図のように上と下の立方体の面と面，同じ段でとなり合う立方体の面と面をそれぞれぴったり重ね，すきまなく，横にはみ出さないようにします。

積んだあと，この容器に一定の速さで水を入れていきます。

立方体は水を入れても動きません。積んだ立方体の一番上の面まで水が入ると水は止まります。次の表は右の図の場合の立方体の積み方を表していて，このとき水を入れはじめてからの時間と水面の高さの関係はあとのグラフのようになりました。

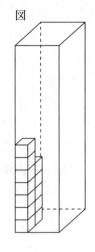
図

表

1段目	2段目	3段目	4段目	5段目	6段目	7段目	8段目
2	2	2	2	2	1	1	0

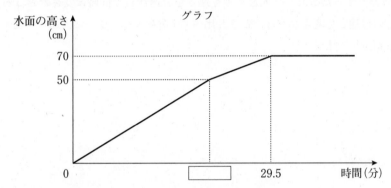
グラフ

(1) 毎分何cm³の水を入れていますか。（式も書くこと）

(2) グラフの □ にあてはまる数を求めなさい。（式も書くこと）

(3) 立方体の積み方を変えてもっとも短い時間で水が止まるようにします。
そのときにかかる時間は何分ですか。また，その場合の立方体の積み方をすべてかきなさい。解答らんは全部使うとは限りません。（式も書くこと）

(積み方)	1段目	2段目	3段目	4段目	5段目	6段目	7段目	8段目

(4) 水が止まるまでの時間が19.7分になる場合の立方体の積み方のうち，1段目の個数が多いほうから4番目のものをすべてかきなさい。解答らんは全部使うとは限りません。

(積み方)	1段目	2段目	3段目	4段目	5段目	6段目	7段目	8段目

4 円周率は，3.14を使って計算することが多いです。しかし，本当は3.14159265…とどこまでも続いて終わりのない数です。この問題では，円周率を3.1として計算してください。（式も書くこと）

図のように点Oを中心とした半径の異なる2つの円の周上に道があります。Aさんは内側の道を地点aから反時計回りに，Bさんは外側の道を地点bから時計回りに，どちらも分速50mの速さで同時に進みはじめます。AさんとBさんのいる位置を結ぶ直線が点Oを通るときに，ベルが鳴ります。ただし，出発のときはベルは鳴りません。

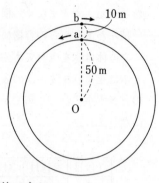

(1) AさんとBさんが道を1周するのにかかる時間はそれぞれ何分ですか。

(2) 1回目と2回目にベルが鳴るのは，それぞれ出発してから何分後ですか。

(3) 出発してから何分かたったあと，2人とも歩く速さを分速70mに同時に変えたところ，5回目にベルが鳴るのは速さを変えなかったときと比べて1分早くなりました。速さを変えたのは，出発してから何分後ですか。

1 次の ア ， イ に当てはまる数を求め，答えを書きなさい．

(1) $3\dfrac{1}{5} - \left\{\left(3.6 - 2\dfrac{4}{7}\right) \div 4\dfrac{4}{5} + 0.7\right\} \times 0.375 = $ ア

(2) $\dfrac{1 + \boxed{イ}}{1 + \dfrac{1}{1 + \dfrac{1}{3}}} = \dfrac{24}{35}$

2　A店とB店は同じ商品を同じ値段で400個ずつ仕入れました．

　A店は，4割の利益を見込んで定価をつけました．定価のままで売ったところ，100個しか売れませんでした．そこで定価の2割引きにして売ったところ，すべて売り切ることができました．

　B店は，A店とは異なる定価で商品を売ったところ，すべて売り切ることができました．

　A店の利益とB店の利益は等しくなりました．B店は何％の利益を見込んで定価をつけましたか．答えを出すために必要な式，図，考え方なども書きなさい．

3　図の平行四辺形ＡＢＣＤは，ＡＥ：ＥＤ＝１：３で，ＡＤとＧＦは平行です．

(1) ＢＨ：ＨＦ：ＦＥを，最も簡単な整数の比で表しなさい．答えを出すために必要な式，図，考え方なども書きなさい．

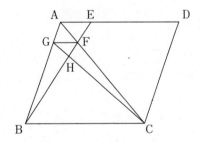

(2) 平行四辺形ＡＢＣＤの面積は三角形ＦＧＨの面積の何倍ですか．答えを出すために必要な式，図，考え方なども書きなさい．

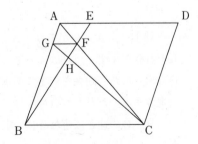

4. 図のような立方体があります。この立方体を点P，Q，Rを通る平面で切ります。ただし，点P，Q，Rは，立方体の辺をそれぞれ2等分する点です。このとき，切り口の面積は，正三角形ABCの面積の何倍ですか。答えを出すために必要な式，図，考え方なども書きなさい。

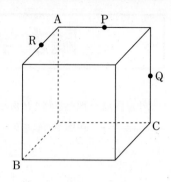

5. 点Oを中心とする半径8cmの円の周上に，図のように等間隔で12個の点A，B，C，D，E，F，G，H，I，J，K，Lがあります。これらの12個の点のうち，4個の点を頂点とする四角形を作ります。

(1) 点Aを頂点の1つとする正方形の面積を求めなさい。答えを出すために必要な式，図，考え方なども書きなさい。

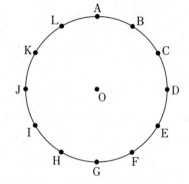

(2) 角AOBの大きさを求めなさい。また，長方形ABGHの面積を求めなさい。答えを出すために必要な式，図，考え方なども書きなさい。

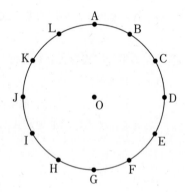

6. 直線上に点A，Bがあり，AとBの間は30cmです。直線上のAとBの間を，点Pと点Qがそれぞれ動きます。点PはAを出発しBに向かい，同時に点QはBを出発しAに向かいます。点P，Qは出会ったら向きを変えて進みます。点Pも点Qも，AまたはBにたどり着いたら向きを変えて進みます。ただし，点QはBにたどり着いたとき，2秒間止まってから再び動き出します。

点P，Qの速さはそれぞれ一定です。また，グラフは点Pの移動の様子の一部を表したものです。

(1) 点P，Qの速さはそれぞれ毎秒何cmですか。必要であれば，次のグラフを用いなさい。答えを出すために必要な式，図，考え方なども書きなさい。

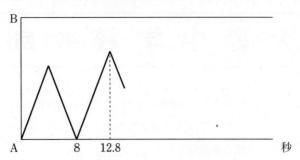

(2) 点P，Qが7回出会うまでに点Pが進んだ長さの合計は何cmですか。必要であれば，次のグラフを用いなさい。答えを出すために必要な式，図，考え方なども書きなさい。

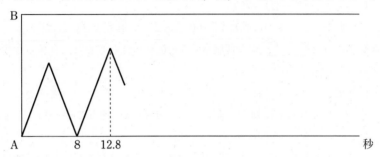

7 次のように，それぞれ異なる規則にしたがって並ぶ2つの整数の列A，Bを表にしました。

	1番目	2番目	3番目	…
A	2021	2017	2013	…
B	1328	1331	1334	…

(1) 次の表の2か所の イ に当てはまる数は同じです。このとき，ア に当てはまる数を求めなさい。答えを出すために必要な式，図，考え方なども書きなさい。

	1番目	2番目	3番目	…	ア 番目	…
A	2021	2017	2013	…	イ	…
B	1328	1331	1334	…	イ	…

(2) 次の表の2か所の カ に当てはまる数は同じです。このような場合はいくつか考えられます。このような場合のうち，エ に当てはまる数で最も大きい数を求めなさい。答えを出すために必要な式，図，考え方なども書きなさい。

	1番目	2番目	3番目	…	ウ 番目	…	エ 番目	…
A	2021	2017	2013	…	オ	…	カ	…
B	1328	1331	1334	…	カ	…	キ	…

1 次の□にあてはまる数を求めなさい。

(1) $1\frac{1}{4} \div \left(0.75 - \frac{1}{6}\right) \times \frac{7}{8} + \frac{1}{2} = $ □

(2) $9 + 8 \times ($ □ $\div 7 - 2) = 777$

(3) 3つの整数があり，2つずつの和は46, 60, 68です。最も大きい数は□です。

(4) 4％の食塩水75gと□％の食塩水125gを混ぜ合わせると，9％の食塩水ができます。

2 5km離れた目的地まで，はじめは毎分180mの速さで走りましたが，途中から毎分80mの速さで歩いたところ，40分で目的地に到着しました。毎分180mの速さで走ったのは何分間ですか。

3 A，B，Cの3人の所持金の合計は15600円です。3人がそれぞれ同じ金額だけ使うと，3人の所持金はそれぞれはじめの$\frac{2}{3}$, $\frac{3}{4}$, $\frac{5}{6}$になります。Aがはじめに持っていた金額はいくらですか。

4 ある中学校に昨年入学した生徒の人数は330人でした。今年は昨年に比べると，男子は1割減少し，女子は12％増加して，女子が男子より6人多く入学しました。今年入学した女子の人数は何人ですか。

5 図1は，長方形，おうぎ形，半円が重なったものです。図2において，角xの大きさは何度ですか。

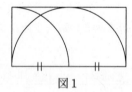
図1

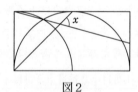
図2

6 図の点Aから点Gは円を7等分する点です。
・Pは点Aを，Qは点Cを同時に出発し，1秒ごとに移動します。
・Pは時計回りに点を1つ飛ばしに，Qは反時計回りに点を2つ飛ばしに移動します。

(1) 2度目にPとQが同じ点で出会うのはどの点ですか。
(2) 2021秒後，PとQはそれぞれどの点に移動しますか。

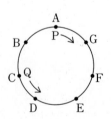

7 4種類の数字 0, 3, 5, 9 を用いて表される整数を次のように小さい順に並べます。
   3, 5, 9, 30, 33, 35, 39, 50, …
   このとき, 5039は何番目に出てきますか。

8 図1のように, 円柱の容器の中に4つの仕切りが底面と垂直に立てられています。図2は円柱を上から見たものです。㋐の真上から水を一定の割合で入れ始めました。水が仕切りA, B, Cを超えたのは水を入れ始めてそれぞれ3分後, 8分後, 17分後でした。また, 28分後に円柱は水でいっぱいになりました。仕切りA, B, C, Dの高さの比を最も簡単な整数の比で表しなさい。

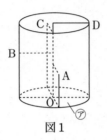
図1

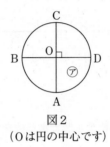
図2
(Oは円の中心です)

9 20ページある文書をパソコンに入力する作業をA, B, Cの3人で, 1ページ入力するごとに交代します。
   ① A→B→C→A→…   ② C→B→A→C→…   ③ A→B→A→…
   ②の順番で行うと, ①の順番で行うより3分多くかかります。③のようにA, Bの2人だけで行うと, ①の順番で行うより15分早く終わります。C→A→B→C→…の順番で行うと, ①の順番で行うより何分**早く**または**遅く**終わりますか。

10 AとBが同時に会社を出発して18km離れたO会社へ向かいます。Aは初めタクシーに乗り, 途中で降りて徒歩で向かいました。Bは初め徒歩で向かいましたが, Aを乗せていたタクシーが戻ってきたのでそれに乗ってO会社に向かったところ, Aより16分遅れて到着しました。タクシーの走る速さは毎時45km, 2人の歩く速さは毎時5kmです。グラフはかかった時間と距離の関係を表したものです。

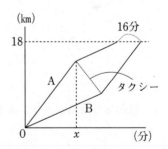

(1) 2人が同時に到着するためには, Aは出発して何kmのところでタクシーを降りればよいですか。
(2) グラフの x はいくつですか。

1 次の □ にあてはまる数を求めなさい。

(1) $\left(12 - 2\dfrac{2}{3} \div \dfrac{7}{30}\right) \times 3.5 = \boxed{}$

(2) $1.5 - \left\{1 - \left(\dfrac{2}{3} - 0.2\right)\right\} \times 1\dfrac{1}{4} = \boxed{}$

(3) $1\dfrac{1}{2} \times (\boxed{} - 2.2) \div 1.2 = 2$

2 次の問いに答えなさい。

(1) 20以下の整数で約数が4個である数をすべて答えなさい。

(2) 算数の試験を行ったところ，Aさん，Bさんの平均が73.5点，Cさん，Dさん，Eさんの平均が67点でした。5人の平均は何点ですか。

(3) 図のような図形(斜線部分)を直線ℓのまわりに1回転させたときにできる立体の体積を求めなさい。

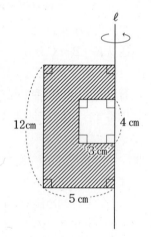

3 図のような道があり，AからBまで遠回りせずに行く道順を考えます。このとき，次の問いに答えなさい。

(1) Cを通る道順は何通りありますか。

(2) Cを通らない道順は何通りありますか。

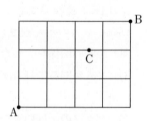

4 次のように，ある規則にしたがって数がならんでいます。
　　2，3，3，4，4，4，5，5，5，5，6，6，……
このとき，次の問いに答えなさい。
(1) 先頭から数えて100番目の数を答えなさい。
(2) 先頭から ア 番目の数までの和が イ で，はじめて100より大きくなります。
　　 ア ， イ にあてはまる数を答えなさい。

5 図のような長方形ＡＢＣＤがあります。このとき，次の問いに答えなさい。
(1) ＢＦの長さを求めなさい。
(2) 四角形ＢＧＥＦの面積を求めなさい。

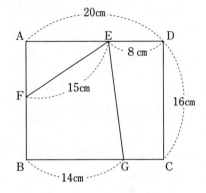

6 1以上の整数Ａ，Ｂ，Ｃについて，【Ａ，Ｂ，Ｃ】をＡから順にＢずつ大きくなるＣ個の整数を足したものとします。
　　例えば【1，2，3】＝1＋3＋5＝9，【2，5，4】＝2＋7＋12＋17＝38となります。
このとき，次の問いに答えなさい。
(1) 【5，4，3】を求めなさい。
(2) 【2，x，4】＝50となるxを求めなさい。
(3) 【Ａ，Ｂ，3】＝15となるＡ，Ｂの組をすべて求めなさい。
　　ただし，Ａ＝1，Ｂ＝2のときは，（1，2）のように答えるものとします。

1 次の□にあてはまる数を求めなさい。約分ができる分数は，約分して答えなさい。

(1) $1.8 \times \dfrac{5}{9} \div 0.25 + 7 =$ □

(2) $1.5 \div \left(2\dfrac{3}{4} - \dfrac{5}{3}\right) \times 2\dfrac{3}{5} =$ □

(3) $39 - 5 \times (14 - $ □ $\div 3) = 4$

(4) $\dfrac{1}{2} + 0.4 \times 6 - ($ □ $- 3) \times \dfrac{5}{8} = 2$

(5) (□ $-18) : 5.375 = 4 : 43$

(6) $1234\text{cm}^3 + 2.468\text{L} - 1681\text{mL} =$ □ cm^3

2 次の□にあてはまる数を求めなさい。約分ができる分数は，約分して答えなさい。

(1) 100円のえんぴつと，50円の消しゴムを合わせて15個買ったところ，合計金額は1350円となりました。買ったえんぴつは□本です。なお，金額はすべて税込みとします。

(2) 兄と弟が20mを競走したところ，兄が4m差で勝ちました。弟と妹が20mを競走したところ，弟が5m差で勝ちました。このとき，兄と妹が20mを競走すると，兄は□m差で妹に勝ちます。ただし，3人の走る速さはそれぞれ一定とします。

(3) 時速108kmで走る長さ160mの列車が，時速72kmで走っている長さ120mの列車Aに追いついてから追い抜くまでに□秒かかります。

(4) 3時から4時の間で時計の短針と長針が重なるのは3時□分です。

(5) 12％の食塩水100gと3％の食塩水100gを100gの水に混ぜると□％の食塩水ができます。

(6) 右の図は直径が異なる3つの半円を組み合わせたものです。このとき，斜線部分の面積は□cm²です。ただし，円周率は3.14とします。

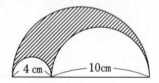

3 さいころをふって得点していくゲームを考えます。次の図は，入口から出口まで矢印の方向に進みます。このとき，あとの問いに答えなさい。

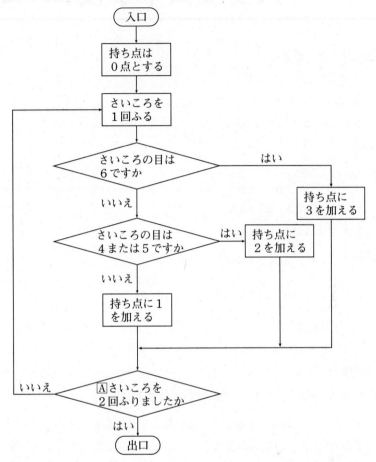

(1) 出口で持ち点が3点になるような，さいころの目の出方は全部で何通りありますか。

(2) 出口での持ち点は全部で何通りありますか。

(3) Aを「さいころを3回ふりましたか」に変更します。このとき，出口での1番高い持ち点と1番低い持ち点の差は何点になりますか。

(4) Aを「さいころを4回ふりましたか」に変更します。このとき，出口での持ち点が10点になるような，さいころの目の出方は全部で何通りありますか。

4 AB＝8cm，AD＝4cmの長方形ABCDがあります。2点E，Fは頂点Bを同時に出発して，この長方形の辺上を頂点Cを通って頂点Dへ向かって動き，点Eが頂点Dに到達した時点で2点E，Fはどちらも止まります。点Eの速さは秒速2cm，点Fの速さは秒速1cmです。長方形ABCDの辺と，AEとAFにはさまれた部分の面積を考えます。このとき，次の問いに答えなさい。

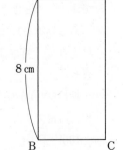

(1) 1秒後の面積を求めなさい。

(2) 3秒後の面積を求めなさい。

(3) 面積が変わらないのは何秒後から何秒後までですか。

(4) 面積が一番大きくなるのは何秒後になりますか。

大妻嵐山中学校（第1回）

—50分—

① 次の計算をしなさい。

(1) $58+12\times(7-5)\div8$

(2) $36-24\div(6+2\times3)\times3$

(3) $8\times0.5\div2+16\div2\times4$

(4) $\dfrac{5}{6}-\dfrac{3}{4}+\dfrac{2}{3}-\dfrac{1}{8}$

(5) $\dfrac{2}{7}\div\dfrac{8}{21}-\dfrac{3}{10}\times\dfrac{5}{6}$

(6) $5.6\times(1.2+7.2\div9)-2.5$

(7) $5\dfrac{1}{2}-\dfrac{1}{4}\div\dfrac{1}{5}\times2+0.6$

(8) $\left(1\dfrac{3}{4}+\dfrac{5}{8}\div0.25\right)\div2\dfrac{5}{6}-\dfrac{2}{3}$

(9) $3+5+7+9+11+13+15+17+19+21$

(10) $5\dfrac{1}{5}\div\left\{2\dfrac{4}{5}-1.5\times\left(\dfrac{2}{3}-0.2\right)+0.5\right\}$

② 次の問いに答えなさい。

(1) $\dfrac{2}{7}$と$\dfrac{1}{3}$のちょうど真ん中の数はいくつですか。

(2) 8で割ると商と余りが等しくなる整数のうち，最も大きい数はいくつですか。

(3) 1から200までの整数のうち，6で割っても9で割っても余りが3になる整数はいくつありますか。

(4) 3％の食塩水100gと4％の食塩水200gを混ぜた後，水を何gか蒸発させたら5％の食塩水になりました。蒸発させた水は何gですか。

(5) 長さ100mの電車が走っています。同じ速さで逆向きに走っている長さ80mの電車と，出会ってからすれちがうまでに6秒かかりました。この電車の速さは毎秒何mですか。

(6) 兄と弟の持っている金額の比は7：5でしたが，2人とも同じ金額を使ったので兄と弟の持っているお金はそれぞれ2400円と1000円になりました。2人が使った金額の合計は何円ですか。

(7) ノート4冊と鉛筆6本の代金は820円で，同じノート3冊と鉛筆4本の代金の合計は590円です。このときノート1冊は何円ですか。ただし，消費税は考えません。

(8) ある品物を100個仕入れ，原価の3割の利益を見込んで定価をつけました。このとき85個だけ売れて，利益は1575円でした。この品物1個の原価は何円ですか。ただし，消費税は考えません。

(9) 縮尺5000分の1の地図上で半径2cmの円形の土地があります。この円形の土地の実際の面積は何㎡ですか。ただし，円周率は3.14とします。

(10) 100円玉1枚，50円玉2枚，10円玉1枚を持っています。これら4枚の硬貨のうち1枚以上を使って，おつりが出ないように支払える金額は何通りありますか。

—308—

3 Aは一定の速さで，家から歩いて2100mはなれた駅に向かっていましたが，雨が降ってきたので途中の本屋で雨やどりをしました。本屋で兄と会い，自転車を借りて分速140mの速さで駅に向かいました。すると，Aは最初の予定よりも2分早く駅につきました。

あとのグラフは，Aが家を出発してから駅に着くまでの様子を表したものです。このとき，次の問いに答えなさい。

(1) Aの歩く速さは分速何mですか。
(2) Aが自転車で移動した時間は何分間ですか。
(3) □に入る数字はいくつですか。

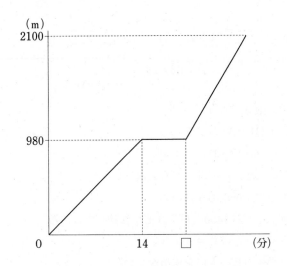

4 次の図のような直方体(図1)に，ひもをかけます(図2)。このとき，結び目に使ったひもの長さは20cm，使ったひもは全部で184cmでした。次の問いに答えなさい。

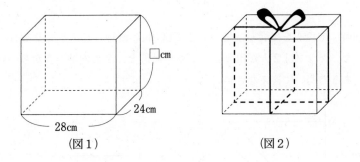

(1) この直方体の高さは何cmですか。
(2) (図1)の直方体をたてに5つ積み上げ，5つまとめてひもをかけます。結び目の長さは変えずに結ぶとき，全部でひもは何cm必要ですか。

学習院女子中等科(A)

—50分—

[注意] どの問題にも答えだけでなく途中の計算や考え方を書きなさい。

1 次の ア ～ エ にあてはまる数を求めなさい。 イ と ウ は答えのみでかまいません。

(1) $7\frac{1}{3} \div 121 \times \left(1.13 + \frac{3}{25}\right) = $ ア

(2) ① $\frac{1}{20 \times 21} = \frac{1}{\text{イ}} - \frac{1}{21}$, $\frac{1}{23 \times 24} = \frac{1}{23} - \frac{1}{\text{ウ}}$

   ② $\frac{11}{20 \times 21} + \frac{18}{21 \times 22} + \frac{7}{22 \times 23} + \frac{7}{23 \times 24} = $ エ

2 A, B, Cの3つの地域があり,
    (Aの人口):(Bの人口)= 5:12
    (Bの人口):(Cの人口)= 8:7
となっています。このとき, 次の問いに答えなさい。

(1) 3つの地域の人口の比を求めなさい。

(2) BからAに1200人, Cに4400人がそれぞれ移動したところ,
    (Aの人口):(Cの人口)= 2:5
となりました。移動後のBの人口を求めなさい。

3 1個のサイコロを3回投げて1回目に出た目の数をA, 2回目に出た目の数をB, 3回目に出た目の数をCとします。BがAの倍数となり, CがBの倍数となる目の出方は何通りありますか。

4 兄と弟が同時に地点Aを出発し, 地点Bまで800mの直線コースをそれぞれ一定の速さで走って往復しました。グラフは2人が出発してからの時間と, 2人の地点Aからの距離の関係を表したものです。あとの問いに答えなさい。

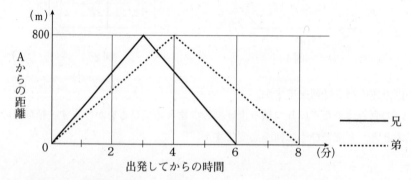

(1) 兄の走る速さは, 時速何kmですか。
(2) 兄がBに着いたとき, 弟は地点Aから何mの地点にいますか。
(3) 出発後に初めて2人が出会うのは, 2人が出発してから何分後ですか。
(4) 2人が出発してから弟が地点Aにもどるまでの, 2人の間の距離を表すグラフを, 次のグラ

フの図にかきなさい。ただし，図には参考として，2人が出発してからの時間と，2人の地点Aからの距離の関係を表したグラフがかかれています。

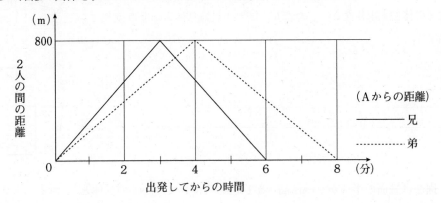

5 1辺の長さが4cmの正三角形ABCがあり，図のように辺AB上の点Pに長さ5cmの糸の端が固定されています。また，糸のもう一方の端にはペンがついています。糸をたるませずにぴんと張ったままで，正三角形のまわりに巻きつけるように動かすとき，次の問いに答えなさい。ただし，糸やペンの太さは考えず，糸はAの側にもBの側にも巻きつけることとします。また，ペンの先は紙からはなさないものとします。

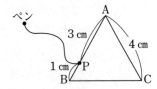

(1) ペンが描く線を，次の図にかきなさい。ただし，作図に使った線は消さずに残しておきなさい。

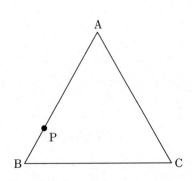

(2) (1)でかいた線の長さを求めなさい。ただし，円周率は3.14とします。

6 次の問いに答えなさい。ただし，円周率は3.14とします。

(1) 図1の太線で囲まれた図形を辺ABの周りに1回転してできる立体の体積を求めなさい。ただし，図の1目盛りは1cmであるとします。

図1
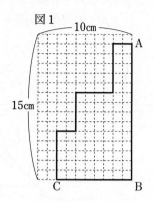

(2) 図2は底面の半径が9cm，高さが14cmの円すいです。(1)の立体と図2の円すいを平らな床の上に，ともに高さが14cmになるように並べて置きます。ただし，(1)の立体は辺BCを回転してできる面が床につくように置きます。次に2つの立体を床からの高さが同じ平面で水平に切ったところ，切り口の面積が等しくなりました。2つの立体を床から何cmの高さで切ったのか，考えられるものをすべて求めなさい。

図2
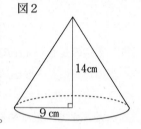

神奈川学園中学校（A午前）

—50分—

注意 ③, ⑤については途中の考え方や計算の式も書きなさい。

① 次の□にあてはまる数を求めなさい。

(1) $20-(12-6\div2)\div3\times5=\boxed{}$

(2) $2\dfrac{5}{8}-0.125\div0.5-1.375=\boxed{}$

(3) $0.45\times37+13\times\dfrac{9}{20}-15\times0.9=\boxed{}$

(4) $\{20\div3-(\boxed{}+2)\}\times7=21$

② 次の各問いに答えなさい。

(1) みかんを2個とりんごを3個買うと570円です。みかんを2個とりんごを5個買うと830円です。みかん1個の値段は何円ですか。

(2) 15％の食塩水40ｇと，□％の食塩水を混ぜると，6％の食塩水が160ｇできました。□にあてはまる数を求めなさい。

(3) 次のような⇒という計算規則を考えます。⇒は割り算のあまりを求める計算です。
たとえば，
　　10÷4⇒2　　23÷6⇒5　　100÷2⇒0
となります。このとき，
　　2021÷23⇒a　　b÷a⇒a－1
となりました。
bは2けたの整数で，aより大きい数です。bの値のうち，2番目に小さいものを求めなさい。

(4) さくらさんは持っていたお金の$\dfrac{2}{5}$で本を買い，残りのお金の$\dfrac{3}{4}$で文房具を買ったところ，残金が600円になりました。さくらさんが最初に持っていたお金はいくらですか。

(5) 右の図は正十角形です。このとき，xの値を求めなさい。

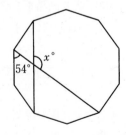

3 次の各問いに答えなさい。(途中の考え方や計算の式も書きなさい。)

(1) 図のように，底面が直角三角形である三角柱のAと，底面が半径5cmである円柱のBを組み合わせてできた水そうPがあります。Aの底には穴があいていて，Aの上にある蛇口からAに入った水は，Aの底の穴からのみ一定の量ずつBに流れ落ち，残りはAにたまります。

いま，水そうPに蛇口から毎秒120cm³ずつ水を入れたところ，水を入れ始めてからの時間とBの水面の高さの関係は次のグラフのようになりました。

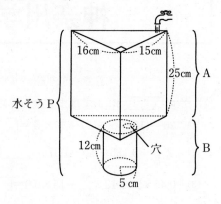

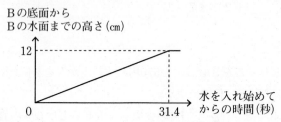

このとき，次の各問いに答えなさい。ただし，円周率は3.14とします。
① 水を入れ始めてからBが満水になるまでの間，Aには毎秒何cm³ずつ水がたまりますか。
② 水そうP(容器AとBの両方)が満水になるのは，水を入れ始めてから約何秒後ですか。小数第1位を四捨五入して整数で答えなさい。

(2) AさんとBさんが，折り紙で鶴かカブトを同じ時間だけ折ることになりました。
2人が折り紙を折れる個数は，次の①～④のようになります。
① Aさんが鶴だけを折ると，カブトだけを折るときより折れる個数が3割多い。
② Bさんが鶴だけを折ると，折れる個数は，カブトだけを折るときの1.25倍である。
③ AさんとBさんの2人で鶴だけを折ると，79羽折ることができる。
④ Aさんが1人でカブトだけを折ると，30個折ることができる。
このとき，AさんとBさんの2人でカブトだけを折ると，何個折ることができますか。

(3) ある商品を1個あたり □ 円で100個仕入れ，2割の利益を見込んで定価をつけて販売することにしました。しかし，75個しか売れなかったので，残りは定価の3割引きの値段にしたところ，すべて売り切ることができました。その結果，利益は3850円でした。□ にあてはまる数を答えなさい。

4 今は算数の授業中です。先生の出した問題について桜さんとかなこさんが一緒に考えています。
先　　　生：今日は「拡大図と縮図」を使って，いろいろな物の高さを求めてみましょう。
桜　さ　ん：「高さ」ですか？山の高さもはかれたりするのでしょうか？
先　　　生：その通り！みなさんの身長や小さな物はメジャーや定規を使ってはかることができるけれど，山の高さや大きな物だとそうはいかないよね。そこで「拡大図と縮図」が役立ちます。次の図1を見てください。

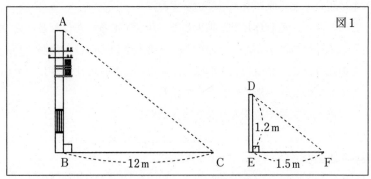

※実際の縮尺とは合っていません。

かなこさん：2つの直角三角形ですね。この図は何を表しているのかな…

先　　生：これは，電柱とものさしそれぞれに同時刻に太陽光が当たってできた影の様子とその長さを表しています。底辺ができた影の長さですね。ものさしの長さＤＥはわかっています。これらを使って電柱の高さＡＢを求めてみましょう。

桜　さ　ん：三角形ＡＢＣと三角形ＤＥＦは形が同じで大きさが違う「拡大図と縮図」の関係にある三角形だから，ＡＢの長さを求められそうね。

かなこさん：そうか！三角形ＡＢＣと三角形ＤＥＦの辺ＢＣと辺　(ア)　に注目すれば，三角形ＡＢＣは三角形ＤＥＦを　(イ)　倍に拡大した図だとわかりますね。

桜　さ　ん：ということは，ＡＢの長さは　(ウ)　ｍということね。

先　　生：そうですね！でも，ものの高さをはかるとき，いつでも影の長さを利用できるわけではありません。そこで昔の人は，次の図２のような方法で山や建物などの高さをはかっていたそうです。これは自分のいる地点から，高さをはかるものが立っている地点までの距離が分かっているときに用いたそうですよ。次の場合を考えてみましょう。

図２のＯＹは，学くんがまっすぐ前を見たときの視線を表しています。ＯＸは学くんがＸを見上げたときの視線を表しています。いま，次の図のように，一辺の長さが１ｍの正方形ＰＱＲＳがあり，辺ＰＱが直線ＯＸに重なっています。この正方形の頂点Ｑから重りをつけた糸を垂らしました。

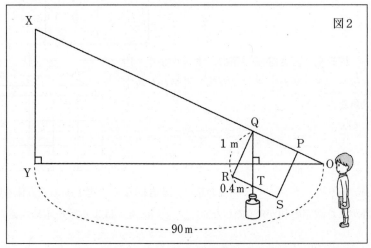

※実際の縮尺とは合っていません。

桜　　さ　ん：糸は辺ＯＹと垂直に交わっていますね。
先　　　　生：このとき，三角形ＱＲＴを拡大した三角形があるのだけれど，見つけられるかな？
かなこさん：いくつか見つけました。そのうち，一番大きいものは三角形　(エ)　ですね。
先　　　　生：その通り。この２つの三角形は対応する辺の長さの比が等しいから，先ほどの解き方でＸＹの長さが求められそうですね。

(1) 空欄ア～エに適する記号や数を入れなさい。ただし，ア，エには記号が，イ，ウには数が入ります。

(2) ＸＹの長さを求めなさい。

5　一辺の長さが1cmの立方体がたくさんあります。この立方体を並べ，その立方体に接している他の立方体の個数が，それぞれの立方体に書かれています。例えば，図1では，それぞれ1つの立方体に接しているので，両方に1と書かれています。このとき，次の各問いに答えなさい。((2)と(3)は途中の考え方や計算の式も書きなさい。)

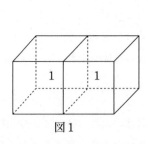
図1

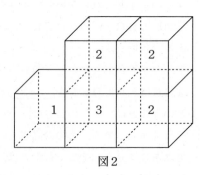
図2

(1) 右の図のように立方体を並べたとき，書かれた数字の合計はいくつになりますか。

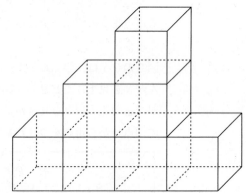

(2) たて4cm，横5cm，高さ3cmの箱に，すき間なく一辺1cmの立方体を敷き詰めたとき，立方体に書かれた数字の合計を求めなさい。

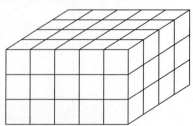

(3) たて4cm，横5cm，高さ　　　cmの箱に，すき間なく一辺1cmの立方体を敷き詰めたとき，立方体に書かれた数字の和が980でした。　　　にあてはまる数を求めなさい。

1 次の(1)～(5)の□にあてはまる数を求めなさい。
(1) $21-19+23-17+27-13+29-11=$ □
(2) $2\frac{1}{4}\times\left(\frac{3}{5}+2.6\right)-4.2\div0.7=$ □
(3) $22\times1.75+140\times0.35-16\times3.5=$ □
(4) $\{(□-1985)\div12+24\}\times37=999$
(5) (□$+135)\div15=$ □ あまり □
 （3つの□には同じ数が入ります。）

2 次の(1)～(5)の□にあてはまる数を求めなさい。
(1) Aさんは時速3.5km，Bさんは分速55mで□時間歩くと，Aさんの方が300m多く進みます。
(2) 今年のお年玉は，昨年より28％増え，一昨年より60％増えています。このとき，昨年のお年玉は一昨年より□％増えています。
(3) ちひろさんは階段を2段ずつとばして，ゆいさんは1段ずつとばしてのぼったところ，2人とも一番上までそれぞれちょうどのぼり切りました。2人の歩数の違いが12歩であるとき，この階段は全部で□段です。
(4) 図のように，正方形の中に同じ大きさの9つの円がぴったりと入っています。Aから円周上を通ってBまで行く最短の道のりは□通りあります。ただし，A，Bで正方形と円が接しています。

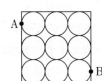

(5) 右の図のように正五角形と角Aが40°でAB＝ACである二等辺三角形を重ねました。角あの大きさは□度です。

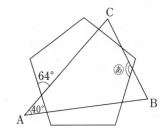

3 次の(1)～(4)の□にあてはまる数を求めなさい。
(1) 1本の長さが ① cmのテープを，のりしろを5cmにしてまっすぐつなげていきます。全体の長さは7本つなげると110cm，16本つなげると ② cmになります。
(2) A，B，C，Dの4人で所持金を比べたところ一番多いのはAでした。この4人から3人選んだときの合計金額はそれぞれ328円，312円，295円，292円でした。4人の合計金額は ① 円で，Aの所持金は ② 円です。
(3) ある仕事を1人で終わらせるのにゆいさんは3時間，ちひろさんは6時間，うみさんは ① 時間かかります。3人でこの仕事をすると1時間40分で終わりました。また，ちひ

ろさんとうみさんの2人でこの仕事をすると ② 時間 分 かかります。

(4) 1kmあるトンネルに電車Aは毎時80kmの速さで入りはじめ，同時に全長 ① mの電車Bが毎時120kmの速さで反対側から入りはじめたところ， ② 秒後に出会い，その18秒後に電車Bはトンネルから完全に出ました。

4 「かまくらドーナツ」というお店では，店内で食べる場合は消費税が10%，持ち帰りの場合は消費税が8%それぞれかかります。

右の図はゆいさんがもらったレシートです。次の問いに答えなさい。

(1) アイスティーの税抜き価格はいくらですか。

(2) レシート内の①，②にあてはまる数を求めなさい。

(3) ある日，「かまくらドーナツ」では持ち帰りのみドーナツ全品108円(税込み)のセールを行っていました。ゆいさんは持ち帰り分としてドーナツAとドーナツBを合わせて15個買ったところ，通常より1404円安く買うことが出来ました。

このとき，ゆいさんはドーナツAを何個買いましたか。

```
かまくらドーナツ レシート

店内飲食分    （消費税10%）

アイスティー    1個    275円

ドーナツA      1個    165円

持ち帰り分    （消費税8%）

ドーナツA      1個    ① 円

ドーナツB      1個    ② 円

合計                  818円

※書かれている価格は全て税込み価格です。
```

5 右の図のように，同じ大きさの正六角形のパネルを1段目に1枚，2段目に2枚，3段目に3枚……とすき間なく並べてできた図形を考えます。次の問いに答えなさい。

(1) 20段目まで並べるとパネルは何枚使いますか。

(2) 正六角形のパネルの1辺の長さが1cmのとき，できた図形の周りの長さが186cmとなりました。パネルは何段目まで並べましたか。

(3) 図1のように5段目までパネルを並べ，たるみのないようにひもをかけました。ひもで囲まれた部分の面積が86.7cm²のとき，正六角形のパネル1個の面積は何cm²ですか。

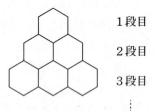

1段目
2段目
3段目

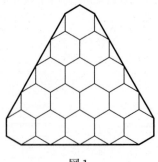

図1

カリタス女子中学校(第1回)

—50分—

* 円周率は3.14として計算すること。
* 比は最もかんたんな整数の比にすること。
* 分数は約分して答えること。

1 次の問いの□に正しい答えを入れなさい。

① $\left(\dfrac{1}{2}-\dfrac{1}{7}\right)\times\left(9+2\div\dfrac{1}{6}\right)\times\dfrac{3}{16}\div 1.25=$ □

② $\left\{\left(\boxed{}-\dfrac{1}{2}\right)\times 32+\dfrac{1}{4}\right\}\div\dfrac{5}{6}+0.1=10$

③ ある日の姉と妹の読書時間は合わせて5時間10分でした。そのうち,姉は妹より46分多く読書したので,姉の読書時間は□時間□分でした。

④ Aさんは,国語・算数・理科・社会の4科目のテストを受けました。科目ごとに前回のテストと比べると,国語と理科はともに□点ずつ上がり,算数は2点上がり,社会は前回と同じ点数で,4科目の平均点では,3点上がりました。

⑤ □円持って買い物に行きました。そのお金の$\dfrac{3}{5}$で本を,残りの$\dfrac{1}{4}$でお菓子を買ったところ,残金は360円でした。

⑥ 上り線の電車に乗ったAさんは,窓から外を見ていると,下り線の電車とすれ違いました。Aさんの前を列車がすれ違い始めてから通り過ぎるまでに4.5秒かかりました。上り線と下り線の列車の速さはともに同じ時速50kmとすると,下り線の列車の長さは□mです。

⑦ 120問ある問題集を毎日6問ずつ解き20日で終わらせる計画を立てましたが,途中で風邪のため3日間できなかったので,残りの□日間で毎日8問ずつ解き,ちょうど予定の20日で終らせることができました。

⑧ 次のように規則的に数が並んでいます。

　　10, 11, 13, 16, 20, 25, …

このとき,30番目の数は□です。

⑨ 65を割っても,93を割っても9余る数のうち一番小さい数は□です。

⑩ 右図の台形ABCDの面積は□cm²です。

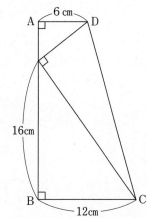

2 　3％の食塩水が200ｇあります。これに，9％の食塩水100ｇを加えてよくかき混ぜました。
このとき，次の問いに答えなさい。(式も書くこと)
① 　新たにできた食塩水の濃さは何％ですか。
② 　①の食塩水の濃さを変えないで，食塩水の量を1000ｇにするためには，食塩と水をそれぞ
れ何ｇずつ追加して，かき混ぜればよいですか。

3 　あるクラスで，ペットを飼っている人数を調査しました。ねこを飼っている人は14人，犬を
飼っている人は9人，ねこを飼っているが犬を飼っていない人は11人でした。また，この調査
結果をクラス全体に対する割合にして，円グラフで表しました。ねこと犬の両方を飼っている人
を円グラフで表すと，中心角は30度でした。
　このとき，次の問いに答えなさい。
① 　ねこと犬の両方を飼っている人は何人ですか。
② 　クラス全体の人数は何人ですか。
③ 　犬を飼っているがねこを飼っていない人を円グラフで表すと，中心角は何度ですか。(式も
書くこと)

4 　AさんとBさんの2人で休みを入れずにすると4時間で終わる仕事があります。このとき，次
の問いに答えなさい。
　ただし，2人の仕事を進める速さは同じものとします。
① 　この仕事をAさんだけで，休みを入れずにすると終わるのは何時間後ですか。
② 　この仕事をAさん，Bさんは，以下のように休みを入れ，繰り返しすることにしました。
　Aさん　1時間仕事をした後30分休む
　Bさん　2時間仕事をした後1時間休む
　(ア) 　この仕事をAさんだけで，休みを入れてすると終わるのは何時間何分後ですか。
　(イ) 　この仕事をAさんとBさんの2人で，休みを入れてすると終わるのは何時間何分後ですか。

5 次の図は，A(スタート)からJ(ゴール)までの途中の道を示した地図です。途中のB～Iは通過ポイントで，各ポイント間に書かれた数字はそのポイント間の移動にかかる時間(分)を表しています。

2つのポイント間に道がない場合は，他のポイントを経由していく必要があります。今，A(スタート)からJ(ゴール)まで向かいますが，同じポイントは複数回通らない(1回だけ通る)ようにします。また，A(スタート)とJ(ゴール)は通過ポイントにはできません。このとき，あとの問いに答えなさい。

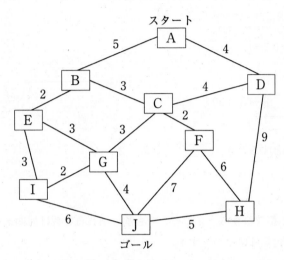

① A，D，C，F，Jの順番にポイントを通った場合，かかる時間は何分ですか。
② スタートからゴールまでにかかる時間が最も短い経路を，通るポイントの順番にA，○，○，…，Jのように記号で並べなさい。
③ スタートからゴールまでに，すべての通過ポイントを通っていくことを考えます。
　㈠ ゴールの直前に通ることができる通過ポイントをすべてあげなさい。
　㈡ かかる時間が最も短い場合，何分ですか。

北鎌倉女子学園中学校（２科第１回）

—45分—

【注意事項】 問題に書いてある図は正確なものではありません。

① 次の　　　にあてはまる数を求めなさい。

① $21 \div 3 + 4 \times 5 = $ 　　　

② $\dfrac{1}{2} + \dfrac{8}{9} \times \dfrac{3}{20} \div \dfrac{16}{15} = $ 　　　

③ $1.69 \div 1.3 - 0.9 \times 0.7 = $ 　　　

④ $\dfrac{3}{7} \div $ 　　　 $= 2$

⑤ $4 \times (10 - $ 　　　 $) - 6 = 30$

⑥ $3 : 13 = 12 : $ 　　　

⑦ $A \circledcirc B = \dfrac{A+B}{A-B}$ とするとき，　　　 $\circledcirc 3 = 2$

② 次の問いに答えなさい。

① 1から100までの整数のうち，2でも3でも割り切れる整数は何個ありますか。

② 24と32の最小公倍数はいくつですか。

③ 濃度15％の食塩水300ｇに溶けている食塩の重さは何ｇですか。

④ 300ｍのまっすぐな道に15ｍおきに木を植えます。はしからはしまで植えると，木は全部で何本必要ですか。

⑤ 円周率を3.14とします。面積が50.24cm²の円の半径を求めなさい。

⑥ 姉は分速90ｍ，妹は分速70ｍの速さで同じ場所から同時に出発し，同じ方向に進みます。10分後，姉は妹の何ｍ先を進んでいますか。

⑦ 0，1，2，3，4の5個の数字から異なる数字を3個選んで3けたの整数をつくるとき，3の倍数は全部で何通りつくれますか。

③ 次の問いに答えなさい。

① 1辺の長さが4cmの正方形が3つ並べてあります。次の図のかげの部分の面積を求めなさい。

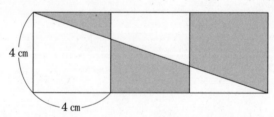

② 円周率を3.14とします。右の図のかげのついた部分のまわりの
長さを求めなさい。

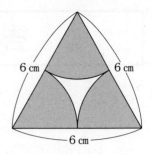

4 次の図のように1辺の長さが1cmの正三角形のタイルを組み合わせて，正三角形を作ります。作る三角形はできるだけ大きいものから作っていき，余ったタイルでそれよりも小さい正三角形を作ります。

例えば，10枚のタイルでは，1辺3cmの正三角形を1個と1辺1cmの正三角形を1個作ることになります。

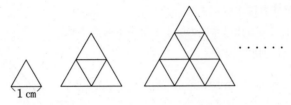

① 1辺の長さが5cmの正三角形を1個作るにはタイル何枚必要ですか。
② 300枚のタイルがあるとき，1辺1cmの正三角形は何個作ることになりますか。

5 A，B，Cの3つの水そうがあります。
　Aの水そうはコックを開けると毎分3Lの水が流れ，Cの水そうに注がれます。
　Bの水そうはコックを開けると毎分5Lの水が流れ，Cの水そうに注がれます。
　Cの水そうはコックを開けると毎分6Lの水が流れます。
　Cの水そうの容量は100Lです。

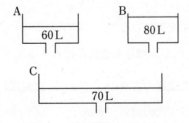

① 図の状態から，3つの水そうのコックを同時にあけるとCの水そうは何分後に満杯になりますか。
② 図の状態から，AとCのコックを開け，その10分後にBのコックも開けました。AとCのコックを開けてから30分後にCの水そうには水は何L入っていますか。

吉祥女子中学校(第1回)

—50分—

① 次の問いに答えなさい。

(1) 次の空らん□にあてはまる数を答えなさい。
$$\frac{1}{9}+\left(1\frac{5}{12}-\boxed{}\right)\div 4\times 2\frac{1}{3}=1\frac{2}{3}$$

(2) 次の空らん□にあてはまる数を答えなさい。
$$\left(1.25-\frac{1}{8}\right)\times\left\{\frac{2}{3}+\left(2-\frac{4}{9}\right)\div(0.5-\boxed{})\right\}=6$$

(3) 長さ12cmのテープを，のりしろをどこも2cmにしてまっすぐにつなげたところ，全体の長さが132cmになりました。テープを何本つなげましたか。

(4) A店のりんごの値段はB店のりんごより60％高いです。B店と同じ値段にするにはA店は値段を何％割り引きすればよいですか。

(5) 右の図で，半円上にある点は半円の弧を6等分する点です。このとき，㋐の角度は何度ですか。

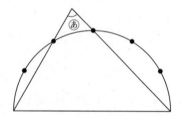

(6) 静水上で一定の速さで進むボートがあります。このボートで，川の上流にあるA地点から下流にあるB地点まで下ったところ，8分かかりました。また，同じボートでB地点からA地点まで上ったところ，14分かかりました。川の流れる速さが毎分36mであるとき，A地点からB地点までの距離は何mですか。

(7) 14で割ると，商と余りが同じ数になる整数はいくつかあります。それらの整数を全部足すといくつですか。

② Aさんは，母，兄，姉とお金を出し合って，父にプレゼントを買いました。母はプレゼント代の$\frac{2}{3}$を，兄はその残りの$\frac{2}{3}$を出し，残りの金額を姉とAさんで支払いました。Aさんが出した金額は，兄と姉の2人が出した金額の合計の$\frac{1}{7}$でした。次の問いに答えなさい。

(1) 兄が出した金額はプレゼント代の何倍ですか。

(2) Aさんが出した金額はプレゼント代の何倍ですか。途中の式や考え方なども書きなさい。

(3) 姉はAさんより200円多く出しました。プレゼント代は何円ですか。

③ 4個の整数が小さい方から順にA，B，C，Dと並んでいます。この4個の整数の中から異なる3個を取り出してその和を計算したところ，

14, 21, 28, ［ ア ］

となりました。次の問いに答えなさい。ただし，［ ア ］は28より大きい整数です。

(1) A＋B＋Dはいくつですか。

(2) C－Bはいくつですか。

(3) ［　ア　］にあてはまる整数を答えなさい。

4 次の問いに答えなさい。

(1) 図1のように，一辺の長さが4cmの正方形Xと，一辺の長さが5cmの正方形Yがあり，それぞれに2本の対角線を引いてあります。

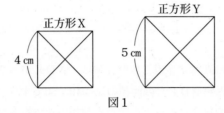

図1

① 図2において，正方形Xの影の部分と正方形Yの影の部分の面積の比を，もっとも簡単な整数の比で答えなさい。

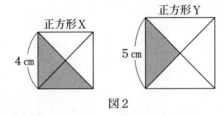

図2

② 図3において，正方形Xの影の部分と正方形Yの影の部分の面積の比を，もっとも簡単な整数の比で答えなさい。

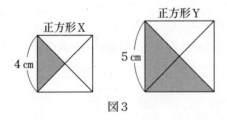

図3

(2) 図4のように，2つの直角二等辺三角形ABC，DEFがあります。三角形ABCと三角形DEFの面積の比は18：25です。

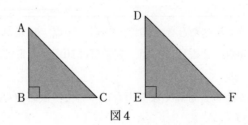

図4

① ABとDFの長さの比を，もっとも簡単な整数の比で答えなさい。

② ACとDEの長さの比を，もっとも簡単な整数の比で答えなさい。

(3) 図5のように，2つの直角二等辺三角形ＡＢＣ，ＡＤＥがあります。三角形ＡＢＣと三角形ＡＤＥの面積の比は25：98です。ＡＢとＡＥの長さの比を，もっとも簡単な整数の比で答えなさい。

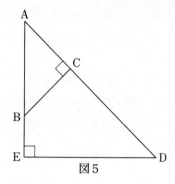

図5

(4) 図6のように，2つの直角二等辺三角形ＡＢＣ，ＡＤＥがあります。三角形ＢＥＦと三角形ＤＦＣの面積の比は49：50です。
① ＡＢとＢＥの長さの比を，もっとも簡単な整数の比で答えなさい。
② 三角形ＡＢＣと三角形ＡＤＥの面積の比を，もっとも簡単な整数の比で答えなさい。

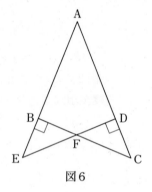

図6

⑤ 41人の生徒に対してテストを行ったところ，以下のような結果になりました。

> 女子について
> ・女子の人数は21人
> ・最高点は82点，最低点は40点
> ・女子の得点を高い順に並べたとき，11番目の得点は61点

> 男子について
> ・男子の人数は20人
> ・最高点は80点，最低点は44点
> ・男子の得点を高い順に並べたとき，10番目と11番目の得点の合計は130点

ただし，得点を高い順に並べたとき，80点，70点，70点，60点のように同じ得点が2人以上いるときは，1番目は80点，2番目は70点，3番目は70点，4番目は60点となります。次の問いに答えなさい。

(1) 女子21人の平均点がもっとも高くなる場合について，次の空らん ア ～ ウ にあてはまる数を答えなさい。

> 女子の平均点がもっとも高くなるのは82点の生徒が ア 人，61点の生徒が イ 人のときで，そのときの平均点は ウ 点となる。

(2) 男子20人の平均点について考えます。

① 得点が80点の男子が10人であるとき，もっとも高くなる男子の平均点は何点ですか。

② 得点が80点の男子が9人であるとき，もっとも高くなる男子の平均点は何点ですか。

③ 男子の平均点がもっとも高くなる場合，男子の得点を高い順に並べたときの11番目の得点は何点ですか。

(3) 女子と男子を合わせた41人の平均点はもっとも高くて何点が考えられますか。途中の式や考え方なども書きなさい。ただし，答えは小数第2位を四捨五入して答えなさい。

(4) 女子の平均点が男子の平均点よりも8点高く，女子と男子合わせて65点以上の生徒がもっとも多くなる場合，65点以上の生徒は全部で何人いますか。

1 次の計算をしなさい。
① $0.125 \div \dfrac{1}{8} - 0.25 \times \dfrac{3}{4} + 0.5 \times \dfrac{1}{2}$

② $\dfrac{1}{2} - \left\{\dfrac{1}{3} - \left(0.375 + \dfrac{1}{4}\right) \times \dfrac{2}{9}\right\} \div \dfrac{7}{4}$

③ $4.2 \times 0.96 - 0.42 \times 0.5 + 42 \times 0.109$

2 次の各問いに答えなさい。
① $7\dfrac{2}{7} \times (\boxed{} \div 7.2 - 2) = \dfrac{17}{28}$ の $\boxed{}$ にあてはまる数を求めなさい。

② 7％の食塩水90gと12％の食塩水を混ぜ合わせて，10％の食塩水を作りました。混ぜた12％の食塩水は何gですか。

③ 右の図のように，ある円すいを底面に平行な面で高さが等しい3つの立体に分けます。これらを下から順に1段目，2段目，3段目の立体と呼ぶことにします。2段目の立体の体積は1段目の立体の体積の何倍ですか。

④ ある池の周りを共子さんと立子さんが走ります。立子さんは分速100mの速さで走ります。2人が同じ場所から同時に出発し，同じ方向に走ると共子さんは立子さんに28分後に追いつき，反対方向に走ると8分後に初めて出会います。2人がそれぞれ一定の速さで走るとき，共子さんの走る速さは分速何mですか。

⑤ 長針は1時間で1周し，短針は24時間で1周する右の図のような時計があります。今，図の時計は3時ちょうどを指しています。長針と短針のつくる角度が初めて90°となるのは，今から何分後ですか。

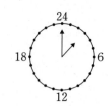

⑥ A，B，Cの3つのお店があり，1月の売上金は3店とも同じでした。Aは1月から毎月同じ売上金です。Bは2月に売上金が20％増加しましたが，3月は2月と比べて20％減少しました。Cは2月に売上金が20％減少しましたが，3月は2月と比べて20％増加しました。3月の売上金について，正しいものを1つ選び記号で書きなさい。
ア 3店ともに同じ売上金である。　イ 売上金が同じ店はない。
ウ Aの売上金が最も多い。　　　　エ Bの売上金が最も多い。
オ Cの売上金が最も多い。

3 次の図で影をつけた部分の面積はおよそ何cm²ですか。最も近いものを次のア～オの中から選び記号で書きなさい。

ア　10cm²　　イ　13cm²　　ウ　17cm²　　エ　21cm²　　オ　24cm²

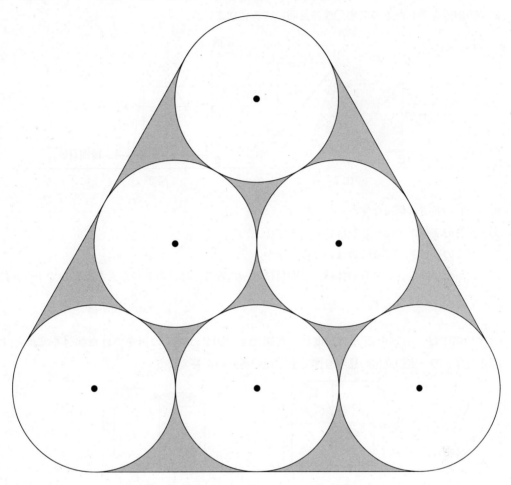

4 次のような直方体ＡＢＣＤ－ＥＦＧＨがあります。点Ｐは点Ａから太線上を秒速１cmの速さで進み始めます。その後，点Ｆ，Ｇを通って点Ｄまで進みますが，頂点を通るたびに速さが２倍になります。図２は点Ｐが点Ａを出発してから点Ｄに着くまでの時間と，四角すいＰ－ＡＥＨＤの体積の関係を表したものです。後の各問いに答えなさい。

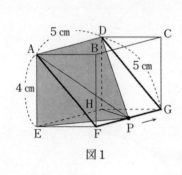
図１

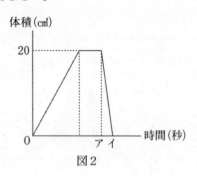
図２

① ＥＦの長さは何cmですか。
② 図２のアにあてはまる数はいくつですか。
③ 図２のイにあてはまる数はいくつですか。
④ 四角すいＰ－ＡＥＨＤの体積が２回目に８cm³になるのは，点Ｐが点Ａを出発してから何秒後ですか。

5 次の図１は，扇形と正方形が重なった図です。図２は図１の影をつけた部分を底面とする，高さが９cmで一定の立体の見取り図です。後の各問いに答えなさい。

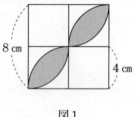
図１

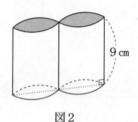
図２

① 図１の影をつけた部分の面積は何cm²ですか。
② 図２の立体の体積は何cm³ですか。
③ 図２の立体の表面積は何cm²ですか。

6 ある規則にしたがって整数が次のように並んでいます。
（１），（２），（３，４，５），（６，７，８），（９，１０，１１，１２，１３），（１４，１５，１６，１７，１８），…
たとえば，１０は第５グループの２番目の数です。次の各問いに答えなさい。
① ２７は第何グループの何番目の数ですか。
② 第１２グループの６番目の数はいくつですか。
③ 第８グループの数の和から第７グループの数の和を引くといくつですか。
④ 第（ あ ＋１）グループの数の和から第 あ グループの数の和を引くと１２１になります。 あ にあてはまる奇数を求めなさい。

恵泉女学園中学校(第2回)

—45分—

注意　①〜③(1)(2)、④(1)(2)、⑤は、答えのみを書くこと。③(3)(4)、④(3)(4)は、
　　　問題を解くにあたって必要な式や図、考え方なども書くこと。

① 次の□□にあてはまる数を求めなさい。

(1) $\dfrac{7}{5} \times \left(2.5 - 1\dfrac{3}{7}\right) - 0.15 =$ □

(2) $\left\{7 - 5\dfrac{1}{3} \times \left(0.5 - \dfrac{1}{14}\right)\right\} \div 11 =$ □

(3) $1\dfrac{5}{7} \times \{3 - (1.5 + $ □ $)\} = 2$

② 次の問いに答えなさい。

(1) 袋の中に1から8までの数が書かれた玉が1個ずつ入っています。この袋から2個の玉を同時に取り出します。玉に書かれた数字の積が、30以上になる組み合わせは何通りあるか求めなさい。

(2) 花だんの面積の $\dfrac{2}{5}$ にラベンダーを植え、$\dfrac{3}{8}$ にバラを植えると、残りの面積は72㎡になります。この花だんの面積を求めなさい。

(3) 右の図のような、半径6㎝で中心角が90°のおうぎ形の周りの長さを求めなさい。ただし、円周率は3.14とします。

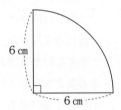

(4) 右の図のように、点Oを中心とする半円があり、点C、Dはそれぞれ円周上の点です。角ア、イの大きさをそれぞれ求めなさい。

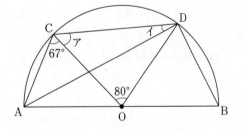

(5) 濃さが7.5％の食塩水200gに水を何gか加えたところ、濃さが6％以下になりました。加えた水の重さは何gだと考えられますか。「〜g」の形で数値を記入し、それに続く言葉として「より多い・以上・以下・より少ない」の中から最もふさわしいものを○で囲みなさい。

3 図のような平行四辺形ＡＢＣＤがあります。点Ｅ，Ｆは辺ＡＤを３等分する点で，点Ｇは辺ＢＣの中点です。対角線ＢＤと直線ＥＧ，ＦＧとの交点をそれぞれ点Ｈ，Ｉとするとき，あとの問いに答えなさい。

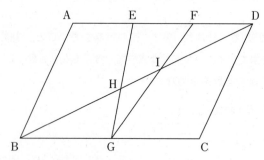

(1) ＢＨ：ＨＤを，最も簡単な整数の比で答えなさい。
(2) ＢＨ：ＨＩ：ＩＤを，最も簡単な整数の比で答えなさい。
(3) 三角形ＥＧＦの面積は，平行四辺形ＡＢＣＤの面積の何倍になるか求めなさい。
(4) 四角形ＥＨＩＦの面積が39㎠のとき，平行四辺形ＡＢＣＤの面積を求めなさい。

4 恵さんと泉さんの姉妹は，いつも家から２km離れた学校まで25分かけて歩いています。ある日，２人は一緒に家を出て学校へと歩き始めました。しかし，途中の交番まで歩いたところで，恵さんは郵便ポストに投函するつもりで手紙を持って来ていたことを思い出し，来た道を１人で走って引き返しました。１分後に郵便ポストに着いた恵さんは，宛名を書いていなかったことに気がつき，２分間かけて宛名を書いて手紙を投函し，走って学校に向かったところ，泉さんと同時に学校に着きました。

恵さんの走る速さは，２人がいつも歩いている速さの５割増しで，２人の歩く速さと恵さんの走る速さはそれぞれ一定とします。次の問いに答えなさい。

(1) 恵さんの走る速さは毎分何ｍですか。
(2) 恵さんが交番で引き返してから，再び交番の前を通るまでにかかった時間は何分間ですか。
(3) 恵さんが手紙を投函するために来た道を走って引き返したのは，２人が家を出てから何分後ですか。
(4) 家から郵便ポストまでは何ｍですか。

2021　恵泉女学園中学校(第2回)

5　0，1，2の数字が1つ書かれたカードが，それぞれたくさんあります。これらを使って6けたの整数を作ります。ただし，先頭の位には0を使うことができません。

　作ることができる整数を小さい順に並べ，①，②，③…と番号をつけます。

　必要ならば次の表を使っても構いません。あとの問いに答えなさい。

①	⑪
②	⑫
③	⑬
④	⑭
⑤	⑮
⑥	⑯
⑦	⑰
⑧	⑱
⑨	⑲
⑩	⑳

(1)　⑩の番号がついている6けたの整数を求めなさい。

(2)　作ることができる整数は，全部で何通りあるか求めなさい。

(3)　つけた番号が3の倍数である6けたの整数には，ある共通点があります。その特徴を用いることで，6けたの整数を見て，番号が3の倍数かどうかを見分けることができます。その特徴を説明しなさい。

(4)　つけた番号が偶数である6けたの整数には，ある共通点があります。その特徴を用いることで，6けたの整数を見て，番号が偶数かどうかを見分けることができます。その特徴を説明しなさい。

－333－

1 次の各問いに答えなさい。ただし、答えだけでよいです。

(1) $20 \times \left(0.8 \div 5 - 0.3 \times \dfrac{1}{100}\right)$ を計算し、小数で答えなさい。

(2) $\left(1\dfrac{1}{7} \div \dfrac{3}{8}\right) \times (3 \div 0.05 - 1) \times 21$ を計算しなさい。

(3) ☐ に当てはまる数を求めなさい。

 (☐ $-2.2 \div 10) \div 47 = 70 - 3 \times 3 \times 3$

2 次の各問いに答えなさい。

(1) 全部で170ページある本を3日で読み切りました。1日目と2日目に読んだページ数の比は4：5で、3日目に読んだページ数は8ページでした。
 2日目に読んだページ数を求めなさい。

(2) 右の図の斜線部分の面積を求めなさい。

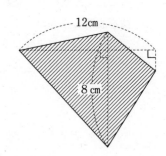

3 次の図のような、5つの円と直線で作られた図形があります。
 3つの大きな円は半径が同じで、互いにぴったりくっついています。
 また、2つの小さな円は半径が3cmで、大きな円の中にぴったり入っています。
 A, B, C, D, Eはそれぞれ円の中心を表しており、BCとDEは平行です。

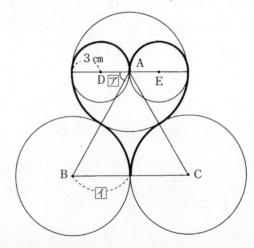

(1) ⑦の角度と，⑧の長さを求めなさい。（答えだけでよいです。）
(2) 前の図の太線部分の長さを求めなさい。
(3) 定規とコンパスを用いて，前の図の「太線部分の図形」を解答欄の図にかき加えて完成させなさい。定規とコンパスのあとは消さないで残しておきなさい。ただし，定規で測った長さを使ってはいけません。
　　（線を太くかく必要はありません。）

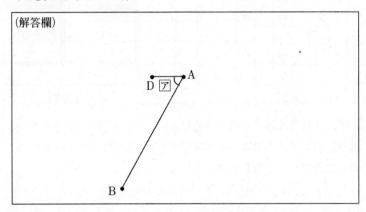

4　光子さんはA町をちょうど10時に出発して，7.2km離れたB町まで，30分で行きました。
　　光子さんは，最初の10分間はある一定の速さで進み，次の10分間は最初の10分間の1.5倍の速さで進み，最後の10分間は最初の10分間の2倍の速さで進みました。次のグラフは，光子さんが移動した距離を縦軸に，出発してからの時間を横軸にとったものです。

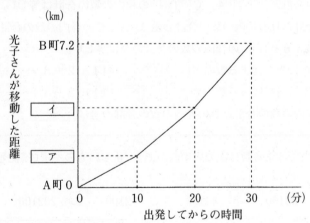

(1) ⑦と⑧に当てはまる数を求めなさい。

　塩子さんはB町をちょうど10時に出発して，A町に向かいました。最初の20分間はある一定の速さで進み，10時20分に光子さんと出会いました。
(2) もし塩子さんが光子さんと出会った後も，出会う前と同じ速さで進んだとしたら，塩子さんはA町に何時何分に着きますか。
(3) もし塩子さんが光子さんと出会った後に進む速さを変えて，10時30分にA町に着いたとしたら，変えた後の速さは変える前の速さの何倍ですか。
　　ただし，変えた後の速さは一定であるとします。

⑤ 次の【表1】は，一番左の数字と一番上の数字をかけ合わせた $1×1$ から $10×10$ までの計算
結果を書いたもので，次の【表2】は，$1×1$ から $20×20$ までの計算結果を書いたものです。

	1	2	3	4	…	10	合計
1	1	2	3	4		10	
2	2	4	6	8		20	
3	3	6	9	12		30	
4	4	8	12	16		40	
⋮							
10	10	20	30	40		100	
合計	ア	イ		ウ			エ

【表1】

	1 … 10	11 … 20	合計
1 ⋮ 10	A	B	
11 ⋮ 20	C	D	
合計	オ … カ	キ … ク	ケ

【表2】

(1) 【表1】のア，イに当てはまる数を求めなさい。（答えだけでよいです。）

(2) 【表1】のウに当てはまる数はアの何倍ですか。（答えだけでよいです。）

(3) 【表1】のエに当てはまる数を求めなさい。

(4) 光子さんは，【表2】のAの枠内の数の合計とDの枠内の数の合計の差を，次のような考え
で求めようとしましたが，★部分以降が分からなくなってしまいました。光子さんに代わって
≪光子さんの考え≫を完成させなさい。

　①，②は ｛　｝ の下線部の中からふさわしいものを選び，③，④は正しい数を答えなさい。
★部分には式や考え方を書き，完成させなさい。

───── ≪光子さんの考え≫ ─────

　Bの枠内の数の合計と　①｛A，C，D｝の枠内の数の合計は等しい。したがって，A
の枠内の数の合計とDの枠内の数の合計の差は，AとCの枠内の数の合計と　②｛AとB，
AとD，BとC，BとD｝の枠内の数の合計の差に等しい。
　【表2】のオとキに当てはまる数の差は　③　×（1＋2＋3＋……＋19＋20）
　【表2】のカとクに当てはまる数の差は　④　×（1＋2＋3＋……＋19＋20）
　よって，Aの枠内の数の合計とDの枠内の数の合計の差は　★

(5) 【表2】のケに当てはまる数は次のいずれかです。正しいものを選び，記号で答えなさい。（答
えだけでよいです。）

　(あ) 12100　　(い) 33100　　(う) 44100　　(え) 72100　　(お) 202100

晃華学園中学校（第1回）

—50分—

1 次の各問いに答えなさい。

(1) 次の計算をしなさい。
$$5 \div \left(\frac{20}{33} - 1 \div 2\frac{1}{5}\right) \times 3\frac{1}{3}$$

(2) Aさんは1冊の本を読んでいます。1日目に全体の$\frac{1}{3}$を，2日目には30ページを，3日目には残りの$\frac{3}{5}$を読んだところ，20ページ残りました。この本は全部で何ページか答えなさい。

(3) AさんとBさんは3.6km先の目的地に向け，自転車で同時に出発しました。Aさんは時速12kmで，Bさんは秒速5mで移動します。このとき，どちらが何分早く到着しますか。

(4) 0，1，2，3，4，5と書かれたカードが1枚ずつあります。この中から3枚選んで3けたの整数を作るとき，314以上の整数は何個できるか答えなさい。

(5) 右の図は，三角形ABCを，点Aを中心に90°回転させたものです。斜線部分の面積を求めなさい。ただし，円周率は3.14とします。

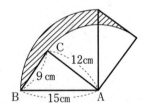

(6) 右の図の容器は，底面積が等しい円柱と円すいを合わせた形をしています。この容器に水を毎秒12cm³で注いだところ，2分37秒でいっぱいになりました。このとき，円すいの高さを求めなさい。ただし，円周率は3.14とします。

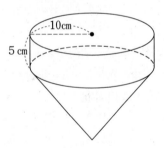

2 Aさんはまっすぐな道にいます。サイコロを投げて，1，2，3のいずれかの目が出たら前に3m進みます。4，5のいずれかの目が出たら前に5m進みます。6の目が出たら前に10m進みます。このとき，次の各問いに答えなさい。

(1) サイコロを10回投げた結果，36m進みました。1，2，3のいずれかの目が出た回数は何回ですか。

(2) サイコロを20回投げた結果，78m進みました。1，2，3のいずれかの目が出た回数は何回ですか。考えられる回数を全て答えなさい。

3 右の図のように，1辺の長さが3cmの正方形ABCDがあります。このとき，次の各問いに答えなさい。

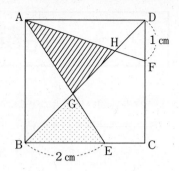

ただし，必要があれば，PQとRSが平行であるとき，次の性質が成り立つことを用いてもよい。

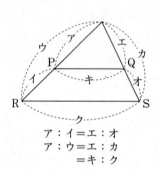

ア：イ＝エ：オ
ア：ウ＝エ：カ
＝キ：ク

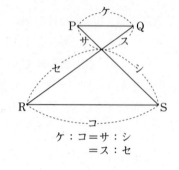

ケ：コ＝サ：シ
＝ス：セ

(1) 三角形GBEの面積を求めなさい。
(2) 三角形AGHの面積を求めなさい。

4 底面の半径が4cm，高さが20cmの円柱を右の図のように切断して，2つの立体A，Bに分けました。このとき，次の各問いに答えなさい。ただし，円周率は3.14とします。

(1) 立体Aの体積は立体Bの体積の何倍ですか。
(2) 立体A，Bの表面積の差を求めなさい。

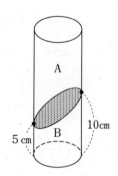

5 ある川の下流に乗り場A，上流に乗り場Bがあります。この川の流れは時速4kmです。AとBを一定の速さで往復する船1号があり，この船は静水では時速20kmで進みます。この船がAからBに行くのに30分かかります。このとき，次の各問いに答えなさい。

(1) AとBの距離は何kmか答えなさい。

AとBのちょうど中間に乗り場Cがあります。いま，船1号と船2号が次のように運航しています。2そうの船は同じ速さで進みます。

船1号：午前9時にBを出発して，AとBを往復することを繰り返します。AとBではそれぞれ10分停泊します。

船2号：午前9時にAを出発してCを経由してからBに行き，再びBを出発してCを経由してからAに行くことを繰り返します。AとBではそれぞれ10分，Cでは5分停泊します。

このとき，以下の各問いに答えなさい。

(2) 次の図は船1号が往復する様子を表したものです。次の図に10時40分までの船2号の動きを同様にかき込みなさい。

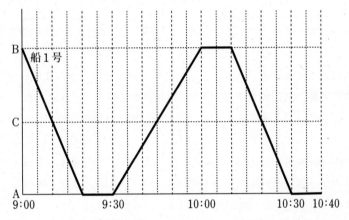

(3) 船1号と船2号が9時以降で初めて出会う地点は，Aから何kmの地点か答えなさい。
(4) 午前9時からこの日の正午までの間に，船1号と船2号は何回出会うか求めなさい。

国府台女子学院中学部(第1回)

—50分—

[注意] 1　円周率は3.14とします。
　　　 2　仮分数は，すべて帯分数になおして解答してください。

1　次の□にあてはまる数を答えなさい。

(1) $5 \times 9 \div 3 + 24 \div 3 \div 2 - (6 \div 2 \times 3) = $ □

(2) $5 \times \left(\dfrac{6}{7} \times 2\dfrac{11}{12} + 11 \div 4.4\right) \times \left(2.05 - 1\dfrac{1}{4}\right) = $ □

(3) $6 - \left\{0.2 \times □ + \left(1.7 + \dfrac{7}{10}\right)\right\} \div \left(5 - \dfrac{4}{11}\right) = 5\dfrac{4}{15}$

2　次の□にあてはまる数を答えなさい。

(1) 半径□mの円形の池の周りに40cmおきに旗を立てたところ，ちょうど157本で池を一周しました。

(2) 5000円を姉，兄，弟の3人に分けました。姉は兄の2倍より900円少なく，兄は弟より100円多くなりました。姉がもらった金額は□円です。

(3) 今，姉は12歳で母は42歳です。□年後に姉と母の年齢の比は6：11になります。

(4) 10円硬貨が2枚，50円硬貨が2枚，100円硬貨が2枚あります。これらを使って支払うことができる金額は□通りあります。ただし，支払い額の合計が0円の場合は考えないものとします。

(5) ある動物園の開園前に200人の入園者が並んでいます。開園後，1分間に40人ずつ入園者が列に加わります。開園と同時に3か所の入り口を開けると25分で列がなくなり，5か所の入り口を開けると□分で列がなくなります。

(6) 濃度が5％，8％，12％の3つの食塩水をかき混ぜました。出来上がったのは，9％の食塩水500ｇです。5％と8％の食塩水の量の比は1：2であり，12％の食塩水の量は□ｇです。

3　次の問いに答えなさい。

(1) 四角すいの体積の求め方を立方体を使って次のように考えました。
　　文中の ア ～ オ にもっともふさわしいものを選択肢から選び番号で答えなさい。

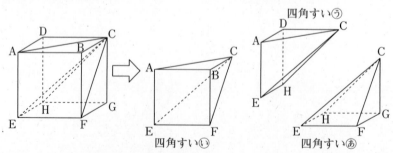

立方体を図のように3つの四角すいに分けます。
四角すいあと四角すいいでは，四角形ＥＦＧＨと四角形ＥＡＢＦが ア な正方形，三角

—340—

形ＦＧＣと三角形ＡＢＣが ア な イ であり，四角すいⒶとⒾは同じ形で同じ大きさの四角すいです。

　四角すいⒶとⓊについても同じように考えることができるので，3つの四角すいは，すべて同じ形，同じ大きさの四角すいであることがわかります。

　これより，四角すいⒶの体積は元の立方体の体積の ウ 倍であり，四角すいの体積はＥＦ×ＦＧ× エ × ウ で求められます。

　ここで，ＥＦ×ＦＧが四角すいの オ とすると， エ が四角すいの高さを表しているので，四角すいの体積は オ ×高さ× ウ で求められることがわかります。

<選択肢>　① 平行　② 合同　③ 正三角形　④ 直角二等辺三角形
　　　　　⑤ $\frac{1}{2}$　⑥ $\frac{1}{3}$　⑦ $\frac{1}{4}$　⑧ ＣＧ　⑨ ＧＨ　⑩ ＣＨ
　　　　　⑪ 表面積　⑫ 側面積　⑬ 底面積

(2) Ａ，Ｂの2人が1周400ｍの池の周りを走ります。同じ場所から出発して，反対方向に進むと出発してから2分後に出会い，同じ方向に進むと20分後にはじめてＡがＢを追いぬきました。Ａの走る速さは毎分何ｍですか。
　解答は答えのみではなく，途中の計算や考え方をできるだけくわしく書きなさい。

4 次の ☐ にあてはまる数を答えなさい。

(1) 右の図で，四角形ＡＢＣＤは平行四辺形，五角形ＥＦＧＣＨは正五角形です。角 x の大きさは，☐ 度です。

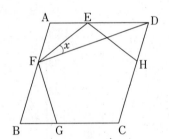

(2) 右の図の正方形ＡＢＣＤにおいて，点Ｏは対角線の交点です。また，点Ｐ，Ｑ，Ｒ，Ｓはそれぞれ線分ＯＡ，ＯＢ，ＯＣ，ＯＤの真ん中の点です。ぬりつぶした部分の面積は ☐ ㎠です。

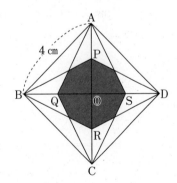

(3) 右の図の立方体において，Ｐ，Ｑ，Ｒ，Ｓはそれぞれの辺の真ん中の点です。この立方体を3点Ｐ，Ｑ，Ｆを通る平面と，3点Ｓ，Ｒ，Ｇを通る平面で切り分けました。切り分けた立体のうち点Ｂをふくむ立体の体積は ☐ ㎤です。

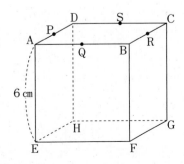

5 図1のように，1辺の長さが30cmの立方体の形をした水そうAの中に1辺の長さが20cmの立方体の形をした水そうBが入っています。また，図2のように，水そうBの真上にじゃ口①，水そうAにじゃ口②がついています。はじめに，じゃ口①から水を入れ，水そうAが水でいっぱいになったときにじゃ口①を閉めます。同時にじゃ口②から水を出し，しばらくして，じゃ口①を再び開き水を入れました。次の図3は，水を入れ始めてからの時間と底面から一番高い水面の高さの関係を表したグラフです。ただし，水そうの厚みは考えないものとし，それぞれのじゃ口からは一定の量の水が出るとします。

(1) じゃ口①からでる水の量は毎分何Lですか。

(2) じゃ口②からでる水の量は毎分何Lですか。

(3) ア にあてはまる数を答えなさい。

(4) じゃ口①を再び開けたのは，はじめに水を入れ始めてから何分何秒後ですか。

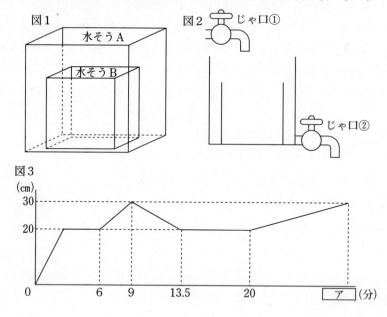

1 次の□の中にあてはまる数を求めなさい。

① $56 \times 32 - 136 \div 16 \times 2 = $ □

② $\left\{\dfrac{2}{3} + 1\dfrac{1}{5} \div \left(1\dfrac{1}{2} + \dfrac{3}{4}\right)\right\} \times 2\dfrac{1}{2} = $ □

③ $0.6 \div 3 + \left(\boxed{} - 1\dfrac{1}{5}\right) \div 12 = 3.1$

④ $\left(\boxed{} \div \dfrac{2}{5} + 1\dfrac{3}{4}\right) \div \left\{\dfrac{1}{3} + \dfrac{1}{2} \times \left(\dfrac{1}{2} - \dfrac{1}{6}\right)\right\} = 6$

⑤ 全校生徒900人のうち，女子の30％と男子の24％が等しいとき，女子は□人です。

⑥ 定価□円の商品が60個あります。20個を定価で売り，残りを定価の2割引きで売ると，売り上げは全部で19760円です。

⑦ 180人が試験を受けて平均点は61.9点でした。毎日復習した□人の平均点は64.5点で，それ以外の人の平均点は58点でした。

⑧ 右の図は，1辺の長さが6cmの4つの正方形とおうぎ形を組み合わせた図形です。
斜線部分の面積は□cm²です。

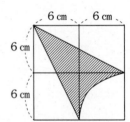

⑨ 縦が16cm，横が30cmの長方形ABCDがあります。
図のように辺DEの長さが12cmである点Eを通る辺EFで，長方形を2つに分けます。アがイの面積より72cm²大きいとき，辺BFの長さは□cmです。

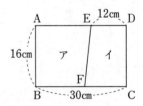

⑩ 3％の食塩水50gに8％の食塩水□gを加えると，6％の食塩水ができます。

⑪ 図のような規則に従い，タイルを並べていきます。
白いタイルの数が黒いタイルの数より11個多いとき，タイルは全部で□個あります。

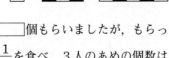

⑫ 260個のあめをA，B，Cの3人で分けます。Aさんは□個もらいましたが，もらったあめの$\dfrac{1}{3}$をBさんにあげました。Cさんはもらったあめの$\dfrac{1}{5}$を食べ，3人のあめの個数は同じになりました。

⑬ 静水で毎秒2mの速さで進む船があります。毎秒2mの速さで流れる川を，この船でA地点からB地点まで進み，その2分後にB地点からA地点に戻ると，全部で36分40秒かかりました。A地点からB地点までの距離は□mです。

⑭ 長さの比が２：３である列車Ａ，Ｂがあります。ある標識を，Ａは４秒，Ｂは4.5秒で通過します。384ｍの鉄橋を渡り始めてから渡り終えるまでにかかる時間は，Ａは20秒，Ｂは□秒です。

2 Ａさん，Ｂさん，Ｃさん，Ｄさんの４人がじゃんけんをします。
以下の問いに答えなさい。
① ４人の手の出し方は全部で何通りありますか。
② ちょうど２人が勝つような４人の手の出し方は全部で何通りありますか。

3 辺ＡＢの長さが６cm，辺ＢＣの長さが10cmの長方形ＡＢＣＤがあります。
辺ＥＢの長さは２cmです。点Ｐと点Ｑは同時に点Ａを出発し，それぞれ図のように矢印の方向に移動します。

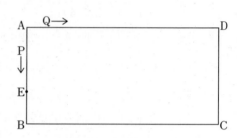

点Ｐは毎秒２cmの速さで辺の上を，点Ｂ，Ｃ，Ｄ，Ａの順に移動し，点Ｂ，Ｃ，Ｄ，Ａにくると，１秒間止まってから再び同じ速さで移動します。
点Ｑは毎秒２cmの速さで辺の上を，点Ｄ，Ｃ，Ｂ，Ａの順に移動します。
点Ｐと点Ｑはこのようにして，長方形ＡＢＣＤの辺の上を移動し続けます。
以下の問いに答えなさい。
① 初めて四角形ＥＢＣＰが長方形ＡＢＣＤの面積の半分になるのは，点Ｐが点Ａを出発してから何秒後ですか。
② 点Ｐと点Ｑが初めて出会うのは何秒後ですか。
③ 点Ｐと点Ｑが３回目に出会った位置を点Ｒとするとき，辺ＲＢの長さは何cmですか。

4 右の図のように，正方形ＰＱＲＳの４つの角から同じ形の直角二等辺三角形を切り取り，正八角形ＡＢＣＤＥＦＧＨを作りました。
以下の問いに答えなさい。
① 角ⓐの大きさは何度ですか。
② 角ⓘの大きさは何度ですか。
③ 三角形ＡＰＢと三角形ＦＧＩの面積の比を，最も簡単な整数の比で表しなさい。

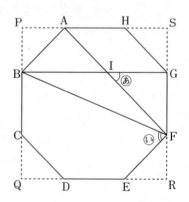

1 次の□にあてはまる数を求めなさい。
① $6 \times 7 - 2 \times \{8 - (1 + 3 \times 5) \div 4\} = $ □
② $\dfrac{1}{5} \times \left(\dfrac{6}{7} + \dfrac{5}{9}\right) + 1\dfrac{1}{7} \times \left(1\dfrac{3}{5} + \dfrac{7}{9}\right) = $ □
③ $\left(7.8 - 7\dfrac{2}{3}\right) \div \left(8\dfrac{5}{9} - 8.5\right) = $ □
④ $21 - (20 - 21 \div 20 \times $ □ $) \div 20 = 20.21$
⑤ 11分×111＝□時間□分

2 次の問いに答えなさい。
① ある整数は3で割り切れ，7で割ると1あまります。この整数を21で割るとあまりは何ですか。
② キャンディーを何人かの子どもに配るのに，1人3個ずつ配ると9個あまり，1人4個ずつ配ると8個足りません。キャンディーは全部で何個ありますか。
③ ある姉妹が家から学校まで歩くと，姉は妹より1分早く学校に着きます。姉は分速75m，妹は分速72mで歩きます。家から学校までの道のりは何mですか。
④ 8％の食塩水をつくるには，18gの食塩を何gの水に溶かせばよいですか。
⑤ 右の図の長方形ABCDで，EFはBCと平行です。四角形AEPDと四角形BCFPの面積が等しくなるように，EF上に点Pをとります。EPの長さは何cmですか。

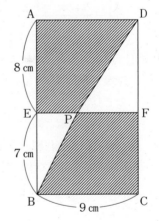

3 右の図のように正方形ABCDの4つのすみから，合同な直角三角形を切り取って，正方形PQRSをつくりました。
① 正方形PQRSの面積は何cm²ですか。

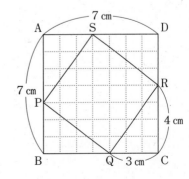

② 同じ方法で，目盛りを利用すると1辺の長さが8cmの正方形から面積が40cm²の正方形をつくることができます。

この正方形を右の図に定規を使って1つかきなさい。ただし，図の1目盛りを1cmとします。

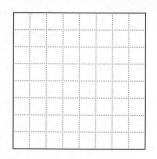

4 ある路線の電車に乗って始発の熱海駅から終点の伊東駅まで移動します。途中で来宮駅，伊豆多賀駅，網代駅，宇佐美駅の順に停車します。電車の運賃は，表1のように乗る駅と降りる駅の間の道のりによって，表2のように決められています。ただし，支払う運賃はできるだけ安くなるようにします。例えば，熱海駅で乗って伊豆多賀駅で降りると，その2つの駅の間の道のりは6.0kmで，運賃は190円です。また，熱海駅で乗って伊東駅で降りるとその2つの駅の間の道のりは16.9kmで，運賃は330円です。

表1

降りる駅＼乗る駅	熱 海	来 宮	伊豆多賀	網 代	宇佐美
来 宮					
伊豆多賀	6.0km				
網 代		7.5km			
宇佐美			7.0km		
伊 東	16.9km			8.2km	

表2

道のり	運賃
3km以下	㋐
6km以下	190円
10km以下	㋑
15km以下	240円
20km以下	330円

① 熱海駅から伊東駅まで移動する途中に2つの駅で下車します。下車する2つの駅の選び方は全部で何通りありますか。ただし，駅と駅の間の移動はすべて伊東駅行きの電車を利用するものとします。

② 伊豆多賀駅と網代駅の間の道のりは何kmですか。

③ 来宮駅と網代駅で下車すると運賃の合計は550円で，伊豆多賀駅と網代駅で下車すると運賃の合計は540円です。表2の㋐にあてはまる運賃は何円ですか。

1 次の □ にあてはまる数を答えなさい。途中の計算もかきなさい。
 (1) $\{21 \times 0.08 \div (2\frac{1}{5} - 1) - \frac{7}{9}\} \times 3\frac{4}{7} = $ □
 (2) $\{4 + (□ - \frac{1}{2}) \times 3\} \div 2 = 3\frac{1}{8}$

2 次の □ にあてはまる数を答えなさい。
 (1) こども会の集まりに向けてシュークリームを買いに行きました。50個買うには900円足りなかったので，できるだけたくさん買うことにしたら42個買えて60円残りました。シュークリーム1個の値段は □ 円です。
 (2) ある牧場では牛と羊が合計1100頭放牧されています。飼育員さんの話によると，この牧場に羊は全部で378頭いて，オスの牛とオスの羊はあわせて450頭いるそうです。また，オスの牛とメスの牛の頭数は等しいそうです。この牧場にメスの羊は □ 頭います。
 (3) りんごが3個，みかんが2個，ももが1個あります。この6個の果物のうち3個を選ぶと □ 通りの組み合わせがあります。ただし，同じ種類の果物を選んでもかまいません。
 (4) Aさんは毎日家から学校までの道のりを10分で歩いています。今日もいつもと同じ速さで学校に向かいましたが，家を出て180mのところで忘れ物に気づき家に戻り再び学校に向かいました。そのため，はじめに家を出てから学校に到着するまでに16分かかりました。Aさんの家から学校までの道のりは □ mです。ただし，Aさんの進む速さは変わらないものとし，家に戻ってから再び出発するまでの時間は考えないものとします。
 (5) 右の展開図を組み立ててできる立体の体積は □ cm³です。

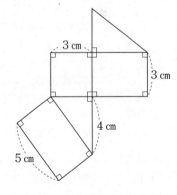

3 次の □ にあてはまる数を答えなさい。
 (1) 分母と分子の和が208で，約分すると$\frac{5}{21}$になる分数は □ です。
 (2) Aさんはある本を1日目に全体の$\frac{1}{3}$より10ページ少ないところまで読みました。2日目には残りの$\frac{2}{3}$より10ページ少ないところまで読んだところ，残りは48ページでした。この本は全部で □ ページあります。

(3) ある規則にしたがって，○，●，◉を左から順に一列に並べました。

○●◉○○●◉◉○○○●◉◉◉○○○○●◉◉◉◉○○○○○●◉◉ ……

　　10個目の●は，左から□□□□□番目です。

(4) 右の図のように正九角形の対角線を2本ひきました。角xの大きさは□□□□□°です。

4　(1)(2)について，途中の計算や考えた過程をかきなさい。

　2種類の商品A，Bをあわせて100個仕入れ，A，Bの定価をそれぞれ1個300円，1個200円としました。全部売れると売り上げは26000円になる予定でしたが，Aが10個，Bが20個売れ残りました。売れ残ったA，Bをともに定価の□□□□□％引きにして売ったところ，すべて売れて，100個の売り上げ合計は24250円になりました。

(1) 商品Aを何個仕入れましたか。

(2) □□□□□にあてはまる数はいくつですか。

5　次の太郎君と花子さんの会話文を読んで，下線部(ア)と(イ)についてはあてはまる●を次のマスの中にかきなさい。また，（ウ）（エ）（オ）にはあてはまる数を答えなさい。ただし，（エ）には最も小さい数を答えなさい。

花子：太郎君，ちょっといい？

太郎：なに？

花子：ここにある5個のマス□□□□□の中に●をかいて数を表すから規則を考えて。

太郎：わかるかなあ。

花子：●□□□□は1。

　　　□●□□□は2。●●□□□は3で，□□●□□は4。

太郎：じゃあ5は？

花子：5は4＋1だから●□●□□。

太郎：なるほど。

花子：ここからが問題。6を表すように●をかいてみて。

太郎：6は5＋1だけど，5にある2つの●の間に●をかくと7になってしまうから，4＋2と考えて，(ア)□□□□□かな？

花子：すごい！　正解！　じゃあ8は？

太郎：左から3個のマス全部に●をかくと7だし，わかった！　3から4になるときに2個のマスの●を消して，右のマスに●をかいていたから(イ)□□□□□だ！

花子：えーもう完全にわかってしまったみたいね。1つの数を表す●のかき方が1通りしかないってすごいでしょ。

太郎：じゃあ今度はぼくが問題を出していい？

花子：いいよ。
太郎：5個のマス全部に●をかくとどんな数を表すでしょう？
花子：(ウ)でしょ。
太郎：正解。じゃあ，マスが5個じゃなくてもっと並べてもいいとして70を表すとしたらマスが全部でいくつ必要で，●の個数はいくつでしょう？
花子：えーちょっと待って…。
　　　わかったわ。マスは全部で(エ)個あればよくて，●を入れる個数は(オ)個だね。
太郎：正解！　マスと●だけで数を表せるなんて暗号みたいだね。

6　(2)(4)については，途中の計算や考えた過程をかきなさい。

(1) 円周率とはどのような数のことですか。直径という言葉を用いて文で答えなさい。

(2) (1)のことから，円周率を実験して求めてみることにしました。500円硬貨の直径をはかったら，26.5mmありました。また，500円硬貨を立てて，すべらないように1回転させて，500円硬貨のまわりの長さをはかったら83.7mmでした。

この実験結果から，円周率を計算して求めるといくつになりますか。小数第4位を四捨五入して，小数第3位までの小数で答えなさい。

(3) 図のように，1辺50cmの正方形の枠の内側に，ぴったり入るような円形の枠をつくりました。枠の厚さを考えないものとすると，円の面積は，

　　(円の面積)＝(正方形の面積)×(円周率)/□

で表すことができます。

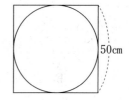

　　□にあてはまる数はいくつですか。

(4) (3)のことから，円周率を実験して求めてみることにしました。この正方形の枠の中に，小さな玉を200個ばらまきました。このとき，円形の枠の中には158個の玉が入っていました。この実験結果から，円周率を計算して求めるといくつになりますか。

十文字中学校（第1回スーパー型特待）

—50分—

〔注意事項〕　1　⑤(2)，⑥(2)は，式や考え方を記入すること。
　　　　　　2　円周率は3.14として計算すること。

① 次の□にあてはまる数を答えなさい。

(1) $13×(9-2×3)+7=$ □

(2) $\left(\dfrac{1}{5}×0.6+0.16×\dfrac{1}{2}\right)×5=$ □

(3) $(4.5-$ □ $)÷\dfrac{1}{4}=10$

(4) 2000円の商品を1割引きしてから消費税10％を加えると□円になります。

(5) 教室の消毒をするのに梅組の生徒だけで行うと2時間かかり，先生だけで行うと3時間かかります。梅組の生徒と先生が一緒に教室の消毒を行うと□時間□分かかります。

(6) 1個60円のみかんと1個80円のりんごを合わせて17個買い，代金は1200円でした。みかんは□個買いました。

(7) A，B，C，D，E，F，Gの7チームでバレーボールの試合をします。どのチームも，ちがったチームと1回ずつ試合をすると全部で□試合になります。

(8) 右の図のように長方形の紙を折ったとき，あの角度は□度です。

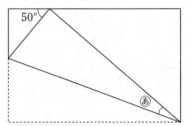

② 面積が30cm²の正六角形の頂点を右の図のように結んだとき，次の問いに答えなさい。

(1) あの角の大きさは何度ですか。

(2) □の部分の面積は何cm²ですか。

③ 円柱の形をした同じ大きさの3つの筒があります。この3つの筒を右の図のようにひもを使って，たるまないように結び，机の上に置きました。筒の直径は10cmです。ひもの太さや結び目は考えないものとして，次の問いに答えなさい。

(1) ひもの長さは何cmですか。

(2) 高さを測ったところ，18.5cmでした。□の部分の面積は何cm²ですか。

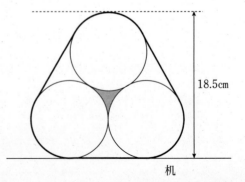

—350—

4 〈図1〉のような1辺の長さが40cmの立方体の形をした水槽があり，その中に〈図2〉のように1辺の長さが10cmの立方体を積み重ねた立体を置きました。〈図3〉はこの水槽に一定の割合で水を入れたときの時間と水面の高さの関係を表しています。水槽の厚みは考えないものとして，次の問いに答えなさい。

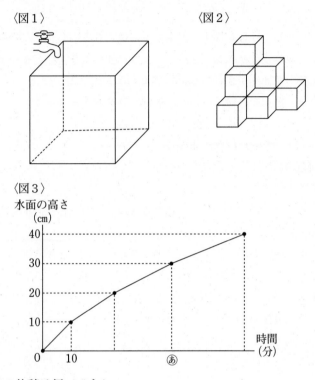

(1) 〈図2〉の立体の体積は何cm³ですか。
(2) 〈図3〉の㋐にあてはまる数を答えなさい。

――― 5(2)，6(2)は，式や考え方を書きなさい ―――

5 梅子さんは9時に学校を出発し，一定の速さで巣鴨駅まで走りました。駅で2分間休憩し，同じ道のりを同じ速さで走って学校まで戻ってきました。松子さんも9時に出発し，梅子さんと同じ道のりを一定の速さで駅まで歩きました。次の図は，そのときの時刻と道のりの関係を表したものです。あとの問いに答えなさい。

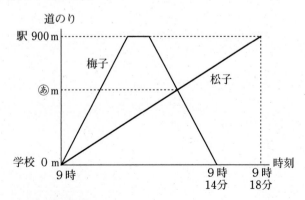

(1) 梅子さんの走る速さは毎分何mですか。
(2) 図の㋐にあてはまる数を求めなさい。

6 梅子さんと松子さんのクラスは旗を使ったかざりつけをします。梅子さんと松子さんと先生の
会話を読み，次の問いに答えなさい。

青　桃　白　赤　緑　黄　青

先生：旗を使ったかざりつけをします。使用するのは，6色のたくさんの旗です。この旗を校門
　　　から入口まで並べることにします。どのように並べたらよいと思いますか。

梅子：規則正しく並べたほうがきれいだと思います。

先生：では，青，桃，白，赤，緑，黄の順に規則正しく並べましょう。

松子：等しい間隔で並べたら，旗は81本並びました。

先生：81本目は何色の旗ですか。

梅子：　あ　色です。

先生：さて，旗はまだ余っていますね。校門から入口までの長さは何mですか。

松子：ちょうど100mです。

先生：では，旗と旗の間隔を1mにしましょう。そうすると，最後の旗は何色の旗になりますか。

梅子：100本目の旗の色を求めればいいですね。

松子：それは違うよ，100は間隔の数だから100本目ではないよ。

梅子：わかりました。最後の旗は　い　色ですね。

先生：正解です。それでは，みんなで並べましょう。

(1)　　あ　にあてはまる色を答えなさい。

(2)　　い　にあてはまる色を答えなさい。

淑徳与野中学校(第1回)

—60分—

〈注意〉 円周率は3.14で計算してください。

[1] 次の問いに答えなさい。

(1) $\left(0.125+\dfrac{1}{4}\right)\div\dfrac{3}{16}+\left(\dfrac{3}{4}-0.125\right)\times 3.2$ を計算しなさい。

(2) $(43\times 27+915\times 160\div 183+60)\div 2021$ を計算しなさい。

(3) ☐ にあてはまる数を求めなさい。

$100-\left\{100-\left(100-\boxed{}\right)\times 0.5\right\}\times\dfrac{1}{3}=70$

[2] 次の問いに答えなさい。

(1) 秒速25mの列車Aと秒速40mの列車Bがあり,列車Bの長さは列車Aの長さの2倍です。列車Aはトンネルに入り始めてから出終わるまでに20秒かかりました。列車Bが同じトンネルの中に完全にかくれていた時間は8秒でした。このトンネルの長さは何mですか。

(2) あるきまりにしたがって次のように分数を並べたとき,分子と分母の和が2021になるのは最初から数えて何番目ですか。

$\dfrac{1}{2},\ \dfrac{2}{3},\ \dfrac{3}{4},\ \dfrac{4}{5},\ \dfrac{5}{6},\ \cdots$

[3] ビーカーAには濃度10%の食塩水300g,ビーカーBには濃度5%の食塩水500gが入っており,ビーカーCとビーカーDは空でした。A,B,C,Dのビーカーを使って次のように操作①~操作③を順番に行います。

操作① A,Bそれぞれのビーカーから食塩水を200gずつ取り出して,ビーカーCに入れて混ぜます。

操作② ビーカーCにA,Bどちらか片方の残りの食塩水を加えて7%の溶液を作ります。

操作③ A,Bの残りの食塩水を使ってビーカーDに7%の溶液を作ります。

(1) 操作①終了時,ビーカーCの食塩水の濃度は何%ですか。

(2) 操作②では,A,Bどちらの食塩水を何g加えましたか。

(3) 操作③終了時,A,Bのどちらか一方の食塩水を全て使い果たすことになりました。このとき,A,Bどちらの食塩水が何g残っていますか。

[4] 次の問いに答えなさい。

(1) 右の図で,アの角の大きさは何度ですか。
ただし,点Oは円の中心とします。

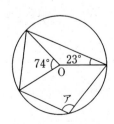

(2) 右の図で，ＡＢとＣＤは点Ｅで垂直に交わっています。円の中心をＯとします。

ＡＥ，ＢＥ，ＣＥ，ＤＥの長さは，それぞれ8cm，18cm，6cm，24cmです。

また，円の面積は785cm²です。このとき，斜線部分の面積の和は何cm²ですか。

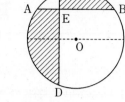

次の会話文を参考にしてください。

明子先生：この問題のヒントを出しましょう。補助線をかいてみてください。

佳子さん：円の直径の点線が気になる……

史子さん：ＡＢに平行な直線か……

明子先生：いいですねぇ。ＡＢに平行な直線を，点線の直径に関して線対称な位置にかいてみましょう。

佳子さん：上下の対称が見えてきた。でも，まだわからないなぁ。

史子さん：上下の対称と，左右の対称も見えたらいいのかな。

明子先生：冴えてますね！そうです，同じようにＣＤに平行な補助線もかいてみましょう。

佳子さん：あっ！面積が同じ部分がいくつか見つかりました。

史子さん：面白い！私こういうの大好きなんです。

5 次の図のように4cm離れた平行線ℓとｍの間に，半径4cm，中心角135°のおうぎ形Ｐ，Ｑがぴったりはさまっています。おうぎ形Ｐを直線ｍに沿って矢印の方向に移動させます。ただし，おうぎ形Ｑは動きません。あとの問いに答えなさい。

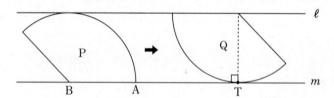

(1) 点Ａと点Ｔが重なったとき，おうぎ形ＰとＱの重なった部分の面積は何cm²ですか。

(2) 点Ｂが点Ｔと重なったとき，おうぎ形ＰとＱの重なった部分を斜線でぬりなさい。

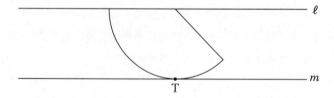

(3) (2)の斜線部分の面積は何cm²ですか。

6 右の図のように特別な時計があります。
　この時計は，長針は1時間で1周，短針は1日で1周します。図は8時40分を表しています。このとき，次の問いに答えなさい。 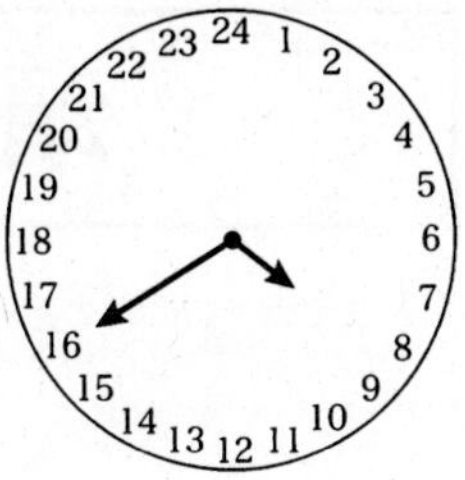
(1) 16時24分のとき，2つの針が作る小さい方の角度は何度ですか。
(2) 4時から5時までの間で，2つの針がちょうど重なるのは4時何分ですか。
(3) 8時から9時までの間で，2つの針が一直線になるのは8時何分と8時何分ですか。

7 たて，横，高さがそれぞれ4cm，8cm，12cmの直方体があります。真上から見たとき図1の斜線の部分となるように，四角柱の形の穴を反対側の面まであけます。次に真横から見たとき図2の斜線の部分となるように，側面に垂直にもとの立体の反対側の面までくりぬき，穴をあけます。すると，できた立体は，図3のようになりました。このとき，次の問いに答えなさい。

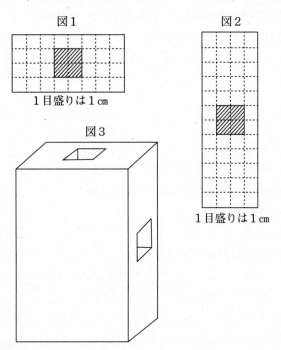

図1　1目盛りは1cm
図2　1目盛りは1cm
図3

(1) できた立体の体積は何cm³ですか。
(2) できた立体の表面積は何cm²ですか。

1 次の問いに答えなさい。

(1) $5 \div 0.375 \div 0.625 \times 0.125 \times 0.0625$ を計算しなさい。

(2) えんぴつを1人に3本ずつ配ると16本余り，1人に5本ずつ配ると20本不足します。このとき，えんぴつは全部で何本ありますか。

(3) 32で割っても21で割っても5余る4けたの整数のうち，小さい方から2番目の整数を求めなさい。

(4) 右の図において，HDとFGはそれぞれ長方形OABCの辺に平行です。長方形OABCの面積は88cm²，長方形ODEFの面積は12cm²です。三角形OGHの面積を求めなさい。

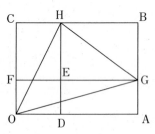

(5) 右の図1のような円すいがあります。図2は，図1の円すいを底面に平行な平面で切って高さの等しい3つの立体に分け，上の立体と下の立体を重ねてできた立体です。図2の立体の表面積を求めなさい。

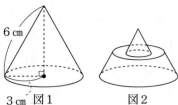

(6) ☐にあてはまる数を求めなさい。

Aさんは家から学校までの道のりを，行きは時速18km，帰りは時速12kmで走りました。妹は同じ道のりを，行きも帰りも時速☐kmで走りました。2人の往復にかかる時間は同じでした。

(7) 1辺の長さが1cmの正方形を次の図のように並べていきます。7番目の図形の周の長さと面積をそれぞれ求めなさい。ただし，周とは図の太線部分のことです。

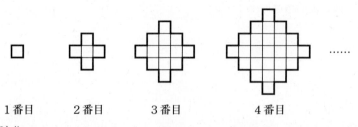

1番目　　2番目　　3番目　　4番目

(8) 容器Aには濃度10%の食塩水が100g，容器Bには濃度4%の食塩水が100g入っています。2つを混ぜ合わせて新しい食塩水を作ろうとしましたが，容器Bの食塩水をいくらかこぼしてしまいました。容器Bの残り全部と容器Aの食塩水100gを混ぜ合わせたら，濃度8.8%の食塩水ができました。こぼしてしまった食塩水は何gでしたか。

2 バレーボールクラブの15人全員が1人1枚Tシャツを買うことにしました。5枚買うと1枚が無料になるA店と、1枚につき13%引きのB店があります。1枚あたりの定価はどちらのお店も同じです。合計金額をなるべく安くしたいとき、どちらのお店で買えばよいですか。理由もあわせて答えなさい。

3 次の問いに答えなさい。
(1) 図1の印をつけた角の大きさの合計を求めなさい。
(2) 図2の印をつけた角の大きさの合計を求めなさい。
(3) 図3の印をつけた角の大きさの合計を求めなさい。

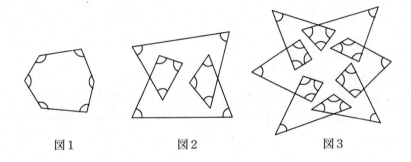

図1　　　　図2　　　　図3

4 何人かで協力してある製品を作ります。AさんとBさんの2人だと48日間で完成します。作業を始めたら休みなく働き、1日の仕事量はそれぞれ一定です。次の問いに答えなさい。
(1) AさんとBさんの2人でちょうど36日間で完成させなければいけなくなりました。まずAさんのみ作業の速さを1.3倍にしたら、40日間で終わることがわかりました。36日間で完成させるには、さらにBさんの作業の速さを何倍にしなくてはならないか答えなさい。
(2) はじめの8日間はAさんとBさんの2人で、9日目からはAさんとBさんとCさんの3人で作ると、最初から数えて32日間で完成します。Dさんにも手伝ってもらって最初から数えて26日間で完成させることになりました。Dさんの作業の速さはCさんと同じです。はじめからAさんとBさんとCさんの3人で作り始めるとき、Dさんには最初から数えて何日目から手伝ってもらえばよいか求めなさい。

5 Aさんとお父さんは毎朝3kmのランニングコースを走ることにしています。2人は同じところから同時にスタートし、Aさんの走る速さは一定です。お父さんはAさんと50mの差がつくと速さを $\frac{1}{2}$ 倍にし、Aさんが追いつくと速さをもとにもどして走ります。すると、お父さんは1分間ごとに速く走るとゆっくり走るのくり返しになりました。次の問いに答えなさい。
(1) Aさんの走る速さは分速何mか求めなさい。
(2) お父さんがゆっくり走った距離の合計は何mか求めなさい。
(3) Aさんとお父さんがゴールするまでにかかった時間の差を求めなさい。なお、答えの求め方も説明しなさい。

湘南白百合学園中学校（4教科）

—45分—

① 次の_____にあてはまる数を入れなさい。

(1) $(5.15-1.9)\div1.3-0.125\times2\frac{2}{15}-\frac{2}{3}=$ _____

(2) $0.75\div\left(\frac{4}{9}-\boxed{}\right)\times\frac{5}{18}=1\frac{1}{14}$

(3) 4.3時間$+2$分$+1$秒$=\frac{1}{6}$日$+\frac{5}{18}$時間$+$_____秒

(4) Aさんは1200円，Bさんは900円を持って店に行き，1冊_____円のノートをそれぞれ4冊ずつ買ったら，Aさんの残金がBさんの残金の2倍より80円少なくなりました。ただし，消費税は考えないものとします。

(5) 12%の食塩水300gに_____gの食塩を加えると，20%の食塩水になります。

(6) 半径8cmの円を右の図のように4つ重ねて並べました。このとき，ぬりつぶした部分のまわりの長さは_____cmとなります。ただし，円周率は3.14として計算しなさい。

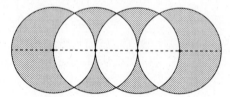

② 1周2400mの円形の池の周りを花子さんと百合子さんの2人が，P地点から互いに反対向きに同時に歩き始めます。花子さんは分速80m，百合子さんは分速120mで歩くとき，次の問いに答えなさい。ただし，点Oを円の中心，花子さんのいる地点をA地点，百合子さんのいる地点をB地点とします。

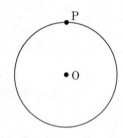

(1) 初めて2人が出会うのは，出発してから何分後ですか。

(2) 3点A，O，Bが初めて一直線上に並ぶのは，出発してから何分後ですか。

(3) 三角形PABが2度目に二等辺三角形になるのは，出発してから何分後ですか。

3 縦30cm, 横40cm, 高さ25cmの直方体の水そうと, 右の図のような鉄のおもりAとBがあります。おもりAは底面が正方形の直方体で, おもりBは三角柱の形をしています。ただし, おもりの向きは右の図のまま変えないものとします。次の問いに答えなさい。

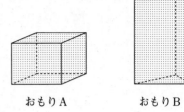

おもりA   おもりB

最初に, おもりAだけを水そうの底に置き, 水を一定の割合で入れました。次のグラフは水を入れ始めてからの時間と水面の高さの関係を表しています。

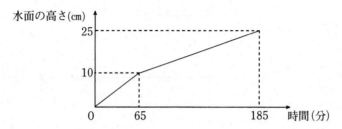

(1) 水を毎分何cm³の割合で入れましたか。
(2) おもりAの底面の1辺の長さを求めなさい。

今度は, おもりAとおもりBの両方を水そうの底に置き, 空の水そうの状態から(1)と同じ割合で水を入れました。

(3) ① おもりAとおもりBの底面積の比が3：1のとき, 水そうが水でいっぱいになるのに175分かかりました。おもりBの高さを求めなさい。
② このときの水を入れ始めてから, 水そうの水がいっぱいになるまでのグラフをかきなさい。

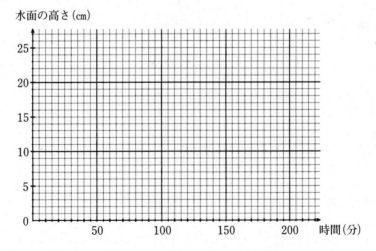

4 面積が12c㎡の正六角形の紙を1枚ずつ重ね合わせながら並べて、図aをつくっていきます。図aのぬりつぶした部分は正六角形の重なっているところを表しています。このとき、次の問いに答えなさい。

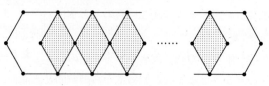

図a

(1) 8枚の正六角形の紙を並べたとき、重なっているところの面積を合わせると全部で何c㎡になりますか。

(2) 図aの面積（いちばん外側の線で囲まれた面積）が116c㎡になるとき、正六角形の紙は何枚並んでいますか。

5 右の図の台形ABCDを、辺CDを軸として1回転させてできる立体について次の問いに答えなさい。ただし、円周率は3.14として計算しなさい。

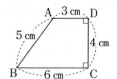

(1) この立体の体積を、式を書いて求めなさい。

(2) 次の図はこの立体の展開図です。（図は正確ではありません）
空欄 ア ～ オ に当てはまる長さ、角度を求めなさい。
また、この立体の表面積を求めなさい。

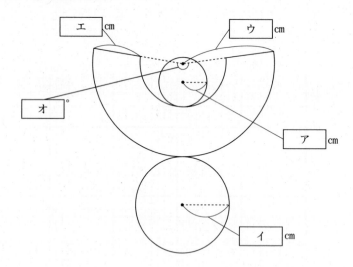

昭和女子大学附属昭和中学校（A）

—50分—

〔注意〕　1　途中の式や考え方も消さずに残しておきましょう。
　　　　　2　円周率を使う場合は、3.14で計算しましょう。

1　次の　　　にあてはまる数を求めなさい。

① $\left(2\dfrac{3}{4}-0.25\right)\div 5+\dfrac{1}{3}=$ 　　　

② $20\times 21-20\times 7+20\times 13+20\times 11=$ 　　　

③ $\dfrac{1}{7}\times\left\{\boxed{}-\left(\dfrac{5}{2}+0.3\right)\right\}=1$

④　1階から5階まで階段を上っていくのに30秒かかりました。同じ速さで1階から25階まで上っていくと　　　秒かかります。ただし、どの階も階段の段数はすべて同じとします。

⑤　1から100までの整数の中で、2で割り切れるが3で割り切れない整数は全部で　　　個あります。

⑥　ある本を1日目は全体の$\dfrac{1}{5}$ページ、2日目は残りの$\dfrac{1}{3}$ページ、3日目は24ページ読んだところ、残りは40ページになりました。この本は全体で　　　ページあります。

⑦　縮尺5万分の1の地図でA地点からB地点まで16cmであるとき、この2地点の間を実際に時速4kmで歩くと、　　　時間かかります。

⑧　1、2、2、3、3、3、4、4、4、4、5、…のように規則的に数字が並んでいます。初めから数えて100番目の数字は　　　です。

2　姉妹の自宅から祖母の家まで1200mあります。8：00に姉妹で一緒に自宅を出て、姉は自転車で、妹は分速60mで歩いて祖母の家に向かいました。姉は途中で忘れ物をしたことに気づき自宅に戻って、再び急いで祖母の家に自転車で向かいました。次のグラフは姉の移動の様子を表したものです。あとの問いに答えなさい。

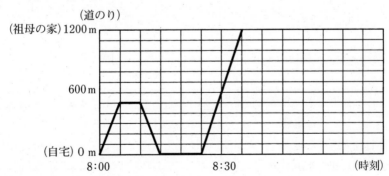

① 妹の移動の様子をグラフで表しなさい。
② 姉が自宅に戻ってから、再び祖母の家に向かったときの速さは分速何mですか。
③ 妹が祖母の家に着いてから5分後に、妹と祖母は分速30mで姉を迎えに行きました。3人が出会うのは、祖母の家から何m離れた場所ですか。

3 右の図は，中心が点Oで半径が1cm，2cm，3cm，4cmの円の4分の1をかいたものです。その図形の面積を2等分する直線を引き，4か所に斜線を引きました。このとき次の問いに答えなさい。
① 斜線部分の面積は何cm²ですか。
② 斜線部分のすべての周りの長さは何cmですか。

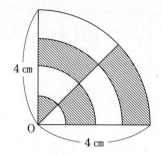

4 A，B，C，D，Eの5人が算数のテストを受けました。テストは全部で5問出題され，配点は1問20点です。以下の5人の発言をもとに，次の問いに答えなさい。
A 「私とCさん2人の平均点は全体の平均点より低かった」
B 「5人の得点は20点ずつの差だった」
C 「私は最高点でも最低点でもなかった」
D 「私よりAさんの方が得点は高かった」
E 「私の得点は，AさんとDさん2人の合計点と同じだった」
① 最低点は何点ですか。
② 5人の順位を答えなさい。

5 次の問いに答えなさい。
① 1辺が2cmの正方形を【図1】のように真上に3cm持ち上げたとき，正方形が通過した部分の体積は何cm³ですか。
② 1辺が2cmの正方形を底面に対して平行に【図2】のように斜め45°の方向に持ち上げます。右側に3cm分移動したとき，正方形が通過した部分の体積は何cm³ですか。

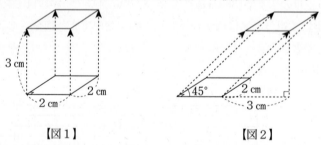

【図1】　　　　【図2】

6 次の昭子さんと和男先生の会話文を読み，以下の □ にあてはまる数を答えなさい。ただし，ア ～ エ は整数，オ は小数点以下を四捨五入した数で答えなさい。
昭子さん「昨日花火を見たとき，花火が開いてからしばらくしてドンッという音が聞こえたのですが，なぜですか？」
和男先生「それは音と光では，空気中を進む速さが違うからですよ。」
昭子さん「そうなのですね。どのくらい違うのですか？」
和男先生「音は1秒間に約340m，光は1秒間に約30万km進みます。」
昭子さん「そんなに違うのですね！」
和男先生「もし花火を真下から見ていて，高さ340mの地点で花火が光ったとすると，光は一瞬

で私たちの目に届きますが, 音は [ア] 秒遅れて私たちに届きます。昨日の花火は,
開いてから何秒後にドンッという音が聞こえましたか?」

昭子さん「3秒から4秒後でした。」

和男先生「ということは昭子さんがいる場所から, 花火を打ち上げた場所までの距離は
[イ] mから [ウ] mですね。ちなみに, 雷の光と音の関係も同じように考え
ることができますよ。ところで昭子さん, 地球は1周が約4万kmですが, 光は1秒
で地球を何周すると思いますか?」

昭子さん「[エ] 周半ですか?」

和男先生「そのとおり。ちなみに地球から土星までの距離は約15億kmあります。」

昭子さん「ということは, 光の速さは秒速30万kmなので, 今見えている土星の光は [オ] 分
前のものということですね。」

和男先生「そうです。ですから, 今見えている星の光の中には, 数十年, 数百年前の光が届い
ているものもあるのですよ。」

—363—

1 次の □ にあてはまる数を入れなさい。

(1) $7\frac{2}{5} \div 2.4 \times \frac{3}{4} - \left(4.66 - 3\frac{3}{25}\right) \div \frac{7}{6} = $ □

(2) $2 \div \left(1\frac{2}{5} + 0.3\right) = \dfrac{あ}{あ - 33}$　　あにあてはまる数は □

(3) 図の四角形ＡＢＣＤは正方形で，曲線は点Ｃを中心とする円の一部です。

角㋐は □ 度
角㋑は □ 度
角㋒は □ 度

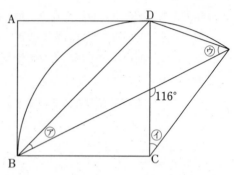

(4) 原価 □ 円の品物に，Ａ店では１割の利益を見込んで定価をつけ，特売日に定価の20％引きにしました。Ｂ店では1620円の利益を見込んで定価をつけ，特売日に定価の30％引きにしたところ，Ａ店の特売日の価格より180円安くなりました。

(5) 白と黒の石を左から１列に並べていきます。

［１］ 図１のように並べて，最後に黒い石を置いたら，白い石だけが24個余りました。

図１　○○●●○○●●…

［２］ 図２のように並べて，最後に黒い石を置いたら，黒い石だけが30個余りました。

図２　●○○●○○…

［１］から，白い石は黒い石より □ 個または □ 個多いことが分かり，［２］から，白い石の数は，黒い石の数から □ を引いた数の２倍であることが分かります。これらのことから，白い石の数は □ 個または □ 個です。

(6) 図のように２つの長方形を重ねてできた図形があります。
ＡＢ：ＢＣ＝11：４で，ＣＤ：ＤＥ＝１：３です。
重なった部分の面積が14.2cm²であるとき，太線で囲まれた図形の面積は □ cm²です。

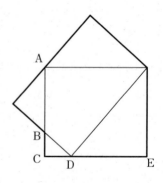

2, 3, 4(1)の各問いについて☐にあてはまる数を入れなさい。

2 2つの整数㋐と㋑の最大公約数は48で，和は384です。㋐が㋑より大きいとき，㋐にあてはまる数をすべて求めると，☐です。

3 ある店でケーキの箱づめ作業をしています。はじめにいくつかケーキがあり，作業を始めると，1分あたり，はじめにあったケーキの数の5％の割合でケーキが追加されます。3人で作業をすると20分でケーキがなくなり，4人で作業をすると☐分でケーキがなくなります。また，3人で作業を始めてから☐分後に4人に増やすとケーキは16分でなくなります。どの人も作業をする速さは同じです。

4 円周率は3.14として，計算しなさい。
(1) 底面が半径6cmの円で，高さが5cmの円柱の側面の面積は☐cm²です。
(2) 図のように，(1)の円柱の形をした容器Aと，高さ10cmの正十二角柱(底面が正十二角形である角柱)の形をした容器Bがあります。容器の厚みは考えないものとします。

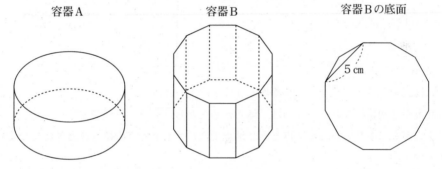

① 容器Bの底面の面積を求めなさい。(式も書くこと)
② 容器Aにいっぱいになるまで水を入れた後，その水をすべて容器Bに移しました。このとき，容器Bの水面の高さを求めなさい。(式も書くこと)

5, 6の各問いについて☐にあてはまるものを入れなさい。

5 図のような立方体の展開図の面に1から6までの整数を1つずつ書きます。組み立てたとき，3組の向かい合う面の数の和がすべて異なり，いずれも7にならないようにします。面㋐に「6」を書いたとき，面㋑に書くことができる数をすべてあげると☐です。

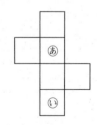

6　右端から左端までが20mのプールを兄と妹が往復します。兄は一定の速さで泳ぎ, 1往復するごとに10秒間休みますが, 妹は一定の速さで泳ぎ続けます。2人は同時に泳ぎ始め, 妹が16m泳いだときに初めて兄とすれちがい, 兄がちょうど5往復したときに妹はちょうど4往復しました。

(1)　「泳ぎ始めてからの時間(秒)」と「プールの右端との距離(m)」の関係を, 兄は―――で, 妹は------で途中までグラフに表します。グラフ①からグラフ④のうち, 正しいものはグラフ◯◯◯で, ㋐にあてはまる数は◯◯◯です。

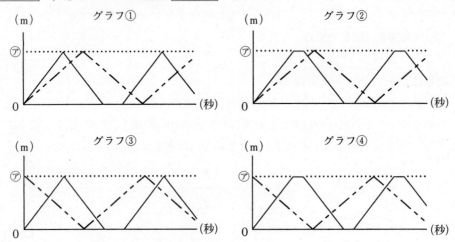

(2)　妹は20m泳ぐのに◯◯◯秒かかります。

(3)　2人が2回目にすれちがうのは, 泳ぎ始めてから◯◯◯秒後です。

(4)　2人が(3)ですれちがった地点と同じ地点で次にすれちがうのは, 泳ぎ始めてから◯◯◯秒後です。

女子聖学院中学校（第1回）

—50分—

注意　※　円周率は，3.14159265……と，どこまでも続いて終わりのない数です。計算には，必要なところで四捨五入あるいは切り上げをして用いますから，問題文をよく読んでください。
　　　※　問題を解くときに，消費税のことは考えないものとします。
　　　※　4の(3)のみ式や考え方を書きなさい。

1　つぎの___にあてはまる数を答えなさい。

(1)　$0.471 + 1.55 = $ ___

(2)　$3\frac{1}{5} - 1\frac{3}{4} = $ ___

(3)　$0.372 \div 0.12 \div 1.55 = $ ___

(4)　$\left(3 - 2\frac{1}{4} \times 1\frac{1}{3}\right) \times 3.75 = $ ___

(5)　$44 \div \{2 - 4 \div (3 \times 5 - 2)\} = $ ___

(6)　$3.14 \times 105 - 214 \times 1.05 = $ ___

(7)　$1 - \left(\frac{1}{2} \div 0.25 - \frac{2}{3} \times \frac{4}{7}\right) \div 2\frac{3}{7} = $ ___

(8)　$\left(\underline{} \div 7\frac{1}{3} + 3\frac{1}{3} \times 4.2\right) \div 23 = 1$

2　つぎの文の（　）にあてはまる数を答えなさい。

(1)　100700を（　）で割ると，商は223で余りは350となります。

(2)　16cm²は，（　）cm²の0.8％です。

(3)　歩幅40cmで1分間に120歩の速さで歩く人がいます。この人は288mを（　）歩，（　）分で歩きます。

(4)　父の年齢は38才，娘の年齢は6才です。（　）年後に父の年齢は娘の年齢の3倍になります。

(5)　100mを15秒で走るとき，その速さは時速（　）kmです。

(6)　1本70円の鉛筆と1本90円の鉛筆を合わせて27本買ったところ，代金は2250円でした。このとき買った1本70円の鉛筆は（　）本です。

(7)　濃度 x ％の食塩水が75gあります。この中には y gの食塩が溶けています。このとき，$y = $（　）$\times x$ です。

(8)　右の図の三角形ABCの面積は三角形DBCの面積の3倍です。AD＝5cmのとき，DC＝（　）cmです。

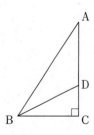

3 聖子さんは算数のテストを全部で10回受けることになり、受けるごとにその回までの自分の平均点を記録することにしました。

前回までの平均点は78点でしたが、今回のテストで94点を取れたので、今回までの平均点は80点になりました。

つぎの問いに答えなさい。

(1) 今回のテストの得点と今回までの平均点との差は何点ですか。

(2) 今回のテストは10回のうち何回目のテストですか。

(3) 残りのテストの点数の合計が何点になれば、10回のテストの平均点が82点になりますか。

4 つぎの【図1】～【図3】のように、3つの多角形ア、イ、ウをそれぞれ直線ℓのまわりに1回転させます。

あとの問いに答えなさい。ただし、円周率は3.14とします。

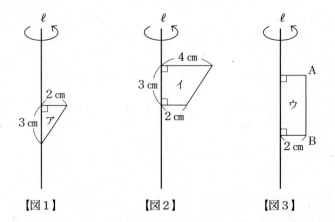

【図1】　　　【図2】　　　【図3】

(1) 【図1】のような、直角三角形アを1回転させてできる立体の体積を求めなさい。

(2) 【図2】のような、台形イを1回転させてできる立体の体積を求めなさい。

(3) 【図3】のような、長方形ウを1回転させてできる立体の体積が、(2)で求めた立体の体積と同じになったといいます。【図3】の辺ABの長さを求めなさい。

5 好子さん，聖子さん，学くんは3人きょうだいです。3人きょうだいのおやつとして，お母さんがクッキーをたくさん焼きましたが，用事ができたため，クッキーを1枚の大きな皿の上に置いて外出しました。

学校から帰ってきた好子さんは，皿の上のクッキーの$\frac{1}{3}$を持って，友達の家へ遊びに行ってしまいました。

そのあとに帰ってきた聖子さんは，友達のひろ子さんを連れてきましたが，まだだれも帰ってきていないと思い，皿の上のクッキーを2人で$\frac{1}{4}$ずつ食べてから，ひろ子さんの家でいっしょに勉強しようと出かけました。

さらにそのあと，帰ってきた学くんは，まだだれも帰ってきていないと思い，皿の上のクッキーの$\frac{1}{3}$を食べて勉強部屋に入りました。

お母さんが帰宅したとき，皿の上にはクッキーが8枚残っていました。

つぎの問いに答えなさい。

(1) 学くんが食べたクッキーは何枚ですか。

(2) お母さんが帰宅したときに残っていたクッキーの枚数は，初めに焼いた枚数の何分のいくつになりますか。分数で答えなさい。

(3) お母さんが焼いたクッキーは，全部で何枚でしたか。

1　次の各問いに答えなさい。

(1)　$10-12\div4+2\times3$　を計算しなさい。

(2)　$5\div3\dfrac{1}{3}+\left(1\dfrac{1}{5}-\dfrac{7}{10}\right)$　を計算しなさい。

(3)　$\left(\boxed{}-2\dfrac{4}{7}\right)\div1\dfrac{1}{14}=2$　のとき，$\boxed{}$をうめなさい。

(4)　好美さんは，家を出発し，駅に向かって分速40mの速さで450m歩きました。この道のりは，家から駅までの道のり全体の2割5分にあたります。好美さんは，あと何分何秒で駅に着きますか。

(5)　6%の食塩水150gと14%の食塩水450gを混ぜると何%の食塩水になりますか。

(6)　Aさん，Bさん，Cさんがビーズを使ってアクセサリーをそれぞれ作りました。3人が使ったビーズの合計は235個です。また，Aさんは，Bさんの2倍より4個少なく，Cさんは，Bさんより11個多く使いました。Aさんは，ビーズをいくつ使いましたか。

(7)　右の図の5つの場所を赤，黄，緑，黒の4色の絵の具から3色を選んでぬり分けます。となりどうしが同じ色にならないぬり方は何通りですか。

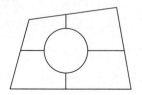

(8)　一組の三角定規を右の図のようにおくとき，角xの大きさを求めなさい。

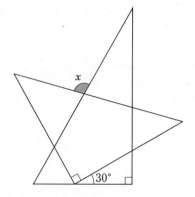

(9)　右の図の正方形ABCDでAB＝6cm，BE：EC＝CF：FD＝1：1のとき，斜線部分の面積を求めなさい。

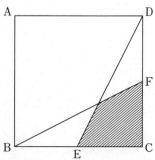

(10)　半径が3cmの円を次の図のように5個重ねて並べました。この規則にしたがって15個並べたときにできる図形の周りの長さを求めなさい。ただし，円周率は3.14とします。

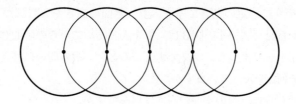

② 次の図のように，ある規則にしたがって数字が並んでいます。このとき，あとの問いに答えなさい。

	1番目	2番目	3番目	4番目	5番目
1段目	2	3	4	5	6
2段目	4	5	6	7	8
3段目	6	7	8	9	10
4段目	8	9	10	11	12
5段目	10	11	12	13	14
…					

(1) 10段目の3番目の数を求めなさい。
(2) 19段目の1番目から5番目までの数の合計を求めなさい。
(3) 1番目から5番目までの数の合計が500になるのは何段目ですか。

③ 次の表のような材料の分量で，2種類のサラダのドレッシングを作ります。サラダ油をちょうど200mL使い切って，2種類のドレッシングを合わせて11人分作るために，次のように考えました。

ただし，小さじ1は5mLとします。□に当てはまる数を答えなさい。

和風ドレッシング1人分
酢 ………… 小さじ2
サラダ油 …… 小さじ3
しょう油 …… 小さじ$1\frac{1}{2}$

フレンチドレッシング1人分
酢 ………… 小さじ3
サラダ油 …… 小さじ4

(考え方)
和風ドレッシング1人分に使用するサラダ油の量は，□(ア) mL，フレンチドレッシング1人分に使用するサラダ油の量は，□(イ) mLです。
もし，11人分のドレッシングをすべて和風ドレッシングで作ろうとすると，
□(ア) ×11＝□(ウ) (mL)のサラダ油を使います。
これでは，□(エ) －□(ウ) ＝□(オ) (mL)のサラダ油が余ってしまうので，□(オ) ÷(□(イ) －□(ア))＝□(カ) より
□(カ) 人分をフレンチドレッシングにすれば，サラダ油を使い切ることができます。よって，和風ドレッシングを□(キ) 人分，フレンチドレッシングを□(カ) 人分作ることで，ちょうどサラダ油を使い切ることができます。
また，このときに使用する酢の量は□(ク) mL，しょう油の量は□(ケ) mLです。

4 図1のような水そうに一定の割合で水を入れ，水面の高さをABについたもめりで測ります。図2は水そうを横から見た図です。図3は，水を入れ始めてからの時間(分)と水そうの水面の高さ(cm)との関係を途中まで表したグラフです。このとき，次の問いに答えなさい。

(1) 最初，水は毎分何Lで入っていますか。

(2) 水を入れ始めてから16分後の水面の高さは何cmですか。

(3) 水を入れ始めてから30分後に，水を入れる量を毎分19.2Lに変えました。満水になるのは水を入れ始めてから何分後ですか。

(4) 満水になるまでの様子を表すグラフを図3にかきなさい。

図1 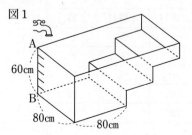 図2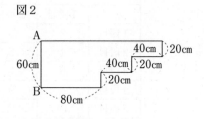

図3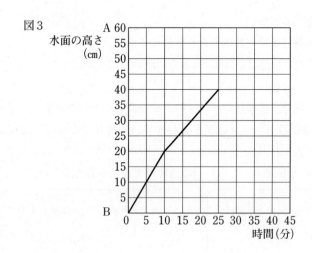

5 右の図のように1めもりが2cmの方眼紙に，半径2cmのおうぎ形，一辺2cmの正方形を組み合わせてできた図をかきました。斜線部分を底面とする高さ10cmの立体について，あとの問いに答えなさい。ただし，円周率は3.14とします。

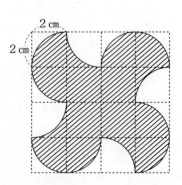

(1) 体積を求めなさい。

(2) 表面積を求めなさい。

1　姉と妹は家から3.2km離れた駅まで徒歩で往復しました。姉が妹より家を5分遅れて出発したところ，妹が駅に到着する前に，駅から300mの地点で妹に追いつきました。また，姉が家に戻ったときには，妹はまだ家から700mの地点にいました。このとき，次の問いに答えなさい。
(1) 姉と妹の歩く速さの比を最も簡単な整数の比で答えなさい。
(2) 姉の歩く速さは毎分何mですか。(やり方・計算を書きなさい。)

2　中学1年生全員に，赤，青，黄，緑の4色の中で最も好きな色をたずねました。
　各色を選ぶ人数はすべて等しくなると予想していましたが，黄を選んだ人は学年全体の人数の $\frac{5}{16}$ となりました。また，赤を選んだ人は予想よりも3人少なく，青を選んだ人は予想の半分の人数となり，緑を選んだ人は予想よりも12人多くなりました。中学1年生全員の人数は何人ですか。(やり方・計算を書きなさい。)

3　右の図のように，正方形ABCDの各辺のまん中の点を通る円C_1があり，さらにその4点を結んでできる正方形の，各辺のまん中の点を通る円C_2があります。円C_1の面積が6.28cm²であり，円C_1と円C_2の中心Oと点Dを線で結ぶとき，次の問いに答えなさい。ただし，円周率は3.14とします。

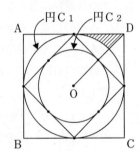

(1) 斜線部分の面積を求めなさい。
(2) 円C_2の面積を求めなさい。

4　2，3，5，7のように，1とその数以外に約数をもたない数のことを素数といいます。
　このとき，次の問いに答えなさい。
(1) 50より小さい2けたの素数をすべて答えなさい。
(2) (1)で答えた素数から異なる数を何個か選んでかけ算をします。たとえば，43と47を選んでかけ算をすると2021になります。かけ算の結果が2021より小さくなる場合は何通りありますか。(やり方・計算を書きなさい。)

5　右の図のように，長方形の紙をABを折り目として折り返したあと，BDを折り目として折り返しました。角アは30°，角イは60°，AC=5cm，EF=4cmであるとき，次の問いに答えなさい。

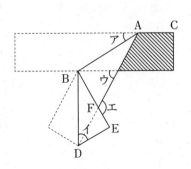

(1) 角ウ，エの大きさを求めなさい。
(2) 斜線部分の面積と，もとの長方形の面積の比を最も簡単な整数の比で求めなさい。(やり方・計算を書きなさい。)

聖セシリア女子中学校（A第2回）

—50分—

注意　円周率は3.14を使用しなさい。

1　次の□にあてはまる数を入れなさい。

(1) $30 - 24 \div 3 \times 2 = $ □

(2) $1\frac{1}{2} - \frac{3}{4} \div \frac{6}{5} = $ □

(3) $2.9 \times 1.2 + 2.9 \times 4.3 - 0.9 \times 5.5 = $ □

(4) $\left(\frac{11}{15} - \frac{1}{3} \times 1\frac{3}{5}\right) \div \frac{3}{10} - \frac{5}{12} = $ □

(5) $\left(\frac{1}{2} \div 0.75 - \frac{2}{9}\right) \times 1\frac{1}{2} = $ □

(6) $1\frac{1}{4} \times (5 - 0.5 \times $ □ $) = 2\frac{1}{2}$

(7) 分速50mで1時間歩いた後，時速45kmの車で20分走ると合わせて□km進みます。

2　次の各問いに答えなさい。また，答えを求めるときの式も書きなさい。

(1) ある動物園の入園料は大人2人と小学生2人で1900円，大人3人と小学生1人で2550円です。大人1人の入園料はいくらですか。

(2) 直線の道沿いに5mおきに木を21本植えました。道の両端に植えているとき，この道は何mですか。

(3) 長さ112mの列車が，分速900mで走っています。この列車が長さ158m，分速720mで走る列車に追いついてから追いこすまでに，何分何秒かかりますか。

(4) AさんとBさんの持っていたおはじきの数の比は5：2でした。AさんがBさんに4個のおはじきをあげたので，AさんとBさんのおはじきの数の比が3：4になりました。Aさんは，はじめ何個持っていましたか。

3　次の各問いに答えなさい。

(1) 右の図は，AB＝ACの二等辺三角形ABCを頂点Cが辺ABに重なるように折り返した図形です。EC＝EDのとき，角Xの大きさを求めなさい。

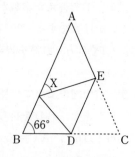

(2) 右の図で，斜線部分の面積を求めなさい。

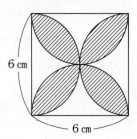

(3) 右の図で，直線 ℓ を軸として1回転させたときにできる立体の体積を求めなさい。

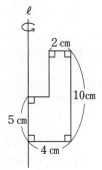

4 次の図のような，中に段差のある直方体の容器があります。はじめに，栓を閉じて一定の速さで水を入れます。容器が満水になったときに水を止め，栓を開けて水を出します。グラフは，水を入れ始めてからの時間と水面の高さの関係を表しています。あとの各問いに答えなさい。

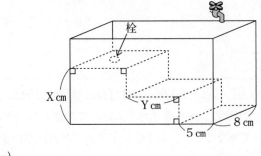

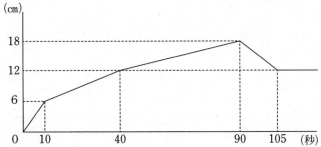

(1) Xの長さは何cmですか。
(2) 入れる水の量は毎秒何cm³ですか。
(3) Yの長さは何cmですか。
(4) 出す水の量は毎秒何cm³ですか。

5 以下の『お手伝い表』にある5種類のお手伝いから，1種類のお手伝いを選び行います。1種類のお手伝いを選んだとき，そのとなりのお手伝いも行うこととします。お手伝いを1回行うごとに，次のような『お手伝い表』に1枚ずつ『☆』のシールを貼っていきます。あとの各問いに答えなさい。

【例1】 ゴミ捨てを選んだとき，シールをゴミ捨てと風呂そうじに1枚ずつ貼ります。

『お手伝い表』

動物の世話	料理	洗たく	風呂そうじ	ゴミ捨て
			☆	☆

【例2】 洗たくを選んだとき，シールを洗たくと料理と風呂そうじに1枚ずつ貼ります。

『お手伝い表』

動物の世話	料理	洗たく	風呂そうじ	ゴミ捨て
	☆	☆	☆	

(1) 動物の世話を1回，料理を2回，洗たくを3回，風呂そうじを1回，ゴミ捨てを2回選んだとき，それぞれのお手伝いにはシールを何枚貼りますか。

(2) 数日後の『お手伝い表』は，次のようになりました。風呂そうじとゴミ捨てはそれぞれ何回選びましたか。ただし，動物の世話は2回，料理は3回選び，洗たくは選んでいません。

『お手伝い表』

動物の世話	料理	洗たく	風呂そうじ	ゴミ捨て
☆	☆	☆	☆	☆
☆	☆	☆	☆	☆
☆	☆	☆	☆	☆
☆	☆	☆		
☆	☆			

(3) 数週間後の『お手伝い表』には，動物の世話に11枚，料理に15枚，洗たくに13枚，風呂そうじに14枚，ゴミ捨てに10枚のシールをそれぞれ貼っていました。どのお手伝いも3回以上選び，選んだ回数がすべて異なるとき，お手伝いをそれぞれ何回選びましたか。

1 次の□にあてはまる数を答えなさい。

(1) $(179-3\times5)\div2+7\times277=$ □

(2) $5-1\frac{2}{3}\div(2.125-1\frac{1}{2})=$ □

(3) $5\times(2\frac{8}{15}-$ □ $\times\frac{5}{6})\div1\frac{1}{2}=1\frac{1}{2}$

(4) $41+43+45+47+49+51+53+55+57+59=$ □

(5) 1日の1％は□分□秒です。

(6) 右の図の四角形ABCDは平行四辺形です。あの角の大きさは□度です。
ただし，同じ記号は同じ大きさを表します。

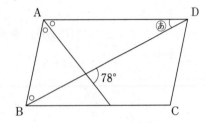

(7) 十の位を四捨五入すると200になる偶数は□個あります。

(8) 定価1500円の商品を5％引きで売ったところ，仕入れ値の14％の利益がありました。仕入れ値は□円です。

(9) 濃さが3％の食塩水200gと濃さが□％の食塩水300gを混ぜ合わせると，濃さが4.2％の食塩水になります。

2 次の各問いに答えなさい。

(1) AさんとBさんが持っているアメ玉の個数の比は7：4で，合計77個です。2人とも同じ数ずつ食べたところ，残ったアメ玉の個数の比は2：1になりました。それぞれが食べたアメ玉の個数は何個ですか。

(2) 男女合わせて45人のクラスで算数のテストを行いました。クラス全体の平均点は65.8点，男子の平均点は64点，女子の平均点は67点でした。このとき，クラスの女子は何人ですか。

(3) 右の図は，1辺が10cmの立方体から円柱の$\frac{1}{4}$を取りのぞいた立体です。この立体の表面積は何cm²ですか。
ただし，円周率は3.14とします。

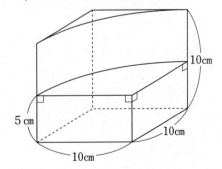

(4) 姉と妹の2人が2地点A，Bの間を移動しました。姉は分速100m，妹は分速80mで歩きます。姉はAからBに向かって，妹はBからAに向かって同時に出発しました。姉がBに着いてから15分後に妹はAに着きました。このとき，AB間の道のりは何kmですか。

(5) $1\frac{1}{2}$, $1\frac{1}{3}$, $1\frac{2}{3}$, $2\frac{1}{3}$, $2\frac{2}{3}$, $1\frac{1}{4}$, $1\frac{2}{4}$, $1\frac{3}{4}$, $2\frac{1}{4}$, $2\frac{2}{4}$, $2\frac{3}{4}$, $3\frac{1}{4}$, $3\frac{2}{4}$, $3\frac{3}{4}$, $1\frac{1}{5}$, … と規則的に並んでいる数があります。50番目の数を答えなさい。

　　ただし，約分ができる数であれば，約分して答えなさい。

③　いくつかの白玉と，赤玉1個，青玉1個があります。これらを横一列に並べたところ，赤玉は列の左から12番目，青玉は列の右から16番目にありました。

　このとき，次の各問いに答えなさい。

(1)　赤玉は青玉より左にあり，赤玉と青玉の間に白玉が5個あるとき，玉は全部で何個並んでいますか。

(2)　赤玉は青玉より右にあり，赤玉と青玉の間に白玉が4個あるとき，玉は全部で何個並んでいますか。

(3)　赤玉は青玉より右にあり，赤玉がちょうど列の中央にあるとき，青玉は左から何番目にありますか。

1 次の計算をしなさい。
(1) 43×5－4.3×15＋0.43×120
(2) $\{(2\frac{5}{6}-1.75)÷9\frac{3}{4}+\frac{1}{4}\}×2.7$

2 次の問いに答えなさい。
(1) 縦15cm，横24cmの長方形の紙がたくさんあります。この紙をすき間なく，同じ向きに並べて正方形を作ります。出来るだけ小さい正方形を作るとき，長方形の紙は何枚必要ですか。
(2) 3つの整数A，B，Cがあります。A：C＝5：2，B：C＝4：3，BとCの差が6であるとき，整数Aを答えなさい。
(3) 花子さんはノートを何冊か定価で買い，消費税込みで3168円払いました。園子さんは同じノートをセール中のお店で定価の2割引きで買い，花子さんと同じ金額で花子さんより4冊多く買えました。花子さんはノートを何冊買いましたか。ただし，消費税は10％とします。
(4) 右の図の四角形ABCDは正方形です。点Eは辺BCの真ん中の点で，点Fは辺CDを2：1に分ける点です。色のついた部分の面積は，正方形の面積の何倍ですか。

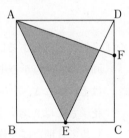

3 次の問いに答えなさい。
(1) AとBのボタンがついた計算機があります。ある数を入力し，ボタンを押すと次のように出力します。
　　ボタンA：入力された数と出力結果は比例の関係であり，
　　　　　　8を入力すると2が出力された。
　　ボタンB：入力された数と出力結果は反比例の関係であり，
　　　　　　12を入力すると3が出力された。
この計算機に，ある数Xを入力し，ボタンAを押して出力された数を再度入力し，ボタンBを押したところ，出力された数は最初に入力した数Xと同じになりました。ある数Xはいくつですか。

(2) 次の図のような円柱の形をした2つの容器A，Bとおもり Cがあります。容器Bの底面の半径は8cmで，おもりCの底面の半径は6cmです。容器Aに満水になるよう水を入れ，容器Bに移したところ水面の高さは1.5cmになりました。さらに容器Bに容器Aの3杯分の水を入れ，おもりC全体を容器Bの水中に沈めました。このとき，容器Bの水面の高さは何cmになりましたか。

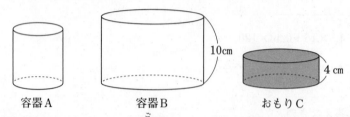

(3) 次の図のように，黒と白のボールを交互に使って，正三角形をつくっていきます。最も外側の正三角形に使われたボールが174個のとき，この図形には白のボールは全部で何個使われていますか。なお，この問題は解答までの考え方を表す式や文章・図などを書きなさい。

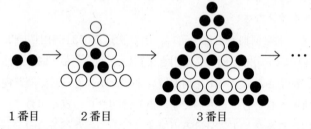

(4) 池の周りにある散歩道を，恵子さんと花子さんが歩きました。恵子さんは分速72mで時計回りにA地点から歩き出し，花子さんは恵子さんとは逆回りにB地点から歩き出します。2人はそれぞれA，B地点を同時に出発し，5分後にはじめて出会いました。出会ってから4分後，花子さんはA地点を通過しました。2回目に2人が出会ってから9分24秒後，花子さんははじめてB地点に戻りました。この散歩道の1周は何mですか。なお，この問題は解答までの考え方を表す式や文章・図などを書きなさい。

4 家から図書館までの道沿いに，ポストと花屋があります。妹は徒歩で10時に家を出発し，途中の花屋で10分間買い物をしてから図書館に向かいました。姉は妹が出発してから20分後に家を自転車で出発し図書館に向かいました。姉は，10時25分にちょうどポストの前で妹を追い越し，図書館で10分間過ごした後に家に戻る途中，買い物を終えた妹と11時ちょうどに花屋の前ですれ違いました。このとき，次の問いに答えなさい。

(1) 姉と妹の速さの比を最も簡単な整数の比で答えなさい。

(2) 姉が図書館を出発したのは何時何分ですか。なお，この問題は解答までの考え方を表す式や文章・図などを書きなさい。

(3) 妹が図書館に到着したのは何時何分ですか。

5 1より小さい，分母が4以下の既約分数(それ以上約分できない分数)を小さい順にすべて並べ
ると，

$$\frac{1}{4}, \ \frac{1}{3}, \ \frac{1}{2}, \ \frac{2}{3}, \ \frac{3}{4}$$

となり，この分数の列を「分母4のグループ」と呼ぶことにします。このようなグループにおい
て，隣り合う2つの分数の差を求めると，必ず分子が1になることが知られています。

　例えば分母4のグループでは

$$\frac{1}{3}-\frac{1}{4}=\frac{1}{12}, \ \frac{1}{2}-\frac{1}{3}=\frac{1}{6}, \ \frac{2}{3}-\frac{1}{2}=\frac{1}{6}, \ \frac{3}{4}-\frac{2}{3}=\frac{1}{12}$$

です。このとき，次の問いに答えなさい。

(1)　分母5のグループの分数のうち小さい方から5番目の数を答えなさい。また，分母5のグル
　　ープの隣り合う分数の差の中で最も小さいものを答えなさい。

(2)　分母10のグループには分数は全部で何個ありますか。

(3)　あるグループでは，$\frac{2}{5}$と$\frac{3}{7}$の間に1つだけ分数が入ります。この分数を答えなさい。なお，
　　この問題は解答までの考え方を表す式や文章・図などを書きなさい。

－381－

捜真女学校中学部（Ａ１）

—50分—

注意　1　円周率は3.14としなさい。

　　　2　答えが仮分数になる場合は，帯分数に直して答えなさい。

① 次の □ にあてはまる数を答えなさい。

(1) $48-24-12+6=$ □

(2) $\dfrac{2}{3}-\dfrac{1}{6}+\dfrac{5}{8}=$ □

(3) $51\times43-4\times43=$ □

(4) $\left(2.25+\dfrac{1}{5}\div1.6\right)\times1\dfrac{1}{3}=$ □

(5) $6-1\dfrac{2}{5}\div\left(1-\dfrac{3}{10}\right)-2.7\div0.9=$ □

(6) $\left(1\dfrac{5}{8}-\dfrac{5}{7}\times1\dfrac{3}{4}\right)\times$ □ $=\dfrac{1}{4}$

(7) $\dfrac{2}{3}\times\left\{\left(\dfrac{1}{3}+1\dfrac{1}{6}\right)\div1.2+\right.$ □ $\left.\right\}=1\dfrac{5}{12}$

(8) $823分=$ □ 時間 □ 分

② 次の問いに答えなさい。(1)，(4)，(5)は，□ にあてはまる数を答えなさい。

(1) 1辺が0.9mの立方体の容器の中に入る水の量は □ Lです。

(2) 4％の食塩水150gと18％の食塩水200gを混ぜてできる食塩水の濃度は何％ですか。

(3) 国語，算数，理科，社会の4科目のテストを受けました。

国語は理科より18点高く，理科は算数より14点低い点数でした。

また，算数と理科と社会の3教科の平均点は64点で，全教科の平均点は67点でした。このとき，算数の点数は何点でしたか。

(4) さやかさんは家を出発して3.4km離れた図書館に向かいました。10時に家を出発し，はじめは時速5.4kmで歩いていきました。途中で家から2.7kmの地点にある公園で3分休みました。家から公園までにかかった時間は ア 分です。公園で休んで，図書館に向けて出発した時間は10時 イ 分です。残りの道のりは走って図書館に向かったところ，10時38分に図書館に着きました。公園から図書館までは ウ 分かかったため，さやかさんが公園から図書館まで走った速さは時速 エ kmだとわかります。

(5) あるダンススクールには，今年92人の生徒がいます。今年は昨年と比べて女子は6名増えて，男子は3割減ったため，全体では12人減りました。

男子の人数は昨年より ア 人減ったので，昨年の男子の人数は イ 人とわかります。また，昨年の女子の人数は ウ 人です。

③ 次の問いに答えなさい。

(1) たて17cm，横21cm，高さ10cmの直方体の形をした，ふたのないガラスの容器があります。ガラスの厚みが0.5cmであるとき，容積は何cm³ですか。式も書きなさい。

(2) 右の図は，四角形ＡＢＣＤを点Ｄを中心に矢印の向きに40°回転したものです。⑦の大きさは何度ですか。

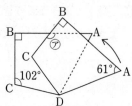

(3) 右の四角形ＡＢＣＤは，正方形とおうぎ形を組み合わせた図形です。斜線部分の面積は何cm²ですか。

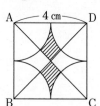

(4) 次のような規則にしたがって図の形を変えていきます。
　図１は規則をあらわしたものです。
　　① 辺を３等分します。
　　② 同じ長さの辺を１つ加え，図のように外側が山になるようにします。
　図２は１辺の長さが27cmの正三角形の３辺に，図１の規則①②にしたがった変形を２回繰り返してできた図です。３回変形させたときの周の長さは何cmですか。

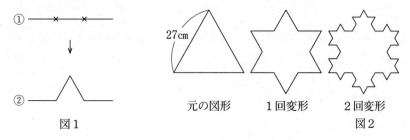

4　２日間行われるバザーで売るために１枚800円のタオルを300枚仕入れました。25％の利益を見込んで定価をつけました。１日目は全体の40％の枚数を定価で売りました。２日目は，はじめは定価で売りましたが，途中から10％値下げして残りの枚数を全部売りつくしました。
　２日間の利益の合計金額の80％を寄付することにしたところ，その金額はタオルを定価ですべて売ったときの利益の70％に当たる金額でした。
　次の問いに答えなさい。
(1) 定価は１枚何円ですか。式も書きなさい。
(2) ☐にあてはまる数を答えなさい。
　　寄付した金額は ア 円になるので，２日間の利益は合わせて イ 円です。
(3) ２日目に値下げして販売したタオルの枚数は何枚ですか。

5 図1のようなおうぎ形を，折れ線に沿ってすべらないように回転させて移動させると，図2のようになりました。次の問いに答えなさい。

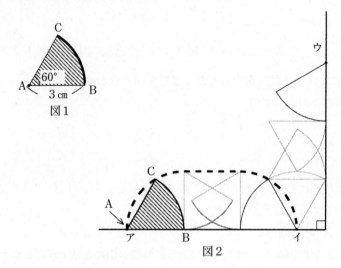

(1) 図1の太線の長さは何cmですか。
(2) 図2で，点Aがアからイの位置まで移動するときに動いてできる，太い点線部分の長さは何cmですか。
(3) 点Aがイからウの位置まで移動するときに動いてできる線の長さは何cmですか。

1 次の計算をしなさい。
(1) $9 \times 11 - 117 \div 13$
(2) $\dfrac{3}{7} \times 2 + \dfrac{2}{15} - \dfrac{1}{21}$
(3) $8 \times 12.5 \times 2.6 - 2.6 \div 0.1$
(4) $(15 \times 6 - 2021 \div 47) \times 43$
(5) $\left(1.3 - 0.3 \times \dfrac{5}{6}\right) \div 1\dfrac{2}{5}$

2 次の　　　にあてはまる数を入れなさい。
(1) 115円のノート7冊と65円のボールペンを　　　本買ったので，代金は1065円でした。
(2) 6回のテストの平均点が　　　点，その後2回の平均点は77点だったので，8回のテストの平均点は74点でした。
(3) 1200mの道のりを，行きは分速60mで歩き，帰りは分速　　　mで走ると，往復で32分かかりました。
(4) 底辺が9.6cm，高さが　　　cmの三角形の面積は38.4cm²です。
(5) 　　　mL入ったしょう油のビンからその $\dfrac{1}{3}$ を使い，次に180mLを使い，さらに残りの $\dfrac{1}{2}$ を使ったら150mLが残りました。

3 右の立体は底面の半径が10cmの円柱と2つの直方体がつながっているもので，下の円柱部分いっぱいに水が入っています。円周率を3.14として次の問いに答えなさい。
(1) 水の量は何cm³ですか。
(2) この立体を上下ひっくり返して水を移動させると円柱部分には水が入りません。真ん中の直方体の高さは何cm以上ありますか。
ただし，途中の計算もかくこと。

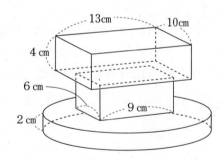

4 図のように，1辺が1cmのマス目の上に図形があります。影の部分の面積を求めなさい。

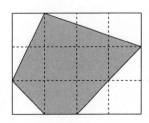

5 右の図は正方形と直角二等辺三角形を組み合わせたものです。あの角度を求めなさい。

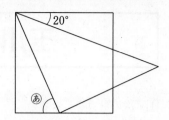

6 A町，B町を往復している大型バスとマイクロバスがあります。A町からは大型バスが，B町からはマイクロバスが午前10時に同時に出発しました。A町とB町の距離は42kmで，A町から24.5km離れた地点でこの2台は初めてすれちがい，大型バスは10時36分にB町に到着しました。大型バスとマイクロバスがA町とB町を往復したようすが，次のグラフに表されています。あとの問いに答えなさい。

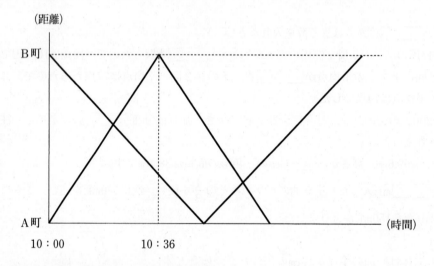

(1) 1度目にすれちがったのは，何時何分ですか。
(2) マイクロバスの速さは時速何kmですか。
(3) 2度目にすれちがったのは，何時何分ですか。

7

たまおくんと聖子さんの2人が，全部で40段ある階段で次のルールに従ってじゃんけんをして遊びました。

ルール
- じゃんけんの手の出し方はグー，チョキ，パーの3種類あり，グーはチョキに勝ち，チョキはパーに勝ち，パーはグーに勝つものとします。また，出した手が同じときはあいことします。
- 最初は2人とも階段の下から20段目に立ちます。
- あいこでじゃんけんの勝負がつかなかったとき，じゃんけんを1回したものとし，2人とも移動しません。
- じゃんけんの勝負がついたときは，出した手によって次のように移動します。
  ① グーを出して勝った人は1段上がり，グーを出して負けた人は1段下がる。
  ② チョキを出して勝った人は3段上がり，チョキを出して負けた人は3段下がる。
  ③ パーを出して勝った人は5段上がり，パーを出して負けた人は5段下がる。

(1) たまおくんと聖子さんはじゃんけんを2回しました。その結果たまおくんは階段の下から28段目に立っています。1回目にたまおくんがパーを出して勝ったとき，2回目のじゃんけんでのたまおくんと聖子さんの手の出し方を答えなさい。また，このとき聖子さんの立っている位置は階段の下から何段目か答えなさい。

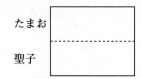

(2) たまおくんと聖子さんはじゃんけんを3回しました。たまおくんは3回ともちがう手を出しました。たまおくんと聖子さんがもっとも離れた位置にいるときに何段離れているか答えなさい。

(3) たまおくんと聖子さんはじゃんけんを3回しました。たまおくんは3回とも同じ手を出したところ，1回あいこになり，その結果聖子さんは階段の下から16段目に立っています。このとき，たまおくんが立っている位置は，階段の下から何段目ですか。たまおくんと聖子さんの手の出し方と，下から何段目かを答えなさい。

たまおくんと聖子さんの手の出し方

1 次の問いに答えなさい。

(1) 次の計算をしなさい。
$\dfrac{3}{2} \div \left\{ \left(7\dfrac{1}{4} + 1.25\right) \times \dfrac{1}{17} - \dfrac{1}{4} \right\}$

(2) 次の □ にあてはまる数を求めなさい。
$(\square + 0.8) \div 24 - 0.2 = \dfrac{1}{20}$

(3) ジュース4本とプリン3個の代金は1100円，ジュース3本とプリン6個の代金は1725円でした。ジュース1本とプリン1個はそれぞれ何円ですか。

(4) 図のように正六角形ＡＢＣＤＥＦに対角線を3本引きました。㋐，㋑の角度の大きさはそれぞれ何度ですか。

(5) ある水そうに水を入れました。はじめに水そうの容積の $\dfrac{2}{3}$ だけ入れ，次に4Lだけ入れたところ，まだ容積の $\dfrac{3}{11}$ だけ不足していました。この水そうの容積は何Lですか。

(6) 図のように中心がＯで，直径をＡＢとする円があり，半径の長さは5cmです。おうぎ形㋐とおうぎ形㋑の面積の比が3：2であるとき，おうぎ形㋒の面積は何cm²ですか。

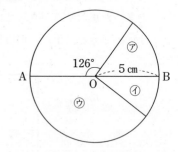

(7) ある学校の修学旅行で，生徒を1部屋6人ずつ入れると，全部の部屋を使っても20人分足りなくなりました。1部屋7人ずつ入れると，2部屋が余り，最後の1部屋は6人になりました。このとき，生徒の人数は何人ですか。

(8) ①，②，③，④，⑤，⑥の6枚のカードから4枚のカードを選び，4けたの整数をつくります。このとき，2の倍数は全部で何通りできますか。

(9) □÷9＝△と126÷□＝○という2つの式があります。△と○がどちらも整数となるとき，□にあてはまる整数をすべて求めなさい。ただし□には同じ数が入ります。

⑩ 生徒数が38人のあるクラスで国語と算数のテストをそれぞれ行いました。横軸の目盛りは，たとえば，20～40のところは20点以上40点未満だったことを示しています。国語も算数も60点以上で合格としたとき，国語と算数の両方に合格できた人はもっとも多くて何人ですか。

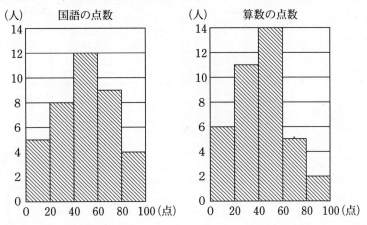

② 静水での速さが同じ船A，Bがあります。船A，Bはある川に沿って20kmはなれた上流のなでしこ町と下流の田園町を往復します。8時に船Aはなでしこ町を出発し，同時に船Bは田園町を出発しました。グラフは，そのときの船A，Bの往復の様子を表しています。このとき，次の問いに答えなさい。

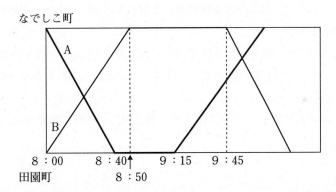

(1) 船A，Bの静水での速さは時速何kmですか。また，川の流れの速さは時速何kmですか。
(2) 1回目に船A，Bがすれ違う場所は，なでしこ町から何km地点ですか。
(3) 2回目に船A，Bがすれ違うのは何時何分か，求めなさい。また，なぜそうなるのかを図や式などを使って説明しなさい。

3 図1のように上部が開いている直方体の水そうを水平において，水を1200cm³入れました。このとき，次の問いに答えなさい。

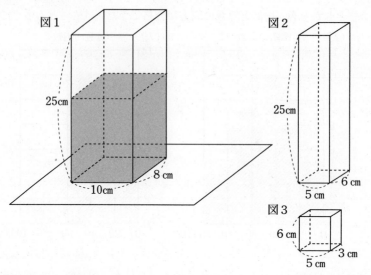

(1) 図1の水面の高さは何cmですか。
(2) 図1の水そうの中に，図2の直方体の重りを底面が水そうの底にぴったりとくっつくように入れたとき，水面の高さは何cmになりますか。
(3) 図1の水そうの中に，図3の直方体の重り1個を水の中に完全にしずめたとき，水面の高さは何cm上がりますか。
(4) 図1の水そうの中に，図3の直方体の重りを何個か完全にしずめていきます。何個目の重りを完全にしずめたときに初めて水があふれますか。また，あふれた水の体積は何cm³ですか。

4 図のように，ある規則にしたがって第1段，第2段，…の順に数が並んでいます。このとき，次の問いに答えなさい。

```
                1                       第1段
              1   1                     第2段
            1   2   1                   第3段
          1   3   3   1                 第4段
        1   4   6   4   1               第5段
      1   5  10  10   5   1             第6段
   . . . . . . . . . . . . . . . . . .
```

(1) 第8段の数の和を求めなさい。
(2) 第50段の左から2番目の数を求めなさい。
(3) 第101段の左から3番目の数を求めなさい。

5 店で買い物をするときに紙幣や硬貨を使わずに，クレジットカード，電子マネーなどで支払いをする「キャッシュレス払い」という支払い方法があります。キャッシュレス払いで支払うことで，店によっては5％または2％還元される，つまりお金が戻ってくるサービスが，2019年10月から2020年6月までありました。

例えばキャッシュレス払いで1000円を支払った時，5％還元される店では50円が戻ってくるので，還元後の支払い額は1000−50＝950円となります。2％還元される店では，20円が戻ってくるので，還元後の支払い額は1000−20＝980円となります。

ある商店街に，5％還元される店A，2％還元される店B，還元されない店Cがあります。これらの店で買い物をするとき，すべてキャッシュレス払いで支払うこととして，次の問いに答えなさい。

(1) 同じぬいぐるみが，店Aでは10000円，店Bでは9650円，店Cでは9520円で売られていました。どの店で買うと，還元後の支払い額が一番低くなりますか。店とそのときの還元後の支払い額を求めなさい。

(2) 店Aと店Bで合わせて7000円支払ったところ，302円戻ってきました。お金が戻る前に店Aと店Bではそれぞれいくら支払ったか，求めなさい。また，なぜそうなるのかを図や式などを使って説明しなさい。

(3) 店A，店B，店Cで合わせて5500円支払ったところ，150円戻ってきました。お金が戻る前に店Aと店Bで支払った金額の比が2：1のとき，店Cではいくら支払ったか，求めなさい。また，なぜそうなるのかを図や式などを使って説明しなさい。

東京純心女子中学校（1日午前）

—50分—

1　次の□にあてはまる数を入れなさい。

(1) $(52-38+3\times14)\div7=\square$

(2) $10\times\{2.3+(1-0.75)\div0.5\}=\square$

(3) $8-3\div\left(1-\dfrac{1}{6}\right)\times\dfrac{5}{8}+\dfrac{1}{4}=\square$

(4) $\{(\square+23)\div5-2\}\times19=95$

(5) $\dfrac{1}{4}\div\left\{\left(\dfrac{1}{2}-\square\right)-\dfrac{1}{7}\right\}=2\dfrac{1}{3}$

2　次の各問いに答えなさい。

(1) A地点からB地点まで652mの道があります。純子さんはA地点から毎分88mの速さで，京子さんはB地点から毎分75mの速さで同時に向き合って出発しました。2人が出会ったのはA地点から何mの地点ですか。

(2) Aセットには，あめが5個，ガムが3個入っています。Bセットには，あめが3個，ガムが6個入っています。AセットとBセットを合わせて15セット買ったところ，あめは全部で57個ありました。ガムは全部で何個ありましたか。

(3) ある小学校には東門と西門があり，児童は全員どちらかの門から通学しています。この学校の児童は，男子が全部で120人で，女子の人数は男子の人数の90％です。また，男子の65％と女子の50％が東門からの通学であるとき，西門から通学する児童は男女合わせて何人ですか。

	東門	西門	合計
男子			
女子			
合計			

3　次の各問いに答えなさい。ただし，円周率は3.14とします。

(1) 右の図はOを中心とする半円で，小さい半円の半径は6cmで，小さい半円と大きい半円の半径の比は4：5です。また，角AOBの大きさは80度です。

① 斜線部アのおうぎ形の面積は何cm²ですか。

② 斜線部イの図形の周の長さは何cmですか。（途中の考え・計算も書くこと。）

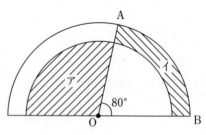

(2) 水平の台の上に，図1のような直方体型の容器があり，ある深さまで水が入っています。この容器に，図2のような直方体型の金属の棒を1本，底面全体が容器の底につくように，まっすぐに入れたところ，水の深さは32cmとなりました。

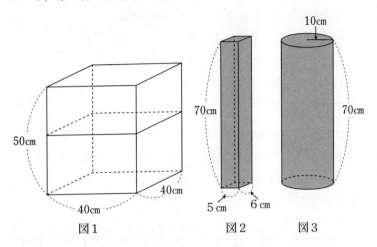

図1   図2   図3

① 図1の状態のとき，水の深さは何cmでしたか。
② 水の深さが32cmとなったあと，さらに図3のような底面の半径が10cmの円柱の金属の棒を1本，底面全体が容器の底につくまで，まっすぐに入れたとき，水面より上にある部分の円柱の体積は何cm³になりますか。

4 図のような台形ABCDの周上を，点PがBから出発し，B→C→D→AとAまで毎秒1cmの速さで動きます。グラフは，点Pが出発してからの時間と，三角形ABPの面積との関係を表しています。
このとき，次の各問いに答えなさい。

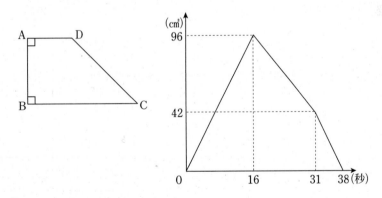

(1) 辺BC，辺ABの長さはそれぞれ何cmですか。
(2) 台形ABCDの面積は何cm²ですか。
(3) 三角形ABPの面積が60cm²となるのは，点Pが出発してから何秒後と何秒後ですか。

2021　東京純心女子中学校（1日午前）

5　2枚のカードがあります。1枚は表に1，裏に2が書いてあり，もう1枚は表に3，裏に4が書いてあります。最初にこの2枚のカードを表を上にして，図のように左右に並べて置きました。次に，この2枚のカードについて，以下の操作を繰り返し行います。

　　《操作》　・奇数回目は，右にあるカードのみ裏返す。
　　　　　　　・偶数回目は，2枚のカードの置いた位置を左右入れかえる。

左　右

| 1 | 3 |

十の位　一の位

　この操作を続けながら，左のカードの数を十の位，右のカードの数を一の位の数とみなして2けたの整数を読み取っていきます。このとき，次の各問いに答えなさい。

(1)　次の表は，各回の操作後に読み取った整数を記入したものです。ア，イ，ウの欄にあてはまる整数をそれぞれ求めなさい。

	最初	1回目	2回目	3回目	4回目	5回目
読み取る整数	13	14	41	ア	イ	ウ

(2)　この操作を続けていくとき，読み取る整数は全部で何通りありますか。

(3)　102回目の操作後に読み取る整数を求めなさい。

(4)　最初に読み取った整数から102回目の操作後に読み取った整数までの103個の整数の和を求めなさい。（途中の考え・計算も書くこと。）

—394—

1 次の◯◯◯にあてはまる数を答えなさい。

(1) $(51 \div 17 - 26 \div 13) \times \{(11-7) \div 2 - 1\} = $ ◯◯◯

(2) $2\frac{3}{4} - \left\{2.75 - \left(1\frac{1}{2} - 0.25\right)\right\} \div 0.6 = $ ◯◯◯

(3) $64 \div ($ ◯◯◯ $\times 2 + 8) + 6 = 10$

(4) $3 \times \left\{\left(\frac{1}{2} + \frac{1}{4} + \frac{1}{8}\right) \div 0.125\right\} \times $ ◯◯◯ $= 20$

2 次の各問いに答えなさい。

(1) 1から200までの整数のうち，4で割り切れるが5で割り切れない数は何個あるか求めなさい。

(2) 折り紙を子どもたちに配ります。1人に8枚ずつ配ると，7人は5枚ずつしかもらえませんでした。そこで，1人に6枚ずつ配ると，13枚余りました。このとき，子どもの人数と折り紙の枚数をそれぞれ求めなさい。

(3) A，B，C，Dの4人の生徒が算数のテストを受けました。Aの得点はBの得点より5点低く，Cの得点より10点高かったです。また，Dの得点はCの得点より3点高く，4人の平均点は72点でした。Aの得点を求めなさい。

(4) 右の図のように，4点A，B，C，Dは，縦が10cm，横が12cmの長方形の辺の上にあります。四角形ABCDの面積を求めなさい。ただし，図の中の点線は，長方形の辺と平行です。

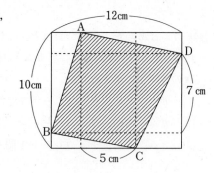

(5) 四角形ABCDが正方形であるとき，角㋐の大きさを求めなさい。

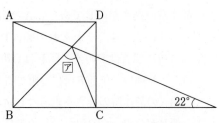

3 【図1】のように，外側の円の直径が14cm，内側の円の直径が12cmの輪 【図1】
があります。

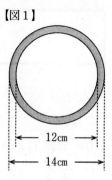

この輪を【図2】のようにまっすぐ並べたとき，次の各問いに答えなさい。

【図2】

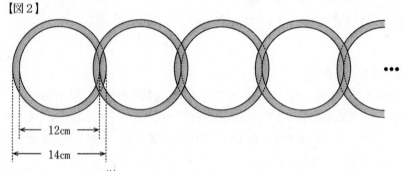

(1) 3個の輪を並べたときの端から端までの長さを求めなさい。
(2) 11個の輪を並べたときの端から端までの長さを求めなさい。
(3) 端から端までの長さが350cmのとき，輪を何個並べたか求めなさい。

4 ガムとあめを1個ずつ買うと，代金は136円です。また，あめとチョコレートを1個ずつ買うと，代金は170円です。さらに，ガムとチョコレートを1個ずつ買うと，代金は150円です。このとき，次の各問いに答えなさい。
(1) ガム，あめ，チョコレートを2個ずつ買ったときの代金を求めなさい。
(2) ガム，あめ，チョコレートを1個ずつ買ったときの代金を求めなさい。
(3) ガム，あめ，チョコレート1個の値段をそれぞれ求めなさい。

5 静水時の速さが同じである船Aと船Bが，48km離れた川の上流にあるP町と下流にあるQ町の間を往復します。それぞれの船はP町またはQ町に着いてからすぐに引き返すものとします。午前6時に船AはP町を，船BはQ町を同時に出発しました。その後，船Aは午前7時20分に船Bとすれ違い，午前8時にQ町に着きました。このとき，次の各問いに答えなさい。
(1) 船Aの静水時の速さを求めなさい。
(2) 船BがQ町からP町まで行くのにかかった時間を求めなさい。
(3) 船Aと船Bが2回目にすれ違う時刻を求めなさい。

6 A中学校とB中学校で5点満点の小テストを行いました。あとの円グラフはその結果を表したものです。また，次のことが分かっています。

① 角アと角イの大きさは等しい。
② 角ウと角エの大きさの合計は90°である。
③ A中学校で得点が3点だった生徒と，B中学校で得点が5点だった生徒の人数は等しい。
④ A中学校で得点が4点および5点だった生徒の全員の得点の合計は185点である。

このとき，次の各問いに答えなさい。

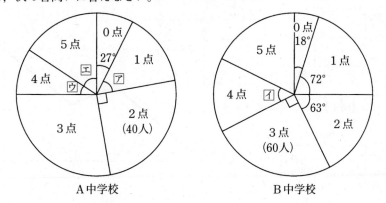

(1) B中学校の生徒の人数を求めなさい。
(2) A中学校で得点が1点だった生徒とB中学校で得点が4点だった生徒の人数の比を，最も簡単な整数の比で答えなさい。
(3) A中学校で得点が4点だった生徒の人数を求めなさい。
(4) A中学校で得点が3点だった生徒の人数を求めなさい。

7 【図1】のような，縦の長さ60cm，横の長さ90cm，深さ60cmの直方体の形をした浴槽に，1分間に18Lの水が出る蛇口から水を入れ始めました。水を入れ始めて12分経ったときに排水溝の栓を開けてしまい，6分後に栓が開いていることに気がつき栓を閉めました。水を入れ始めてから27分経ったときに満水になり，水を止めました。【図2】のグラフは，水を入れ始めてからの時間と水面の高さの関係を表したものです。このとき，次の各問いに答えなさい。ただし，浴槽の厚さは考えないものとします。

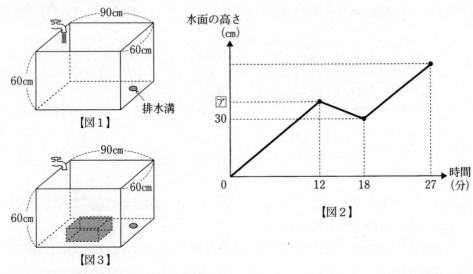

(1) グラフ中の ア にあてはまる数を求めなさい。
(2) 排水溝から1分間に出る水の量を求めなさい。
(3) 満水になった浴槽に，【図3】のように，縦の長さ30cm，横の長さ50cm，高さ18cmの直方体の形のおもりを沈めると，水があふれました。その後，栓を抜いて水をすべて排水しました。排水し始めてから浴槽が空になるまでにかかった時間を求めなさい。

1 次の計算をしなさい。
  (1) $43 - 6 \times 3 - 98 \div 7$
  (2) $\left\{1\frac{1}{7} \times 1.47 \div \left(\frac{5}{3} - \frac{7}{15}\right) - \frac{7}{3} \div 3\right\} \div \frac{14}{15}$

2 次の□にあてはまる数を入れなさい。
  (1) 1個110円の消しゴムを8個と，1本□円のえんぴつを7本買い，2021円を出しておつりを700円もらいました。
  (2) A町からB町までの道のりは□kmです。姉は分速100mでA町からB町に向かい，妹は時速9kmでB町からA町に向かいました。2人は同じ時刻に出発し，14分後に出会いました。
  (3) 15％の食塩水200gに，水を□g加えて12％の食塩水を作りました。
  (4) ある小学校の生徒数は□人で，男子は全体の$\frac{2}{3}$より72人少なく，女子は全体の$\frac{2}{5}$より40人多いです。
  (5) 長方形Aと正方形Bがあります。Aの縦の長さは□cmで，Aの縦の長さと横の長さの比は4：5，Aの縦の長さとBの1辺の長さの比は6：5です。また，AとBの面積の差は20cm²です。
  (6) 225枚のコインをA，B，C，Dの4人で分けたところ，
   ・Aの枚数に2を足した数　　・Bの枚数から2を引いた数
   ・Cの枚数に2をかけた数　　・Dの枚数を2で割った数
  がすべて等しくなりました。Dの枚数は□枚です。

3 次の問いに答えなさい。
  (1) 右図の曲線はすべて円か半円か円の$\frac{1}{4}$です。
    影の部分の面積を求めなさい。ただし，円周率は3.14とします。

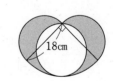

  (2) 右図は長方形の紙を折り返したものです。㋐の角の大きさは何度ですか。

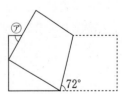

4 りんご1個とみかん1個を買うと240円，りんご3個とみかん5個を買うと840円です。りんご1個の値段はいくらですか。

5 形が異なる5種類のおもりがあります。それぞれの重さは，1g，2g，3g，4gのいずれかで，そのうちの2種類は同じ重さです。図のようにおもりを天びんにのせたとき，すべてつり合いました。5種類のおもりの重さをそれぞれ求めなさい。

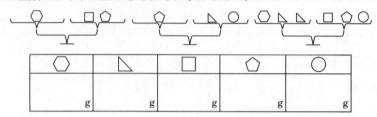

⬡	△	□	⬠	○
g	g	g	g	g

6 メジャーと，円柱の形をした缶があります。この2つを使って，円周率の大体の値を求めたいとき，どこを測り，どのように計算すればよいですか。

7 右図はある立体の展開図で，長方形か円，または円の一部を組み合わせた形をしています。この展開図からできる立体の体積を求めなさい。
ただし，円周率は3.14とします。

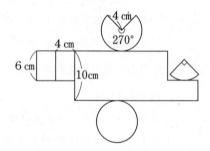

8 同じ大きさの立方体を積み重ねていきました。積み重ねてできた立体を正面，真横，真上から見ると，図のようになりました。次の問いに答えなさい。

(1) 立方体の個数が最も少ないとき，その個数は何個ですか。
(2) 立方体の個数が最も多いとき，その個数は何個ですか。
(3) (2)のとき，立体の表面に下の面を除いて色をぬりました。3面がぬられた立方体は全部で何個ありますか。

9 姉は徒歩通学をしています。ある日，学校まで残り450mの地点で忘れ物に気づいた姉は，歩いて家に引き返しました。妹は姉が家を出発してから9分後に姉の忘れ物に気づき，姉を追いかけました。姉は妹から忘れ物を受け取った後，走って学校へ行き，妹は家に帰りました。右のグラフは，姉が家を出発してからの時間と，姉と妹の距離の関係を表したものです。

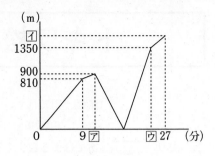

ただし，家と学校は同じ直線道路沿いにあり，姉の歩く速さと走る速さはそれぞれ一定で，妹の速さは毎分60mとします。次の問いに答えなさい。

(1) 姉の歩く速さを求めなさい。
(2) ア，イ，ウにあてはまる数を求めなさい。
(3) 姉の走る速さを求めなさい。

10 0から9までの数字が1つずつ書かれた10枚のカードがあります。英子さんがカードを何枚か並べて整数を作り，陽子さんはその整数に最も近い数を残りのカードから作ります。例えば，英子さんが ③ ① と並べたとき，陽子さんが作る数は29です。次の問いに答えなさい。

(1) 英子さんが ⑤ ⑦ と並べたとき，陽子さんが作る数はいくつですか。
(2) 英子さんが ⑥ ② ④ ⑨ と並べたとき，陽子さんが作る数はいくつですか。
(3) 英子さんと陽子さんの数の和が606であるとき，2人の数はそれぞれいくつですか。

トキワ松学園中学校(第1回)

—45分—

(注意) 計算はあいているところに書いて消さないでおきなさい。
円周率は3.14として計算しなさい。

1. 次の □ にあてはまる数を入れなさい。

　(1) $31 + 8 \times 6 = $ □

　(2) $(79 - 9 \times 7) \div 8 = $ □

　(3) $56.7 \times 7.4 + 56.7 \times 2.6 = $ □

　(4) $1\frac{1}{3} \times 1.25 + \frac{1}{2} \div \frac{3}{5} = $ □

　(5) $42 \div (14 - $ □ $) \times 5 = 35$

　(6) 定価3000円の商品を20％引きで買うとき，消費税10％を加えると，□円です。

　(7) 時速504kmは，秒速 □ mです。

　(8) 260円，290円，330円，380円の4種類のサンドイッチと，100円，150円，180円の3種類の飲み物の中から，それぞれ1種類ずつ選んで500円以内で買える組み合わせは □ 通りあります。

　(9) 30人で20分かかる作業を40人で行うと □ 分かかります。

　(10) 右の図のような，1辺の長さが6cmの正三角形ABCを，頂点Cを中心に頂点Aが直線l上にくるように回転させました。
　　このとき角xは □°で，頂点Aの動いたあとの長さは □ cmです。

　(11) 右の図は二つの正方形を組み合わせたものです。斜線部分の面積は □ cm²です。

2. 底面の直径がそれぞれ6cm，8cmの円柱の形のコップA，Bがあります。高さはどちらも12cmです。コップAに8cmの高さまで入っている水を，空のコップBへすべて移したとき，水の体積と水面までの高さを求めなさい。ただし，コップの厚さは考えないものとします。(式と計算も書くこと)

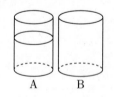

3. すみれさんは家から1500mはなれた駅で，お姉さんと10時に待ち合わせをしました。すみれさんは約束の時間の5分前に着くように家を出て，分速60mで歩いていました。歩き始めて20分後に友達とばったり会い，その場で7分間立ち話をしました。その後，走って駅へ向かったところ，約束の時間ちょうどに着きました。

　(1) すみれさんが家を出たのは何時何分ですか。(式と計算も書くこと)

　(2) 友達と会った地点は駅から何m手前の地点ですか。(式と計算も書くこと)

　(3) 友達と会った後，すみれさんが走った速さは分速何mですか。(式と計算も書くこと)

4 5％の食塩水が360gあります。この食塩水から何gかの水を蒸発させたところ，6％の食塩水になりました。
(1) もとの食塩水に含まれる食塩の量は何gですか。（式と計算も書くこと）
(2) 蒸発させた水は何gですか。（式と計算も書くこと）

5 次のグラフは，東京の2020年8月一か月間の日ごとの最高気温を表しています。

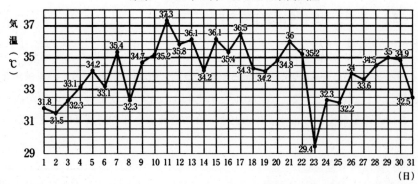

(1) 最高気温が35℃以上の日を猛暑日といいます。8月中に猛暑日は何日ありましたか。
(2) 最高気温がもっとも高かった日ともっとも低かった日の気温の差は何℃ですか。
(3) 2020年8月1日は土曜日でした。8月の日曜日の最高気温の平均は何℃ですか。小数第2位を四捨五入して小数第1位まで求めなさい。（式と計算も書くこと）

豊島岡女子学園中学校(第1回)

—50分—

注意事項　1　円周率は3.14とし，答えが比になる場合は，最も簡単な整数の比で答えなさい。
　　　　　2　角すいの体積は，(底面積)×(高さ)÷3で求めることができます。

1　次の各問いに答えなさい。

(1) $6.2 - \left(2.7 \div \dfrac{3}{5} - \dfrac{9}{8} \times 2.4\right)$ を計算しなさい。

(2) $\left(\boxed{} \times 4\dfrac{1}{6} - \dfrac{3}{4}\right) \div \dfrac{5}{6} - 6 = \dfrac{1}{10}$ のとき，$\boxed{}$ に当てはまる数を求めなさい。

(3) 7で割ると2余り，9で割ると3余る整数のうち，2021に最も近いものを求めなさい。

(4) 5種類のカード⓪，①，②，⑤，⑥がそれぞれ1枚ずつあります。この中から3枚を選んで並べ，3けたの整数を作ります。このとき，3の倍数は全部で何通りできますか。

2　次の各問いに答えなさい。

(1) 4つの整数A，B，C，Dがあります。AとBとCの和は210，AとBとDの和は195，AとCとDの和は223，BとCとDの和は206です。このとき，Aはいくつですか。

(2) 豊子さんと花子さんは，同時にA地点を出発し，A地点とB地点の間をそれぞれ一定の速さで1往復します。2人はB地点から140mの場所で出会い，豊子さんがA地点に戻ったとき，花子さんはB地点を折り返しており，A地点まで480mの場所にいました。
このとき，(豊子さんの速さ):(花子さんの速さ)を求めなさい。

(3) 右の図のように，円周を12等分した点をとり，点Aと点B，点Cと点Dをそれぞれまっすぐ結びました。直線ABの長さが6cmであるとき，色のついている部分の面積は何cm²ですか。

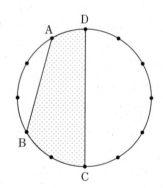

(4) 右の図の三角形ABCにおいて，AD=9cm，DB=6cm，AF=8cm，FC=2cmで，(三角形BDEの面積):(三角形DEFの面積)=2:3です。このとき，(三角形CEFの面積):(三角形ABCの面積)を求めなさい。

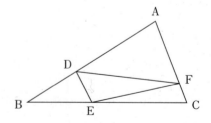

3　ある店では，同じ品物を360個仕入れ，5割の利益を見込んで定価をつけ，売り始めました。1日目が終わって一部が売れ残ったため，2日目は定価の2割引きで売ったところ，全て売り切れました。このとき，1日目と2日目を合わせて，4割の利益が出ました。次の各問いに答えなさい。

(1) 1日目に売れた品物は何個ですか。

(2) 3日目に同じ品物をさらに140個仕入れ，2日目と同じ，定価の2割引きで売り始めました。3日目が終わって一部が売れ残ったため，4日目は定価の2割引きからさらに30円引きで売ったところ，全て売り切れました。このとき，3日目と4日目を合わせて，48600円の売り上げになりました。もし，同じ値段のつけ方で3日目と4日目に売れた個数が逆であったら，48000円の売り上げになります。このとき，この品物は1個当たりいくらで仕入れましたか。

4　右の図のように，1辺の長さが70cmの正三角形ＡＢＣと正三角形ＤＣＢがあります。点Ｐは正三角形ＡＢＣの辺の上を，点Ａを出発して反時計回りに毎秒2cmの速さで進み，点Ｑは正三角形ＤＣＢの辺の上を，点Ｄを出発して反時計回りに毎秒5cmの速さで進みます。点Ｐと点Ｑが同時に出発するとき，次の各問いに答えなさい。

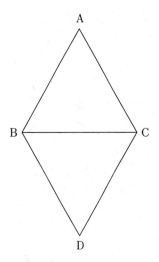

(1) 点Ｐと点Ｑが初めて重なるのは，この2点が出発してから何秒後ですか。

(2) 点Ｐと点Ｑが10回目に重なるのは，この2点が出発してから何秒後ですか。

5　次のように整数が並んでいます。

　　　　　　4，6，9，12，15，20，…

この数の並びの中の隣り合う2つの数について，

　左の数に，その数を割り切る最も大きい素数を加えたものが右の数

となっています。

　例えば，隣り合う2つの数4と6について，左の数4に，4を割り切る最も大きい素数2を加えたものが右の数6です。また，隣り合う2つの数6と9について，左の数6に，6を割り切る最も大きい素数3を加えたものが右の数9です。

　このとき，次の各問いの◯◯◯◯に当てはまる数をそれぞれ答えなさい。

(1) 15番目の数は◯◯◯◯です。

(2) この数の並びの中の数のうち，最も小さい47の倍数は◯◯◯◯です。

(3) この数の並びの中の数のうち，3500に最も近い数は◯◯◯◯です。

6 右の図のように，1辺の長さが6cmの立方体ＡＢＣＤ－ＥＦＧＨがあります。辺ＢＣ，ＦＧの上に，ＢＩ＝ＦＪ＝2cmとなるような点Ｉ，Ｊをとります。辺ＡＤ，ＢＣ，ＦＧ，ＥＨの真ん中の点をそれぞれＫ，Ｌ，Ｍ，Ｎとするとき，次の各問いに答えなさい。

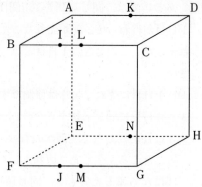

(1) 直方体ＡＢＬＫ－ＥＦＭＮと三角柱ＩＣＤ－ＪＧＨが重なった部分の体積は何cm³ですか。

(2) 四角柱ＢＦＧＬ－ＡＥＨＫと三角柱ＩＣＤ－ＪＧＨが重なった部分の体積は何cm³ですか。

(3) 四角柱ＢＦＧＬ－ＡＥＨＫと三角すいＤ－ＪＧＨが重なった部分の体積は何cm³ですか。

日本女子大学附属中学校(第1回)

―50分―

1　次の(1)～(4)の□をうめなさい。ただし，(1)は途中の式も書きなさい。

(1) $103-(6\times17-81\div3)\div(48\div16)=$ □

(2) $(7.3-7.05)\div\dfrac{3}{16}\div1.2\times1.8=$ □

(3) $1.6\times\left\{2\dfrac{1}{3}\div(0.4+\square)-1.5\right\}=1\dfrac{1}{3}$

(4) 2021分＋2021秒＝□日□時間□分□秒

2　次の(1)～(9)の問いに答えなさい。

(1) 分速80mで10.5分かかる距離は，縮尺$\dfrac{1}{24000}$の地図上では何cmになりますか。

(2) A，B，C，Dの4人の平均点は93.5点でした。Aの点数よりB，C，D3人の平均点の方が6点高いとき，Aの点数を求めなさい。

(3) 兄と弟の2人の所持金の合計は4000円です。兄は400円使い，弟は自分の所持金の$\dfrac{3}{8}$を使ったところ，2人の残りの所持金の比が2：1となりました。はじめの兄の所持金はいくらでしたか。

(4) 1，2，3，5のカードが1枚ずつあります。このカードを並べて整数を作るとき，偶数は全部で何通りできますか。ただし，使わないカードがあっても構いません。

(5) 仕入れ値が1000円のTシャツをA店では2割増しで定価をつけた後，1割5分引きで売り，B店では3割増しで定価をつけた後，2割引きで売りました。どちらのお店が何円安く売りましたか。

(6) 12％の食塩水に4％の食塩水をまぜ合わせて，6％の食塩水を300g作りました。12％の食塩水は何gありましたか。

(7) 〔図1〕において三角形ABCと三角形BDEは合同です。あの角の大きさは何度ですか。

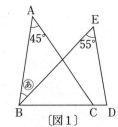

〔図1〕

(8) 〔図2〕の半円の斜線部分の面積は何cm²ですか。ただし，点Aは図の円周部分の真ん中の点で円周率は3.14とします。

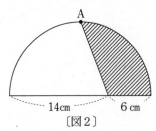

〔図2〕

(9) 〔図3〕は面積が400cm²である正方形の中に合同な4つの長方形と正方形をかいたもので、中の正方形の面積は16cm²です。長方形の短い方の辺の長さは何cmですか。

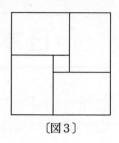

〔図3〕

3 1周3kmの池の周りをA，Bは同じ向きに，CはA，Bとは反対の向きに走り始めました。3人は同じ地点Pから出発し，AはCやBに出会うと進む方向を逆向きに変えて走りますが，BとCは向きを変えずに走り続けます。右のグラフは3人の様子を表したものです。Aの速さが分速180m，Bの速さが分速60mのとき，次の(1)～(3)の問いに答えなさい。

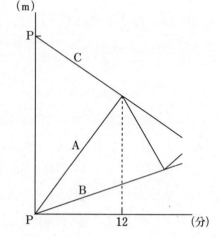

(1) Cの速さは分速何mですか。答えを求めるための考え方も書きなさい。

(2) AとBがはじめて出会ったのは同時に出発してから何分後ですか。

(3) (2)の後，Aは速さを変えて走ったところ，3分20秒後に再びCに出会いました。Aは分速何mに変えましたか。

4 図のような直方体の容器に，A，B 2つの円柱のおもりが入っています。この容器に1分間に0.5Lずつ水を入れたときの時間と水の高さの関係をグラフに表しました。円柱Bの底面積が300cm²のとき，グラフのあ，ⓘにあてはまる数を求めなさい。
また，円柱Aの底面積を求めなさい。

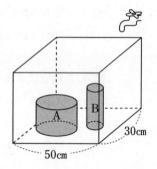

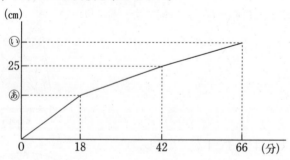

－408－

⑤ 図の二等辺三角形ＡＢＣは合同な直角三角形を合わせて作ったものです。２点Ｐ，Ｑはそれぞれ一定の速さで移動する点で，Ｄを同時に出発します。ＰはＤＢ上をＢまで移動して止まり，ＱはＤＣ上を２往復し，Ｐが止まるのと同時に止まります。グラフは出発してからの時間とＤＰ，ＤＱの長さの関係を表したものです。次の(1)～(3)の問いに答えなさい。

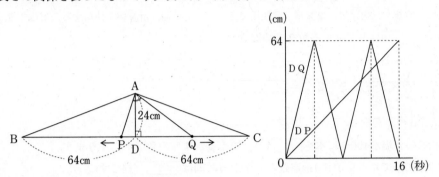

(1) ２点Ｐ，Ｑの速さはそれぞれ秒速何cmですか。

(2) ＰがＢに着くまでの間で，三角形ＡＰＱがＡＰとＡＱの長さが等しい二等辺三角形になることは何回ありますか。また，１回目は２点Ｐ，Ｑが出発してから何秒後ですか。

(3) Ｑが初めてＣに着くまでの間で，三角形ＡＰＤを拡大した図形と三角形ＱＡＤが合同になるのは，２点Ｐ，Ｑが出発してから何秒後ですか。
　またそのとき，角ＰＡＱ(印をつけた角)の大きさは何度ですか。

日本大学豊山女子中学校(4科・2科)

―50分―

〔注意〕 定規,三角定規,コンパスは使用できます。分度器,計算機を使用することはできません。

1 次の□□にあてはまる数を求めなさい。

(1) $17-7\times 2+10\div 5=$ □

(2) $\dfrac{3}{4}+\dfrac{1}{2}\times 2\dfrac{5}{8}-\dfrac{1}{2}\div 2\dfrac{2}{3}=$ □

(3) $\dfrac{4}{5}\times\left(2\dfrac{1}{3}-1.75\right)\div 2\dfrac{1}{3}+\dfrac{3}{4}=$ □

(4) 6％の食塩水400gに水を□gを加えると4％の食塩水になります。

(5) 時速50kmで走る車が100m進むのにかかる時間は□秒です。

(6) アメとキャラメルを□人の子どもに分けます。アメはキャラメルより9個多くあります。アメを1人に5個,キャラメルを1人に3個ずつ分けるとアメはちょうどなくなり,キャラメルは7個あまりました。

2 次の□□にあてはまる数を求めなさい。

(1) 図の㋐の角の大きさは□度です。

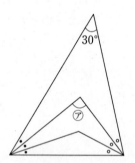

(2) 図の影の部分の面積は□cm²です。ただし,円周率は3.14とします。

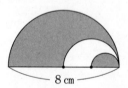

(3) 図は直方体を組み合わせた立体です。この立体の体積は□cm³です。

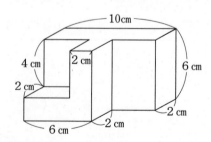

3 底面積が40cm²の直方体の容器に水を入れます。グラフは時間と水面の高さの関係を表しています。次の問に答えなさい。

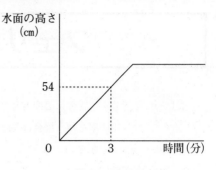

(1) 毎分何cm³の水を入れていますか。
(2) この容器の容積が3240cm³のとき，水を入れ始めてから何分何秒後に満水になりますか。
(3) 水を入れ始めてから5分後に容器が満水になるとき，この容器の高さは何cmですか。

4 長さ3cmの両面テープを使用して写真を貼り合わせていきます。図は写真を縦2枚，横2枚の長方形になるように貼り合わせたものです。次の問に答えなさい。

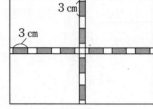

(1) 写真を縦4枚，横3枚の長方形になるように貼り合わせるとき，両面テープは全部で何cm使用しましたか。
(2) 両面テープを全部で324cm使用して写真を長方形に貼り合わせます。横に3枚貼り合わせるとき，縦に貼り合わせる写真は何枚ですか。

5 1辺の長さが1cmの正方形を直線の周りに1回転してできる立体について，次の問に答えなさい。ただし，円周率は3.14とします。

(1) 正方形を直線㋐の周りに1回転してできる立体の体積は何cm³ですか。

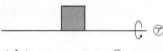

(2) 正方形を直線㋑の周りに1回転してできる立体の体積は何cm³ですか。

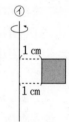

(3) 図のように正方形を追加したとき，2つの正方形を直線㋑の周りに1回転してできる立体の体積の和は何cm³ですか。

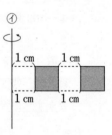

1 次の問いに答えなさい。

(1) 次の計算をしなさい。
$1\frac{5}{8} \div \frac{13}{14} - \left(0.8 \div \frac{4}{3} - \frac{4}{15}\right)$

(2) 図の2つの円は半径が等しく，それぞれの中心は点A，Bです。Cは円周上の点で，Dは直線ACともう一方の円が交わってできた点です。⑰の角の大きさを求めなさい。

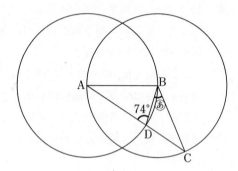

(3) 分数 $\frac{4}{180}, \frac{5}{180}, \frac{6}{180}, \frac{7}{180}, \cdots, \frac{179}{180}$ の中で，約分すると分子が3になるものは $\frac{\boxed{}}{180}$ です。$\boxed{}$ にあてはまる数をすべて求めなさい。

(4) 3つの容器A，B，Cのそれぞれに水が入っています。容器Aと容器Bに入っている水の重さの比は5：3です。次の ア ， イ にあてはまる数を求めなさい。

① 容器Aから容器Bへ水を260g移すと，容器Aと容器Bに入っている水の重さの比は4：5となりました。水を移したあと容器Bに入っている水の重さは ア gです。

② ①に続けて，容器Bから容器Cへ水を何gか移すと，3つの容器の水の重さが等しくなりました。はじめに容器Cに入っていた水の重さは イ gです。

(5) 次の ア ， イ にあてはまる数をそれぞれ求めなさい。

1〜400までの整数が1つずつ書かれたカードを重ねます。上から1枚目には1，2枚目には2，…，400枚目には400と書いてあります。はじめに，上から数えて3の倍数枚目のカードを取りのぞきます。このとき，残ったカードの上から ア 枚目には286と書かれています。
続けて，残ったカードについても，同じように上から数えて3の倍数枚目のカードを取りのぞきます。最後に残ったカードの上から47枚目に書かれている整数は イ です。

2 図のように，1辺の長さが6cmの立方体ABCD−EFGHがあります。直線AFとBEが交わってできる点をP，直線BGとCFが交わってできる点をQとします。
次の ア ， イ にあてはまる数をそれぞれ求めなさい。
三角すいDEGHの表面積は，三角すいBFPQの表面積の2倍より ア cm²大きいです。また，三角すいDEGHの体積は，三角すいBFPQの体積の イ 倍です。

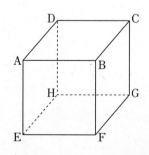

③ 川の上流のA地点と下流のB地点の間を往復する遊覧船があります。川はA地点からB地点に向かい一定の速さで流れています。また，遊覧船の静水時での速さは一定とします。この遊覧船でAB間を一往復したところ，AからBへ行くのに6分，BからAに戻るのに24分かかりました。次の問いに答えなさい。

(1) 川の流れる速さと，遊覧船の静水時での速さの比を，最も簡単な整数の比で求めなさい。（求め方も書くこと。）

(2) AB間には，パトロール船も往復しています。静水時では，パトロール船の速さは遊覧船の速さの2倍です。遊覧船とパトロール船がAを同時に出発し，遊覧船がはじめてBに着いたとき，パトロール船はBからAに向かって420mのところにいました。AB間の距離は何mですか。（求め方も書くこと。）

④ 図のように，2つの円が重なっています。

2つの点A，Bは2つの円が交わってできる点です。大きいほうの円は，中心が点O，半径が6cmです。小さいほうの円は，直線ABが直径です。次の問いに答えなさい。

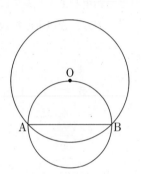

(1) 図の▬▬▬部分の面積を求めなさい。（求め方も書くこと。）

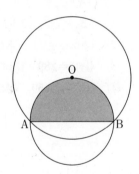

(2) 図の▬▬▬部分の面積を求めなさい。（求め方も書くこと。）

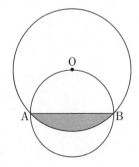

(3) 右の図を，点Oを中心として時計回りに150°回転させるとき，図の▊▊部分が通ってできる図形の面積を求めなさい。（求め方も書くこと。）

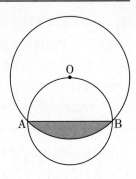

5 1以上の整数 y と，y より大きい整数 x に対して，
$$[x, y] = (x-1) \times y - x \times (y-1)$$
と約束します。例えば $[7, 4] = 6 \times 4 - 7 \times 3 = 3$ です。

また，3以上の整数に対して，記号〈　〉を次のように約束します。

〈3〉= [2, 1]
〈4〉= [3, 1]
〈5〉= [4, 1] + [3, 2]
〈6〉= [5, 1] + [4, 2]
〈7〉= [6, 1] + [5, 2] + [4, 3]
　　　　　　⋮

以下のア～クにあてはまる数をそれぞれ求めなさい。

(1) 〈8〉= [ア, 1] + [6, イ] + [ウ, エ] = オ

(2) 〈2021〉= カ　（求め方も書くこと。）

(3) 〈キ〉= 289　（求め方も書くこと。）

(4) 〈ク〉= 2450　（求め方も書くこと。）

富士見中学校(第1回)

—45分—

(注意事項) 1 ④には説明を必要とする問いがあります。答えだけでなく考え方も書いてください。
2 円周率が必要な場合には3.14として計算しなさい。

1 次の □ に当てはまる数を求めなさい。

(1) $\left(2\dfrac{1}{6}-0.125\right)\div 1\dfrac{3}{4}\times\left(\dfrac{7}{20}+0.25\right)=$ □

(2) $1\div\{1-1\div(1+20\times$ □ $)\}=1\dfrac{1}{2020}$

(3) 3つのおもりがあり、軽い順にA、B、Cとします。これらのおもりを2つずつ合計した重さは46g、61g、75gでした。Aのおもりは □ gです。

(4) 姉と妹がじゃんけんをして、1回ごとに勝った方が5個、負けた方が3個のあめを母からもらいます。何回かのじゃんけんをしたところ、姉が □ 回勝ったので、姉が39個、妹が33個のあめをもっていました。

(5) 80mの道のはしからはしまで11本の桜の木を等しい間隔で植え、桜の木と桜の木の間には2mおきにつつじの木を植えることにします。このとき、つつじの木は □ 本必要になります。

(6) ある容器に水を入れて満水にするのに、A管だけを使うと5時間かかり、B管だけを使うと3時間かかります。はじめA管だけで1時間、続けてA、B両方で1時間入れ、最後にB管だけで □ 分水を入れると、満水になります。

(7) 正方形の各辺を3cm、9cm、3cmに分ける点があります。これらの点を図のようにつなげると ▨ の4つの部分の面積の和は □ cm²になります。

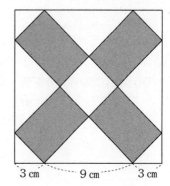

(8) 図の台形を、直線 ℓ の周りに1回転してできる立体の体積は □ cm³です。

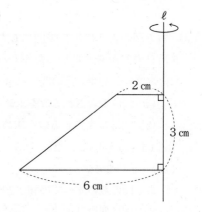

2 〔A〕 ひろこさんとよしえさんは学校を出発して1.2km離れた市役所に行き，住民票を発行してもらった後，学校にもどってくる予定です。

ひろこさんが出発した後，3分後によしえさんが出発したところ，市役所の手前300mのところでひろこさんを追いこしました。2人とも市役所では住民票の発行に10分かかりました。よしえさんが学校についたとき，ひろこさんは学校の手前300mのところを歩いていました。このとき，次の問いに答えなさい。ただし，2人が歩く速さは一定とします。

(1) ひろこさんとよしえさんの歩く速さの比はいくらですか。

(2) ひろこさんは学校を出発して何分後に学校にもどってきますか。

〔B〕 次の問いに答えなさい。

(1) 右の【図1】において，四角形ＡＢＣＤは1辺の長さが17cmである正方形です。ＡＢ，ＢＣ，ＣＤ，ＤＡ上に点Ｐ，Ｑ，Ｒ，Ｓがあり，ＡＰ，ＢＱ，ＣＲ，ＤＳの長さはすべて5cmです。このとき，四角形ＰＱＲＳは正方形になります。四角形ＰＱＲＳの面積を求めなさい。

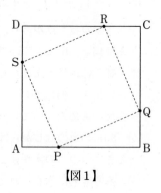

【図1】

(2) (1)の解答から，右の【図2】の直角三角形の ア の長さが求まります。 ア の長さを求めなさい。

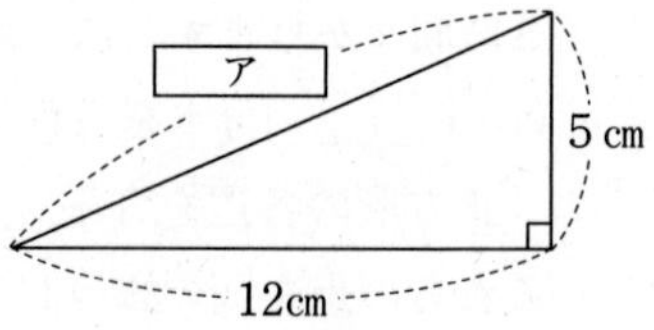

【図2】

(3) (1)，(2)の考え方を使って【図3】のような直角三角形の イ の長さを求めなさい。

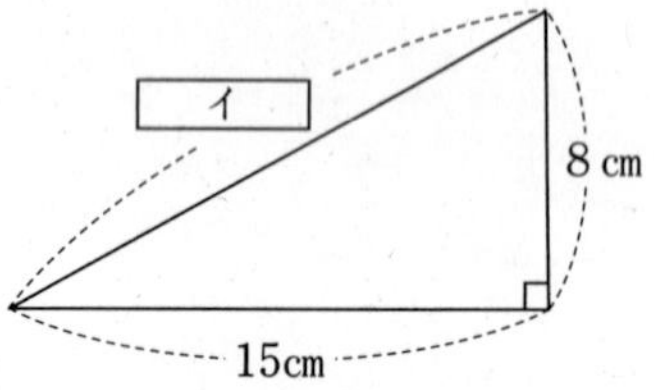

【図3】

3 右の図のようにある規則にしたがって数が並んでいます。a段目の左からb番目の数を(a, b)と表します。例えば$(3, 2)=5$です。次の問いに答えなさい。

(1段目)　　　1　　3
(2段目)　　1　4　3
(3段目)　1　5　7　3
(4段目)　1　6　12　10　3
(5段目)　1　………　3
　　　　　　　⋮

(1) $(5, 3)$で表される数を求めなさい。

(2) $(25, 25)$で表される数を求めなさい。

(3) $(1, 1)+(2, 2)+(3, 3)+(4, 4)+\cdots+(25, 25)$を求めなさい。

(4) ある段の数のすべての和が2048となります。この段は何段目ですか。

(5) $(16, 3)$で表される数を求めなさい。

④ 【図1】のような内側に高さが異なる階段がついた水そうがあります。はじめ毎分6000cm³の水を入れ、水そうの底から測った高さが40cmとなったところで、水面の上 昇速度が変わらないように、1分間あたりに入れる水の量を変えました。水を入れ始めてからの時間と、水そうの底から測った水面までの高さをグラフで表すと【図2】のようになります。このとき、次の問いに答えなさい。

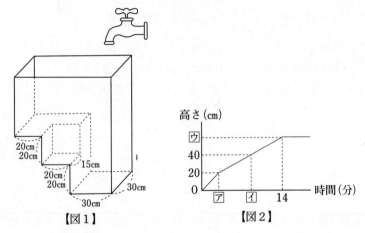

【図1】　　　　　　　【図2】

(1) ア, イ, ウ に入る数を求めなさい。

(2) 水そうの底から測った高さが40cm以降の1分間あたりに入れる水の量を求めなさい。

(3) 初めから92400cm³の水を入れたときの水そうの底から測った高さを求めなさい。考え方や途中の式も書きなさい。

1 ア～エにあてはまる数を書きましょう。

(1) $0.6 + 1\frac{2}{3} \div \left\{ 7 \times \left(\boxed{ア} + \frac{1}{2} \right) - 8 \right\} = 0.8$ （式と計算と答え）

(2) 7.2％の食塩水150gに水を ボイ g加えると，4.8％の食塩水になります。（式と計算と答え）

(3) 右の図は，1辺の長さが10cmの正方形と，正方形の1辺を直径とする4つの円を組み合わせたものです。かげをつけた部分の面積は ウ cm²です。
円周率は3.14です。（式と計算と答え）

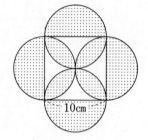

(4) 列車Aが太郎の前を通過するのに5秒かかり，長さ240mの鉄橋を渡り始めてから渡り終えるまでに17秒かかります。時速54kmで走る列車Bに，列車Aが追いついてから完全に追いこすまでに エ 秒かかります。
列車Bの長さは90mです。（式と計算と答え）

2 祖母から送られてきたお年玉を，春子，夏子，秋子，冬子の4人姉妹で分けました。まず，春子が全体の $\frac{1}{5}$ より200円少なくもらいました。次に，夏子が残りの $\frac{1}{4}$ より450円多くもらいました。さらに，秋子が残りの半分より400円少なくもらい，冬子は残り全部をもらいました。冬子がもらったのは5650円でした。祖母から送られてきたお年玉は何円でしたか。（式と計算と答え）

3 ある博物館の入場料は，大人，中人，小人の3種類で，小人は1人90円です。今日の入場者数は，昨日の入場者数と比べると，小人は4％減少し，中人は12.5％減少し，大人は $\frac{1}{12}$ 増加し，合計では11人減少しました。

(1) 今日の小人の入場料の合計は10800円でした。昨日の小人の入場者数は何人でしたか。（式と計算と答え）

(2) 今日の入場者数の合計は522人でした。今日の中人の入場者数は何人でしたか。（式と計算と答え）

(3) 今日の入場料の合計は83460円でした。大人1人の入場料は，中人1人の入場料の1.5倍です。大人1人の入場料は何円ですか。（式と計算と答え）

4 合同な正三角形をしきつめて，[図1]のように色をぬりました。となりあう4つの正三角形を切り取って[図2]のような形の立体を作るとき，何通りのぬり方の立体ができますか。

また，次の図を利用して，その展開図をすべてかきましょう。展開図は重ならないようにかきましょう。ただし，組み立てたときに，回転して同じぬり方になる立体は同じものとします。（展開図と答え）

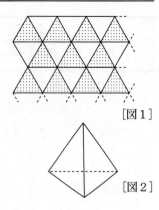
[図1]
[図2]

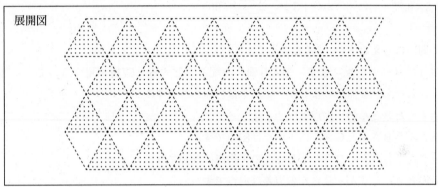
展開図

5 [図1]のような直方体の水そうがあります。左の蛇口から赤い色水を，右の蛇口から青い色水を一定の割合で入れます。水そうがいっぱいになるまでに，左の蛇口だけを使うと28分かかり，同時に左右の蛇口を使うと12分かかります。

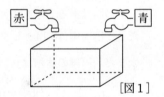
[図1]

(1) 右の蛇口だけを使うと，水そうがいっぱいになるまでに何分かかりますか。（式と計算と答え）

(2) 水そうの中に，2つの長方形の仕切りをまっすぐに立てました。真正面から見ると[図2]のようになりました。

同じ印のついた部分の長さは，すべて等しくなっています。

水そうと仕切りの間にすき間はなく，仕切りの厚さは考えません。

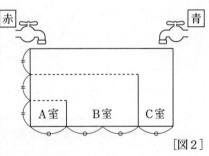
[図2]

左の蛇口からはA室に，右の蛇口からはC室に色水が入ります。

9時ちょうどに，左右の蛇口から同時に色水を入れ始めました。

① B室に初めて色水が入るのは，9時何分ですか。それは何色ですか。（式と計算と答え）

② B室で，赤と青の色水の割合が初めて13：6になるのは，9時何分ですか。（式と計算と答え）

普連土学園中学校（1日午前4科）

—60分—

注意　問題文に「式も書くこと」とある場合には，式や考え方も書きなさい。

1　次の□にあてはまる数を求めなさい。（式も書くこと）

(1) $\left(2\dfrac{2}{3}+\dfrac{4}{5}\right) \div \left(1\dfrac{2}{7}+3\dfrac{6}{7}\right) \times 1\dfrac{5}{13} = \boxed{}$

(2) $0.5 \times \dfrac{2}{5} + 0.5 \div \dfrac{5}{8} + 0.5 - 1\dfrac{1}{8} \div 2.7 \times 0.5 = \boxed{}$

(3) $3.2 \times 8.25 \div (4 - 3.78) - 1.5 \div \boxed{} = 90$

2　次の問いに答えなさい。（式も書くこと）

(1) 生徒にノートを配ります。1人6冊ずつ配ろうとすると57冊不足するので，4冊ずつ配ることにしたら，9冊余りました。ノートは何冊ありますか。

(2) AさんとBさんの平均点は86点です。
AさんとBさんとCさんの平均点は87点です。
AさんとBさんとCさんとDさんの平均点は88点です。
このとき，CさんとDさんの点差は何点ですか。

3　次の図はある立体を正面から見た図と真上から見た図です。この立体の体積を求めなさい。ただし，円周率は3.14とします。
また，円錐の体積は(底面積)×(高さ)×$\dfrac{1}{3}$で求めることができます。（式も書くこと）

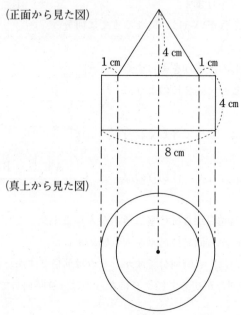

4 図の四角形ＡＢＣＤは正方形です。点ＥはＢＣを二等分する点で，点ＦはＣＤをＣＦ：ＦＤ＝１：２に分ける点です。ＢＤとＡＥ，ＡＦの交点をそれぞれＧ，Ｈとします。次の問いに答えなさい。（式も書くこと）

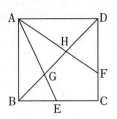

(1) ＢＧ：ＧＤの比をもっとも簡単な整数の比で答えなさい。
(2) ＢＧ：ＧＨ：ＨＤの比をもっとも簡単な整数の比で答えなさい。
(3) 三角形ＡＧＨの面積は正方形ＡＢＣＤの面積の何倍ですか。

5 170個の品物を作るのに，最初は友子さんと春子さんの２人で作りましたが，途中から春子さん１人で作りました。次の図は，品物を全部作り終わるまでの時間と個数の関係のグラフです。あとの問いに答えなさい。（式も書くこと）

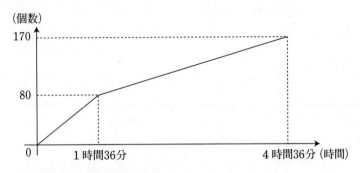

(1) 春子さんは１時間に何個の品物を作りましたか。
(2) 友子さんと春子さんが２人で２時間54分かけると，品物を何個作ることができますか。
(3) 友子さん１人で90個の品物を作るとすれば，何時間何分かかりますか。

6 １から９までの数字が１つずつ書かれた９枚のカードがあります。１，２，３のカードは青いカード，４，５，６のカードは赤いカード，７，８，９のカードは黄色いカードです。

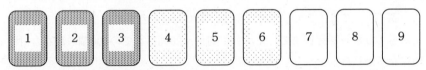

この中から３枚選んで３桁の数字を作ります。
次の問いに答えなさい。（式も書くこと）
(1) 青いカードだけを使って作ることのできる３桁の数字は全部で何個ありますか。
(2) 黄色いカードは使わず，青いカードを１枚以上，赤いカードを１枚以上使って作ることのできる３桁の数字は全部で何個ありますか。
(3) 青いカード，赤いカード，黄色いカードを１枚ずつ使って作ることのできる３桁の数字は全部で何個ありますか。

2021　普連土学園中学校（1日午前4科）

7　次の文章は中学校3年生の町子さんと小学校6年生の三太君の会話です。空欄に適するものを入れなさい。（③，⑤〜⑪は式を，②と④は説明を書くこと）

町子：今日は次のような問題を一緒に考えてみるわよ。右の表のように1から順に数を並べていきます。

1	2	6	12	20		
3	4	5	11	19		
7	8	9	10	18		
13	14	15	16	17		

…

⋮

この後も数は続いていきます。30まで書いていくとどうなるか，解答欄　①　の表（上の表）に21から30までの数を書き込んでみてね。

三太：これはすぐできるね。こんな感じになるね。

町子：その通りよ。

　ここからは分かりやすいように，上から1行目，2行目，…，左から1列目，2列目，…と呼ぶことにするわ。

　この数字の並びを見てみて，何か気づくことはないかしら。

三太：とりあえず左上から斜めに数を見ていくと，1，4，9，16かあ。なるほど規則性があるね。その規則を式や文章で説明してみると　②　という感じだね。ということは，上から10行目，左から10列目の数は　③　になるのかな。

町子：あってるわよ。他に何か気づくことはないかしら。

三太：今度は上から1行目の数を左から順に眺めてみると，1，2，6，12，20かあ。なるほど，最初の1を除けば規則性がありそうだね。その規則を式や文章で説明してみると　④　という感じだね。そうすると上から1行目，左から10列目の数字は　⑤　となりそうだね。

町子：いい調子よ。では，これらを踏まえて，次の問題を考えてみましょう。

　上から1行目〜20行目まで，左から1列目〜20列目までの400個の数を合計すると，いくつになるかしら。

三太：上から20行目，左から20列目の数は　⑥　だから，400個の数を合計すると　⑦　だね。

町子：その通り。では最後の問題よ。

　上から1行目〜19行目まで，左から1列目〜21列目までのすべての数を合計すると，いくつになるかしら。

三太：今度は簡単には計算できないね。一つ一つ段階を追って考えていくことにしよう。先程求めた　⑦　の値との違いを考えていくと，今度は上から19行目までなので，上から20行目にある，先程は足していた数の合計は　⑧　だね。

　また，上から1行目，左から21列目の数が　⑨　であることを踏まえれば，左から21列目にある，先程は足さなかったけれども，今度は足さなければいけない数の合計は　⑩　だね。

　だから求めたかった，上から1行目〜19行目まで，左から1列目〜21列目までのすべての数の合計は　⑪　だね。

町子：大正解。よく頑張ったわね。

1 次の計算をしなさい。
(1) 13－6×2＋34÷17
(2) ｛20＋(71－31)×22｝÷15
(3) 389×978－543×389－389×425
(4) 3×66.2＋662－5×33.1＋20×13.24－45×6.62
(5) ｛8.75－3×$\frac{5}{6}$÷($3\frac{1}{4}$－0.75)｝×12

2 次の□にあてはまる数を求めなさい。
(1) 120÷｛34＋(□＋11)÷4｝＝3
(2) 7×A＝4×B，$\frac{B}{2}=\frac{C}{□}$ のとき，A：C＝8：21です。
(3) 6人のグループから2人の代表を選ぶとき，全部で□通りの選び方があります。
(4) 2000円で仕入れた品物に，仕入れ値の4割増しの定価をつけましたが，売れなかったので定価の□割引きで売ったところ，利益は240円になりました。

3 次の各問いに答えなさい。
(1) 右の図で，角x，角yの大きさを求めなさい。

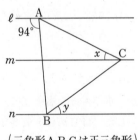

（三角形ＡＢＣは正三角形
ℓとmとnは平行）

(2) 右の図は，2つのおうぎ形と三角形を組み合わせたものです。斜線の部分の周の長さを求めなさい。

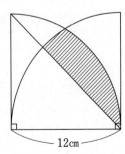

4 次の各問いに答えなさい。
(1) 長さが10mの木材を端から2mずつに切り分けます。この木材を1か所切るのに1分20秒

かかります。この木材をすべて切り分けるには何分何秒かかりますか。

(2) 現在,娘は12歳です。8年後,娘と母の年齢の比は2：5になります。現在の母の年齢を求めなさい。

(3) 妹は分速50mで家から2km離れた駅に向かって歩き始め,その6分後に姉が分速65mで妹を追いかけて家を出ました。姉が妹に追いつくのは家から何kmの地点ですか。(式や考え方も書きなさい。)

5 次の各問いに答えなさい。

(1) 右の立体は,1辺が6cmの立方体の3つの面からその面と向かい合う面まで,底面が1辺2cmの正方形である直方体をくりぬいたものです。この立体の体積を求めなさい。

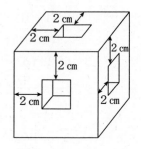

(2) 次の図は,ある立体の展開図です。この立体の表面積を求めなさい。(式や考え方も書きなさい。)

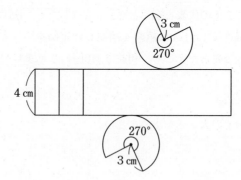

6 水の入った水そうに,一定の割合で水を入れるA管と,水そうから水を出すB管を取り付けました。はじめにA管を開き,30分後にA管を開いたままB管も開きました。次のグラフは,A管を開いてからの時間と水そうの中の水量の関係を表しています。あとの問いに答えなさい。

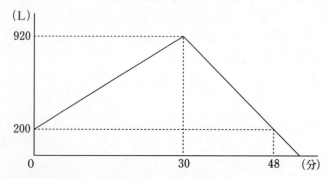

(1) A管から毎分何Lの水を入れましたか。

(2) 水そうの中の水がすべてなくなるのは,A管を開いてから何分後ですか。

(3) B管から毎分何Lの水を出しましたか。

1 次の計算をしなさい。
(1) $\dfrac{4}{5} \times \dfrac{15}{16} - \dfrac{3}{7} \div \dfrac{9}{14}$

(2) $\left(\dfrac{11}{3} - \dfrac{5}{6}\right) \times 9 - \dfrac{27}{8} \div 0.75$

(3) $\dfrac{14}{3} \times \left(\dfrac{5}{7} - \dfrac{2}{21}\right) \div 13 + \left(\dfrac{1}{9} + \dfrac{1}{6}\right) \times 4$

2 次の問に答えなさい。
(1) Aさんのテストの点数は，国語82点，社会77点，理科75点です。算数で何点以上とれば，4教科の平均が80点以上になりますか。

(2) 3人で観光地に向かいます。観光地までは電車で1時間24分かかりますが，空席が2つしかなかったので，それぞれが同じ時間ずつ座れるように交代することにしました。1人あたり何分ずつ座れますか。

(3) Aさんのクラスで，習字とピアノを習っている人の数を調べました。習字を習っている人は20人，ピアノを習っている人は14人，両方とも習っている人は7人，どちらも習っていない人は5人でした。
① 習字だけを習っている人は何人ですか。
② Aさんのクラスは何人ですか。

(4) 長さ24cmの針金が2本あり，その1本を折り曲げて正方形を作りました。もう1本を折り曲げて，横の長さが縦の長さの3倍の長方形を作りました。
右の図のように重ねたとき，斜線部分の面積が24cm²でした。aはいくつですか。

(5) 右の図のように，真上から見ると1辺が6mの正三角形ABCの小屋があります。AとCの真ん中に6mのロープで犬がつながれています。
小屋の外で犬が動くことのできる範囲は何m²ですか。円周率は3.14とします。

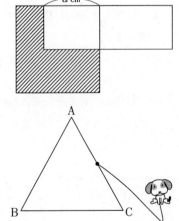

(6) Aさん，Bさん，Cさんの3人でいくつかのキャンディーを分けました。Aさんは全体の個数の$\dfrac{1}{3}$を取り，Bさんは全体の個数の$\dfrac{1}{6}$と9個を取り，残りをCさんが取りました。Cさんの取った個数は，Bさんの取った個数より6個多くなりました。
① Aさんの取った個数は何個ですか。
② Cさんの取った個数は何個ですか。

3 次の図のような長さ25m, 幅10mのプールがあります。
深さは, 一番浅いところで1.2m, 一番深いところで2mです。
水が, 一番浅いところで深さ0.7mまで入っています。

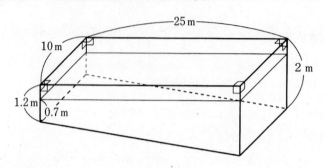

(1) このプールの容積は何m³ですか。(式も書くこと)
(2) 入っている水の体積は何m³ですか。(式も書くこと)
(3) 1時間に25m³の割合で排水します。排水を始めてから7時間後の水の深さは, 一番深いところで何mですか。(式も書くこと)

4 次の図は, 電球Aと電球Bについて, 表にまとめたものです。

	電球A	電球B
電球1個の代金	700円	2200円
1時間あたりの電気使用料	0.3円	0.2円
電球の寿命	6000時間	40000時間

電球をはじめに使用するときと, 電球の寿命がきて交換するときは, 新しい電球を購入します。

(1) 電球Aを5000時間使用するとき, 電球代金と電気使用料の合計金額はいくらですか。(式も書くこと)
(2) 電球Aを8000時間使用するとき, 電球代金と電気使用料の合計金額はいくらですか。(式も書くこと)
(3) 電球A, Bをそれぞれ40000時間使用するとき, 電球代金と電気使用料の合計金額は, Bの方がAよりいくら安くなりますか。(式も書くこと)

5 A地とB地は6600m離れています。

あきさんはA地からB地に向けて，なつみさんはB地からA地に向けてそれぞれ一定の速さで同時に歩き始めました。はる子さんは，2人より1時間遅れてA地から自転車で出発し，一定の速さでB地に向かいました。

次のグラフは，あきさんとなつみさんが出発してからの時間と3人の位置との関係を表したものです。

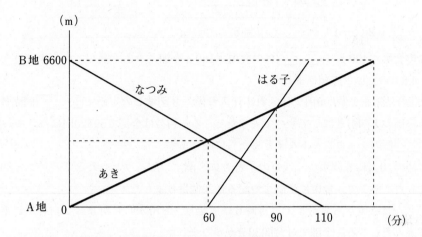

(1) なつみさんの歩く速さは毎分何mですか。（式も書くこと）
(2) あきさんとなつみさんがすれ違ったのは，A地から何mのところですか。（式も書くこと）
(3) あきさんの歩く速さは毎分何mですか。（式も書くこと）
(4) はる子さんは出発してから30分後にあきさんを追い越しました。あきさんは，はる子さんより何分遅れてB地に着きますか。（式も書くこと）

山脇学園中学校(A)

—50分—

1. 次の ☐ にあてはまる答を求めなさい。

(1) $\left(\dfrac{4}{5}-0.15\right)\div 1.3+\dfrac{1}{8}\div 1.25\times 2 =$ ☐

(2) $2\dfrac{1}{3}\div\dfrac{20}{21}+2\dfrac{4}{15}\div(1-$ ☐ $)=5$

(3) 3%の食塩水400gに ☐ %の食塩水150gを加え，よく混ぜてから水50gを蒸発させたら，4.8%の食塩水になりました。

(4) 300個の品物を1個800円で仕入れ，仕入れ値の3割増しの定価で ☐ 個売り，残りの品物は定価の1割引きにしてすべて売ったところ，利益は全部で59520円になりました。

(5) ☐ 個のチョコレートを子どもたちに配ります。

　はじめの10人に6個ずつ，残りの子どもに8個ずつ配ろうとしたところ，あと80個足りませんでした。そこで，全員に7個ずつ配ると20個余りました。

(6) 花子さんはA町からB町までは毎時6kmで走り，B町からC町までは自転車に乗って毎時14kmで進んだところ，全部で3時間30分かかりました。

　このとき，A町からC町までの道のりは27km，A町からB町までの道のりは ☐ kmです。

(7) Aさん，Bさん，Cさん，Dさんの4人が算数のテストを受けました。4人の平均点は78点で，Aさんの点数はBさんより9点高く，Dさんの点数はBさんより18点高く，Cさんの点数は他の3人の平均点より4点低い点数でした。

　Bさんの点数は ☐ 点でした。

(8) 右の図の四角形は，平行四辺形です。角xの大きさは ☐ 度です。

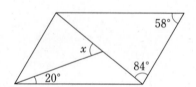

(9) 右の図は点Oを中心とする半径5cmの円です。点A，B，Cは円周上の点であり，ABとBCの長さは等しいです。斜線部分の周りの長さは ☐ cmです。ただし，円周率は3.14とします。

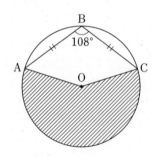

2 図のように，直方体を組み合わせた形の水そうに，排水せんが取り付けてあります。最初，排水せんは閉じられていました。この水そうに一定の割合で水を入れ始めてから10分後に誤って排水せんを開けてしまいましたが，気づかずに満水になるまで水を入れ続けました。

次のグラフは水面の高さと水を入れ始めてからの時間の関係を表したものです。

あとの各問いに答えなさい。（求め方も書くこと）

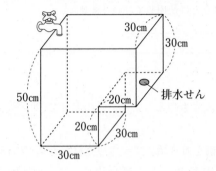
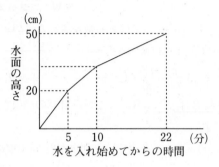

(1) 水そうに毎分何cm³の割合で水を入れましたか。
(2) 水を入れ始めてから10分後の水面の高さは何cmですか。
(3) 排水せんからは毎分何cm³の割合で水が流れ出しましたか。

3 列車AはP駅からQ駅へ向かって，列車BはQ駅からP駅へ向かって走っています。

列車Aの長さは250mです。

次の各問いに答えなさい。（求め方も書くこと）

(1) 列車Aは2000mのトンネルに入り始めてから出終わるまでに2分かかります。

列車Aの速さは毎分何mですか。

(2) 列車Bは2200mのトンネルに入り始めてから出終わるまでに3分，入り終わってから出始めるまでに2分30秒かかります。

列車Bの速さは毎分何mですか。

4 図のような三角形ABCを3本の平行な線DE，AI，FGで4つの部分に分けました。BGの長さは20cm，GEの長さは26cm，ECの長さは8cmです。

また，三角形BFGの面積は220cm²，三角形DECの面積は44cm²で，DHとECは垂直です。

次の各問いに答えなさい。ただし，答えのみ書きなさい。

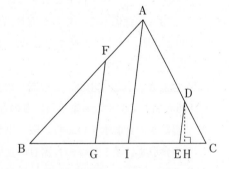

(1) DHの長さは何cmですか。
(2) FGとDEの長さの比を求めなさい。ただし，できるだけ簡単な整数の比で答えること。
(3) BIとICの長さの比を求めなさい。ただし，できるだけ簡単な整数の比で答えること。
(4) 三角形ABCの面積は何cm²ですか。

1 次の◯に当てはまる数を求めなさい。

(1) 2021−21÷37×74+56＝◯

(2) $\frac{1}{3} \div \left\{ 1\frac{7}{24} - \frac{15}{56} \times (2.75 + \boxed{}) \right\} = 2$

(3) A◎Bは，A＋B×Aという計算の結果を表すものとします。このとき2◎◯＝4◎3です。

(4) 毎分1380mで走っている列車が284mの鉄橋を渡り始めてから渡り終わるまでに18秒かかりました。この列車が675mのトンネルに入り始めてから通り抜けるまでにかかる時間は◯秒です。

(5) 7時と8時の間の時刻で，時計の長針と短針のつくる角の大きさが初めて95°になるのは7時◯分です。

(6) 半径3cmの円の円周を右の図のように12等分します。ABの長さが5.2cmのとき，　　　の部分の面積は◯cm²です。（円周率は3.14とします。）

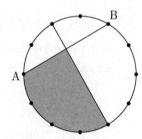

2 4つの容器A，B，C，Dがあります。容器Aには6％の食塩水，容器Bには4％の食塩水が入っています。
次の◯に当てはまる数を求めなさい。

(1) 容器Aの食塩水をいくらか取り出して空の容器Cに入れ，そこへ容器Bの食塩水150gと水100gを加えてよく混ぜたところ，4％の食塩水ができました。容器Aから取り出した食塩水は◯gです。

(2) 容器Aの食塩水400gと容器Bの食塩水75gを取り出して空の容器Dに入れ，そこへ水を125g加えてよく混ぜました。このとき，容器Dの食塩水の濃さは◯％です。

(3) 容器Aの食塩水をいくらか取り出して(1)の容器Cの食塩水に加えてよく混ぜたところ，容器Cの食塩水の濃さは(2)の容器Dの食塩水の濃さと等しくなりました。容器Aから取り出した食塩水は◯gです。

3 陽子さんはA町から峠を越えたB町までの坂道を往復します。A町と峠の間の道のりと，峠とB町の間の道のりの比は5：3です。陽子さんは，坂道を上るときも下るときもそれぞれ一定の速さで進み，下るときは上るときより毎時1.5km速く進みます。すると，同じ坂道を上るときと下るときにかかる時間の比は4：3になり，A町からB町へ行くのに2時間54分かかりました。
次の□□□に当てはまる数を求めなさい。

(1) 陽子さんが坂道を下るときの速さは毎時□□□kmです。

(2) A町からB町までの道のりは□□□kmです。

(3) 陽子さんがB町からA町へ帰るのにかかる時間は□□□時間□□□分です。

4 あとの図のような1辺の長さが6cmの正五角形ABCDEがあります。この正五角形のまわりに，頂点Aから辺AB，BC，CD，DE，EAと糸を巻きつけます。今度はこの糸をぴんと張りながら，点Aから矢印の方向に点Iまでほどいていきます。図のように，2つの点D，Eと一直線上に並ぶ点をF，2つの点C，Dと一直線上に並ぶ点をG，2つの点B，Cと一直線上に並ぶ点をHとします。
次の□□□に当てはまる数を求めなさい。（円周率は3.14とします。）

(1) おうぎ形AFEとおうぎ形CGHの面積の比を最も簡単な整数の比で表すと□□□：□□□です。

(2) 糸の先端が点Aから点Hまで動いてできる曲線の長さは□□□cmです。

(3) 糸の先端が点Aから点Iまで動いてできる曲線の長さが83.21cmになったとき，図の角㋐の大きさは□□□度です。

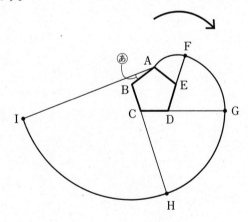

5 あとの図のような展開図を組み立てて，直方体を組み合わせた形の密閉された容器を作ります。この容器の中には1060cm³の水が入っています。

次の□に当てはまる数を求めなさい。

(1) できた容器の表面積は□cm²です。

(2) できた容器の容積は□cm³です。

(3) できた容器を■の部分が下の底面になるように机の上に置くと，水の深さは□cmになります。

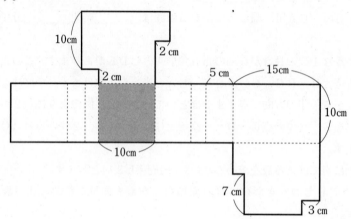

横浜女学院中学校(A)

―50分―

注意　1　③～⑥については途中式や考え方も書きなさい。
　　　2　円周率は3.14とする。

① 次の計算をしなさい。
(1) $20-18\div27\times9+32\div8$
(2) $(13\div14+20\div21)\times84$
(3) $1\dfrac{1}{3}\div0.75-\left\{\left(\dfrac{2}{3}-\dfrac{2}{9}\right)\div0.4\right\}$
(4) $\left(1-\dfrac{1}{2}-\dfrac{1}{4}-\dfrac{1}{8}-\dfrac{1}{16}\right)\times32$

② 次の各問いに答えなさい。
(1) 40人の生徒の中で，通学に電車を利用する生徒は25人，バスを利用する生徒は16人，どちらも利用しない生徒は8人です。電車とバスの両方を利用する生徒は何人ですか。
(2) 3，4，5，6のどの数で割っても2あまる100以上の整数のうち，最も小さい整数はいくつですか。
(3) Aさん1人では36日，Bさん1人では24日かかる仕事を，最初の11日間はAさんだけで働き，残りは2人でいっしょに働いて仕上げました。2人がいっしょに働いたのは何日間ですか。
(4) 長さ120mの列車が1320mのトンネルに，ちょうど1分20秒間は列車の全体がかくれていました。この列車の速さは秒速何mですか。
(5) 右の図は正六角形です。
　　角xの大きさは何度ですか。

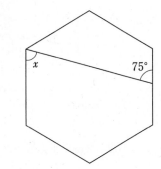

(6) 右の図の色のついた部分の面積は何cm²ですか。

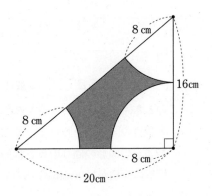

3 次の4つの国のうち，2000年と比べて2018年の日本国内の在留外国人数の増加の割合が最も小さかった国は，どの国で，約何％増加しましたか。

次のグラフを見て答えなさい。ただし，小数第1位を四捨五入して答えなさい。

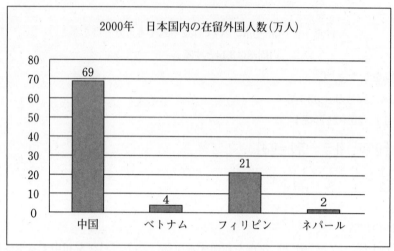

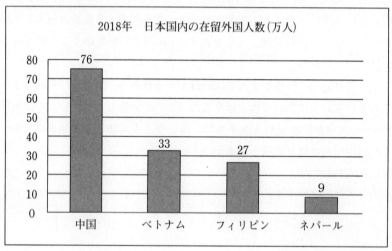

(在留外国人統計より)

4 1辺が2cmの正方形のタイルを図のように規則にしたがって並べて図形をつくっていきます。

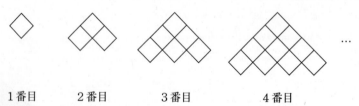

このとき，次の各問いに答えなさい。
(1) 8番目の図形に使われているタイルは何枚ですか。
(2) 12番目の図形の周りの長さは何cmですか。
(3) 図形の面積が1200cm²になるのは何番目の図形ですか。

5 1，2，3の3種類の数字を使って5けたの整数をつくります。
   ただし，使わない数字があってもよいとします。
   このとき，次の各問いに答えなさい。
(1) 整数は何通りつくれますか。
(2) 2をちょうど4回使うとき，整数は何通りつくれますか。
(3) 同じ数字を3回まで使ってよいとき，整数は何通りつくれますか。

6 図のように，縦6cm，横12cmの長方形ＡＢＣＤがあります。点Ｐは秒速4cmの速さで点Ａを出発し，辺ＡＤ上を動きます。点Ｄに着いたら，点Ａに戻ります。点Ａに着いたら再び点Ｄに向かい，Ａまで戻ります。点Ｑは点Ｂを出発し，辺ＢＣ上を動きます。点Ｃに着いたら，点Ｂに戻ります。点Ｐと点Ｑは同時に出発し，点Ｐは点Ｑが点Ｂに戻ってきたところで動くことをやめます。

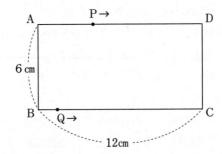

このとき，次の各問いに答えなさい。
(1) 点Ｐ，Ｑが出発してから1秒後の四角形ＡＢＱＰの面積は18cm²でした。点Ｑの速さは秒速何cmですか。
(2) 点Ｐ，Ｑが出発してから7秒後の四角形ＡＢＱＰの面積は何cm²ですか。
(3) 四角形ＡＢＱＰの面積が最初に45cm²になるのは，点Ｐ，Ｑが出発してから何秒後ですか。

横浜雙葉中学校

—50分—

1 次の問いに答えなさい。

(1) 次の ▭ にあてはまる数を答えなさい。

① $(168+235) \div \{3+4 \times (96-89)\} = $ ▭

② $5 - \left\{4 - \left(\dfrac{4}{5} - \dfrac{3}{16}\right) \div \text{▭} + \dfrac{1}{6}\right\} = 1\dfrac{8}{15}$

(2) A君とB君でカードを余りなく分けました。A君は全体の $\dfrac{2}{5}$ を，B君は全体の $\dfrac{2}{3}$ より6枚少なく取りました。A君は何枚カードを取りましたか。

(3) ある水そうに水を入れていっぱいにするのに，水道管Aと水道管Bを使うと45分，水道管A，水道管C，水道管Dを使うと18分，水道管B，水道管C，水道管Dを使うと20分かかります。この水そうを水道管Aだけを使っていっぱいにすると何分かかりますか。ただし，水道管A，B，C，Dから入る水の量はそれぞれ一定であるとします。

(4) 右の図のように，等間隔に150個のご石を並べて正六角形を2つ作ります。
   内側の正六角形の1つの辺に使うご石の数が外側の正六角形の1つの辺に使うご石の数より1つ少ないとき，外側の正六角形の1つの辺にはいくつのご石が並びますか。

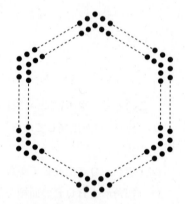

(5) 立方体のさいころを投げて，出た面を表，出た面と向かい合った面を裏とします。さいころの表の目と，その裏の目の和は必ず7になっています。いくつかのさいころを同時に投げたところ，表の目の和は23になり，裏の目の和とは4だけ差がありました。このとき，表の目が3のさいころは最大で何個あると考えられますか。

(6) 次の<図1>のように，高さが10cmの直方体と，高さが15cmで底面が直角二等辺三角形の三角柱を組み合わせた立体があります。この立体と底面が合同で体積が同じ立体を作ったところ，<図2>のように高さが12cmになりました。<図1>のあといの長さの比を求めなさい。

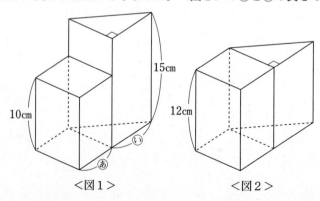

<図1>   <図2>

(7) 葉子さんが割合の文章題の答えを，次のような式で出しました。

> （式）　$4800 \times (1 - 0.15) = 4080$
>
> 　　　　$4080 \div (1 + 0.2) = 3400$　　　答え：3400円

どのような問題だったと考えられますか。「定価」「仕入れ値」「利益」という言葉をすべて使って問題文を作りなさい。

2　1から105までの整数について，次のルールにしたがって操作を行います。

> ＜ルール＞
> ① 整数を1つ選び，その数を x とします。
> ② x を次の場合に分けて，計算します。
> 　　A：x が35以下のときは，x を3倍した数から2を引きます。
> 　　B：x が36以上70以下のときは，x を3倍した数から106を引きます。
> 　　C：x が71以上のときは，x を3倍した数から210を引きます。
> ③ 計算結果を新しい x に置きかえます。
> ④ 計算結果が元の整数と同じ数になるまで②と③をくり返します。

例えば，最初に x を10とすると，次のように数が変化し，6回目の操作で元の整数10に戻ります。

例　$10 \xrightarrow{\text{A}} 28 \xrightarrow{\text{A}} 82 \xrightarrow{\text{C}} 36 \xrightarrow{\text{B}} 2 \xrightarrow{\text{A}} 4 \xrightarrow{\text{A}} 10$

このとき，次の問いに答えなさい。

(1) 次の数はどのように変化して元の整数に戻りますか。上の例にしたがって記入しなさい。

　① 14　　② 25　　③ 100

(2) 1回の操作で元の数と同じになる整数をすべて求めなさい。

(3) 3回目の操作で32になるとき，元の整数はいくつですか。

(4) ある整数を選んでルールにしたがって操作したところ，1回目にA，2回目にCの操作を行い，その後も何度か操作をくり返して，最後はBの操作に続いてAの操作を行って元の整数に戻りました。最初に選んだ整数はいくつですか。途中の式や考え方も書きなさい。

－437－

3 <図1>のように辺ＡＢと辺ＡＤの長さの比が２：３，
あといの角度の比が２：１で，面積が60cm²の平行四辺形
ＡＢＣＤがあります。

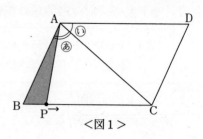
<図1>

この辺上を，点Ｐが頂点Ｂを出発して，Ｂ→Ｃ→Ｄ→Ａ
と移動します。点Ｐは一定の速さでしばらく進んでから，
途中で速さを$\frac{1}{2}$倍に変えて，そのままの速さで進みます。

このとき，点ＰがＢを出発してからＤに到着するまでの時間と，三角形ＰＡＢの面積との関係
を表したものが<図2>のグラフです。

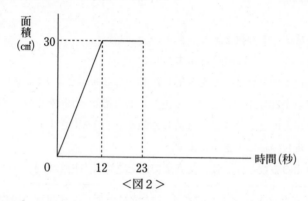
<図2>

次の問いに答えなさい。

(1) 点Ｐの速さが$\frac{1}{2}$倍になったのは，点ＰがＢを出発してから何秒後ですか。

(2) 点ＰがＡに到着したのは，点ＰがＢを出発してから何秒後ですか。

(3) 点ＰがＢを出発してから30秒後の三角形ＰＡＢの面積を求めなさい。

(4) <図3>のように点ＰがＢを出発してから何秒後かに，
○印をつけた３つの角度がすべて同じ大きさになりまし
た。

① 点ＰがＢを出発してから何秒後ですか。途中の式や
考え方も書きなさい。

② ＡＢ：ＡＣを最も簡単な整数の比で答えなさい。

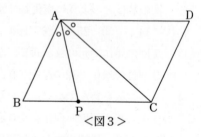
<図3>

(5) <図4>のように点ＰがＢを出発してから何秒後かに，
色のついた部分の面積が12cm²となりました。点ＰがＢ
を出発してから何秒後ですか。

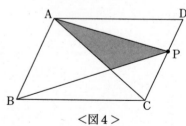
<図4>

立教女学院中学校

—45分—

1　次の□や①～③にあてはまる数を書きなさい。

(1) $\frac{1}{2}+\left(2\frac{3}{5}\times\frac{2}{13}+0.375\times\frac{1}{15}\right)\div(0.125+0.25\div10)=$ □

(2) $\frac{1}{6}+4\times$ □ $\div 3\frac{1}{5}+\frac{1}{9}\times\left(1.8+1\frac{1}{5}\right)=1$

(3) $0.02+1.01+10.1+11+99+99.9+99.97=$ □

(4) 何人かの子どもたちにアメを配ります。1人に6個ずつ配ると10個余り，1人に8個ずつ配ると24個足りません。このとき，子どもたちの人数は ① 人で，アメの個数は全部で ② 個です。

(5) 花子さんは4人姉妹の四女で，4人の年れいの和は46才です。お父さんの年れいが52才であるとき，4人姉妹の年れいの和とお父さんの年れいが同じになるのは今から ① 年後です。また，長女と次女，三女と四女が2才差，次女と三女が3才差のとき，花子さんの現在の年れいは ② 才です。

(6) 3つの偶数A，B，Cと1つの奇数Dがあります。A，B，C，Dから異なる2つを選んでたしたところ，62，67，80，81，94，99になりました。このとき，A＋B＋C＝ ① ，D＝ ② です。

(7) 川の上流にあるA地点と下流にあるB地点は180km離れています。ある船PはA地点からB地点まで下るのに6時間かかり，B地点からA地点へ上るのに10時間かかりました。このとき，船Pの川の流れのないところでの速さは時速 ① kmで，川の流れの速さは時速 ② kmです。また，ある船QがB地点からA地点へ上るのに15時間かかるとき，A地点からB地点へ下るのにかかる時間は ③ 時間です。

(8) あるお店では，缶ジュースの空き缶8本と新しい缶ジュース1本を交換してくれます。このとき，缶ジュースを150本買うと最大で ① 本の缶ジュースを飲むことができます。また，150本の缶ジュースを飲むためには最低 ② 本のジュースを買う必要があります。

(9) 算数の宿題が何題か出されました。1日目に全体の$\frac{3}{8}$，2日目に全体の$\frac{1}{5}$，3日目に残りの$\frac{1}{2}$を解いたところ，残っている問題は30題以下になりました。このとき，残っている問題は全部で ① 題で，宿題として出された問題は全部で ② 題です。

2　図のような長方形ABCDがあります。AE＝2cm，EB＝1cm，BF＝3cm，FC＝2cmであるとき，次の問いに答えなさい。

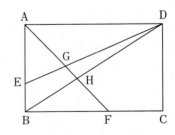

(1) AH：HFを最も簡単な整数の比で表しなさい。
(2) 三角形BHFの面積は何cm²ですか。
(3) AG：GFを最も簡単な整数の比で表しなさい。
(4) AG：GH：HFを最も簡単な整数の比で表しなさい。

③ 2つの整数A, Bに対して, AをBで割ったときのあまりがCであるとき, 【A, B】＝Cと表すことにします。たとえば, 【122, 5】＝2, 【48, 16】＝0, 【15, 【122, 5】】＝1です。このとき, 次の問いに答えなさい。

(1) 【2021, 【1000, 47】】はいくつですか。

(2) 【P, 5】＝3を満たす3桁の整数Pで最小のものを求めなさい。

(3) 【Q, 3】＝2, 【Q, 5】＝4をともに満たす整数Qのうち, 2021に最も近いものを求めなさい。

(4) 【R, 3】＝2, 【R, 5】＝4, 【R, 7】＝3を満たす整数Rのうち, 最小のものを求めなさい。

④ 図1のように, 点Oを中心とする半径6cmの円と半径4cmの円の周上にそれぞれ点P, Qがあります。この状態から, 2点P, Qは矢印の向きに同じ速さで同時に出発し, 円周上を動きます。このとき, 次の問いに答えなさい。ただし, 円周率は3.14として計算しなさい。

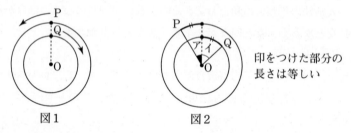

(1) 三角形OPQの面積が最も大きくなるとき, その面積は何cm²ですか。

(2) 図2において, 角アの大きさと角イの大きさの比を最も簡単な整数の比で表しなさい。

(3) 3点O, P, Qがはじめて一直線上に並ぶのは, 点Pが点Oを中心とする半径6cmの円周上を何cm進んだときですか。

(4) 図2のような角アを"点Pが進んだ角"とよぶことにします。図1の次に, 3点O, P, Qが再び「O, Q, P」の順に一直線上に並ぶのは, "点Pが進んだ角"が何度になるときですか。

(5) 3点O, P, Qが「O, Q, P」の順に一直線上に並ぶ回数をNとします。つまり, (4)の状態をN＝1と数えます。最初の位置(図1)で, 再び3点O, P, Qが「O, Q, P」の順に一直線上に並ぶのはNがいくつのときですか。

和洋九段女子中学校（第2回）

—45分—

（編集部注：実際の入試問題では，図版の一部はカラー印刷で出題されました。）

1 次の ____ にあてはまる数を答えなさい。

(1) $100-14+100-23+100-32+100-41=$ ____

(2) $2\frac{1}{4} \div 4\frac{1}{5} \div 2\frac{1}{7} =$ ____

(3) $11-\left\{1.8+3\frac{2}{3}\div\left(\frac{5}{8}-\frac{1}{6}\right)\right\}=$ ____

(4) $32-2\times($ ____ $-3\times 2)=14$

(5) $0.06\text{km}+40\text{m}+900\text{cm}=$ ____ m

2 次の問いに答えなさい。

(1) 連続した3つの奇数があります。その和が57のとき，この3つの奇数の中で最も小さい奇数はいくつですか。

(2) なし3個とりんご5個を買うと，代金の合計は1050円でした。なし1個の値段はりんご1個の値段より30円高いとき，なし1個の値段はいくらですか。

(3) A地点とB地点の間を，行きは毎分60mで，帰りは行きの1.2倍の速さで往復したところ，33分かかりました。A地点からB地点までの道のりは何mですか。

(4) ある商品を次の①〜③の方法で売ります。
　① 原価通りに売る
　② 原価の1割の利益を見込んで定価をつけた後，定価の1割引きで売る
　③ 原価の2割の利益を見込んで定価をつけた後，定価の2割引きで売る

①〜③のうち，売り値が一番高いものを番号で答えなさい。

ただし，例えば①と②の売り値が同じで，それが③より高い場合は「①と②」，①と②と③が同じ場合は「①と②と③」と答えなさい。

(5) 右の図で，点Oは半円の中心で，三角形ABCは直角三角形です。図の斜線部分の面積は何cm²ですか。

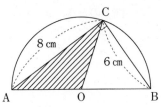

3 次の図のように，あるきまりにしたがって青石(●)，白石(○)，赤石(●)が並んでいます。このとき，次の問いに答えなさい。

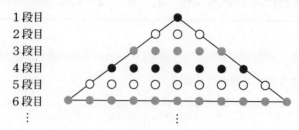

(1) 10段目には何色の石が何個並んでいますか。

(2) 10段目までの青石と赤石の数の差は何個ですか。

(3) 図のように6段目まで並べたとき，二等辺三角形ができます。この二等辺三角形の辺上にある赤石の数は13個となります。20段目まで並べて二等辺三角形の形になったとき，二等辺三角形の辺上にある白石の数は何個ですか。
ただし，この問題は途中の考え方も書きなさい。

4 図1，図2のように，円周上に等間隔に8個の点が並んでいます。
このとき，次の問いに答えなさい。

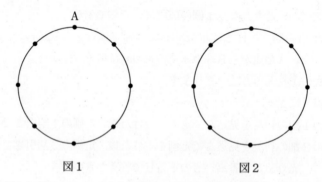

図1　　　　　図2

(1) 図1のとき，点Aと他の2つの点を結んでできる三角形は何個できますか。

(2) 図2のとき，2つの点を結んでできる直線は何本できますか。

(3) 図2のとき，4つの点を結んでできる長方形または正方形は，全部で何個できますか。

5 次の図1のような台形ABCDがあります。点PはBを出発し，毎秒1cmの速さで台形の辺上をB→A→D→Cの順に動きます。図2のグラフは点PがBを出発してからの時間と三角形BPCの面積の関係を表したものです。

このとき，次の問いに答えなさい。

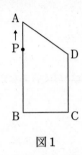
図1

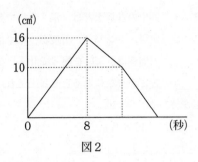
図2

(1) 辺ABの長さと辺BCの長さはそれぞれ何cmですか。

(2) 台形ABCDの面積は何cm²ですか。

(3) 三角形BPCの面積が2回目に12cm²になるのは，点PがBを出発してから何秒後ですか。

―50分―

注意　1　途中の計算などは，消さないで残しておきなさい。
　　　2　定規，コンパス，分度器，電卓は使用できません。
　　　3　円周率は，3.14を使って計算しなさい。
　　　4　答えが分数になるときは，それ以上約分できない形で答えなさい。

1　次の計算をしなさい。

(1)　$149+(352-187)\div 11 \times 6$

(2)　$\dfrac{1}{2\times 3}+\dfrac{1}{3\times 4}+\dfrac{1}{4\times 5}+\dfrac{1}{5\times 6}$

(3)　$1.23\times 7.2+1.23\times 2.8-2.3$

(4)　$\left(\dfrac{1}{8}+\dfrac{5}{12}\right)\div 1\dfrac{7}{32}-\dfrac{1}{9}$

(5)　$3\dfrac{1}{4}-7\div 5\dfrac{3}{5}+2.75$

2　次の　　　にあてはまる数を答えなさい。

(1)　$\left(\dfrac{1}{2}-\boxed{}\right)\div 0.2 \times \dfrac{1}{4}=\dfrac{3}{8}$

(2)　$27000\text{cm}^3 - 0.00000005\text{km}^3 = \boxed{}\ \text{m}^3$

(3)　仕入れ値　　　円の品物に3割の利益を見込んで定価をつけると1430円です。
　　ただし，消費税10％も含まれています。

(4)　分母が20で，$\dfrac{5}{12}$より大きく，$\dfrac{19}{30}$より小さい分数は　　　個あります。
　　ただし，約分できるものは除きます。

(5)　6％の食塩水200gと水400gを混ぜると，　　　％の食塩水ができます。

(6)　A地点からB地点の間を車で往復するのに，行きは時速72km，帰りは時速48kmで走りました。
　　往復の平均の速さは時速　　　kmです。

(7)　右の図のように，平行な直線の間に，正六角形をかきました。
アの角の大きさが，イの角の大きさの2倍のとき，アの角の大きさは　　　度です。

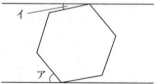

(8)　右の図のように，点O，O'を中心とする半径10cmの円が重なっています。
このとき，斜線部分の面積は　　　cm²です。

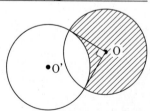

3 A◎Bは，AをBで割ったときの余りを表すことにします。
(1) 72◎□＝8，□◎5＝1がともに成り立つとき，□に当てはまる数はいくつですか。
(2) さらに，A◇Bは，AをB回かけることを表します。
また，A◆Bは，AとBの最大公約数を表します。
このとき，{(24◆36)◎5}◇5はいくつですか。

4 3つの数A，B，Cがあります。AはBより7小さく，BはCより9大きく，CとAは合わせて30であるとき，Bはいくつですか。求め方も答えなさい。

5 8人の選手で，1対1の卓球の試合を行いました。必ず全員と1度は試合を行い，同じ人と2度は試合をしません。勝てば2点，負ければ0点，引き分けは0.5点が加算されます。
このとき，次の問いに答えなさい。
(1) 試合は全部で何試合ありますか。
(2) 試合に参加した洋子さんは，1回も負けず，最終的な得点は9.5点でした。
洋子さんは，何回引き分けましたか。

6 長さの異なる2本のろうそくがあります。どちらのろうそくも火をつけてから一定の割合で燃え続けます。次のグラフは，2本同時に火をつけてからの時間とろうそくの残りの長さを表したものです。グラフのア，イにあてはまる数を求めなさい。

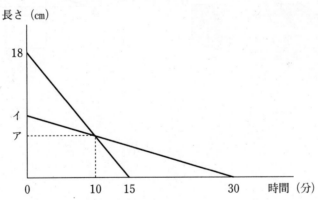

7 1辺が1cmの立方体を6個使って右の図1のような立体をつくりました。この立体の底面をふくむ表面に青い色のペンキをぬりました。

(1) 青い色がぬられている面の面積は合わせて何cm²になりますか。

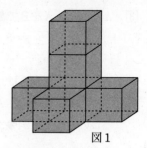
図1

(2) 図2のように立体の上から薄い板を入れて切断し，2つの立体に分けます。
　図3は切断の様子を上から見た図です。このとき，体積が小さい方の立体の体積は何cm³になりますか。

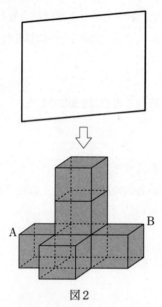
図2

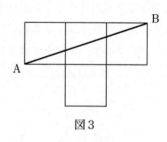
図3

MEMO

2022年度受験用
中学入学試験問題集　算数編
2021年7月10日　初版第1刷発行

©2021　本書の無断転載、複製を禁じます。
ISBN978-4-8403-0789-5

企画編集・みくに出版編集部
発行・株式会社 みくに出版
〒150-0021　東京都渋谷区恵比寿西2-3-14
TEL 03 (3770) 6930
FAX 03 (3770) 6931
http://www.mikuni-webshop.com

  この印刷物(本体)は地産地消・輸送マイレージに配慮した「ライスインキ」を使用しています。

私学へつながる模試。

日能研 全国公開模試
2021年度 実施日程
日程は変更になる場合があります。

実力判定テスト・志望校選定テスト・志望校判定テスト
【受験料(税込)】4科 ¥4,400 / 2科 ¥3,300　【時間】国・算 各50分／社・理 各30分

実力判定	実力判定	実力判定	志望校選定	志望校選定	志望校判定
2/7 (日)	2/28 (日)	4/5 (月)	5/5 (祝・水)	5/30 (日)	6/27 (日)
電話受付期間	Web受付期間				
1/12(火)～1/29(金)	2/8(月)～2/21(日)	3/1(月)～3/28(日)	4/6(火)～4/25(日)	5/6(木)～5/23(日)	5/31(月)～6/20(日)

合格判定テスト
【受験料(税込)】4科 ¥6,050 / 2科 ¥4,950　【時間】国・算 各50分／社・理 各35分

合格判定	合格判定	合格判定	合格判定	合格判定
9/5 (日)	10/3 (日)	10/31 (日)	12/5 (日)	12/19 (日)
Web受付期間				
8/2(月)～8/29(日)	9/6(月)～9/26(日)	10/4(月)～10/24(日)	11/1(月)～11/28(日)	11/22(月)～12/12(日)

〈日能研 全国公開模試〉の"私学へつながる"情報提供サービス！
受験生だけに、もれなく配布！すぐに役立つ情報が満載！

情報エクスプレス
学校や入試に関する最新情報に加え、模試データを徹底分析。充実の資料として6月27日実施のテストから配布。入試に向けた情報収集に役立つ資料です。

入試志望者動向
志望校判定テストでは志望校調査を実施。調査に基づいて各校の志望者人数や動向を掲載します。合格判定テストからは志望校の登録情報を分析。志望校選択と受験校決定のために、役立つデータ。

予想R4一覧表〈9月以降〉
来年度入試の試験日・定員・入試科目の動きと合格判定テスト結果から合格可能性(R4)を予想し、まとめた一覧表。合格判定のベースとなる資料です。

お申し込みは [日能研全国公開模試] [検索] またはお近くの日能研へ！
https://www.nichinoken.co.jp/moshi/
お問い合わせは ☎ 0120-750-499
受付時間:11:00～17:00(月～金/祝日を除く)
全国中学入試センター
日能研全国公開模試事務局

"未来型"入試問題に備える

1日5分でも1年間で1825分！

毎日ご自宅に届きます！
時事問題に親しむ環境づくりが大事です。

時事ワードが日常会話に
ニュースをわかりやすく解説

難しい話題でも、図や絵で親しみやすく。さまざまな分野の記事を掲載しています。

多様な意見に触れ思考力を育む

てつがくカフェ
「世界はどうやってつくられたのか？」「親はなぜ怒るの？」「私は誰のもの？」などなど、子どもからの「答えのない問い」に哲学者3人が格闘。思考力を育みます。

毎週木曜（一部地域金曜）

最先端の中学入試問題

マルいアタマをもっともっとマルくする。
まだ見ぬ未来をも視野に出題される、最先端の入試問題をピックアップし、思考の道筋を詳しく解説します。日能研協力。

毎週金曜（同土曜）

有名中学高校の先生が紙上授業

学びや
私学4校の中学・高校の先生が週替わりで、小学生に向けてコラムを執筆。2021年度のラインアップは、渋谷幕張、栄光学園、海陽学園、慶應義塾普通部です。

毎週金曜（同土曜）

好評連載

1面コラム「みんなの目」
第1週は 辻村深月さん！

「かがみの孤城」など、若い人にも大人気の作家、辻村深月さん。中学受験では多くの学校が辻村さんの作品を入試問題に採用しています。

謎解きブームの仕掛け人
松丸亮吾さんが出題！

東大の謎解き制作集団の元代表で、謎解きブームの仕掛け人、松丸亮吾さんが、毎週楽しい問題を出題します。

夢をかなえる！
キムタツ先生のまいにち英単語365

全国から講演依頼殺到の元灘中・高の英語教諭・木村達哉さんが監修。小学校で習う英単語を学びます。

毎日新聞 毎日小学生新聞
月額 **1,750円** 税込み
毎日配達　サイズ：タブロイド判　ページ数：8ページ
*休刊日除く

Webで簡単申し込み　毎日小学生新聞

国連 世界の未来を変えるための17の目標

SDGs

好評発売中！

2030年までのゴール
改訂新版

世の中や国連の状況の変化など最新情報を加えてリニューアル！

「持続可能な開発目標（SDGs）」を小学生にもわかりやすく解説

「持続可能な開発目標（SDGs）」は、国連サミットで採択された持続可能な開発のための2030アジェンダに盛り込まれた17の目標のことです。

SDGsを多くの小学生にも知ってもらい、自分で考え、取り組んでほしいという願いをこめて本書は刊行されました。そしてSDGsに授業や入試問題を通して取り組んでいる私学の活動にも注目し、紹介をしています。中学入試の時事問題対策はもちろん、大人の方のSDGs入門書としても最適です。

●定価：1,320円（税込）　●企画・編集：日能研教務部　●B5判／172ページ

もくじ

第1章　17のゴールを使って身のまわりの出来事をとらえる
出来事をとらえる前に……／17のゴールを使って身のまわりの出来事を探っていこう①　ゴミ／17のゴールを使って身のまわりの出来事を探っていこう②　買う／我々の世界を変革する：持続可能な開発のための2030アジェンダ／SDGsを採択した国際連合って、どんな組織？／「行動の10年（Decade of Action）」とUN75

第2章　SDGsの目標一つひとつに目を向けていこう

第3章　私学とSDGsを重ねていこう
年度別に見るSDGsと関わる中学入試問題／2020年に出題されたSDGsと関わる中学入試問題／データで見るSDGsと中学入試問題／SDGsの眼鏡で見る、私学の取り組み
- ●かえつ有明中・高等学校●関東学院中学校高等学校●関東学院六浦中学校・高等学校
- ●恵泉女学園中学・高等学校●晃華学園中学校高等学校●中村中学校・高等学校
- ●桜美林中学校・高等学校●立正大学付属立正中学校・高等学校●相模女子大学中学部・高等部
- ●成蹊中学・高等学校●渋谷教育学園渋谷中学高等学校●捜真女学校中学部・高等学部
- ●湘南学園中学校・高等学校●桐蔭学園中等教育学校●桐光学園中学校・高等学校
- ●八雲学園中学校・高等学校●湘南学園×捜真女学校　中高生のための SDGs MARKET
- ●おわりははじまり

付表　各ゴールのターゲットと指標

みくに出版　☎03(3770)6930　http://www.mikuni-webshop.com

※書店・みくに出版WebShop・オンライン書店等でお求めください。

アクティブラーニングのその先へ
DEEP LEARNING

4人に1人が国際生という環境
GLOBAL

多様性が尊重される安心安全の場
DIVERSITY

生徒一人ひとりが持つ個性と才能を生かして、
より良い世界を創りだすために、
主体的に行動できる人間へと成長できる基盤の育成。
かえつ有明の教育理念は、
「ディープラーニング」
「グローバル」
「ダイバーシティ」
の3つの柱が支えています。
世の中の変化を恐れることなく、
自分らしく生き、
新しい価値観を創造できる人間へと
成長するための6年間です。

学校説明会情報こちら

かえつ有明 中・高等学校

ACCESS GUIDE

りんかい線	「東雲」駅より 徒歩約8分
有楽町線	「豊洲」駅より都営バス 東16 海01 「都橋住宅前」バス停下車 徒歩約2分 「辰巳」駅より 徒歩約18分

〒135-8711 東京都江東区東雲2-16-1　TEL.03-5564-2161　FAX.03-5564-2162

栄冠 **2022** 年度受験用

中学入学試験問題集

算数解答

本解答に関する責任は小社に帰属します。

※この冊子は取りはずして使うことができます。

みくに出版

も く じ

共 学 校

青山学院中等部	4
青山学院横浜英和中学校	4
市 川 中 学 校	4
浦和実業学園中学校	4
穎明館中学校	4
江戸川学園取手中学校	5
桜美林中学校	5
大宮開成中学校	5
お茶の水女子大学附属中学校	5
開 智 中 学 校	5
かえつ有明中学校	5
春日部共栄中学校	5
神奈川大学附属中学校	6
関東学院中学校	6
公文国際学園中等部	6
慶應義塾湘南藤沢中等部	6
慶應義塾中等部	6
国学院大学久我山中学校	7
栄 東 中 学 校	7
自修館中等教育学校	7
芝浦工業大学柏中学校	7
芝浦工業大学附属中学校	7
渋谷教育学園渋谷中学校	7
渋谷教育学園幕張中学校	7
湘南学園中学校	8
昭和学院秀英中学校	8
成 蹊 中 学 校	8
成城学園中学校	8
西武学園文理中学校	8
青 稜 中 学 校	8
専修大学松戸中学校	8
千葉日本大学第一中学校	9
中央大学附属中学校	9
中央大学附属横浜中学校	9
筑波大学附属中学校	9
帝京大学中学校	9
桐蔭学園中等教育学校	9
東京学芸大学附属世田谷中学校	10
東京都市大学等々力中学校	10
東京農業大学第一高等学校中等部	10
桐光学園中学校	10
東邦大学付属東邦中学校	10
獨協埼玉中学校	11
日本大学中学校	11
日本大学藤沢中学校	11

広尾学園中学校	11
法政大学中学校	11
法政大学第二中学校	11
星野学園中学校	11
三田国際学園中学校	12
茗溪学園中学校	12
明治大学付属中野八王子中学校	12
明治大学付属明治中学校	12
森村学園中等部	13
山手学院中学校	13
麗 澤 中 学 校	13
早稲田実業学校中等部	13

男 子 校

浅 野 中 学 校	13
麻 布 中 学 校	14
栄光学園中学校	14
海 城 中 学 校	14
開 成 中 学 校	14
学習院中等科	14
鎌倉学園中学校	14
暁 星 中 学 校	15
慶應義塾普通部	15
攻玉社中学校	15
佼成学園中学校	15
駒場東邦中学校	15
サレジオ学院中学校	15
芝 中 学 校	16
城西川越中学校	16
城 北 中 学 校	16
城北埼玉中学校	16
巣 鴨 中 学 校	16
逗子開成中学校	16
聖光学院中学校	16
成 城 中 学 校	17
世田谷学園中学校	17
高 輪 中 学 校	17
筑波大学附属駒場中学校	17
東京都市大学付属中学校	17
桐 朋 中 学 校	17
藤嶺学園藤沢中学校	17
獨 協 中 学 校	18
灘 中 学 校	18
日本大学豊山中学校	18
本 郷 中 学 校	18
武 蔵 中 学 校	18
明治大学付属中野中学校	19

横浜中学校 …………………… 19
ラ・サール中学校 …………………… 19
立教池袋中学校 …………………… 19
立教新座中学校 …………………… 19
早稲田中学校 …………………… 19

女子校

跡見学園中学校 …………………… 19
浦和明の星女子中学校 …………………… 20
江戸川女子中学校 …………………… 20
桜蔭中学校 …………………… 20
鷗友学園女子中学校 …………………… 20
大妻中学校 …………………… 20
大妻多摩中学校 …………………… 20
大妻中野中学校 …………………… 21
大妻嵐山中学校 …………………… 21
学習院女子中等科 …………………… 21
神奈川学園中学校 …………………… 21
鎌倉女学院中学校 …………………… 21
カリタス女子中学校 …………………… 21
北鎌倉女子学園中学校 …………………… 22
吉祥女子中学校 …………………… 22
共立女子中学校 …………………… 22
恵泉女学園中学校 …………………… 22
光塩女子学院中等科 …………………… 22
晃華学園中学校 …………………… 22
国府台女子学院中学部 …………………… 23
香蘭女学校中等科 …………………… 23
実践女子学園中学校 …………………… 23
品川女子学院中等部 …………………… 23
十文字中学校 …………………… 23
淑徳与野中学校 …………………… 23
頌栄女子学院中学校 …………………… 24
湘南白百合学園中学校 …………………… 24
昭和女子大学附属昭和中学校 …………………… 24
女子学院中学校 …………………… 24
女子聖学院中学校 …………………… 24
女子美術大学付属中学校 …………………… 25
白百合学園中学校 …………………… 25
聖セシリア女子中学校 …………………… 25
清泉女学院中学校 …………………… 25
洗足学園中学校 …………………… 25
捜真女学校中学部 …………………… 25
玉川聖学院中等部 …………………… 26
田園調布学園中等部 …………………… 26
東京純心女子中学校 …………………… 26
東京女学館中学校 …………………… 26
東洋英和女学院中学部 …………………… 26
トキワ松学園中学校 …………………… 26
豊島岡女子学園中学校 …………………… 26

日本女子大学附属中学校 …………………… 27
日本大学豊山女子中学校 …………………… 27
フェリス女学院中学校 …………………… 27
富士見中学校 …………………… 27
雙葉中学校 …………………… 27
普連土学園中学校 …………………… 27
聖園女学院中学校 …………………… 28
三輪田学園中学校 …………………… 28
山脇学園中学校 …………………… 28
横浜共立学園中学校 …………………… 28
横浜女学院中学校 …………………… 28
横浜雙葉中学校 …………………… 28
立教女学院中学校 …………………… 29
和洋九段女子中学校 …………………… 29
和洋国府台女子中学校 …………………… 29

青山学院中等部
〈問題は6ページ〉

1. 43
2. $\frac{11}{14}$
3. 10
4. 300円
5. 24分ごと
6. 8100円
7. ア4人 エ2人
8. 36人, 97点
9. 9通り
10. 7:5
11. 126度
12. 12cm²
13. (1)⑦番 (2)5回
14. (1)30cm (2)仕切り $2\frac{8}{11}$ cm 高さ22cm

青山学院横浜英和中学校(A)
〈問題は9ページ〉

1. (1)$13\frac{4}{9}$ (2)2021 (3)6(回) (4)8(回目) (5)9(枚) (6)252(ページ) (7)45 (8)156(度)
2. (1)5 (2)29 (3)45 (4)ア105(本) イ14(本)
3. (1)17 (2)毎分200m (3)28分45秒後 (4)312.5 $\left[312\frac{1}{2}\right]$
4. (1)イ ①24cm² ②$\frac{9}{100}$[0.09]倍 ③$10\frac{278}{625}$ [10.4448]cm²

市川中学校(第1回)
〈問題は12ページ〉

1. (1)37 (2)300(g) (3)17(日目) (4)130(度)
2. (1)2.75(秒) (2)21(m/秒) (3)1169(m³)
3. (1)次図 (2)688.16(cm²) (3)622.4(cm²)

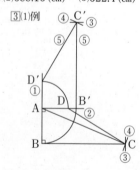

4. (1)68個 (2)45 (3)88個

(画面右側)

5. (1)
   (2)例 | S | a | b | a | b | a | b | G |
   (3)最初の文字がSで, 最後の文字がGとなっていて, 途中の文字はaとbが同数かかれていて, 残りは□となっている。

浦和実業学園中学校(第1回 午前)
〈問題は18ページ〉

1. (1)11 (2)13 (3)3 (4)$7\frac{1}{12}\left[\frac{85}{12}\right]$ (5)5 (6)12
2. (1)700(円) (2)120(箱) (3)5 (4)20(%) (5)21(人) (6)10(通り)
3. (1)25度 (2)118.5 $\left[118\frac{1}{2}/\frac{237}{2}\right]$度
4. (1)毎時40km (2)15分間 (3)次図

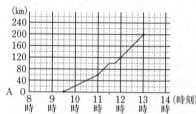

5. (1)$\frac{4}{3}\left[1\frac{1}{3}\right]$cm² (2)$\frac{1}{2}$[0.5]cm² (3)$\frac{50}{3}\left[16\frac{2}{3}\right]$cm²
6. (1)9と6 (2)8と4 (3)30と4

【配点】
100点満点
1 24点 2 24点 3 10点 4 12点 5 15点 6 15点

穎明館中学校(第1回)
〈問題は21ページ〉

1. (1)8 (2)$\frac{7}{24}$ (3)50.24 (4)$\frac{2}{5}$
2. (1)21 (2)430(円) (3)240(円) (4)6.28(cm²)
3. (1)6分 (2)45分 (3)600m
4. (1)(ア) (2)(ブロックの高さ:水そうの深さ)2:5 (3)(オ)
5. (1)(最も大きな数)222110 (最も小さな数)101222 (2)(220)3個 (212)6個 (211)3個 (3)202121

江戸川学園取手中学校(第1回)
〈問題は23ページ〉

1 (1)①314 ②2 ③$\frac{4}{9}$ (2)1023 (3)23.13㎠
(4)251.2㎠
2 (1)60個 (2)1260円
3 (1)50分後 (2)2.25km (3)5.25km
4 ア5.5(%) イ800(g) ウ2(%) エ150(g)
オ5.75(%)
5 (1)(6×6×6=)31+33+35+37+39+41
(2)200 (3)44099
6 (1)72㎠ (2)15$\frac{33}{65}$㎠ (3)8$\frac{55}{78}$秒後

桜美林中学校(2月1日午前)
〈問題は26ページ〉

1 (1)$\frac{1}{2}$ (2)3
2 (1)160円 (2)1時間30分 (3)18 (4)375円
(5)74度 (6)15日間 (7)345ページ (8)106人
3 (1)9人 (2)28点 (3)6
4 (1)2100㎠ (2)2580㎠
5 (1)12通り (2)8通り
6 (1)10時10分 (2)10時40分 (3)10時30分から10時40分
【配点】
100点満点
各5点

大宮開成中学校(第1回)
〈問題は28ページ〉

1 (1)96 (2)1296 (3)2$\frac{2}{3}$ (4)$\frac{19}{24}$
2 (1)170円 (2)14分24秒 (3)160人 (4)110円
(5)3000円
3 (1)66度 (2)25.12㎠ (3)116.18㎠
4 (1)200g (2)6.6%
5 (1)10個 (2)11個
6 (1)1.6倍 (2)60通り
7 (1)100.48㎠ (2)100.48㎠

お茶の水女子大学附属中学校
〈問題は31ページ〉

1 ①0 ②2$\frac{3}{10}$ ③0.32 ④4
2 問1…12個 問2…20% 問3…215枚 問4
円柱の体積の方が4.48㎠大きい 問5…2.7冊

3 問1分速150m 問2…1200m 問3分速66$\frac{2}{3}$
mより速く、分速120mより遅い
4 問1頂点A、Cの位置を変えずに、頂点B、D
の位置が入れ替わるようにうら返す。 問2…3
本 問3できない…点対称な図形を作るためには、
同じ部品2枚の組が6組必要だが、図1と図2の
部品は奇数枚だから。

開智中学校(先端1)
〈問題は35ページ〉

1 (1)2$\frac{1}{3}$ (2)(分速)69.3(m) (3)202(個) (4)210
(円) (5)290 (6)21(番目) (7)9.5(%) (8)153(㎠)
2 (1)26分後 (2)(太郎君:次郎君=)29:47
(3)6110m
3 (1)(QO:OS=)2:1 (2)(CS:SD=)5:3
(3)(四角形QBRO:四角形POSD=)14:9
4 (1)7個 (2)49個 (3)186個
【配点】
120点満点
1各6点 2各8点 3各8点 4各8点

かえつ有明中学校(2月1日午後 特待入試)
〈問題は37ページ〉

1 (1)$\frac{1}{2}$ (2)5 (3)60 (4)780(g) (5)891
2 (1)5000円 (2)15通り (3)秒速1.6m (4)37.5ポンド (5)水曜日
3 (1)150g (2)12%
4 (1)75万㎡ (2)1$\frac{11}{15}$倍
5 (1)18個 (2)1000 (3)61番目
6 (1)③ (2)1656㎠ (3)828㎠

春日部共栄中学校(第1回午前)
〈問題は39ページ〉

1 (1)1$\frac{5}{14}$ (2)7
2 (1)ア1 イ3 (2)(エ) (3)54$\frac{6}{11}$(分後) (4)(ア)
(5)3000(円)
3 (1)右図 (2)12.56cm

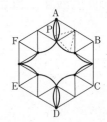

4 (1)32 (2)255 (3)55

5 (1)(ア) (2)2回 (3)2秒間
6 (1)4 (2)8 (3)4
(選択問題①)
7 (1)19.8m (2)午後1時54分
(選択問題②)
7 47.1㎠
【配点】
100点満点
1 各5点 2 各5点((1)は完答) 3 10点 4 各5点 5 各5点 6 各5点 7 各5点または10点

神奈川大学附属中学校(第2回)
〈問題は43ページ〉

1 (1)19 (2)14 (3)1490 (4)$3\frac{3}{7}$
2 (1)①12個 ②24個 (2)①秒速20m ②180m (3)①101歳 ②43歳 (4)①10.8% ②280g (5)①19800円 ②3人 (6)①16 ②36
3 (1)9時54分 (2)2.7km (3)時速4km
4 (1)(理由)三角形EFGと合同な直角三角形EF'Gを書くと三角形EFF'は正三角形となる。EFは正三角形の一辺,FGは正三角形の一辺の半分となり,EF:FG=2:1となる。
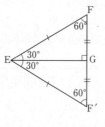
(2)18㎠ (3)45.42㎠
5 (1)31分30秒 (2)57分
6 (1)(4,6)(6,4)(6,6) (2)12通り

関東学院中学校(A)
〈問題は46ページ〉

1 (1)1 (2)240 (3)$\frac{1}{2}$ (4)ア49(分) イ30(秒)
2 $\frac{108}{48}$
3 62.5%
4 37曲
5 45才
6 毎分340m
7 56㎠
8 (1)72㎠ (2)54㎠ (3)792㎠

公文国際学園中等部(B)
〈問題は48ページ〉

1 (1)8 (2)9 (3)0 (4)2021 (5)4
2 (1)20 (2)2800(円) (3)24(人) (4)28(度) (5)①30 ②5(個) (6)①(毎分)150(m) ②9000(m)
3 (1)2500 (2)24通り (3)10秒後 (4)1時20分 (5)200分
4 (1)16200㎠ (2)26cm (3)16cm (4)12cm
5 (1)18㎠ (2)右図 (3)6㎠

慶應義塾湘南藤沢中等部
〈問題は51ページ〉

1 (1)ア1152 (2)イ7 (3)ウ223.44(㎠)
2 (1)170(㎠) (2)74(個)
(3)
1	2	3	4
4	3	2	1
3	4	1	2
2	1	4	3

3 ⑦$6\frac{2}{3}$ ④20 ⑦52
4 (1)ア25 イ3 (2)ウ96 エ5 (3)オ10
5 (1)300(m) (2)15(分間) (3)780(m)
6 (1)18(㎡) (2)16.5(㎡) (3)17(㎡)

慶應義塾中等部
〈問題は54ページ〉

1 (1)ア1 イ1 ウ3 (2)ア6 イ3 ウ5 (3)ア5 イ18 (4)ア3 イ75
2 (1)ア12 イ5 (2)4875 (3)18 (4)24 (5)ア32 イ8 ウ11
3 (1)ア6 イ7 (2)15 (3)ア11 イ7 (4)ア219 イ8 (5)ア2373 イ84
4 (1)ア8 イ20 ウ8 (2)ア34 イ2 ウ3
5 (1)14 (2)10
6 (1)14 (2)132

国学院大学久我山中学校（第1回）
〈問題は57ページ〉

① (1)9　(2)$4\frac{1}{2}$　(3)2　(4)$2\frac{7}{15}$

② (1)42　(2)5個　(3)104個　(4)20人　(5)時速54km
(6)9.42cm　(7)60面

③ (1)8g　(2)①3％　②800g　(3)6.5％

④ (1)30cm　(2)15　(3)13分30秒後　(4)21分48秒後

【配点】
100点満点
①20点　②35点　③22点　④23点

栄東中学校（第1回）
〈問題は60ページ〉

① (1)605　(2)1978　(3)180(人)　(4)15(個)　(5)35(本)　(6)84(度)　(7)9cm²　(8)42.84cm²

② (1)135円　(2)39675円　(3)170個

③ (1)30度　(2)2→3, 3→4, 6→5　(3)9通り

④ (1)45度　(2)$\frac{4}{7}$cm　(3)8.82$\left(8\frac{41}{50}\right)$cm²

⑤ (1)毎秒80cm²　(2)405　(3)8cm

自修館中等教育学校（A-1）
〈問題は64ページ〉

① (1)97　(2)$\frac{5}{6}$　(3)15.9　(4)3　(5)86

② (1)6個　(2)9個　(3)20秒　(4)16.56cm²
(5)370.52cm³

③ (1)2通り　(2)12通り　(3)48通り　(4)26通り

④ (1)5cm　(2)①台形　②五角形　③正方形
(3)$5\frac{5}{6}$cm²　(4)3.5秒後, 7.625秒後

【配点】
100点満点
①・②・③・④各25点

芝浦工業大学柏中学校（第1回）
〈問題は66ページ〉

① (1)$\frac{1}{8}$　(2)260ページ

② (1)(昨年の女子：今年の女子)12:13　(2)6400人

③ (1)24cm　(2)45cm

④ (1)5　(2)17個

⑤ (1)330枚　(2)3.73cm　(3)363枚

⑥ (1)4つ　(理由)1月は31日間ある。これを7曜日で割ると商が4, 余りが3となるので, 4+1=5回回ってくる曜日は3つある。よって, 4回しか回ってこない曜日は7-3=4つである。
(2)月曜日, 金曜日, 土曜日, 日曜日　(3)月曜日

⑦ (1)75度　(2)141度　(3)17時27$\frac{3}{11}$分

【配点】
100点満点
①各5点　②〜⑦…各6点

芝浦工業大学附属中学校（第1回）
〈問題は69ページ〉

① （放送の問題につき省略）

② (1)444　(2)1　(3)$\frac{75}{4}$cm　(4)720度

③ (1)25通り　(2)12月31日10時40$\frac{4}{23}$分　(3)1610
(4)67.14cm²　(5)次図

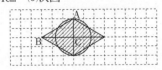

④ (1)16.2％, 2500g　(2)①400g　②3456g

⑤ (1)36cm²　(2)ア○　イ×　ウ○　エ×　オ○
(3)9cm²　(4)36cm²

渋谷教育学園渋谷中学校（第1回）
〈問題は72ページ〉

① (1)$5\frac{5}{6}$　(2)360(g)　(3)(秒速)18(m)　(4)86(cm²)　(5)100.48(cm²)　(6)54(cm)

② (1)12(人)　(2)28(人)　(3)10(分後)

③ (1)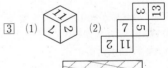(2)
(3)5-B

④ (1)2.4(L)　(2)10(cm)　(3)㋐16.5　㋑59　㋒70

渋谷教育学園幕張中学校（第1回）
〈問題は76ページ〉

① (1)(5△10=)3, (5△30=)4, (5△60=)4　(2)7　(3)1, 3, 9

② (1)08:08　(2)16通り　(3)01:59, 07:59, 11:59, 17:59, 19:59, 21:59

③ (1)1秒早い　(2)あ240　い8.5　(3)6秒後, $7\frac{7}{13}$秒後

④ (1)12.28cm　(2)87.92cm

⑤ (1)$\frac{35}{216}$倍　(2)$\frac{35}{288}$倍　(3)$\frac{11}{125}$倍

湘南学園中学校（D）
〈問題は80ページ〉

1. (1)23　(2)4.8　(3)$1\frac{1}{40}$　(4)$2\frac{2}{3}$
2. (1)79.5点以上　(2)15分後　(3)35 g　(4)1500円　(5)20種類　(6)36度　(7)8日間　(8)ア$\frac{2}{5}$　イ20　ウ$\frac{2}{3}$　エ30
3. (1)53.68cm　(2)18.24cm²
4. (1)12個　(2)6個
5. (1)9時28分　(2)10時7分12秒　(3)11時40分　(4)44分間
6. (1)3回　(2)6通り　(3)20通り

【配点】
150点満点
1各6点　2各7点　3各7点　4各7点　5各6点　6各6点

昭和学院秀英中学校（第1回）
〈問題は83ページ〉

1. (1)ア900（円）　(2)イ25　ウ121　(3)①エ5　②オ450（番目）
2. (1)ア20（cm²）　(2)イ18.84（cm²）　(3)①ウ157（cm²）②エ117.75（cm²）
3. (1)①28cm²　②10秒後，14秒後　(2)(たて)4 cm（横）27cm
4. (1)(4％が)350 g　(8％が)50 g　(2)(4％が)300 g　(8％が)150 g　(12％が)50 g
5. (1)7.5cm²　(2)11.25cm²　(3)18.75cm²

成蹊中学校（第1回）
〈問題は86ページ〉

1. (1)10　(2)0.6$\left[\frac{3}{5}\right]$
2. (1)12個　(2)77点　(3)㋐12度　㋑27度　(4)185.26cm²　(5)40cm²　(6)8人
3. (1)42 g　(2)12％　(3)115 g
4. (1)27.7cm　(2)25.56cm²
5. (1)$\frac{2021}{2022}$　(2)$\frac{5}{6}$　(3)$\frac{505}{1011}$
6. (1)4：3　(2)毎時14km　(3)午前9時10分　(4)毎時1.75km

成城学園中学校（第1回）
〈問題は89ページ〉

1. (1)20　(2)30　(3)$\frac{7}{13}$　(4)$\frac{31}{63}$　(5)2.8$\left[2\frac{4}{5}\right]$
2. (1)24　(2)126　(3)119（m）　(4)4.5（％）　(5)4000（円）　(6)7（日間）　(7)147（m）　(8)600（円）　(9)137（度）　(10)9.12（cm²）
3. (1)268　(2)20段目5列目　(3)670, 675, 676
4. (1)350秒後　(2)30秒後　(3)80秒後　(4)130秒後
5. (1)135L　(2)毎秒7 L　(3)21秒
6. （ア・イ・年齢順）こうた（僕）・ゆうこ・たかし→けんじ→かおり→ゆうこ→こうた　かおり・こうた（僕）・たかし→けんじ→こうた→かおり→ゆうこ

西武学園文理中学校（第1回）
〈問題は92ページ〉

1. (1)1700　(2)$2\frac{1}{7}$　(3)$5\frac{5}{8}$　(4)2.5　(5)12個
2. (1)8個　(2)1500円　(3)113度　(4)18.84cm
3. (1)16個　(2)6064個　(3)673枚
4. (1)30分後　(2)分速160 m
5. (1)30cm²　(2)(DG：GE＝)4：5　(3)$12\frac{2}{3}$cm²

青稜中学校（第1回B）
〈問題は94ページ〉

1. (1)22　(2)$\frac{1}{3}$　(3)$\frac{9}{49}$　(4)$\frac{1}{2}$[0.5]　(5)1
2. (1)3750（円）　(2)180（g）　(3)23[23.0]（cm）　(4)14（分後）　(5)7（個）　(6)8（票）　(7)99（度）
3. 95
4. 14.4km
5. 12cm²
6. (1)45番　(2)3030
7. (1)4 cm　(2)768cm²　(3)15cm

【配点】
100点満点
各5点

専修大学松戸中学校（第1回）
〈問題は96ページ〉

1. (1)$2\frac{7}{9}\left[\frac{25}{9}\right]$　(2)0.64$\left[\frac{16}{25}\right]$　(3)$\frac{1}{3}$　(4)440
2. (1)1700（m²）　(2)33（年後）　(3)1110　(4)50（m）　(5)540（cm²）
3. (1)8個　(2)3：2

—8—

4 (1)2：3 (2)3：5
5 (1)7枚 (2)2300円
6 (1)8人 (2)12人 (3)140人
7 (1)⑦ (2)1200円

千葉日本大学第一中学校（第1期）
〈問題は99ページ〉

1 (1)900 (2)$\frac{2}{3}$ (3)$\frac{1}{60}$ (4)2.5
2 (1)42 (2)15(本) (3)11 (4)50 (5)240(ページ) (6)600(m) (7)ア5 イ1 ウ0 エ6 オ5 (8)①37(人) ②2460(円) (9)①50(個) ②33(個) (10)①540(度) ②72.56(cm) (11)①56(度) ②58(度)
3 (1)83 (2)(整数)1682 (記号)△ (3)73番目
4 (1)2800m (2)毎分600m (3)4分 (4)38(分)

中央大学附属中学校（第1回）
〈問題は102ページ〉

1 (1)177 (2)999999 (3)23通り (4)53c㎡ (5)7度 (6)3.6% (7)50分後
2 (1)324点 (2)97点 (3)63点
3 (1)12㎡ (2)1680㎡ (3)20分
4 (1)150.72c㎡ (2)65.94c㎡
5 (1)85% (2)6時間後 (3)28時間30分後

中央大学附属横浜中学校（第1回）
〈問題は104ページ〉

1 (1)16$\frac{5}{9}$ (2)6$\frac{3}{4}$ (3)192 (4)4(才) (5)1950(円) (6)3(時間)30(分) (7)307(人) (8)24(個) (9)60(度) (10)6$\frac{2}{3}$(cm)
2 (1)5時56分 (2)毎時30km (3)6.5km
3 (1)14：9 (2)14：1 (3)75枚
4 (1)720度 (2)540度 (3)180度

筑波大学附属中学校
〈問題は107ページ〉

1 (1)1$\frac{2}{5}$ (2)1$\frac{20}{71}$ (3)7 (4)75% (5)45度 (6)4分30秒 (7)小数第24位 (8)29.6秒後
2 100.48c㎡
3 76
4 (1)105個 (2)イ
5 12
6 (1)7種類 (2)32c㎡

7 (1)6通り (2)勝ちと引き分けの勝ち点比を2：1となるようにルールを変更すればよい。 (3)AとB
8 (1)ア・オ (2)記号…エ 理由…男女の人数が異なるため、それぞれのジャンルにおいての人数比較より、比率を表す円グラフが最も適切なグラフと考えられるから。 (3)次図
(4)1組の平均はおよそ9.6冊、2組の平均はおよそ9.9冊なので、2組の平均は1組を上回っているが、9冊から24冊借りた本の冊数を比べてみると、1組は19人、2組は14人となり、人数比にすると1組はおよそ59.4%、2組はおよそ41.2%となり、1組の方が読書量が多いともいえる。

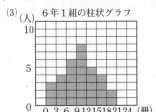

帝京大学中学校（第1回）
〈問題は114ページ〉

1 (1)3 (2)2 (3)$\frac{1}{7}$ (4)$\frac{3}{20}$
2 (1)25% (2)360人 (3)2021 (4)14.4km (5)72° (6)226.08c㎡ (7)200c㎡ (8)1910c㎡
3 (1)300番目 (2)$\frac{27}{29}$
4 (1)$\frac{1}{9}$倍 (2)6：1 (3)$\frac{1}{7}$倍
5 (1)10：12：15 (2)120m (3)1200m

【配点】
100点満点
各5点

桐蔭学園中等教育学校（第1回）
〈問題は116ページ〉

1 (1)28 (2)$\frac{9}{10}$ (3)6700 (4)$\frac{6}{7}$ (5)4：3 (6)1200円 (7)(プリン)4個 (ケーキ)2個
2 (1)(あ)40度 (い)20度 (2)720度 (3)31.4c㎡ (4)46.26cm
3 (1)①2c㎡ ②8c㎡ (2)①4通り ②C3 D20 E42 (3)①あ16 ②い17 う花子さん (4)①7.5cm ②6$\frac{2}{3}$cm

東京学芸大学附属世田谷中学校
〈問題は119ページ〉

1 (1)316 (2)$2\frac{3}{4}$ (3)36度 (4)120度
2 (1)17通り (2)450通り
3 ア6.8 イ4.2 ウ283.9
4 (1)9個 (2)304 (3)5個
5 (1)6試合 (2)46分 (3)31.2分 (4)17.75分
6 58.1km
7 [例1]1つの頂点において，内角の大きさと外角の大きさを合わせると180度である。五角形は五つの角がある　180×5　……五角形の内角と外角の和　多角形の外角の和はつねに360度である。よって，「180×5－360」で五角形の内角の和が540度になることを求めることができる。

[例2]
図のように五角形の内側に点をとり，それぞれの頂点と結ぶと三角形が5つできる。180×5　……三角形5つ分の内角の和　このうち，印をつけた角の大きさの和は360度である。よって，「180×5－360」で五角形の内角の和が540度になることを求めることができる。

東京都市大学等々力中学校(第1回S特)
〈問題は123ページ〉

1 (1)30 (2)150 (3)$\frac{1}{10}$
2 (1)25 (2)9(人) (3)78(点) (4)7(個) (5)$1\frac{11}{49}$(cm)
3 (1)時速4km (2)12時20分 (3)15km
4 (1)62.8cm² (2)7.125cm² (3)18.14cm²
5 (1)109 (2)1374 (3)169周目9列目
6 (1)40円 (2)1.763(km)，2.0(km) (3)2，2

【配点】
100点満点
各5点

東京農業大学第一高等学校中等部(第3回)
〈問題は126ページ〉

1 (1)4 (2)$\frac{2}{165}$ (3)3
2 (1)(3, 6, 7)(5, 10, 1) (2)8 (3)21通り (4)16枚 (5)時速72km
3 (1)30cm (2)20分 (3)次図 (4)6分

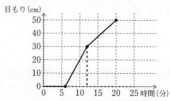

4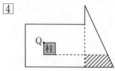

5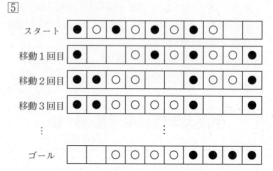

桐光学園中学校(第1回)
〈問題は130ページ〉

1 (1)$1\frac{2}{3}\left[\frac{5}{3}\right]$ (2)2 (3)3(個) (4)32(cm) (5)6(分後)
2 (1)240(円) (2)31.3(kg) (3)112(枚) (4)8(個) (5)47.14(cm²) (6)50.24(cm²)
3 (1)1:4 (2)5:4 (3)24cm²
4 (1)81 (2)25 (3)4
5 (1)1.8$\left[1\frac{4}{5}\right]$g (2)17% (3)180g

【配点】
150点満点
1各6点　2各8点　3～5(1)…6点　(2)…8点 (3)…10点

東邦大学付属東邦中学校(前期)
〈問題は132ページ〉

1 (1)5 (2)$\frac{3}{14}$
2 (1)3 (2)1200m (3)9.6cm (4)9分30秒 (5)25%
3 (1)14km (2)時速5km (3)47分36秒後
4 (1)2020 (2)2
5 (1)$2\frac{2}{3}$cm (2)5:3
6 (1)4:1 (2)$\frac{61}{450}$倍

7 (1)12通り (2)27通り

獨協埼玉中学校（第1回）
〈問題は135ページ〉

1 (1)2 (2)1.5km² (3)31, 94 (4)13年後 (5)10分間 (6)①4 ②6 (7)50.24cm²
2 (1)①200m ②172m (2)①33点 ②7, 9
3 (1)$1\frac{1}{3}$秒後 (2)2秒後から$5\frac{1}{3}$秒後まで (3)$2\frac{1}{3}$秒後
4 (1)460Kcal (2)440mL (3)64.6g

【配点】
100点満点
1各5点 2各5点 3・4(1)…6点 (2)…6点 (3)…8点

日本大学中学校（A－1日程）
〈問題は138ページ〉

1 (1)10 (2)$\frac{2}{3}$ (3)$15\frac{3}{11}$ (4)35（度） (5)113.04（cm²） (6)80（個） (7)16（分） (8)7
2 (9)6400円 (10)57本 (11)80本
3 (12)10：3 (13)7：2
4 (14)48m² (15)54m²
5 (16)25枚 (17)105枚 (18)55枚

日本大学藤沢中学校（第1回）
〈問題は141ページ〉

1 (1)2150 (2)2 (3)$1\frac{9}{10}$ (4)$\frac{4}{5}$ (5)$\frac{8}{9}$
2 (1)62.5% (2)87点 (3)8分 (4)8 (5)12回転
3 (1)510円 (2)140円
4 (1)9 (2)22個
5 (1)1020秒 (2)毎秒2.5m (3)620秒後
6 (1)8cm (2)92cm (3)図2

【配点】
100点満点
各5点

広尾学園中学校（第1回）
〈問題は144ページ〉

1 (1)①1 ②49 (2)3 (3)75g (4)0.5cm² (5)36cm²
2 (1)8時間 (2)24時間 (3)12000円
3 (1)1332 (2)10個 (3)15個
4 (1)三角形ADE (2)3：2 (3)135cm²

5 (1)④ (2)

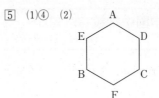

【配点】
100点満点
1各5点 2各6点 3各6点 4各6点 5(1)…6点 (2)…10点

法政大学中学校（第1回）
〈問題は146ページ〉

1 (1)74 (2)$1\frac{5}{7}\left[\frac{12}{7}\right]$ (3)$2\frac{8}{9}\left[\frac{26}{9}\right]$
2 (1)2（日）21（時間）14（分） (2)11 (3)12（才） (4)3（％） (5)5（時間） (6)77（個） (7)2（分）40（秒後） (8)135（度）
3 (1)6通り (2)21通り
4 (1)(AE：GC＝)3：2 (2)(四角形OFGA：四角形OCGD＝)5：4
5 (1)30cm (2)549.5cm²
6 (1)25本 (2)61本

【配点】
150点満点
1(1)・(2)…各7点 (3)…8点 2～6各8点

法政大学第二中学校（第1回）
〈問題は148ページ〉

1 (1)3.63 (2)2 (3)$4\frac{2}{3}$（時間）
2 (1)毎分105m (2)370円 (3)49.5cm² (4)16通り (5)17枚 (6)$\frac{23}{42}$
3 (1)56cm² (2)330cm²
4 (1)8% (2)4 (3)36g
5 (1)15度 (2)6.28cm² (3)6秒後と18秒後
6 (1)1.6cm (2)5cm

星野学園中学校（理数選抜入試第2回）
〈問題は151ページ〉

1 (1)0 (2)$6\frac{1}{15}$ (3)$\frac{41}{42}$ (4)4041 (5)12分30秒後 (6)6個 (7)184g (8)まぐろ (9)3本 (10)28cm² (11)2875cm³
2 (1)220 (2)25回 (3)120回
3 (1)27cm² (2)3cm² (3)6cm²
4 (1)8日 (2)10日目

三田国際学園中学校(第1回)
〈問題は154ページ〉

1 (1) $\frac{7}{45}$ (2) 8 (3) 3000(円) (4) 2520 (5) 3 (cm) (6) 80(%)

2 (1) 8 (2) 3回 (3)(ア) 0 (イ) 9

3 (1)

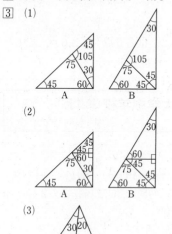

(2)

(3)

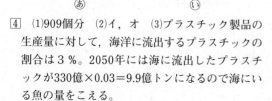

4 (1) 909個分 (2) イ, オ (3) プラスチック製品の生産量に対して、海洋に流出するプラスチックの割合は3%。2050年には海に流出したプラスチックが330億×0.03＝9.9億トンになるので海にいる魚の量をこえる。

5 (1) 9個 (2) 33個
(3) 5回折ってから2ヵ所で切り分ける
    4回折ってから4ヵ所で切り分ける

茗溪学園中学校(第1回)
〈問題は159ページ〉

1 (1) 38 (2) 11 (3) 11111 (4) 時速48km (5) 299円安くなる (6) 火曜日 (7) 4 (8) 35個 (9) 16通り (10) $\frac{79}{301}$, $\frac{79}{300}$, $\frac{80}{300}$ (11) 659.4㎡ (12) 420㎠

2 (1)①(様子の説明)原点からはAだけを買うときの様子が、(10個, 180円)の点からはBだけを買うときの様子が示されている。(答) Aは6個, Bは4個 ②次図 (答)(Bは)6個, (Cは)4個
(2)①家から533$\frac{1}{3}$m ②次図 (途中の考え方) Bは400m地点を4分より早くに、また駅に6分より遅くに着くように歩けばよい (答) 100m/分より速く133$\frac{1}{3}$m/分より遅い

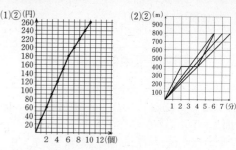

3 (1) 45→54→18→81→27→9→3→1 (2) 18, 27, 45, 54, 72, 81

4 (1)(図1のつながり図) (図2のつながり図)

(2)(図3の見取り図) (図4の見取り図)

明治大学付属中野八王子中学校(第1回)
〈問題は163ページ〉

1 (1) 33 (2) 9 (3) 1690 (4) $\frac{25}{152}$

2 (1) 1956㎡ (2) 50円 (3) 200g (4) 1035円 (5) 10107cm (6) 9.42cm

3 (1) 6 (2) 715m (3) 312人 (4) 31㎠ (5) 189㎠

4 (1) 40.5L (2) 60cm

5 (1) 6個 (2) 40個

明治大学付属明治中学校(第1回)
〈問題は165ページ〉

1 (1) $\frac{1}{27}$ (2) 3116 (3)(ア) 350 (イ) 105 (4) 18 (5) 40

2 (1) 120m (2) 11.25秒

3 (1) 3cm (2) 4cm (3) 19倍

4 (1) 11.4% (2) 8.4% (3) 2.4%

5 (1) 136人 (2) 15分0秒

森村学園中等部（第１回）
〈問題は167ページ〉

① (1)21 (2)13230 (3)3
② (1)9個 (2)967 (3)26g (4)分速100m (5)7人
③ (1)(5段目)25cm² (10段目)100cm² (2)24段目 (3)258cm²
④ (1)(ア)360 (2)(イ)4 (ウ)3.44 (エ)6.88 (3)(式)1辺の長さ×1辺の長さ×0.86÷2×6 (オ)2 (カ)10.32
⑤ (1)15.14cm² (2)47.14cm² (3)42.84cm²
⑥ (1)(ジェット船)時速40km (海流)時速4km (2)12時50分 (3)8時57分30秒

山手学院中学校（Ａ）
〈問題は171ページ〉

① (1)$1\frac{2}{9}\left[\frac{11}{9}\right]$ (2)$\frac{2}{5}[0.4]$
② (1)45(試合) (2)5：7 (3)162(度)
③ (1)60 (2)$2\frac{1}{2}\left[\frac{5}{2}/2.5\right]$ (3)60
④ (1)1時$5\frac{5}{11}\left[\frac{60}{11}\right]$分 (2)7時$38\frac{2}{11}\left[\frac{420}{11}\right]$分 (3)7時$5\frac{5}{11}\left[\frac{60}{11}\right]$分
⑤ (1)$20.8\left[20\frac{4}{5}/\frac{104}{5}\right]$cm (2)26cm (3)$32.3\left[32\frac{3}{10}/\frac{323}{10}\right]$cm
⑥ (1)$10.8\left[10\frac{4}{5}/\frac{54}{5}\right]$秒間 (2)⑥ (3)100m
⑦ (1)7通り (2)⑦2 ④1 (3)25通り

麗澤中学校（第１回ＡＥコース）
〈問題は173ページ〉

① (1)16 (2)2021 (3)10 (4)$2.97\left[2\frac{97}{100}\right]$ (5)$2.7\left[2\frac{7}{10}\right]$ (6)$3\frac{17}{42}$ (7)$0.125\left[\frac{1}{8}\right]$ (8)$\frac{2}{41}$
② (1)51(番目) (2)150(g) (3)2400(m) (4)380(ページ) (5)3と21，9と15 (6)60(cm²)
③ (1)1800cm² (2)ＡＢ，ＢＣ，ＡＥ，ＣＧ，ＧＨ，ＥＨ (3)$9112.5\left[9112\frac{1}{2}\right]$cm²
④ (1)(分数)$\frac{1}{3}$ (小数)0.333… (2)等しい (3)[例]$\frac{1}{3}$と0.333…はどちらも1÷3の計算結果であるが，3をそれぞれかけると，
$\begin{cases} \cdot \frac{1}{3} \times 3 = 1 \\ \cdot 0.333\cdots \times 3 = 0.999\cdots \end{cases}$
となり等しくなくなってしまう。

早稲田実業学校中等部
〈問題は176ページ〉

① (1)$\frac{1}{12}$ (2)60回転 (3)42度 (4)75.36cm²
② (1)①秒速3.4m ②秒速0.6m (2)28番目
③ (1)15% (2)ア4 イ2 (3)次図
④ (1)①③=3 ④=5 ②⑩=89 (2)8通り
⑤ (1)5cm (2)①次図 ②$3\frac{9}{17}$cm

③(3)
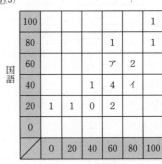

⑤(2)①
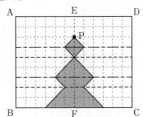

浅野中学校
〈問題は179ページ〉

① (1)ア3 (2)イ35，ウ18.5 (3)エ25 (4)オ円周，カ直径
(説明)[例]図のように正六角形の各頂点を結ぶと正三角形6個に分けられる。この正三角形の1辺の長さを①とすると，円の直径は②，正六角形のまわりの長さは⑥になる円周の長さは，正六角形のまわりの長さより長いため，円周率は⑥÷②=3より大きいとわかる。

(5)キ30，ク90 (6)ケ100.48，コ50.24
② (1)Ａ12万枚，Ｂ10万枚，Ｃ14万枚 (2)270万枚 (3)45日目

3 (1) 　(2)511　(3)

	×	○	
	×	○	

	×	○	×
	○	○	○

(4)
×	×	○
○	×	○
	○	○

4 (1) 4分後　(2)52分後　(3)27分12秒後　(4)31：39

5 (1)156個　(2)147個　(3)132個　(4)21個

麻布中学校
〈問題は184ページ〉

1 23.75(cm²)

2 (1)(分速)210(m)　(2)(分速)144(m)

3 (1)370(か所)　(2)$219\frac{5}{8}$(倍)

4 (1)43　(2)209, 262, 315

5 (1)1, 2, 3, 4, 5, 6　(2)2(→)4(→)6
(3)1(→)2(→)3(→)5(→)7

6 (1)6, 12　(2)10(個)　(3)86(通り)

栄光学園中学校
〈問題は187ページ〉

1 (1)4　(2)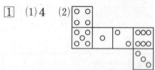

(3)
1回目　2回目　3回目　4回目

(4)(2, 3, 6)(2, 4, 6)

2 (1)2456cm²　(2)①182.8cm　②2100cm²　(3)314cm²
(4)152.8cm

3 (1)最初の黒い部分9.5cm　隣の透明な部分0.5cm
(2)$\frac{7}{3}$cm, 9cm　(3)$\frac{20}{9}$cm, $\frac{26}{3}$cm　(4)(13〜14),
$(6〜\frac{13}{2})$, $(\frac{8}{3}〜\frac{11}{4})$

4 (1)38　(2)連続する4つの整数には必ず4の倍数が含まれる。そして、4の倍数は2×2×□(自然数)と表せるため、素積数になることはないから。
(3)(85, 86, 89)(93, 94, 95)　(4)(213〜219)

海城中学校(第1回)
〈問題は191ページ〉

1 (1)$\frac{8}{27}$　(2)15通り　(3)449　(4)140度　(5)216cm²

2 (1)$8\frac{1}{3}$　(2)$6\frac{17}{18}$　(3)18

3 (1)1：4　(2)10：7

4 (1)15分後　(2)1800 m

5 (1)ア17　イ9　(2)ウ16　エ729

6 (1)81cm²　(2)45cm²　(3)11

開成中学校
〈問題は193ページ〉

1 (1)土曜日　(2)612個　(3)$2\frac{1}{4}$cm²　(4)(48位) 8
(56位) 3　(96位) 6

2 (1)36cm²　(2)60cm²　(3)42cm²

3 (1)0 1 0 1　(2)0 1 1 0 1 0　(3)1 1 0 1 1 0
(4)0 0 0 1 1 1, 0 1 0 1 1 1　(5)12通り

学習院中等科(第1回)
〈問題は196ページ〉

1 (1)2021　(2)11.3　(3)10　(4)$\frac{3}{4}$

2 (1)86(個)　(2)6(歳)　(3)24(人)　(4)18(日)

3 (1)1008　(2)9829　(3)5039

4 (1)75.36(cm)　(2)46.62(cm²)　(3)9.9(cm²)

5 (1)720(m)　(2)(毎時)6.4(km)　(3)$\frac{9}{16}$(倍)

6 (1)A 1　B 2　C 4　D 3
(2)(本当のことを言っている人)C　A 2　B 1
C 3　D 4

鎌倉学園中学校(第1回)
〈問題は198ページ〉

1 (1)3　(2)$1\frac{1}{3}$　(3)$\frac{4}{2021}$　(4)339

2 (1)2.25　(2)$\frac{55}{143}$　(3)91(点)　(4)8

3 (1)35(度)　(2)3.14(cm²)

4 (1)16個　(2)145個　(3)33番目

5 (1)96cm²　(2)124cm²　(3)8秒後と18秒後

6 (1)9　(2)15　(3)344

7 (1)毎時16km　(2)毎時4km　(3)10時59分

8 (1)3213cm²　(2)$11\frac{16}{31}$cm　(3)$14\frac{4}{31}$cm

【配点】
100点満点
各4点

暁星中学校(第1回)
〈問題は201ページ〉

1 (1)17.75㎠ (2)4.3cm
2 (1)65点 (2)25人
3 (1)56分 (2)67.2分
4 (1)50m/分 (2)7時48分 (3)1080m
5 (1)偶数は2円切手により作ることができ，1以外の奇数は3円切手に，2円切手を足すことにより作ることができる。 (2)1，2，4，7円

慶應義塾普通部
〈問題は203ページ〉

1 ①172 ②12
2 ①27(度) ②99(度)
3 4500(円)
4 48(個)
5 645(人以上) 666(人以下)
6 12
7 ①4：1 ②4：7
8 ①2(km) ②2$\frac{1}{3}$(km)
9 7：5：9

攻玉社中学校(第1回)
〈問題は205ページ〉

1 (1)2$\frac{3}{10}$ (2)$\frac{9}{13}$ (3)2021
2 (1)10(通り) (2)3(時)32$\frac{8}{11}$(分) (3)6
(4)780(円) (5)52 (6)10(m) (7)71(個)
3 (1)420(㎠) (2)25(cm) (3)4.8(秒後) (4)5(回)
(5)4：1，2：3
4 (1)384(㎠) (2)304(㎠) (3)370.24(㎠)
(4)300.56(㎠) (5)475.2(㎠)

【配点】
100点満点
1 15点 2 35点 3 25点 4 25点

佼成学園中学校(第1回)
〈問題は207ページ〉

1 (1)3 (2)110 (3)12 (4)1$\frac{1}{5}$ (5)3
2 (1)1224 (2)9(個) (3)3(%) (4)30(個)
(5)15.7(cm) (6)847.8(㎠)
3 (1)12分 (2)4：1 (3)4時31分12秒
4 (1)31 (2)286 (3)100番目
5 (1)【イ】 (2)2 (3)32回 (4)(袋の中の石が1個になったときの石の色は)黒(色である。) 理由：黒石は必ず2個ずつ減っていく。最初の黒石の数は13個の奇数個なので，袋の中が残り2個になったときは黒・黒にはならないし，白・白にもならない。よって，残り2個になったときは白・黒であるが，それを取り出したときは黒石を袋に入れるので袋の中の1個の石は必ず黒石となる。

【配点】
100点満点
1 25点 2 28点 3 15点 4 15点 5 17点

駒場東邦中学校
〈問題は209ページ〉

1 (1)21 (2)57㎠ (3)728 (4)＜199＞＝140 ＜2021＞＝1613 (5)①8種類 ②12種類
2 (1)7通り (2)24通り (3)①19通り ②41通り
3 (1)1：22 (2)1：62(切り口は次の図を参照)

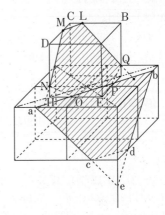

4 (1)178個 (2)5504.5 (3)2021，2726，6768，7473

サレジオ学院中学校(A)
〈問題211ページ〉

1 (1)63$\frac{7}{20}$ (2)72.6
2 (1)133(個) (2)144(枚) (3)ア5400(m) イ20(分後) (4)25(通り) (5)$\frac{4}{45}$(倍)
3 (1)(1週目)4(時間)30(分) (2週目)4(時間)42(分) (2)④ (3)クラスAとクラスBの1週目の活用時間は，平均値が等しいという共通点と，クラスAは活用時間が平均値付近の生徒が多く，クラスBは活用時間の多い時間帯と少ない時間帯の人がいるという相違点がある。
4 (1)ア5 イ6 ウ7 (2)エ3 オ4 カ5 キ6 (3)64

5 (1)三角形あ2枚,右の図のように30度と90度の角を両端に持つ辺を合わせる。できた三角形は,正三角形となるので,60度の角をはさむ辺の長さは,必ず2:1となるから。
(2)16(cm²) (3)6(cm²)

芝中学校(第1回)
〈問題は214ページ〉

1 (1)$\frac{11}{18}$ (2)$\frac{3}{4}$
2 144(g)
3 (1)81 (2)24
4 2600(箱)
5 (1)15(cm²) (2)14.44(cm²)
6 (1)1395 (2)1368
7 (1)8(個) (2)4(通り)
8 (1)120(人) (2)42(人)
9 (1)33(分後) (2)30(分間)
10 (1)$\frac{3}{80}$(倍) (2)$\frac{1}{20}$(倍) (3)$\frac{1}{3}$(倍)

城西川越中学校(第1回)
〈問題は217ページ〉

1 (1)$1\frac{2}{9}$ (2)7500 (3)4 (4)85(点) (5)14(個) (6)150(ページ) (7)12(%) (8)18(通り)
2 (1)直径 (2)80度 (3)12cm² (4)5.14cm² (5)2.4cm
3 (1)2時間30分 (2)2時間32分 (3)2時間31分
4 (1)15枚 (2)3回 (3)7枚
【配点】
100点満点
1 40点 2 20点 3 20点 4 20点

城北中学校(第1回)
〈問題は220ページ〉

1 (1)2 (2)135
2 (1)85 (2)4.71 (3)72 (4)22 (5)37.68 (6)①4 ②9
3 (1)①18 ②36 (2)4.5cm² (3)27cm²
4 (1)P秒速2cm Q秒速3cm (2)ア32 イ12 ウ8 (3)2秒後,5.2秒後,10秒後
5 (1)10個 (2)94 (3)4通り (4)ア$\frac{160}{3}$ イ35 ウ32 エ3 オ4 カ3

城北埼玉中学校(第1回)
〈問題は224ページ〉

1 (1)$\frac{2021}{3}$ (2)$\frac{3}{20}$ (3)30分後 (4)①35 ②40 ③16,27 (5)0.285cm² (6)8倍
2 (1)1とその数自身しか約数がない整数 (2)①ア43 イ47 ②ウ3
3 (1)4,10,16,22 (2)144人 (3)12列
4 (1)7m (2)4.4m (3)2.16m
5 (1)3通り (2)96通り (3)426通り

巣鴨中学校(第Ⅰ期)
〈問題は227ページ〉

1 (1)3.8% (2)2800円 (3)30分 (4)62通り (5)180m (6)$\frac{8}{9}$
2 (1)4枚 (2)13
3 (1)37.68cm (2)右図 (3)56.52cm²

4 (1)5.9度 (2)$67\frac{31}{107}$分ごと (3)午前6時$30\frac{30}{43}$分

逗子開成中学校(第1回)
〈問題は229ページ〉

1 (1)$6\frac{1}{2}$ (2)$\frac{1}{5}$ (3)3
2 (1)7分15秒 (2)600円 (3)10秒 (4)12 (5)9.42cm² (6)14
3 (1)1753.6cm² (2)4.8cm (3)1663.36cm²
4 (1)30日目 (2)①15(枚) ②18日間
5 (1)8(種類) (2)13(種類) (3)89(種類)

聖光学院中学校(第1回)
〈問題は232ページ〉

1 (1)$62\frac{1}{2}$ (2)7 (3)2個,6個
2 (1)1500個 (2)1700 (3)1782
3 (1)2:3 (2)8時15分 (3)8時7分30秒 (4)8時1分
4 (1)270 (2)$\frac{2}{3}$cm (3)$1\frac{2}{5}$cm (4)503個
5 (1)7 (2)87cm² (3)(切り口の図)次図 (面積)$16\frac{2}{3}$cm²

— 16 —

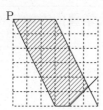

成城中学校（第1回）
〈問題は235ページ〉

1 (1)15　(2)$\frac{20}{21}$

2 36才

3 (1)135度　(2)38.1cm²

4 (1)57番目　(2)14個　(3)141

5 (1)414.48cm²　(2)376.8cm²

6 (1)$\frac{1}{3}$倍　(2)$\frac{1}{5}$[0.2]倍　(3)$\frac{4}{15}$倍

7 (1)480　(2)毎分160m　(3)560m　(4)1120m

8 (1)9点　(2)8通り　(3)(サイコロの目の数)4
　（マスの数）3

【配点】
100点満点
1各6点　2 6点　3各5点　4 (1)…4点　(2)(3)
各5点　5各6点　6 (1)…5点　(2)(3)…各6点　7
(1)(2)…各3点　(3)…4点　(4)…5点　8 (2)…5点
他各3点

世田谷学園中学校（第1回）
〈問題は238ページ〉

1 (1)8　(2)8（%）　(3)24（通り）　(4)84（個）
　(5)9（個）　(6)$\frac{13}{48}$倍

2 (1)6：10：15　(2)16分後

3 (1)9cm²　(2)36cm²

4 (1)9通り　(2)6通り

5 (1)右図　(2)点C

6 (1)2520cm²　(2)1890cm²

【配点】
100点満点
1各5点　2～6各7点

高輪中学校（A）
〈問題は241ページ〉

1 (1)56　(2)$\frac{15}{28}$　(3)774　(4)$\frac{13}{21}$

2 (1)7個　(2)120ページ　(3)5日　(4)602個

3 (1)時速60km　(2)(家からP地点：P地点から学校)
　11：2　(3)26km

4 (1)12.5cm²　(2)①33.84cm　②203.04cm²

5 (1)0.84cm²　(2)①64.26cm²　②35.16cm²

【配点】
100点満点
1各5点　2 (4)…8点　他各6点　3各6点　4各
6点　5各6点

筑波大学附属駒場中学校
〈問題は243ページ〉

1 (1)59.66(cm²)　(2)318(秒後)　(3)46(秒後)

2 (1)20(個)　(2)1004　(3)2893(けた)　(4)208(けた)

3 (1)4（通り）　(2)24（通り）　(3)132（通り）

4 (1)2.5（秒後）　(2)(ア)11（秒後）　(イ)48cm²，144cm²

東京都市大学付属中学校（第1回）
〈問題は246ページ〉

1 問1…3　問2…21　問3…13　問4…50
　問5…5　問6…11　問7…3.25　問8…3140

2 問1…毎時10km　問2…1km

3 問1…5：3：2　問2…8：7

4 問1…78点　問2…93点　問3…12点

5 問1…3個　問2…5個　問3…19個

桐朋中学校（第1回）
〈問題は249ページ〉

1 (1)$1\frac{3}{8}$　(2)5.2　(3)$\frac{9}{10}$

2 (1)14(個)　(2)6.28(cm)　(3)480(mL)

3 (1)(分速)85(m)　(2)105(m)

4 (1)7(人)　(2)50(人)　(3)28　(4)34

5 (1)(AE：EB＝)4：5　(2)13.5(cm)

6 (1)600(g)　(2)350(g)　(3)4(分)48(秒)

7 (1)①4　②4　(2)3，4　(3)7，15，20，27，
　36，48，64

藤嶺学園藤沢中学校（第1回）
〈問題は252ページ〉

1 (1)$\frac{3}{10}$　(2)220　(3)$\frac{1}{4}$　(4)$\frac{1}{2}$　(5)12021(秒)

2 (1)210　(2)2500円　(3)20分50秒　(4)9.62m
　(5)2320円　(6)5度　(7)2.25%　(8)78.5cm²

3 (1)1　(2)8　(3)G

4 (1)毎分1.25L　(2)12.8

5 (1)時速64.8km　(2)8両

―17―

獨協中学校(第1回)
〈問題254ページ〉

[1] (1) $\frac{11}{48}$ (2) $\frac{1}{5}$ (3) $\frac{17}{6}$ (4) 4 g (5) 70cm
(6) 8.86cm²

[2] 時速 8 km

[3] (1)㋐ 0 ㋑ 2 (2) 13人

[4] (1) 6.28cm² (2) 48cm²

[5] (1)積 (2)ア 2 イ 30 ウ 60 (3) 884 (4) 5625
(5) 9999000024

灘中学校
〈問題は257ページ〉

〔第1日〕
[1] 11
[2] 280
[3] ①35 ②18
[4] 5
[5] 24
[6] ①48 ②12
[7] 903
[8] $20\frac{1}{28}$
[9] 1.1
[10] 3.5
[11] $57\frac{1}{3}$
[12] 153

〔第2日〕
[1] (1) 75, 100 (2)㋐ 15, 4 ㋑ P 18回, Q 8回, A $61\frac{5}{7}$ %
[2] (1) 37 (2) 175個 (3) 781
[3] (1) C H $\frac{4}{5}$, D K $1\frac{1}{3}$ (2) $\frac{2}{19}$倍 (3) $\frac{77}{190}$倍
[4] (1)右図 (2) 8 (3) 96
(4) 2 (5) 94

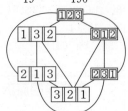

[5] (1) 112 (2)㋐次図 ㋑ $1\frac{1}{3}$cm² ㋒ 23cm²

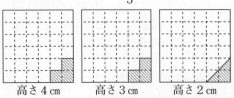

高さ4 cm　高さ3 cm　高さ2 cm

日本大学豊山中学校(第1回)
〈問題は264ページ〉

[1] (1) 1 (2) 2000 (3) $\frac{5}{6}$ (4) 28 (5) $1\frac{3}{10}$

[2] (1) 320 (m) (2) $\frac{132}{231}$ (3) 28 (分) (4) 20 (個) (5) 4 (人)

[3] (1) 28.26cm (2) 67.5度

[4] (1) 毎分100 m (2) 83分20秒後 (3) 37分30秒後

[5] (1) 4 個 (2) $7\frac{1}{2}$ (3) 42番目

[6] (1) 854.08cm² (2) 100.48cm²

【配点】
100点満点
各5点

本郷中学校(第1回)
〈問題は266ページ〉

[1] (1) $9\frac{2}{21}\left[\frac{191}{21}\right]$ (2) 13

[2] (1) $21.6\left[\frac{108}{5}\right]$km (2) 150 g (3) 21回 (4) 14通り
(5) 126個 (6) 210.38cm²

[3] (1) 毎分500cm³ (2) 25 (3) 毎分0.25$\left[\frac{1}{4}\right]$cm

[4] (1) 30 (2) 60 (3) 240

[5] (1) 3 cm² (2)ア, イ, エ, カ (3) 13cm²

【配点】
100点満点
[1]各5点　他各6点

武蔵中学校
〈問題は270ページ〉

[1] (1) $\frac{634}{2021}$ (2)㋐ 52分 ㋑毎分105 L

[2] (1) 12時15分 (2)時速1.2km (3) 30分間 (4) 14時9分

[3] (1) $6\frac{2}{3}$cm² (2) $\frac{4}{9}$cm² (3) $2\frac{1}{4}$cm²

[4] (1)②④⑤⑥ (2)㋐[例](1, 2, 6, 10, 11, 14)(2, 3, 6, 9, 10, 13)(3, 5, 6, 7, 8, 9) ㋑10通り ㋒(1, 2, 6, 10, 11, 15)

—18—

明治大学付属中野中学校(第1回)
〈問題は272ページ〉

1 (1)12800 (2)$\frac{1}{2}$ (3)80(%)
2 (1)50 g (2)分速150 m (3)70.8cm² (4)$\frac{19}{24}$倍 (5)1944cm²
3 (1)9 cm (2)2916 m (3)140人
4 (1)6 (2)(ア)・(エ)・(オ)
5 (1)12本 (2)①14分後 ②29分後
6 (1)10時3分45秒 (2)10時54分48秒

横浜中学校(第1回)
〈問題は275ページ〉

1 (1)27 (2)$\frac{41}{48}$ (3)9.262 (4)42.5 (5)11$\frac{7}{8}$ (6)65 (7)198 (8)8.1 (9)126.4 (10)15
2 (1)$\frac{3}{8}$ (2)188(人) (3)270(m) (4)43分45秒 (5)83(点) (6)16$\frac{4}{11}$(分後) (7)45(個) (8)84(cm²) (9)864(cm²)
3 (1) (2)37.68cm (3)23.55cm²

ラ・サール中学校
〈問題は277ページ〉

1 (1)480 (2)2$\frac{2}{3}$ (3)2$\frac{1}{6}$
2 (1)あ36(度) ⓘ42(度) (2)ア7 イ8 (3)2$\frac{4}{5}$ (4)$\frac{12}{19}$
3 (1)(分速)60(m) (2)5.4(km)
4 (1)1:7(7:1も可) (2)7:9(9:7も可) (3)(ア)BC (イ)(ウ)1:7(7:1も可)
5 (1)168(cm²) (2)62(cm²), 106(cm²)(106(cm²), 62(cm²)の順も可)
6 (1)1(回) (2)4(回) (3)43(回)

【配点】
100点満点
1各4点 2各7点 3各7点 4(1)(2)…各5点
(3)…6点 5(1)…4点 (2)…各5点 6(1)…4点
(2)・(3)…各6点

立教池袋中学校(第1回)
〈問題は279ページ〉

1 1)7 2)$\frac{5}{8}$[0.625]
2 1)80度 2)130度
3 1)10:15:33 2)244.2[244$\frac{1}{5}$, $\frac{1221}{5}$]mm
4 1)あ252 2)ⓘ84 ⓒ504
5 1)14秒間 2)時速10.8[10$\frac{4}{5}$, $\frac{54}{5}$]km
6 1)8% 2)7分20秒間
7 1)198cm² 2)211.5[211$\frac{1}{2}$, $\frac{423}{2}$]cm²
8 1)173 2)あ12 ⓘ6
9 1)4:8:3 2)27.5[27$\frac{1}{2}$, $\frac{55}{2}$]cm
10 1)42通り 2)90通り

立教新座中学校(第1回)
〈問題は282ページ〉

1 (1)7 (2)①770 m ②10か所 (3)①(お菓子A)188個 (お菓子C)705個 ②45日間 (4)226.08cm² (5)①4.86cm² ②0.29cm
2 (1)2:3 (2)5:6 (3)8:3
3 (1)(体積)384cm² (表面積)592cm² (2)320cm² (3)80cm²
4 (1)147 (2)12個 (3)72個 (4)9150
5 (1)(12時)2分55秒 (2)400 m (3)$\frac{2}{5}$ (4)516 m

早稲田中学校(第1回)
〈問題は285ページ〉

1 (1)1797個 (2)17階 (3)9:31
2 (1)48度 (2)51cm² (3)144cm²
3 ①3 ②9 ③8 ④44
4 (1)毎秒2 cm (2)20秒後 (3)2880cm²
5 (1)16cm (2)①次図 ②29.42cm²

跡見学園中学校(第1回)
〈問題は288ページ〉

1 (1)5 (2)$\frac{33}{40}$ (3)$\frac{3}{8}$ (4)3 (5)11 (6)38.04 (7)7 (8)30000(m²)

—19—

② (1)75度　(2)540　(3)60ページ　(4)480m　(5)16枚　(6)7500円　(7)53.9点　(8)19cm
③ (1)ア10枚　イ6枚　(2)8cm
④ (1)11.6cm　(2)40g

浦和明の星女子中学校（第1回）
〈問題は290ページ〉

① (1)3　(2)30g　(3)68個　(4)200m　(5)41.12cm²
　(6)ア4　イ5　(7)6　10　15
② (1)24日間　(2)8日間　(3)10日間
③ (1)毎分72m　(2)毎分180m　(3)2304m
④ (1)A12cm　B8cm　(2)180cm²
⑤ (1)50cm　90cm　(2)ア16　イ6　(3)(1, 2, 3)
　(8, 2, 1)

江戸川女子中学校（第1回）
〈問題は293ページ〉

① (1)$1\frac{7}{15}\left[\frac{22}{15}\right]$　(2)$1\frac{1}{3}\left[\frac{4}{3}\right]$　(3)103　(4)10(個)
　(5)3071(年)　(6)7.5(g)　(7)15(%)　(8)1830(個)
　(9)73(度)　⑽77.04(cm²)　⑾50.24(cm²)
② (1)①840　②1200　(2)15個　(3)20
③ (1)$\frac{1}{4}$cm²　(2)6秒後から8秒後まで　(3)5秒後
　と9秒後
④ (1)ア5　イ7　ウ9　エ6　オ8　(2)4と7
　(3)6(回)

桜蔭中学校
〈問題は296ページ〉

① (1)ア$\frac{27}{110}$　(2)①イ緑　②ウ93　(3)①エ96
　②オ1369　③カ10　④キ19
② (1)ア2　イ14　ウ20　(2)エ70
③ (1)2500cm²　(2)20.5
　(3)5分

1段目	2段目	3段目	4段目	5段目	6段目	7段目	8段目
9	3	0	0	0	0	0	0
8	4	0	0	0	0	0	0
7	5	0	0	0	0	0	0
6	6	0	0	0	0	0	0

　(4)

1段目	2段目	3段目	4段目	5段目	6段目	7段目	8段目
5	4	1	1	1	0	0	0
5	3	2	1	1	0	0	0
5	2	2	2	1	0	0	0

④ (1)Aさん6.2分　Bさん7.44分　(2)1回目$1\frac{38}{55}$

分後　2回目$3\frac{21}{55}$分後　(3)$4\frac{21}{22}$分後

鷗友学園女子中学校（第1回）
〈問題は299ページ〉

① (1)$2\frac{6}{7}$　(2)$\frac{1}{5}$
② 19%
③ (1)ＢＨ：ＨＦ：ＦＥ＝10：2：3　(2)75倍
④ 1.5倍
⑤ (1)128cm²　(2)角ＡＯＢは30度，長方形ＡＢＧＨ
　は64cm²
⑥ (1)Ｐは毎秒4.5cm，Ｑは毎秒3cm　(2)255.6cm
⑦ (1)100　(2)172
【配点】
100点満点
①(1)…9点　(2)…8点　②10点　③各8点　④10
点　⑤(1)…7点　(2)…9点　⑥各8点　⑦(1)…8点
(2)…7点

大妻中学校（第1回）
〈問題は302ページ〉

① (1)$2\frac{3}{8}$　(2)686　(3)41　(4)12%
② 18分間
③ 3600円
④ 168人
⑤ 60度
⑥ (1)F　(2)P：点E　Q：点D
⑦ 135番目
⑧ 9：12：17：21
⑨ 2分遅く終わる
⑩ (1)15km　(2)$21\frac{2}{3}$

大妻多摩中学校（総合進学第1回）
〈問題は304ページ〉

① (1)2　(2)$\frac{5}{6}$　(3)$3\frac{4}{5}$
② (1)6, 8, 10, 14, 15　(2)69.6点　(3)828.96cm²
③ (1)12通り　(2)23通り
④ (1)15　(2)ア：20，イ：105
⑤ (1)7cm　(2)154cm²
⑥ (1)27　(2)7　(3)(4, 1)，(3, 2)，(2, 3)，
　(1, 4)
【配点】
100点満点
①各6点　②～⑤…各7点　⑥(3)…5点　他各7点

—20—

大妻中野中学校（第1回）
〈問題は306ページ〉

1 (1)11 (2)$\frac{18}{5}$[$3\frac{3}{5}$/3.6] (3)21 (4)4.44[$\frac{111}{25}$/$4\frac{11}{25}$] (5)18.5[$\frac{37}{2}$/$18\frac{1}{2}$] (6)2021(cm²)

2 (1)12(本) (2)8(m) (3)28(秒) (4)$\frac{180}{11}$[$16\frac{4}{11}$](分) (5)5(%) (6)31.4(cm²)

3 (1)12通り (2)5通り (3)6点 (4)36通り

4 (1)4cm² (2)8cm² (3)2秒後から4秒後まで (4)6秒後

大妻嵐山中学校（第1回）
〈問題は308ページ〉

1 (1)61 (2)30 (3)34 (4)$\frac{5}{8}$ (5)$\frac{1}{2}$ (6)8.7 (7)$3\frac{3}{5}$[3.6] (8)$\frac{5}{6}$ (9)120 (10)2

2 (1)$\frac{13}{42}$ (2)63 (3)11 (4)80g (5)毎秒15m (6)5000円 (7)130円 (8)150円 (9)31400m² (10)9通り

3 (1)分速70m (2)8分間 (3)20

4 (1)15cm (2)424cm

【配点】
100点満点
各4点

学習院女子中等科（A）
〈問題は310ページ〉

1 (1)ア $\frac{5}{66}$ (2)①イ20 ウ24 ②エ$\frac{11}{120}$

2 (1)10:24:21 (2)2800人

3 25通り

4 (1)時速16km (2)600m (3)$3\frac{3}{7}$分後 (4)次図

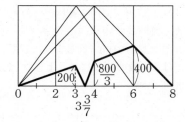

5 (1)次図 (2)28.26cm

6 (1)1519.76cm² (2)$1\frac{5}{9}$cm, $10\frac{8}{9}$cm

5(1)

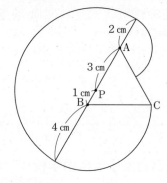

・Pを中心にした半径5cmの半円
・Bを中心にした半径4cm中心角120°の扇形
・Aを中心にした半径2cm中心角120°の扇形

神奈川学園中学校（A午前）
〈問題は313ページ〉

1 (1)5 (2)1 (3)9 (4)$1\frac{2}{3}$

2 (1)90円 (2)3 (3)59 (4)4000円 (5)126度

3 (1)①毎秒90cm² ②約33秒後 (2)62個 (3)350

4 (1)ア EF イ 8 ウ 9.6 エ O Y X (2)36m

5 (1)14 (2)266 (3)10

【配点】
100点満点
1各5点 2各5点 3(1)…各4点 (2)・(3)…各6点 4(1)ア・イ…各3点 他各4点 5(1)…5点 他各6点

鎌倉女学院中学校（第1回）
〈問題は317ページ〉

1 (1)40 (2)1.2 (3)31.5 (4)2021 (5)9

2 (1)1.5(時間) (2)25(%) (3)72(段) (4)6(通り) (5)138(度)

3 (1)①20(cm) ②245(cm) (2)①409(円) ②117(円) (3)①10(時間) ②3(時間)45(分) (4)①200(m) ②18(秒後)

4 (1)250円 (2)①162(円) ②216(円) (3)4個

5 (1)210枚 (2)31段目 (3)5.1cm²

カリタス女子中学校（第1回）
〈問題は319ページ〉

1 ①$1\frac{1}{8}$(1.125) ②$\frac{3}{4}$[0.75] ③2(時間)58(分) ④5(点) ⑤1200(円) ⑥125(m) ⑦9(日間) ⑧445 ⑨14 ⑩184.5(cm²)

2 ①5(%) ②食塩35(g)・水665(g)

3 ①3(人) ②36(人) ③60(度)

④ ①8（時間後）　②㋐11（時間）30（分後）　㋑5（時間）30（分後）
⑤ ①17（分）　②A，B，E，G，J　③㋐F，G，I　㋑35（分）

【配点】
100点満点
①各6点　②10点　③10点　④10点　⑤10点

北鎌倉女子学園中学校（2科第1回）
〈問題は322ページ〉

① ①27　②$\frac{5}{8}$[0.625]　③0.67　④$\frac{3}{14}$　⑤1　⑥52　⑦9
② ①16個　②96　③45g　④21本　⑤4cm　⑥200m　⑦20通り
③ ①24㎠　②27.42cm
④ ①25枚　②2個
⑤ ①15分後　②30L

吉祥女子中学校（第1回）
〈問題は324ページ〉

① (1)3　(2)$\frac{1}{6}$　(3)13（本）　(4)37.5（%）　(5)75（度）　(6)1344（m）　(7)1365
② (1)$\frac{2}{9}$（倍）　(2)$\frac{1}{24}$（倍）　(3)7200（円）
③ (1)21　(2)7　(3)30
④ (1)①32：25　②8：25　(2)①3：5　②6：5　(3)5：7　(4)①17：7　②289：288
⑤ (1)ア10　イ10　ウ70　(2)①64.7（点）　②70.7（点）　③65（点）　(3)70.3（点）　(4)26（人）

【配点】
100点満点
①(1)～(5)…各4点　(6)(7)…各5点　②(1)…3点　(2)…5点＋2点　(3)…4点　③(1)・(2)…各3点　(3)…5点　④(1)…各2点　(2)・(3)…各3点　(4)…各4点　⑤(1)…各2点　(2)①③…各2点　(2)②…3点　(3)…4点＋2点　(4)…5点

共立女子中学校（2/1入試）
〈問題は328ページ〉

① ①$1\frac{1}{16}$　②$\frac{7}{18}$　③8.4
② ①15　②135g　③$\frac{7}{19}$倍　④分速180m　⑤$23\frac{11}{23}$分後　⑥ウ
③ イ

④ ①3cm　②7.5　③8.75　④8.25秒後
⑤ ①18.24㎠　②164.16㎠　③262.56㎠
⑥ ①第8グループ2番目　②67　③49　④11

恵泉女学園中学校（第2回）
〈問題は331ページ〉

① (1)1.35　(2)$\frac{3}{7}$　(3)$\frac{1}{3}$
② (1)7通り　(2)320㎡　(3)21.42cm　(4)ア50度　イ23度　(5)50g以上
③ (1)3：4　(2)15：6：14　(3)$\frac{1}{6}$倍　(4)315㎠
④ (1)毎分120m　(2)4分間　(3)13分後　(4)920m
⑤ (1)100100　(2)486通り　(3)下1けたの数が2　(4)各位の数の和が偶数

【配点】
100点満点
①各5点　②各5点　③(1)…3点　(2)…5点　(3)…4点　(4)…8点　④(1)…4点　(2)…5点　(3)…8点　(4)…3点　⑤各5点

光塩女子学院中等科（第2回）
〈問題は334ページ〉

① (1)3.14　(2)3776　(3)2021.22
② (1)90ページ　(2)48㎠
③ (1)ア60°　イ6cm　(2)43.96cm　(3)次図

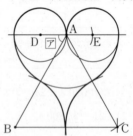

④ (1)ア1.6　イ4.0　(2)10時45分　(3)2.5倍
⑤ (1)ア55　イ110　(2)4倍　(3)3025　(4)①C　②BとD　③10　④10　★【表2】のオとキに当てはまる数の差は10×（1＋2＋3＋……＋20）＝10×21×10＝2100　同じようにして，カとクに当てはまる数の差は2100　よって，2100×10＝21000　(5)(う)

晃華学園中学校（第1回）
〈問題は337ページ〉

① (1)110　(2)120ページ　(3)Bさんが6分早く到着する　(4)54個　(5)63.585㎤　(6)3cm
② (1)7回　(2)11回，16回

—22—

3 (1) $1\frac{1}{5}$ cm² (2) $1\frac{23}{40}$ cm²
4 (1) $1\frac{2}{3}$ 倍 (2) 125.6 cm²
5 (1) 8 km (2) 次図 (3) 3.2 km (4) 5 回

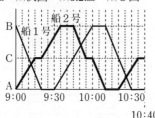

【配点】
100点満点
1 各6点 2(1)…7点 (2)…8点 3各7点 4各7点 5(1)…4点 (2)…6点 (3)…5点 (4)…6点

国府台女子学院中学部(第1回)
〈問題は340ページ〉

1 (1) 10 (2) 20 (3) 5
2 (1) 10(m) (2) 2100(円) (3) 24(年後) (4) 20(通り) (5) 5(分) (6) 200(g)
3 (1)ア② イ④ ウ⑥ エ⑧ オ⑬ (2) 毎分110 m
4 (1) 18(度) (2) $5\frac{1}{3}$(cm²) (3) 144(cm²)
5 (1) 毎分3 L (2) 毎分2 L (3) 29 (4) 15分40秒後

【配点】
100点満点
3(1)…各2点 (2)…10点 他各5点

香蘭女学校中等科(第1回)
〈問題は343ページ〉

1 ①1775 ②3 ③36 ④$\frac{1}{2}$ ⑤400(人) ⑥380(円) ⑦108(人) ⑧43.74(cm²) ⑨16.5(cm) ⑩75(g) ⑪121(個) ⑫120(個) ⑬3120(m) ⑭16.5(秒)
2 ①81通り ②18通り
3 ①12秒後 ②8.5秒後 ③5 cm
4 ①45度 ②67.5度 ③1：2

実践女子学園中学校(第1回)
〈問題は345ページ〉

1 ①34 ②3 ③$2\frac{2}{5}$ ④4 ⑤20(時間)21(分)
2 ①15 ②60(個) ③1800(m) ④207(g) ⑤3.6(cm)

3 ①25(cm²) ②次図

 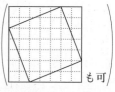
も可

4 ①6(通り) ②2.7(km) ③150(円)

品川女子学院中等部(第1回)
〈問題は347ページ〉

1 (1) $2\frac{2}{9}$ (2) $1\frac{1}{4}$
2 (1) 120(円) (2) 289(頭) (3) 6(通り) (4) 600(m) (5) 18(cm²)
3 (1) $\frac{40}{168}$ (2) 156(ページ) (3) 146(番目) (4) 60(°)
4 (1) 60個 (2) 25(%引き)
5 ア ●● イ □□● ウ31 エ7(個) オ3(個)
6 (1) 円の直径に対する円周の長さの割合 (2) 3.158 (3) 4 (4) 3.16

【配点】
100点満点
1 各5点 2 各6点 3 各6点 4 各6点 5 2点×3+3点×2 6 各3点

十文字中学校(第1回スーパー型特待)
〈問題は350ページ〉

1 (1) 46 (2) 1 (3) 2 (4) 1980(円) (5) 1(時間)12(分) (6) 8(個) (7) 21(試合) (8) 20(度)
2 (1) 30度 (2) 10 cm²
3 (1) 61.4 cm (2) 3.25 cm²
4 (1) 10000 cm² (2) 38
5 (1) 毎分150 m (2) 525 m
6 (1) 白(色) (2) 緑(色)

【配点】
100点満点
1 各5点 2~6 各6点

淑徳与野中学校(第1回)
〈問題は353ページ〉

1 (1) 4 (2) 1 (3) 80
2 (1) 440 m (2) 1010番目
3 (1) 7.5% (2) Bの食塩水を100 g追加した (3) Bの食塩水が50 g残っている
4 (1) 104度 (2) 302.5 cm²
5 (1) 9.12 cm² (2) 次図 (3) 12.56 cm²

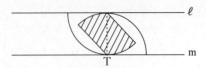

6 (1)102度 (2)4時10$\frac{10}{23}$[$\frac{240}{23}$]分 (3)8時20$\frac{20}{23}$[$\frac{480}{23}$]分と8時52$\frac{4}{23}$[$\frac{1200}{23}$]分

7 (1)312cm² (2)472cm²

【配点】
100点満点
1各5点 2各5点 3各6点 4各6点 5(1)…5点 (2)…6点 (3)…5点 6(1)・(2)…各6点 (3)…各3点 7(1)…5点 (2)…6点

頌栄女子学院中学校（第1回）
〈問題は356ページ〉

1 (1)$\frac{1}{6}$ (2)70本 (3)2021 (4)38cm² (5)75.36cm² (6)14.4 (7)周52cm 面積85cm² (8)75g

2 A店で買えばよい （理由）A店で買う場合は13枚買えばよいが，B店で買う場合は合計で13.05枚分の値段になるので，A店で買ったほうが安くなる。

3 (1)720度 (2)720度 (3)1800度

4 (1)1.4倍 (2)20日目から

5 (1)分速150m (2)1000m (3)0分

湘南白百合学園中学校（4教科）
〈問題は358ページ〉

1 (1)1$\frac{17}{30}$ (2)$\frac{1}{4}$ (3)201(秒) (4)130(円) (5)30(g) (6)200.96(cm)

2 (1)12分後 (2)6分後 (3)8$\frac{4}{7}$分後

3 (1)毎分150cm³ (2)15cm (3)①20cm ②次図

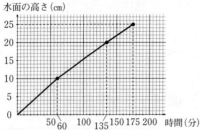

4 (1)28cm² (2)14枚

5 (1)263.76cm² (2)ア3(cm) イ6(cm) ウ10(cm) エ5(cm) オ216(°) （表面積）282.6cm²

昭和女子大学附属昭和中学校（A）
〈問題は361ページ〉

1 ①$\frac{5}{6}$ ②760 ③$\frac{49}{5}$ ④180(秒) ⑤34(個) ⑥120(ページ) ⑦2(時間) ⑧14

2 ①次図 ②分速120m ③240m

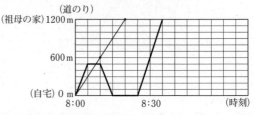

3 ①6.28cm² ②20.56cm

4 ①20点 ②(1位)Bさん （2位)Eさん （3位)Aさん （4位)Cさん （5位)Dさん

5 ①12cm² ②12cm²

6 ア1 イ1020 ウ1360 エ7 オ83

【配点】
100点満点
1各6点 2③…4点 他各3点 3①…4点 ②…5点 4①…6点 ②…5点 5①…3点 ②…4点 6各3点

女子学院中学校
〈問題は364ページ〉

1 (1)$\frac{397}{400}$ (2)220 (3)㋐19(度) ㋑38(度) ㋒45(度) (4)7300(円) (5)24(個)，25(個)，31，110(個)，112(個) (6)33.8(cm²)

2 240, 336

3 12(分), 10(分後)

4 (1)188.4(cm²) (2)①75(cm²) ②7.536(cm)

5 2, 4, 5

6 (1)(正しいものはグラフ)①，(㋐にあてはまる数)20 (2)30(秒) (3)54(秒後) (4)186(秒後)

女子聖学院中学校（第1回）
〈問題は367ページ〉

1 (1)2.021 (2)1$\frac{9}{20}$ (3)2 (4)0 (5)26 (6)105 (7)$\frac{1}{3}$ (8)66

2 (1)450 (2)2000(cm²) (3)720(歩), 6(分) (4)10(年後) (5)24(km) (6)9(本) (7)(y=)0.75(×x) (8)2.5(cm)

3 (1)14点 (2)8回目 (3)180点

4 (1)12.56cm² (2)87.92cm² (3)7cm

5 (1)4枚 (2)$\frac{2}{9}$ (3)36枚

【配点】
100点満点
1(1)(2)…各3点 他各4点 2各4点 3各4点
4(3)…6点 他各4点 5各4点

女子美術大学付属中学校(第1回)
〈問題は370ページ〉

1 (1)13 (2)2 (3)$4\frac{5}{7}$ (4)33分45秒 (5)12%
(6)110個 (7)24通り (8)105度 (9)6㎠
(10)106.76cm

2 (1)22 (2)200 (3)49段目

3 (ア)15 (イ)20 (ウ)165 (エ)200 (オ)35 (カ)7
(キ)4 (ク)145 (ケ)30

4 (1)毎分12.8L (2)28cm (3)40分後 (4)次図

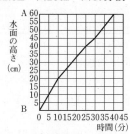

5 (1)445.6㎠ (2)465.92㎠

【配点】
100点満点
1各5点 2各4点 3(ア)〜(エ)…各1点 他各2点
4(1)・(4)…各3点 他各4点 5各5点

白百合学園中学校
〈問題は373ページ〉

1 (1)5:4 (2)毎分145m
2 144人
3 (1)0.215㎠ (2)3.14㎠
4 (1)11, 13, 17, 19, 23, 29, 31, 37, 41, 43, 47 (2)54通り
5 (1)(角ウ)60度 (角エ)120度 (2)7:29

聖セシリア女子中学校(A第2回)
〈問題は374ページ〉

1 (1)14 (2)$\frac{7}{8}$ (3)11 (4)$\frac{1}{4}$ (5)$\frac{2}{3}$ (6)6 (7)18(km)

2 (1)800円 (2)100m (3)1分30秒 (4)10個
3 (1)48度 (2)20.52㎠ (3)439.6㎠
4 (1)12cm (2)毎秒24㎠ (3)10cm (4)毎秒80㎠

5 (1)(動物の世話)3枚 (料理)6枚 (洗たく)6枚 (風呂そうじ)6枚 (ゴミ捨て)3枚 (2)(風呂そうじ)1回 (ゴミ捨て)2回 (3)(動物の世話)5回 (料理)6回 (洗たく)4回 (風呂そうじ)3回 (ゴミ捨て)7回

【配点】
100点満点
1各4点 2各7点 3各4点 4各4点 5(1)・(2)…各5点 (3)…6点

清泉女学院中学校(第1期)
〈問題は377ページ〉

1 (1)2021 (2)$2\frac{1}{3}$ (3)$2\frac{1}{2}$ (4)500 (5)14(分)24(秒) (6)27(度) (7)50(個) (8)1250(円)
(9)5(%)

2 (1)7(個) (2)27(人) (3)578.5(㎠) (4)6(km)
(5)$4\frac{5}{6}$

3 (1)33(個) (2)22(個) (3)8(番目)

洗足学園中学校(第1回)
〈問題は379ページ〉

1 (1)202.1 (2)$\frac{39}{40}$
2 (1)40枚 (2)45 (3)16冊 (4)$\frac{5}{14}$倍
3 (1)12 (2)8.25cm (3)930個 (4)2916m
4 (1)5:1 (2)10時50分 (3)11時50分
5 (1)5番目の数$\frac{1}{2}$ 差$\frac{1}{20}$ (2)31個 (3)$\frac{5}{12}$

捜真女学校中学部(A1)
〈問題は382ページ〉

1 (1)18 (2)$1\frac{1}{8}$ (3)2021 (4)$3\frac{1}{6}$ (5)1 (6)$\frac{2}{3}$
(7)$\frac{7}{8}$ (8)13(時間)43(分)

2 (1)729(L) (2)12% (3)72点 (4)ア30(分) イ(10時)33(分) ウ5(分) エ(時速)8.4(km)
(5)ア18(人) イ60(人) ウ44(人)

3 (1)3040㎠ (式)(17−0.5×2)×(21−0.5×2)×(10−0.5) (2)130度 (3)1.72㎠ (4)192cm

4 (1)1000円 (式)800×(1+0.25) (2)ア42000(円) イ52500(円) (3)75枚

5 (1)3.14cm (2)12.56cm (3)10.99cm

玉川聖学院中等部（第1回）
〈問題は385ページ〉

1 (1)90 (2)$\frac{33}{35}$ (3)234 (4)2021 (5)$\frac{3}{4}$

2 (1)4（本） (2)73（点） (3)（分速）100（m） (4)8（cm） (5)720（mL）

3 (1)628㎠ (2)2㎝以上

4 7㎠

5 65度

6 (1)10時21分 (2)時速50km (3)11時3分

7 (1)（たまお）チョキ （聖子）パー 下から14段目 (2)18段 (3)（たまお－聖子）チョキ－グー，チョキ－パー，チョキ－チョキ 下から20段目

【配点】
100点満点
1各5点 2各5点 3各5点 4 5点 5 5点
6各5点 7(1)…3点＋2点 他各5点

田園調布学園中等部（第1回）
〈問題は388ページ〉

1 (1)6 (2)5.2 (3)（ジュース）95円 （プリン）240円 (4)㋐30度 ㋑120度 (5)66L (6)31.4㎠ (7)230人 (8)180通り (9)9，18，63，126 ⑩7人

2 (1)（船A，B）時速27km （川の流れ）時速3km (2)11$\frac{1}{9}$km (3)9時53$\frac{8}{9}$分

3 (1)15cm (2)24cm (3)1$\frac{1}{8}$cm (4)9個目で10㎤あふれる

4 (1)128 (2)49 (3)4950

5 (1)（店）B （還元後の支払い額）9457円 (2)（店Aで）5400円，（店Bで）1600円 (3)1750円

東京純心女子中学校（1日午前）
〈問題は392ページ〉

1 (1)8 (2)28 (3)6 (4)12 (5)$\frac{1}{4}$

2 (1)352m (2)72個 (3)96人

3 (1)①31.4㎠ ②21.84cm (2)①31.4cm ②9420㎤

4 (1)（辺BC）16cm （辺AB）12cm (2)138㎠ (3)10秒後と26秒後

5 (1)ア42 イ24 ウ23 (2)8通り (3)32 (4)2829

東京女学館中学校（第1回）
〈問題は395ページ〉

1 (1)1 (2)$\frac{1}{4}$ (3)4 (4)$\frac{20}{21}$

2 (1)40個 (2)（子どもの人数）17人 （折り紙の枚数）115枚 (3)75点 (4)77.5㎠ (5)67度

3 (1)38cm (2)134cm (3)29個

4 (1)456円 (2)228円 (3)（ガムの値段）58円 （あめの値段）78円 （チョコレートの値段）92円

5 (1)時速18km (2)4時間 (3)午前10時40分

6 (1)240人 (2)2：3 (3)15人 (4)48人

7 (1)40 (2)27L (3)11分

東洋英和女学院中学部（A）
〈問題は399ページ〉

1 (1)11 (2)$\frac{2}{3}$

2 (1)63（円） (2)3.5（km） (3)50（g） (4)480（人） (5)6（cm） (6)100（枚）

3 (1)254.34㎠ (2)54度

4 180円

5 （○）4g （◺）1g （□）1g （⬠）3g （◎）2g

6 メジャーで缶の底面の直径と円周の長さを測り，円周÷直径を計算する。

7 427.04㎠

8 (1)29個 (2)35個 (3)9個

9 (1)毎分90m (2)㋐12 ㋑1530 ㋒24 (3)毎分165m

⑩ (1)60 (2)5873 (3)（英子さん）319 （陽子さん）287

トキワ松学園中学校（第1回）
〈問題は402ページ〉

1 (1)79 (2)2 (3)567 (4)2$\frac{1}{2}$ (5)8 (6)2640（円） (7)（秒速）140（m） (8)9（通り） (9)15（分） ⑩120（°） 12.56（cm） ⑪64（㎠）

2 （体積）226.08㎤ （高さ）4.5cm

3 (1)9時30分 (2)300m (3)分速100m

4 (1)18g (2)60g

5 (1)11日 (2)7.9℃ (3)33.2℃

豊島岡女子学園中学校（第1回）
〈問題は404ページ〉

1 (1)4.4 (2)1$\frac{2}{5}$ (3)2046 (4)20（通り）

② (1)72　(2)7：5　(3)23.13(cm²)　(4)3：25
③ (1)240(個)　(2)300(円)
④ (1)60(秒後)　(2)990(秒後)
⑤ (1)77　(2)2021　(3)3481
⑥ (1)4.5(cm²)　(2)31.5(cm²)　(3)$13\frac{5}{7}$(cm²)

日本女子大学附属中学校(第1回)
〈問題は407ページ〉

① (1)78　(2)2　(3)0.6　(4)1日10時間14分41秒
② (1)3.5cm　(2)89点　(3)2400円　(4)16通り　(5)A店が20円　(6)75g　(7)35度　(8)58.5cm²　(9)8cm
③ (1)分速70m　(2)18分後　(3)分速128m
④ ㋐15　㋑33　(底面積)600cm²
⑤ (1)(点P)秒速4cm　(点Q)秒速16cm　(2)3回, 6.4秒後　(3)3秒, 90度

日本大学豊山女子中学校(4科・2科)
〈問題は410ページ〉

① (1)5　(2)$\frac{15}{8}$　(3)$\frac{19}{20}$　(4)200(g)　(5)7.2(秒)　(6)8(人)
② (1)80(度)　(2)20.41(cm²)　(3)160(cm²)
③ (1)毎分720cm³　(2)4分30秒後　(3)90cm
④ (1)129cm　(2)9枚
⑤ (1)3.14cm²　(2)9.42cm²　(3)31.4cm²

フェリス女学院中学校
〈問題は412ページ〉

① (1)$1\frac{5}{12}$　(2)42度　(3)27, 54, 108, 135　(4)ア800　イ480　(5)ア191　イ104
② ア18　イ4
③ (1)3：5　(2)1248m
④ (1)28.26cm²　(2)10.26cm²　(3)33.81cm²
⑤ (1)ア7　イ2　ウ5　エ3　オ12　(2)カ1020100　(3)キ35　(4)ク100

富士見中学校(第1回)
〈問題は415ページ〉

① (1)0.7　(2)101　(3)16(g)　(4)6(回)　(5)30(本)　(6)48(分)　(7)108(cm²)　(8)163.28(cm²)
② [A](1)(ひろこ：よしえ)4：5　(2)50分後
　　[B](1)169cm²　(2)13cm　(3)17cm
③ (1)18　(2)73　(3)925　(4)10段目　(5)150
④ (1)ア3　イ7　ウ75　(2)10500cm²　(3)64cm

雙葉中学校
〈問題は418ページ〉

① (1)ア$1\frac{5}{6}$　(2)イ75　(3)ウ214　(4)エ38
② 18000(円)
③ (1)125(人)　(2)168(人)　(3)210(円)
④ 3通り

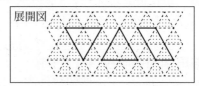
展開図

⑤ (1)21(分)　(2)①9時$2\frac{1}{3}$(分), 赤(色)
　②9時$4\frac{2}{17}$(分)

普連土学園中学校(1日午前4科)
〈問題は420ページ〉

① (1)$\frac{14}{15}$　(2)$1\frac{7}{24}$　(3)$\frac{1}{20}$
② (1)141冊　(2)2点
③ 238.64cm²
④ (1)1：2　(2)5：4：6　(3)$\frac{2}{15}$倍
⑤ (1)30個　(2)145個　(3)4時間30分
⑥ (1)6個　(2)108個　(3)162個
⑦ ①次図　②1×1, 2×2, 3×3, 4×4, …と続いていく　③100　④1×2, 2×3, 3×4, 4×5, …と続いていく(差をとると4, 6, 8, 10, …となっていく)　⑤90　⑥400　⑦80200　⑧7810　⑨420　⑩7809　⑪80199

1	2	6	12	20	30
3	4	5	11	19	29
7	8	9	10	18	28
13	14	15	16	17	27
21	22	23	24	25	26

【配点】
100点満点
①15点　②11点　③6点　④14点　⑤14点　⑥16点　⑦24点

—27—

聖園女学院中学校（第1回）
〈問題は423ページ〉

1　(1)3　(2)60　(3)3890　(4)662　(5)93
2　(1)13　(2)3　(3)15(通り)　(4)2(割引き)
3　(1)(角x)26度　(角y)34度　(2)27.7cm
4　(1)5分20秒　(2)42歳　(3)1.3km
5　(1)160㎠　(2)122.91㎠
6　(1)毎分24L　(2)53分後　(3)毎分64L

三輪田学園中学校（第1回午前）
〈問題は425ページ〉

1　(1)$\frac{1}{12}$　(2)21　(3)$\frac{4}{3}\left[1\frac{1}{3}\right]$
2　(1)86点　(2)56分ずつ　(3)①13人　②32人
(4)4　(5)75.36㎠　(6)①24個　②27個
3　(1)400㎡　(2)275㎡　(3)0.8m
4　(1)2200円　(2)3800円　(3)6700円
5　(1)毎分60m　(2)3000m　(3)毎分50m　(4)28分

山脇学園中学校（A）
〈問題は428ページ〉

1　(1)0.7　(2)$\frac{1}{9}$　(3)8(%)　(4)180(個)　(5)860
(個)　(6)16.5(km)　(7)70(点)　(8)58(度)
(9)28.84(cm)
2　(1)毎分3600㎠　(2)32cm　(3)毎分1350㎠
3　(1)毎分1125m　(2)毎分800m
4　(1)11cm　(2)2：1　(3)5：4　(4)891㎠

横浜共立学園中学校（A）
〈問題は430ページ〉

1　(1)2035　(2)$1\frac{9}{20}$　(3)7　(4)35(秒)　(5)$20\frac{10}{11}$
(分)　(6)11.37(㎠)
2　(1)200(g)　(2)4.5(%)　(3)150(g)
3　(1)(毎時)6(km)　(2)14.4(km)　(3)2(時間)42
(分)
4　(1)1(：)9　(2)45.216(cm)　(3)15(度)
5　(1)860(㎠)　(2)1600(㎠)　(3)8.4(cm)

横浜女学院中学校（A）
〈問題は433ページ〉

1　(1)18　(2)158　(3)$\frac{2}{3}$　(4)2
2　(1)9人　(2)122　(3)10日間　(4)秒速15m　(5)75
度　(6)59.52㎠
3　中国，約10％増加
4　(1)36枚　(2)96cm　(3)24番目
5　(1)243通り　(2)10通り　(3)210通り
6　(1)秒速2cm　(2)42㎠　(3)2.5秒後
【配点】
100点満点
1・2各4点　3～6各6点

横浜雙葉中学校
〈問題は436ページ〉

1　(1)①13　②$\frac{7}{8}$　(2)36(枚)　(3)72(分)　(4)14
(個)　(5)4(個)　(6)3：4　(7)定価4800円の品
物を1割5分引きで売ってもまだ仕入れ値の2割
の利益がありました。この品物の仕入れ値は何円
ですか。
2　(1)
①
　　　　A　　　　B
　　　14　→　40　→　14
②
　　　　A　　　　C　　　　A
　　　25　→　73　→　9　→　25
③
　　　C　　　C　　　B　　　C　　　A
　　　100　→　90　→　60　→　74　→　12　→
　　　A
　　34　→　100
(2)1，53，105　(3)6　(4)31
3　(1)17(秒後)　(2)47(秒後)　(3)$21\frac{1}{4}$(㎠)　(4)①
$5\frac{1}{3}$(秒後)　②4：5　(5)$17\frac{2}{3}$(秒後)

—28—

立教女学院中学校

〈問題は439ページ〉

1　(1)$3\frac{1}{3}$　(2)$\frac{2}{5}$　(3)321　(4)①17（人）　②112（個）　(5)①2（年後）　②8（才）　(6)①118　②43　(7)①（時速）24（km）　②（時速）6（km）　③7.5（時間）　(8)①171（本）　②132（本）　(9)①17（題）　②80（題）

2　(1)5：3　(2)$1\frac{11}{16}$㎠　(3)10：11　(4)80：25：63

3　(1)6　(2)103　(3)2024　(4)59

4　(1)12㎠　(2)2：3　(3)7.536cm　(4)144度　(5)（N＝）5

和洋九段女子中学校（第2回）

〈問題は441ページ〉

1　(1)290　(2)$\frac{1}{4}$　(3)1.2　(4)15　(5)109（m）

2　(1)17　(2)150円　(3)1080 m　(4)①　(5)12㎠

3　(1)青色　19個　(2)7個　(3)51個

4　(1)21個　(2)28本　(3)6個

5　(1)（AB）8 cm　（BC）4 cm　(2)26㎠　(3)$11\frac{1}{3}$秒後

和洋国府台女子中学校（第1回）

〈問題は444ページ〉

1　(1)239　(2)$\frac{1}{3}$　(3)10　(4)$\frac{1}{3}$　(5)4.75

2　(1)$\frac{1}{5}$　(2)2.65（㎡）　(3)1000（円）　(4)2（個）　(5)2（％）　(6)（時速）57.6（km）　(7)40（度）　(8)257（㎤）

3　(1)16　(2)32

4　23

5　(1)28試合　(2)3回

6　ア6　イ9

7　(1)26㎠　(2)2.5㎠

—29—

問題及び解答には誤りのないよう留意しておりますが，変更・
訂正が発生した場合は小社ホームページ上に掲載しております。

株式会社みくに出版　http://www.mikuni-webshop.com

© みくに出版　2021　　　　　　　　　　2021. 7.10